科学出版社“十三五”普通高等教育本科规划教材

水产科学系列丛书

水产生物信息学

湛垚垚　邵长伟　主编

科学出版社

北京

内容简介

本教材系统地介绍了水产生物信息学的发展历史、基本原理、研究方法和前沿进展。全书共十三章，内容包括水产生物信息学概述和基础、生物信息数据库、序列分析与比较、蛋白质结构与功能预测、基因组测序与组装、基因组结构和功能注释、系统发育与基因组快速进化、水产转录组学及其研究进展、水产生物基因组研究进展、水产生物非编码 RNA 及其研究进展、水产生物表观遗传学及其研究进展和生物信息分析环境介绍及搭建等。

本教材适合水产学、生物学相关专业本科生使用，亦可供水产学相关专业研究生、来华留学生及水产相关行业从业人员参考。

图书在版编目（CIP）数据

水产生物信息学 / 湛垚垚，邵长伟主编. —北京：科学出版社，2021.6
科学出版社“十三五”普通高等教育本科规划教材　水产科学系列丛书
ISBN 978-7-03-069064-7

Ⅰ. ①水…　Ⅱ. ①湛…　②邵…　Ⅲ. ①水产生物－信息学－高等学校－教材　Ⅳ. ① S917

中国版本图书馆CIP数据核字（2021）第104206号

责任编辑：王玉时 / 责任校对：宣　慧
责任印制：张　伟 / 封面设计：蓝正设计

科学出版社出版
北京东黄城根北街16号
邮政编码：100717
http://www.sciencep.com
北京凌奇印刷有限责任公司印刷
科学出版社发行　各地新华书店经销
*
2021年6月第　一　版　开本：787×1092　1/16
2021年6月第一次印刷　印张：18 3/4
字数：480 000

定价：59.80 元

《水产生物信息学》编写委员会

主　编： 湛垚垚　邵长伟

副主编： 刘　洋　闫红伟　姜　晨

编　者（以姓氏笔画为序）

王　倩（中国水产科学研究院黄海水产研究所）

卢怡方（中国水产科学研究院黄海水产研究所）

冯　博（中国水产科学研究院黄海水产研究所）

朱之轩（中国科学院水生生物研究所）

刘　洋（大连海洋大学）

刘凯强（中国水产科学研究院黄海水产研究所）

闫红伟（大连海洋大学）

李　硕（中国水产科学研究院黄海水产研究所）

张向辉（中国水产科学研究院黄海水产研究所）

张志华（中国水产科学研究院黄海水产研究所）

邵长伟（中国水产科学研究院黄海水产研究所）

姜　晨（大连海洋大学）

黄英毅（中国水产科学研究院黄海水产研究所）

湛垚垚（大连海洋大学）

前　言

本教材是根据《国家中长期教育改革和发展规划纲要（2010—2020年）》和国家教材委员会《全国大中小学教材建设规划（2019—2022年）》精神，在大连海洋大学水产学科的全额资助以及科学出版社的支持下，由大连海洋大学、中国水产科学研究院黄海水产研究所和中国科学院水生生物研究所联合编写完成的，适合水产学、生物学相关专业本科生使用，亦可供水产学相关专业研究生、来华留学生以及水产相关行业从业人员参考。

在编写过程中，本教材从生物信息学的基本理论和研究内容入手构建内容体系，针对生物信息学学科交叉和技术更新迅速等特点，在深入浅出介绍生物信息学研究的基本内容的同时，又着重突出生物信息学在水产学相关领域的发展前沿，同时，注重水产学研究中最新生物信息学研究案例及成果的融入。为了使教材更具“思想性、科学性、先进性、启发性、实用性”，我们在教材中增加了双语标注的“学习目标”“重点词汇”和“本章小结”，一方面便于学生课下的预习和复习，另一方面可以提高学生的专业外语水平和国际化视野；教材内容中加入的案例大都是编者承担的水产领域相关科研项目中生物信息分析部分的最新研究成果，在介绍知识的同时能激发学生的创新思维；每章最后的“思考题”部分可进一步强化学生对该章知识点的理解和掌握；“知识拓展”部分主要是介绍生物信息学发展前沿和我国生物信息学发展现状并适时融入育德元素，旨在拓展学生的专业视野，在完善学生的知识结构的同时，使学生的思想素质在潜移默化中得到一定的提升。

本教材共十三章，由湛垚垚、邵长伟主编，副主编为刘洋、闫红伟、姜晨。编写人员分工如下：第一章由王倩和张志华编写；第二章和第三章由闫红伟编写；第四章和第八章由湛垚垚编写；第五章由刘洋编写；第六章由刘凯强和黄英毅编写；第七章由刘洋、黄英毅和卢怡方编写；第九章和第十一章由姜晨编写；第十章由邵长伟、卢怡方和李硕编写；第十二章由邵长伟、冯博和张向辉编写；第十三章由朱之轩编写。

本教材的出版获得了大连海洋大学水产学科的全额资助，在手稿整理过程中得到了孙志惠老师以及刘丽、赵谭军和李莹莹等同学的热情帮助，科学出版社的工作人员也为之付出了大量时间和精力，在此一并致谢。

由于能力所限，书中难免有不尽完善之处，恳请各位学界前辈、同行专家不吝赐教，希望广大读者提出宝贵意见，以便我们及时修正和改进。

编　者

2021年3月

目 录

第一章 水产生物信息学概述

学习目标 · Learning Objectives

1. 了解生物信息学的概念、研究内容以及分子生物学中常用的生物信息学分析软件。
   Understand the concept of bioinformatics, research content and bioinformatics analysis softwares commonly used in molecular biology.
2. 了解生物信息学的发展简史。
   Understand the development history of bioinformatics.
3. 认识和理解水产领域中生物信息学的应用潜力和发展前景。
   Understand the application and development prospect of bioinformatics in aquaculture.

第一节 生物信息学概述

进入21世纪以来，分子生物学的一个显著特征便是生物信息的急剧膨胀。生物信息的种类有很多，主要包括核苷酸的序列数据、蛋白质的序列数据以及蛋白质的二维结构和三维结构数据等。近年来，随着高通量测序技术的出现，生物信息的增长量是惊人的，以核酸数据库为例，每14个月就要翻一倍，截至2016年，数据库包含全基因组测序数据，已达到近9800亿个碱基对。如何有效管理、准确解读和充分使用这些数据，使之成为有用的知识，是生物信息学一直致力完成的事情。欧美等发达国家和地区一直十分重视生物信息学的发展；在各专业研究机构及生物科技公司中，生物信息学相关部门数量也在不断增加；在迅猛的发展态势下，其对相关专业人才的需求也与日俱增。

我国生物信息学的研究起始于20世纪90年代。1996年北京大学建立了我国第一个生物信息学网络服务器，这标志着我国生物信息学研究的开端。随后，清华大学、浙江大学、中国科学院上海生命科学研究院、中国科学院生物物理研究所、中国科学院遗传与发育生物学研究所等陆续开展了生物信息学的相关研究。北京大学和中国科学院上海生命科学研究院相继于1997年3月和2000年3月成立了我国最早的两个生物信息中心。现在，国内的生命科学研究伴随着技术的不断革新，有关生物信息学研究和服务的市场需求变得非常广阔，除了华大基因（BGI）外，越来越多的高等院校、科研单位开展了生物信息学理论与应用研究，少数生物信息学技术服务机构或公司也提供了相应的科技服务。

一、生物信息学

20世纪50年代，人类遗传密码的载体——DNA的双螺旋结构被发现后，围绕着这一伟大发现，生物学家探索出一系列关于生物遗传的重要理论。其中对生物信息学最为重要的便

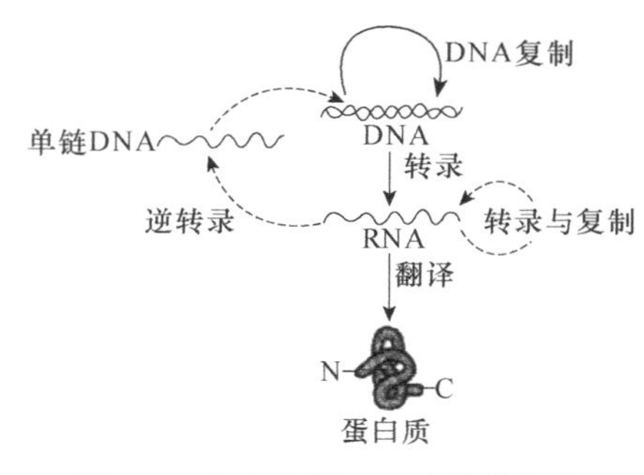

图 1-1　中心法则——遗传信息流

遗传信息流的传递方向是 DNA→RNA→蛋白质。逆转录可将 RNA 的遗传信息转移到 DNA，但逆转录的遗传信息的表达仍然要经 DNA 到 RNA，再从 RNA 到蛋白质的流程，并不改变遗传信息流的方向

是中心法则。早期的探究，确定了蛋白质这一生物大分子在活细胞中发挥的关键作用，但细胞中含有三种线性大分子：DNA、RNA 和蛋白质，它们之间的联系却不清楚。在确定了 DNA 是生物体遗传信息的主要载体后，它们三者之间的相互关系成为一个值得生物学家认真探究的问题。中心法则的确立，建立了细胞中三种线性大分子 DNA、RNA 和蛋白质在生物遗传信息传递过程中的联系，为后续的研究打下了坚实的基础（图 1-1）。

知晓了生物的遗传信息在生物体中的传递和表达，作为承载了生命遗传信息的“天书”——碱基排列顺序，成为了生物学家想要迫切破译的研究课题。20 世纪 60 年代，限制性内切酶的发现，使得 DNA 重组技术不断发展，于 1975 年左右，DNA 测序方法正式建立。从此，一条条不同个体、不同物种的“A、C、T、G”序列，摆在了生物学家的研究桌上。

在人类基因组计划的影响下，DNA 测序技术不断革新与发展，极大地提高了 DNA 测序的效率，使得测序成本大大降低。*Nature* 和 *Science* 也作了专刊（图 1-2）。目前，国内外的测序技术几乎已经扩展到所有具有重要经济价值和理论研究意义的物种。

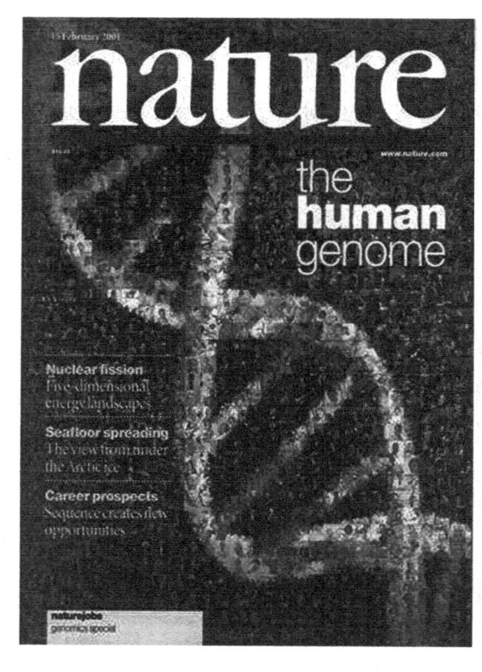

图 1-2　*Nature* 和 *Science* 人类基因组专刊封面

专刊封面分别发表于 2001 年 2 月 15 日（左）和 16 日（右），其中，*Science* 封面中的五位成年人均为 Celera 公司开展的人类基因组测序计划的基因材料提供者

测序技术不断进步，也伴随着相关研究的极大繁荣。生物信息的内涵不断扩充，早已不是指最初简单的分子序列（核酸和蛋白质）。发展至今，还包括蛋白质二级结构和三维结构数据、蛋白质疏水性数据等。随着生物信息的爆炸式增长，对生物遗传信息的储存和整理提出

了更高的要求。生物学家借助电脑和互联网，把试验获得的大量核苷酸序列和三维结构数据在数据库中保存，以留待相关生物学研究者进行后续的整理和破译。面对如此海量的生物遗传信息，一门崭新的应用学科——生物信息学应运而生，并得到了极大的发展与繁荣。

生物信息学（bioinformatics）是在生命科学研究中，利用应用数学、计算机科学、统计学和信息学的方法对收集到的生物信息进行处理、储存、分析和解释的一门应用学科。它是分子生物学与信息技术（尤其是互联网技术）的结合体。生物信息学的研究材料和结果就是各类丰富的生物学数据，研究工具是计算机，主要的研究内容是使用算法和相关的软件工具对生物数据进行采集、处理、储存、分析和解释。目前研究重点主要体现在基因组学（genomics）和蛋白质组学（proteomics）两方面，具体来说就是从核苷酸和蛋白质的序列出发、分析序列中所表达的有关结构和功能的生物信息。

二、生物信息学的主要研究内容

在生物信息学诞生之初，其研究内容简单来说主要包括以下三点：新算法和统计学方法研究；各类数据的分析和解释；研制有效利用和管理数据的新工具。但生物信息学作为一门应用学科，不同的发展阶段对生物信息学的具体要求有很大的不同。尤其是近几年生物基因组研究的火热，实验数据和可利用信息的急剧增加以及新技术的不断出现，对生物信息学的具体研究内容提出了新的挑战。它要求生物信息学家研究基因组数据之间的关系，通过分析现有的基因组数据，使用数学模型和人工智能技术破解生物遗传密码，揭示生物学规律，从而帮助人类探索生命的本质。

生物信息学在目前阶段的具体研究内容包含以下5点。①生物分子数据的收集与管理；②数据库搜索及序列比较；③基因组序列分析；④基因表达数据的分析与处理；⑤蛋白质结构的预测。

（一）生物分子数据的收集与管理

生物分子数据的收集主要来自以下几个方面：基因组测序、核酸序列测定、蛋白质序列测定以及利用X射线衍射和核磁共振技术测定的蛋白质三维结构。这些数据通过汇总整理，组成了数据库。其中，最常用的基因组数据库有EMBL（欧洲分子生物学实验室核苷酸序列数据库）、GenBank（美国国家生物技术信息中心核苷酸序列数据库）、DDBJ（日本DNA数据库）、SWISS-PROT（蛋白质序列数据库）、PDB（生物大分子结构数据库）。

数据库的建设是生物分子数据收集与管理的基础。目前有大量数据库是公共开放的，可提供数据的开源共享，并且还集成开发了一系列生物信息学分析工具，如NCBI（美国国家生物技术信息中心）的BLAST系列工具等。但在进行专项研究时，研究者仍需要分析数据的储存形式和复杂程度，组建特有的数据库，开发信息交流平台，并提供相应的分析程序。除此之外，还要考虑要不要将各种搜索算法硬件化，实行并行计算、显卡处理器（GPU）计算和先进的内存管理以提高速度等。最终，也要考虑架设数据库的成本。

生物数据库覆盖面广，分布分散且异质。使用超级链接或进行拷贝再整理是将多个数据库整合在一起提供服务的最简单方法，可以为之提供数据库的一体化和集成环境。但往往简单的链接并不能符合要求，目前使用较多的是联合数据库系统。它可以支持用户或应用程序在不同数据库甚至是不同数据库管理系统中的数据里查询同一条SQL语句，是IBM分布式数据库解决方案的重要组成部分。也可以对文本数据进行挖掘和再整理时，直接基于Internet技术来进行远程查询。生物的分支学科较多，使用 Ontology 技术可以解决整合数据库时从不同语义角度考虑的一致性问题，从而消除连接数据库时不同标准查询机制的阻碍。

（二）数据库搜索及序列比较

在数据库的利用中，最重要的便是搜索及序列比较。保守序列可能会有功能、结构或进化上的关系，通过搜索同源序列我们可以得到在一定程度上的相似序列进而得到保守序列。因此，若要对感兴趣的目标 DNA 或蛋白质进行研究，首要工作便是搜索它的同源序列。目前已有很多算法，BLAST 和 FASTA 都较为不错，在此基础上开发的 PSI-BLAST 和 megaBLAST，可以针对不同的情况，拥有较好的性能。

比对（alignment）是序列比较的一个基本操作，它是对序列相似程度的一种定性描述，通过将两个序列的各个字符（代表核苷酸或氨基酸残基）按照对应等同或者置换关系进行对比排列，来得到两个序列共有的排列顺序。在此基础之上，为满足需求，序列比较还发展出多重序列比对。现有使用最为广泛的多重序列比对程序是 ClustalW（ClustalX），通过使用一种渐进的比对方法，在序列的两两比对中，得到一个距离矩阵，反映每对序列的关系。ClustalW 主要用来研究多个序列的共性特征，可用于预测基因组序列的功能性区域，或研究功能性蛋白质的物种间进化谱系。

序列之间的重要关系有两种，同源（homology）和相似（similarity）。同源关系表明进行比较的两段序列具有共同的祖先，直向同源关系表明，不同物种的两个同源基因有相同的功能（大多数的管家基因）；共生同源则是指具有相同来源基因具有不同的功能，通常由基因组复制产生（如细菌耐药性基因）。两序列相似则表明具有重复序列不一定同源，有可能只是简单重复序列，但两序列同源一般是相似的。

（三）基因组序列分析

伴随着物种测序研究的飞速发展，全基因组的自动注释变得尤为迫切，这一直是生物信息学研究的重要领域。EBI（欧洲生物信息中心）和 Sanger 研究院合作开发的 Ensembl 项目，使得大型计算机可以根据已有的蛋白质数据信息对 DNA 序列进行自动注释，并自动预测基因和调控元件。工作步骤包括确定翻译起始位点、预测开放阅读框和外显子 / 内含子剪切位点、构建基因结构、构建基因结构、识别各种反式和顺式调控元件、鉴定转录起始位点和可变剪切体等，从而在庞大的数据库中提取生物学信息，给予注释并图形化显示给生物学研究者。

1964 年，Pauling 等提出了分子进化理论——分子钟理论，他假设生物进化历史的全部信息都储存在核苷酸和氨基酸序列中，并认为在足够大的进化时间尺度下、各种不同的发育系谱中大多序列的进化速率几乎是恒定不变的。因此，生物信息学作为建立在 DNA 和蛋白质序列比较基础上的学科，发现进化关联、并进行功能比较便成了其研究目的之一。根据一些物种的遗传信息序列特性构建系统发育树，探究构成生物体的生物大分子如蛋白质、核酸的演变，进而了解物种间生物系统的发生关系，有助于佐证生物进化过程及规律。

DNA、RNA 和蛋白质不仅是线性高分子，其重复的核苷酸或氨基酸单元还形成一种高度有序的三维结构来完成特定的生物学功能。目前已能够较为容易地通过实验手段来获得组成生物大分子序列的核苷酸或氨基酸排列信息，难点逐渐变为通过计算机分析来获得核苷酸或氨基酸序列数据编码的更高级的结构或者功能信息。

基因组水平的序列分析，包括基因识别、基因组结构分析、基因功能注释、基因调控信息分析和基因组比较。其中，基因识别是基因组序列分析的基础，指在给定的基因组序列中，正确标识基因的范围及其精确定位。基因的结构包括编码区和非编码区，其中编码区可翻译形成蛋白质，非编码区不能翻译形成蛋白质，但与基因的复制、转录、翻译、调控等密切相关。因此，DNA 序列作为一种遗传语言，其编码区与非编码区均具有重要作用。在人类基因组中，已知可编码蛋白的部分仅占人类基因组总序列的 3%～5%。显然，要在基因组水平人工搜索某一基因序列的工作量是难以想象的，因此我们需要用新的方法去侦测。目前，已有的方法包括开放阅读框（open reading frame，ORF）查找、编码区密码子频率测量、启动子识别等。

（四）基因表达数据的分析与处理

生物信息学对基因表达数据分析与处理的研究重点为了聚类分析上，聚类分析是通过将表达模式相似的基因聚为一类，在此基础上寻找相关基因，分析基因的功能，研究基因的启动子，分析表达模式相同的一类基因的启动子组成特性等。所用的方法主要有相关分析法、模式识别技术中的层次式聚类方法、人工智能中的自组织映射神经网络和主元分析方法等。聚类方法是基因表达数据分析的基础，但是目前这类方法只能找出基因之间简单的、线性的关系，现已发展了新的分析方法来发现基因之间复杂的、非线性的关系。利用主元分析可以在多维数据集合中确定关键变量的特点，分析在不同条件下基因响应的规律和特征。阐明不同类别基因之间的调节作用。目前，许多有意义的工作出现在基因调控网络分析方面，并以此建立起一些有关基因调控网络的数学模型，如线性关系网络模型、布尔网络模型、互信息网络模型、微分方程模型等，在此基础上开展了基因调控网络的动力学研究。

（五）蛋白质结构的预测

基因通过控制生物体中蛋白质的合成，间接地控制生命的活动。蛋白质是生命活动的主要承担者，是组成生物体的基本物质，与一切生命活动相关。蛋白质的结构决定了蛋白质的生物功能，因此了解蛋白质的空间结构在研究蛋白质时尤为重要，预测蛋白质结构一直是生物信息学最重要的任务之一。蛋白质的一级结构决定高级结构，高级结构又会决定生物学功能，因此生物信息学预测的目标是能够通过氨基酸一级序列结构推测出蛋白质三维高级空间结构。目前，SWISS-MODEL 和 Modeller 软件已经能够针对序列同源性大于 25% 的蛋白质，使用比较同源建模的方法预测蛋白质的结构；对于没有合适模板的蛋白质可使用折叠识别法进行结构预测。目前，蛋白质序列数据库中的蛋白质序列数据与结构数据库 PDB 中的蛋白质空间结构数据相比，未得到解释的蛋白质空间结构还是很多的。虽然蛋白质结构测定方法有所改进，但仍不能满足实际的需要。蛋白质三维高级空间结构预测的实验基础是核酸酶变性及重折叠实验。在研究蛋白质结构与功能关系时，可以直接从蛋白质序列预测蛋白质结构，促进了蛋白质工程和蛋白质设计的发展。理论上，可以从氨基酸序列计算出自然折叠的蛋白质结构，但要在蛋白质序列中计算蛋白质多肽链可能的构象，并以此推算出隐含的蛋白质折叠后的空间结构，这个计算量是个天文数字，现有的计算能力不可能在整个构象空间进行搜索，需采用一定的启发式方法寻找自由能最优或接近于最优的构象。

蛋白质结构预测分为二级结构预测和空间结构预测。二级结构预测主要有以下几种不同的方法，即立体化学方法、统计方法、图论方法、人工神经网络方法、分子动力学方法、基于规则的专家系统方法和最邻近决策方法。不同氨基酸残基在不同的局域环境下具有形成特定二级结构的倾向性，将二级结构的预测可以归结为模式识别问题，从而达到预测某一个片

段中心的残基是 α 螺旋还是 β 折叠的预测目标。

在空间结构预测方面，比较成功的理论方法是同源模型法。如果一个未知结构的蛋白质序列与另一个已知结构的蛋白质序列足够相似，依据相似序列的蛋白质倾向于折叠成相似的三维空间结构的原则，那么就可以根据后者为前者建立近似的三维结构模型。这一方法可以完成所有蛋白质 10%～30% 的空间结构预测工作，在得到蛋白质结构以后就可以进一步分析研究蛋白质的生物功能。

除了上述 5 点外，代谢网络建模分析也是生物信息学的热点。代谢网络涉及基因调控及信号转导（蛋白质间的作用）、生化反应途径等。后基因组时代将进行“网络生物学”研究，大规模研究生命过程的大规模网络，主要包括：预测调控网络、网络普遍性分析和建立模型分析。

尽管目前已有多个代谢网络途径数据库，大多是通过手工和自动检索文献以补充数据库，少数有开发预测工具，可以直接参考使用一些数据，但是都有局限性和准确性的问题。需要有针对性地去整合某些数据，从基因组来预测网络，研究其规律、开发算法、模型等。在构建调控网络之后，人们试图通过分析网络的“图论”属性如最短距离、连接度和最小单元代谢途径来给出一些重要结论：越来越多的人开始开发专门的软件工具来自动分析大规模网络系统的物理属性，提供路径导航、模式搜索、图形简化等分析手段。Copasi、E-cel 都是目前比较优秀的代谢网络建模工具，它们大都基于代谢控制分析原理，使用常微分方程来求解反应速度。基于标准化数据输出输入考虑，已经组成了合作组，共同支持 SBML 数据交换。其他形式的建模工具也很多，如使用 Petri net 进行建模，由于其强大的数学计算功能和明了的示图形式，越来越多地引起人们的关注。另外，如何自动建立大规模的代谢网络，也是个正在进行中的课题。

可以看出，生物信息学在解决生物学问题时，由于生物信息的数量巨大，必须要在数学统计研究上对相应要解决的问题进行必要的优化和改进，所以在生物信息学中数学占了很大的比重。统计学，包括多元统计学，是生物信息学的数学基础之一；概率论与随机过程理论，如近年来兴起的隐马尔可夫模型，在生物信息学中有重要应用；其他如用于序列比对的运筹学、蛋白质空间结构预测和分子对接研究中采用的最优化理论、研究 DNA 超螺旋结构的拓扑学、研究遗传密码和 DNA 序列的对称性方面的群论等。

根据不同规模问题的处理，Marvin Minsky 在人工智能研究中曾指出：小规模数据量的处理向大规模数据量推广时，往往并不是算法上的改进，更多的是要做本质性的变化。这好比一个人爬树，每天都可以爬高一些，但要想爬到月球，就必须采用其他方法。在分子生物学中，传统的实验方法已不适合处理飞速增长的海量数据。同样，在采用计算机处理上，生物信息学也并非依靠原有的计算机算法就能够解决现有的数据挖掘问题。如在序列比对（sequence alignment）问题上，在小规模数据中可以采用动态规划，而在大规模序列对齐时不得不引入启发式方法，如 BLAST、FASTA。

什么是启发式方法呢？在《人类的认知》一书中指出，人在解决问题时，一般并不去寻找最优的方法，而只要求找到一个满意的方法。因为即使是解决最简单的问题，要想得到次数最少、效能最高的解决方法也是非常困难的。最优方法和满意方法之间的困难程度相差很大，后者不依赖于问题的空间，不需要进行全部搜索，而只要能达到解决的程度就可以了。正如前面所述，生物信息学面对大规模的序列和蛋白质结构数据集，即便使用的算法复杂度再高也不能够得到好的结果，要对全局结果通过变换解来获得满意解，这需要人工智能和认知科学进一步认识人脑，从中获得更好的启发式方法。

生物信息学正式起步于20世纪90年代，目前已经进入“后基因组时代”，在这一领域的研究人员均呈普遍乐观态度。那么，是否存在潜在的隐扰呢？我们可以回顾一下早期人工智能的发展史，在1960年左右，研究学者曾相信不出10年，人类即可像完成登月一样造出一个与人的智能行为完全相同的机器人，从而完成对人的模拟。而迄今为止，这一诺言仍然遥遥无期。即便各个领域都充斥着人工智能研究的成果，但对人的思维行为的了解仍未完全明了。从本质来看，这是最初人工智能研究没有从认识论角度看清人工智能的本质所造成的定位错误；从研究角度来看，一般的形式化语言和规则不能完整描述人的行为，并不能称为智能行为，期望在人工智能研究中取得在物理科学中的成功并不现实。反观生物信息学，其目的是期望从基因或蛋白质序列着手，基于序列及结构信息解答生命演化的要义，从分子层次上解释人类的所有行为、生命过程等。这建立在早期分子生物学、生物物理学和生物化学取得巨大成就的基础上，本质上与人工智能研究相似，希望将生命的奥秘还原成孤立的基因序列或某些蛋白质的功能。然而，海量基因序列或蛋白质组如何作为一个整体在生命体中起调控作用，更值得深入而长远的探讨。

三、分子生物学的典型应用软件

生物信息学作为一门应用学科，目的就是对分子生物学，尤其是核酸、蛋白质测序的飞速发展而产生的大量序列数据利用电子计算机工具进行存储、解释和说明，以期在线性大分子序列排列水平上认识生命的本质。想要在电子计算机上对生物信息进行显示和初步处理，就需要相应的软件对不同的生物信息进行表示和初步处理。

生物信息学家除了研发新算法、新软件外，还努力使这些方法更加方便，保障生物学研究者能够自己使用这些方法。他们主要在两个方面进行努力：一是使生物信息学软件方法程序化，研发适用于个人计算机操作系统的生物信息学软件；二是使方法网络化，提供一种网络在线服务的生物信息学分析平台。虽然生物信息学的发展历史并不长，但已经发展了大量独具学科特色的分析方法和分析软件。

1. DNA分析——AnnHyb、Chromas　AnnHyb的功能主要有三方面。一是对Oligo序列可生成互补序列、预测融合温度、计算GC百分含量、计算分子量、计算摩尔消光系数、二聚体和发卡结构分析等。二是对长链DNA序列可以进行序列检索、注释、编辑、格式转换，限制酶分析、翻译、序列查找、反序与补序、序列统计、ORF查找、探针分析、使用密码子统计，计算PCR产物的长度和变性温度。三是打开、编辑多重比对结果。

Chromas的功能相对单一一些。主要是显示测序结果图，以文本等格式输出测序结果及搜索特定序列（图1-3）。

2. RNA分析——RNAstructure　RNAstructure的亮点是根据最小自由能原理，将Zuker的由RNA一级序列预测RNA二级结构的算法在软件上实现。预测所用的热力学数据是从实验室中获得的。其功能是将RNA以不同方式进行折叠，确定与RNA紧密杂交的Oligo，画出RNA的折叠方式。

3. 蛋白质分析——AntheProt　AntheProt主要是进行各种蛋白质序列分析与特性预测。包括：进行蛋白质二级结构预测；在蛋白质序列中查找符合PROSITES数据库的特征序列；绘制出蛋白质序列的所有理化特性曲线；在Internet或本地蛋白质序列数据库中查找类似序列；计算蛋白质序列分子质量、比重与各蛋白质残基百分比；计算蛋白质序列滴定曲线与等电点；选定一个片段后，绘制Helical Wheel图；进行点阵图（dot plot）分析；计算信号肽潜

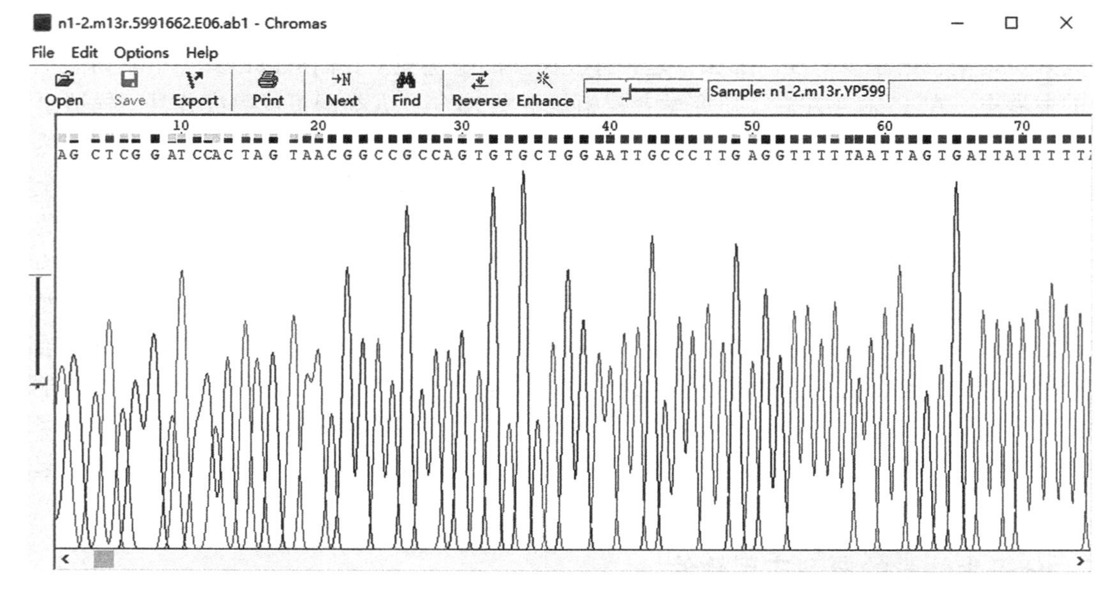

图 1-3 Chromas 实际操作界面图

在的断裂位点等功能。

4. 三维分子——RasMol　RasMol 的功能主要是利用计算化学、分子图形学以及信息产业的同步高速发展的成果，从数据库中下载分子坐标文件，以各种模式、各种角度旋转观察分子的微观三维立体结构，进而了解化合物分子结构和各种微观性质与宏观性质之间的定量关系。

5. PCR 相关引物设计——Primer Premier　Primer Premier 是一款用来帮助研究人员设计引物的应用软件，利用它的高级引物搜索引物数据库，进行引物设计、编辑和分析等，可以设计出有高效扩增能力的理想引物，及 PCR 产物高达 50 kb 以上的引物序列。该软件主要由以下几个功能模块组成：GeneTank 序列编辑、Primer 引物设计、Align 序列比较、Enzyme 酶切分析、Motif 基序分析。版本更新后，添加了一些新的内容，如种间交叉引物设计利用来自多个物种的序列设计扩增引物；病理检测引物设计可用来在高保守区域设计引物；等位基因特效引物设计专用于扩增某一类相关序列中特定成员的引物。

生物信息学家的不懈努力，使得生物学研究者可以利用一台个人计算机做 DNA、RNA 和蛋白质序列分析、基因组水平的分析。大多数生物学家使用生物信息学方法或数据库，主要集中在数据库搜索、BLAST 序列对比等。内容丰富的分子生物学应用软件，减轻了生物学研究者对核酸和蛋白质序列的初步分析和实验设计的工作量。而基于分析和解释海量已测得的生物信息数据的生物信息学，也必将在“后基因组时代”分子生物学家揭示生命的本质时大放异彩。

第二节　生物信息学的发展简史

了解一门学科的发展简史，有利于我们更快地理解这门学科的起源和发展历程中的点滴进步。由此可以更好地理解这门学科的应用，也为我们以后研究和推动这门学科的发展，点明了正确的方向。

生物信息学（bioinformatics）一词最早出现在1990年，由出生在马来西亚的美籍学者林华安首次提出。20世纪80年代末期，林华安博士认识到将计算机科学与生物学结合起来具有重要意义，开始为这一新兴领域构思合适的学科名称。起初，考虑到佛罗里达州立大学超型计算机计算研究所将要支持他主办一系列生物信息学会议，他使用的是“CompBio”，随后更改为兼具法国风情的“bioinformatique”，不久后进一步更改为“bio-informatics（bio/informatics）”。但由于当时电子邮件中的“-”“/”符号经常会引起许多系统问题，于是林博士最终将名称更改为“bioinformatics”，林华安博士也因此赢得了“生物信息学之父”的美誉。

纵观生物信息学的发展历史，早在20世纪60年代，生物分子信息便在概念上将生物学和计算机科学联系起来，具备了早期生物信息学的雏形（图1-4）。因此，我们可将生物信息学的发展简史分为三个主要阶段。

1962	Pauling提出分子进化理论
1967	Dayhoff构建蛋白质序列数据库
1970	Needleman-Wunsch算法被提出
1977	Staden利用计算机软件分析DNA序列
1981	Smith-Waterman算法出现
1981	序列模体（motif）的概念被提出（Doolittle）
1982	GenBank数据库（Release3）公开：EMBL创立
1982	λ-噬菌体基因组被测序
1983	Wilbur和Lipman提出序列数据库的搜索算法（Wilber-Lipman算法）
1985	快速序列相似性搜索程度FASTP/FASTN发布
1988	美国国家生物技术信息中心（NCBI）创立
1988	欧洲分子生物学网络EMBnet创立：三大核酸数据库（GenBank、EMBL和DDBJ）开始国际合作
1990	快速序列相似性搜索程序BLAST发布
1991	表达序列标签（EST）概念被提出，从此开创EST测序
1993	英国Sanger中心在英国休斯敦建立
1994	欧洲生物信息学研究所在英国Hinxton成立
1995	第一个细菌基因组测序完成
1996	酵母基因组测序完成
1997	PSI-BLAST (BLAST系列 程序之一) 发布
1998	Phil Green等研制的自动测序组装系统 (Phred-Phrap-Consed系统) 正式发布
1998	多细胞线虫基因组测序完成
1999	果蝇基因组测序完成
2000	人类基因组测序基本完成
2001	人类基因组初步分析结果公布

图1-4 进入“后基因组时代”前的生物信息学发展简史

（1）形成期（20世纪80年代）。以分子数据库和BLAST等对比程序为代表。1982年三大分子数据库的国际合作使数据共享成为可能，同时为了有效管理与日俱增的数据，以BLAST、FASTA等为代表的工具软件和相应的新算法被大量提出和研制，极大地提高了研究者管理和利用分子数据的能力。在这一阶段，生物信息学作为一个新兴学科已经形成，并确立了自身学科的特征和地位。

（2）高速发展期（20世纪90年代～2005年）。以基因组测序与分析为代表。基因组计划，特别是人类基因组计划的实施，使得分子数据以亿为单位计算；基因组水平上的分析使生物信息学的优势得以充分表现，基因组信息学成为生物信息学中发展最快的前沿学科。Phred-Phrap-Consed系统软件包1993年出现，1995年已广泛应用于鸟枪法测序中序列碱基识别、拼装和编辑等，与BLAST一起在人类基因组计划的研究历史中占有一席之地。

（3）高通量测序技术时期（2006年至今）。以第二代测序技术Solexa（后来的Illumina测序技术）和第三代测序技术及其相关数据分析技术为代表。高通量测序技术彻底改变了生物信息学研究对象（序列）的产生数量、成本特征和应用领域等，它带来一系列生物信息学方法的变革和创新，如基因组拼接方法等。

目前，生物信息学在许多方面影响着医学、生物技术和人类社会，已飞速发展成为介于生物学和计算机科学的重要前沿学科。随着基因组测序计划持续高效开展、高通量技术的不断应用，研究的重点从最初的数据积累转向数据的解释。研究工作的重要组成部分包括开发使用序列分类、DNA序列编码区识别、相似性搜索、进化过程的构建、分子结构与功能预测等方面。这些研究的开展不仅有助于研究者了解生命本质和进化过程中的理论问题，同时也在基于大数据分析方法开发靶向药物和新型疗法具有重要应用价值。在后基因组时代，生物信息学的主要研究内容为代谢网络分析、比较基因组学、蛋白质组学、基因表达谱网络分析、蛋白质结构与功能分析、药物靶点筛选以及数据处理分析等。

第三节　水产生物信息学的应用与发展前景

一、生物信息学技术在水产领域的应用

水产科学是一门综合性学科，一方面它是生命科学的重要分支，主要研究对象包括水生经济动物、水生实验动物、水生环境微生物（尤其是致病微生物），以及水生浮游植物等；另一方面，它也包含水产资源学、捕捞学、水产品加工工艺学和渔业经济学等非生物学科。这两个层面并不是相互独立的，前者是水产科学的核心内容，也是后者的基础和保障。

顾名思义，水产生物信息学（aquatic bioinformatics）是在水产科学中，应用生物信息学有关的技术手段服务于具体的水产科学研究的学科。如水产生物的育种与繁殖、生长与营养、产品质量与安全、宿主和病原互作等。目前，在水产生物中应用最多的是基因组学分析和转录组学分析，蛋白质组学分析的研究应用较少。

（一）基因组学分析在水产领域的应用

基因组学是其他组学的基础，是研究生物体内全部基因的组成及其功能的科学，已经对生命科学的方方面面产生了深入影响。目前，水产生物研究者已经对40多种常见水产动物进行了基因组测序（表1-1），为水产生物的研究与应用提供了一大批与生长、发育、繁殖、营养、免疫、抗逆等相关的候选基因。基因组功能注释除了服务于水产养殖业还为水产生物所特有的生物学现象的遗传基础和分子机制解析提供了生物信息证据，为物种进化研究提供了参考，丰富了水产动物的遗传资源。

表1-1　已完成基因组测序的水产动物

物种名称	发表期刊	时间
红鳍东方鲀 *Takifugu rubripes*	*Science*	2002-08
黑青斑河豚 *Tetraodon nigroviridis*	*Nature*	2004-10
海胆 *Strongylocentrotus purpuratus*	*Science*	2006-11
青鳉 *Oryzias latipes*	*Nature*	2007-06
海葵 *Nematostella vectensis*	*Science*	2007-07

续表

物种名称	发表期刊	时间
鳉 *Nothobranchius furzeri*	*Genome Biology*	2009-10
水螅 *Hydra magnipapillata*	*Nature*	2010-03
海绵 *Amphimedon queenslandica*	*Nature*	2010-08
大西洋鲑 *Salmo salar*	*Genome Biology*	2010-11
水蚤 *Daphnia pulex*	*Science*	2011-02
大西洋鳕鱼 *Gadus morhua*	*Nature*	2011-09
鲇 *Ictalurus punctatus*	*BMC Genomics*	2011-12
马氏珠母贝 *Pinctada fucata*	*DNA Research*	2012-02
三刺鱼 *Gasterosteus aculeatus*	*Nature*	2012-04
鳗鲡 *Anguilla japonica*	*Gene*	2012-09
牡蛎 *Crassostrea gigas*	*Nature*	2012-10
帽贝 *Lottia gigantea*、海蠕虫 *Capitella teleta*、淡水水蛭 *Helobdella robusta*	*Nature*	2013-01
七鳃鳗 *Petromyzon marinus*	*Nature Genetics*	2013-04
斑马鱼 *Danio rerio*	*Nature Genome Biology*	2013-04 2013-06
矛尾鱼 *Latimeria chalumnae*	*Nature*	2013-04
剑尾鱼 *Xiphophorus maculatus*	*Nature Genetics*	2013-05
蓝鳍金枪鱼 *Thunnus orientalis*	*PNAS*	2013-07
水母 *Mnemiopsis leidyi*	*Science*	2013-12
姥鲨 *Callorhinchus milii*	*Nature*	2014-01
半滑舌鳎 *Cynoglossus semilaevis*	*Nature Genetics*	2014-03
虹鳟 *Oncorhynchus mykiss*	*Nature Communications*	2014-04
菊黄东方鲀 *Takifugu flavidus*	*DNA Research*	2014-07
南极抗冻鱼 *Notothenia coriiceps*	*Genome Biology*	2014-06
罗非鱼 *Oreochromis niloticus*	*Nature*	2014-09
墨西哥脂鲤 *Astyanax mexicanus*	*Nature Communications*	2014-10
大黄鱼 *Larimichthys crocea*	*Nature Communications PLoS Genetics*	2014-11 2015-04
鲤 *Cyprinus carpio*	*Nature Genetics*	2014-11
弹涂鱼 *Periophthalmus cantonensis*	*Nature Communications*	2014-12
舌齿鲈 *Dicentrarchus labrax*	*Nature Communications*	2014-12
文昌鱼 *Branchiostoma floridae*	*Nature Communications*	2014-12
草鱼 *Ctenopharyngodon idellus*	*Nature Genetics*	2015-06
章鱼 *Octopus bimaculoides*	*Nature*	2015-08

近些年在水产科学中，水产生物的全基因组测序飞速发展，基因组学的研究主要集中在水产生物的育种和繁殖上，目的是保持养殖群体的遗传多样性以及减少对野生资源和环境的影响，助力水产养殖的高效可持续发展。

随着基因组学在水产科学领域的不断发展，分子标记在水产动物育种中得到了广泛应用通过应用分子标记信息，可以进行系谱追溯和遗传多样性的维持、QTL定位和标记辅助选育（MAS）。使用分子标记信息，有助于克服水产科学传统选育中的一些难点，如幼体过小的水产生物难以被逐个标记、大量培育符合系谱要求的个体时在空间和技术上的限制。可以使得在实际选育过程中，先对家系来源不同、规格一致的个体混合起来培育，从而消除家系特异的环境效应。在进行表型鉴定后，利用分子标记对混合的个体进行系谱鉴定。目前，SSR因具有丰富的遗传变异和很高的个体间特异性，成为亲缘分析和系谱追溯最常用的标记类型。

在育种的开始阶段，构建足够大的育种基础群体对育种能否成功至关重要。在大多数鱼类和贝类的育种过程中，缺乏足够基础群体是育种选择力较低的主要原因。增加有效群体规模可以降低随机遗传漂变和提高选择反应的概率。分子标记能够鉴别候选群体中个体之间的亲缘关系，避免近亲交配和自交。在牡蛎、鲷、鳟、鲑、鳕、牙鲆等水产生物中，分子标记已经成为了检测繁育群体遗传多样性水平的常规检测方法。

标记辅助育种在水产育种的遗传改良项目中至今还未发挥显著作用。一般来说，鱼类、贝类选育的目标性状要便于表型鉴定（体重、体长等），才能够在大规模选育中得到改进。而随着分子标记和高通量基因分型技术的发展，标记辅助选育使得难以鉴定的表型（抗病能力、性成熟等）也可以成为候选目标性状。通过定位QTL来寻找目标性状（表型）的基因型与分子标记的关联性。目前水产生物开展QTL定位研究的有罗非鱼的抗寒和生长性状，鲑的抗病能力，皱纹盘鲍的壳、肌肉重量性状。尽管已经开展了许多相关研究，但相对而言水产生物的QTL作图和MAS的进展明显落后于陆生动植物，在之后的研究中，通过结合遗传学和基因组学的方法来研究鱼类、贝类复杂性状的变异，将会提高MAS的可行性。

（二）转录组学分析在水产领域的应用

转录组测序技术是指某一特定生理状态条件下，针对生物样本内全部转录本的RNA序列的测序方法。测序方法也从传统的基因芯片法逐渐演变为高通量测序法，已有相当一部分研究将转录组技术应用到水产相关物种上，并取得了丰硕的成果。通过使用生物信息学手段分析转录组数据，能够获得在不同条件下基因水平的表达差异，从而对关键的基因及其代谢通路进行定位，并与特定的生理学现象进行关联。

鱼类养殖最主要的目标之一就是使鱼类获得最佳生长速度。而鱼类的生长是一个比较复杂的过程，与其他的生理过程（如发育、营养和代谢）相互关联。因此，必须用多种方法联合研究肌肉生长的各种影响因素。通过高通量技术来研究鱼类的肌肉生长已成为一种趋势，目前，在鲑鳟类肌肉生长的转录组研究中已较为成熟。

通过分析转生长激素（GH）基因鲑的转录组数据，可检测到与转录因子、肌纤维生成和肌肉结构相关的基因表达上调；分析两个注射了GH的生长快和生长慢的虹鳟家系，识别出白肌调节细胞进程（如细胞周期、免疫反应、代谢或蛋白质降解）中相关上调或下调的基因。

目前，转录组在鱼类中的性别分化和决定、免疫等相关领域也有所研究。转录组研究具有较大的优势，不仅与基因组研究互相补充，还为我们提供了新的视角。①转录组能在一定的程度上为基因组未公开的物种提供依据；②能够全面的获得与某个功能相关的基因；③可以获得在动态的生命过程中基因表达量最具有变化的基因，甚至是某个时期特有的基因；④转录组对于新基因的发现具有很大的优势；⑤转录组可以使我们更好地了解各种信号通路，了解基因的上下游调控关系，甚至是建立起生命的调控网络。

（三）蛋白质组学分析在水产领域的应用

蛋白质组学是同时解析在某一生理条件下，由一个细胞、组织或器官表达的所有蛋白质的新兴学科，蛋白质组学技术包括质谱（mass spectrometry）、二维聚丙烯酰胺凝胶电泳（2D-PAGE）、芯片、纳米技术及生物信息学分析方法，目前已广泛应用在生命科学中，并逐渐向水产科学领域扩展。通过对水产生物蛋白质组进行高通量测序，能够全面评估特定生理条件下蛋白质与蛋白质之间的相互作用和细胞的变化情况，以及发掘尚未被注释的关联分子和分子作用模型。

在水产科学中，因硬骨鱼类对营养相关刺激转录应答有限，所以鱼类营养在蛋白质组中的研究多与其有关。饥饿实验中，在虹鳟的肝脏中发现 24 个表达差异显著的蛋白质。在植物蛋白代替肉糜实验中，鳟的生长性能和肝脏蛋白质含量都发生变化，蛋白质周转效率和蛋白质代谢率增强，有 33 个蛋白质的表达丰度发生变化，最为明显的就是热激蛋白的丰度变化。通过对植物蛋白饲喂的鱼肝脏中的蛋白质组分析可知，尽管摄食量不变，但蛋白质利用效率大大减少，有更高的能量需求。

二、水产生物信息学的发展前景

自从借助高通量的测序技术和生物信息学的分析方法在 20 世纪 90 年代末兴起之后，生命科学的多个领域因基因组学、转录组学、蛋白质组学和结构生物学的高速发展而取得了辉煌的成就。此外，新兴组学、代谢组学和相互作用组学，分别研究生物体内所有代谢组分和蛋白与蛋白之间的相互作用。这些组学的单独应用和联合运用将会极大地促进科学界对生命现象的理解。对于当前的水产科学而言，一方面，基因组和转录组测序技术已经得到了广泛的应用，并取得了丰硕的成果；另一方面，宏基因组学、蛋白质组学和结构生物学的应用仍较为缺乏。可喜的是，生物学研究者正逐渐关注环境中全体微生物组成的宏基因组学，这意味着研究人员正在不断重视水生生态环境和养殖环境。当前在水产科学中，拥有良好发展机遇又充满各种挑战的是研究蛋白质组成、结构和功能的蛋白质组学和结构生物学。需要指出的是，蛋白质结构的突变、基因－蛋白质之间的相互作用以及蛋白质－蛋白质之间的相互作用（包括静电相互作用、疏水相互作用和范德华相互作用），与许多重要的生理病理现象背后的分子机制有关，也是理解并解决相关科学问题的最终钥匙。

作为水产科学研究者，应当努力跟踪先进技术，为了更好地促进水产科学工作的进展，要将各种组学技术尤其是蛋白质相关技术合理地运用到相关的科学问题中来。可以预见，在不久的将来，上述技术将针对水产科学的特点，服务于水产养殖的具体应用当中。例如，识别相关的基因并用于鱼类生长和营养学特征选育的分子标记辅助选育项目上；用于诊断鱼类生长和营养状态；辅助开发全新且环境友好型鱼类饲料。随着生物信息分析能力的提高，未来水产养殖的组学研究充分利用转录组技术的力量，将对功能基因类群进行深度的信息分析，阐明生物学过程的分子机制以及正确描述水产生物的生理状态。

第二章 水产生物学基础

学习目标 · Learning Objectives

1. 掌握核酸、蛋白质的基本结构特点。
   Master the basic structural characteristic of nucleic acid and protein.
2. 掌握分子生物学的中心法则。
   Master the central dogma of molecular biology.
3. 掌握基因组、转录组、蛋白质组和表观组的概念。
   Master the concept of genome，transcriptome，proteome and epigenomic.

第一节 生物大分子

一、生物大分子的结构

地球上的生物虽然形态多样、种类繁多，但都由原生质（protoplasm）组成，而组成原生质的化学元素包括大量元素和微量元素两大类，其中大量元素包括碳、氢、氧、硫、磷、氮、钠、钾、铁、镁、氯、钙等，占99.99%。微量元素包括锌、铜、锂、钡、锰、钴等，占0.01%。组成原生质的各种元素在生命体内以无机化合物和有机化合物两类形式存在。无机化合物包括无机盐和水，有机化合物包括核酸、蛋白质（酶）、糖类、维生素和脂质等，它们大都由碳、氢、氧、氮、硫、磷等元素组成，是构成生物体的主要结构材料和行使生命活动的重要分子基础。因为核酸、蛋白质、糖类和脂质的相对分子质量很大（10 000～1 000 000）、结构复杂、功能多样，所以被称为生物大分子（biomacromolecule）。一个生物大分子要发挥生物学功能，必须具备两个基础：第一，要拥有特定的空间结构（三维结构）；第二，在发挥生物学功能时必定存在着结构和构象上的变化。从结构上看，基本结构单位的排列顺序构成了生物大分子的一级结构，在一级结构的基础上方可形成复杂的空间结构，从而产生特定的生物功能。因此解析生物大分子的空间结构对理解其功能，进而理解其参与生命过程的机制，最终实现对生命过程的有效调控有着非常重要的意义。通常把研究生物大分子特定的空间结构及结构的动态变化与其生物学功能关系的科学称为结构分子生物学（structural molecular biology）。在结构生物学领域有3个主要的研究方向：结构的测定、结构运动变化规律的探索及结构与功能相互关系的建立。目前，最常见的研究三维结构及其运动规律的手段是X射线衍射的晶体学（又称蛋白质晶体学），20世纪50年代，Waston和Crick就是基于DNA的X射线晶体衍射图谱，提出了DNA双螺旋模型，Kendrew用X线衍射法阐明了肌红蛋白的三维结构，这是世界上第一个被描述的蛋白质三级结构。其次，是用二维或多维核磁共振研究液相结构，也有人用电镜三维重组、电子衍射、中子衍射和各种频谱学方法研究生物高分子的空间结构。随着技术的不断进步和多学科交叉融合的不断深入，结构生物学研究将沿着生物大分子的动态构象变化及在其生理环境中的三维结构和其转化应用等方向进一步深入。

一般认为，核酸、蛋白质和糖类是3类主要的生物大分子，它们在生物体内由相对分子质量较小的基本结构单位首尾相连聚合而成。这些多聚物在分子结构和生理功能上差别较大，然而也具有基本的共同特征。如从分子结构上看，虽然其表现形式不同，但核酸链、肽链和糖链都具有方向性；同时，正确的空间构象是生物大分子执行生物功能的必要基础，因此，它们都有各具特征的高级结构。从功能上看，它们都可以在生物体内由简单的结构合成，通常通过加水分解或脱水缩合等与相应的生物小分子之间转换；并且，这3类生物大分子在活细胞内密切配合，共同参与生命活动，很多情况下形成生命活动必不可少的核蛋白或糖蛋白等复合大分子。

因为生物信息学的主要研究对象是核酸和蛋白质，因此本章重点介绍核酸和蛋白质这两种最重要的生物大分子结构特征。其目的是简单回顾核酸和蛋白质的基础知识，为后续生物信息学的学习奠定基础，但同时本章不可能详细介绍分子生物学的知识，如有需要，请参阅分子生物学领域的优秀教材。

二、DNA和RNA

现代遗传学，尤其是分子生物学的研究证实，脱氧核糖核酸（deoxyribonucleic acid，DNA）和核糖核酸（ribonucleic acid，RNA）是生物用来储存遗传信息的物质。除RNA病毒以外，其余生物体的遗传物质都是DNA。核苷酸是DNA和RNA分子的基本结构单位，每个核苷酸由一个五碳糖、一个含氮碱基及一个磷酸基团组成，其中含氮碱基与五碳糖的1′碳原子相连，磷酸基团与五碳糖的5′碳原子相连（图2-1）。五碳糖有脱氧核糖和核糖两种，DNA中的五碳糖为脱氧核糖，RNA中的五碳糖为核糖。相应的核苷酸也被分为脱氧核糖核苷酸和核糖核苷酸。此外，组成DNA分子的碱基有4种，腺嘌呤（adenine，A）、胸腺嘧啶（thymine，T）、鸟嘌呤（guanine，G）和胞嘧啶（cytosine，C），4种碱基结构就像英文的26个字母一样，组成生命的单词、短语、句子，描述着生物的遗传信息。RNA中的碱基有4种，其中3种与DNA相同，只是用尿嘧啶（uracil，U）代替了T。每个核苷酸通过3′，5′-磷酸二酯键连接形成链状的生物大分子。

（一）DNA

1950年，Chargaff对不同来源的碱基组成的研究发现，嘌呤的含量总是大体与嘧啶的含量相等，即A＝T，G＝C，A＋G＝T＋C。1952年，伦敦国王学院的Wilkins和Franklin利用X射线衍射技术分析DNA的三维结构时，成功拍摄到了DNA的显微照片，其每3.4nm形成一圈，每圈直径是2nm。Watson和Crick于1953年在总结前人工作的基础上提出了DNA分子的双螺旋结构模型，这不仅解释了当时已知的DNA的一切理化性质，还为合理解释遗传物质的各种功能、生物的遗传和变异、自然界千变万化的生命现象奠定了重要的理论基础。两人也因此获得了诺贝尔奖。该模型认为DNA分子是双链结构，所有碱基都处于双链的内侧，磷酸和脱氧核糖在外侧形成骨架，一条单链的碱基序列和另一条单链的碱基序列互补配对，碱基间通过氢键相互作用。其中A-T间形成两个氢键，G-C间形成三个氢键，一条链上的A只能和另一条链上的T配对，G只能和C配对，这种原则称为碱基互补。两条核苷酸链相互平行但方向相反，一条链的方向是5′→3′，另一条链的方向是3′→5′，两条核苷酸链围绕着同一中心

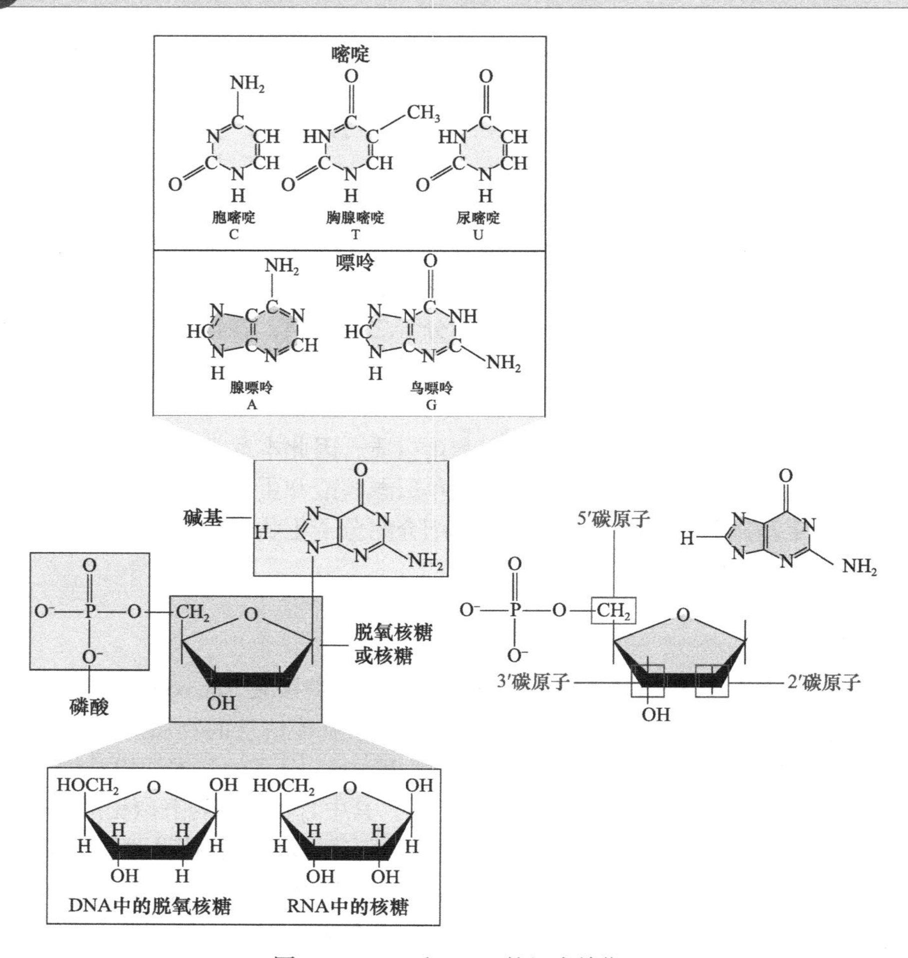

图 2-1　DNA 和 RNA 的组成单位

轴盘绕呈双螺旋。即顺着螺旋轴心从上往下看，可见碱基平面与纵轴垂直，螺旋的轴心穿过氢键的中点。相邻碱基对平面之间的距离为 0.34 nm，即沿中心轴方向，每隔 0.34 nm 有一个核苷酸，每圈螺旋有 10 个碱基对，螺距为 3.4 nm，脱氧核糖环平面与纵轴大致平行。根据碱基互补原则，已知一条链的碱基顺序就能推出另一条链的碱基顺序（图 2-2）。DNA 通常以线状或环状形式存在，绝大多数 DNA 分子都由两条碱基互补的单链构成，只有少数生物，如某些病毒或噬菌体以单链形式存在。DNA 单链可以和互补的 DNA 或 RNA 单链序列配对形成双链 DNA 或 RNA/DNA 的杂合体，这一特性被称为核酸杂交，核酸杂交是 DNA 微阵列（DNA microarray）等分子生物学实验的技术基础。此外，DNA 的双链互补配对具有低错误率的特点，能够保证生命个体的基因尽可能准确地传递给下一代。DNA 分子中的氢键作用力很弱，因此 DNA 双螺旋结构中的双链很容易彼此分开，如在 DNA 复制过程中，DNA 需要在解旋酶的作用下进行解旋，然后每条单链都可作为模板，在 DNA 聚合酶的作用下准确地为模板链上对应的碱基找到其匹配的核苷酸并合成一条新的互补链，最终每个 DNA 分子都能复制产生两个相同的 DNA 分子，遗传信息得以传递。在实验条件下，当 DNA 溶液温度接近沸点或者 pH 较高时，互补的两条链就可能分开，称为 DNA 的变性。但 DNA 双链的这种变性过程是可逆的，当变性的 DNA 溶液缓慢降温时，DNA 的互补链又可重新聚合，重新形成规则的双螺旋，

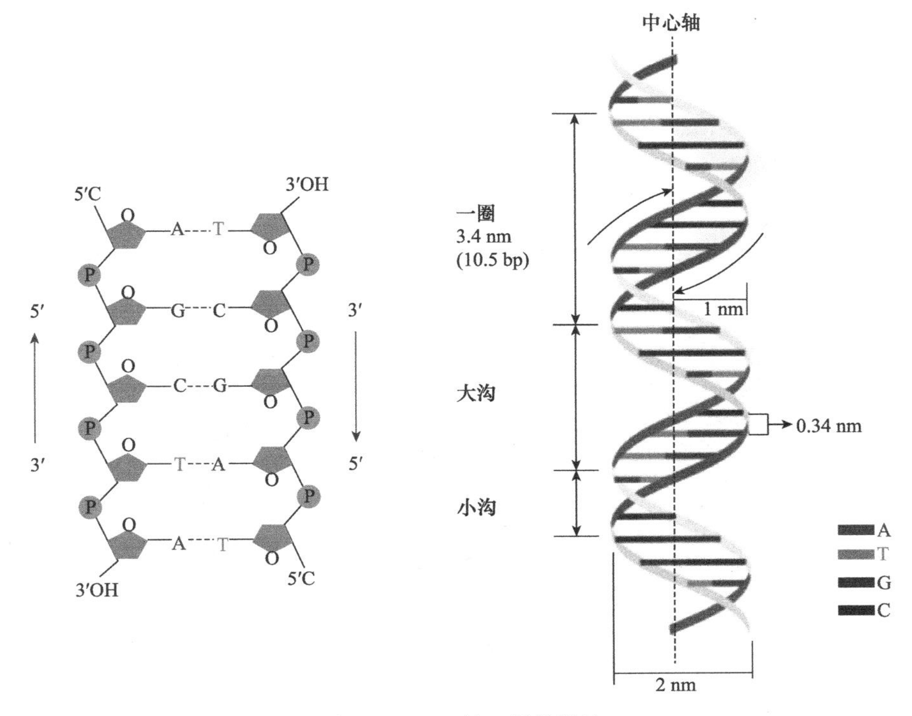

图 2-2 DNA 的双螺旋结构

DNA 的这种变性和复性能力被用于 DNA 印迹和 DNA 芯片分析等。

DNA 的分子结构包括一级结构、二级结构和高级结构。其中一级结构，就是指 4 种核苷酸的连接及其排列顺序，表示了该 DNA 分子的化学构成。从 DNA 的分子结构中可以看出，碱基在长链中的排列顺序是千变万化的，每个 DNA 分子所具有的特定的碱基排列顺序构成了 DNA 分子的特异性，不同的 DNA 链可以编码出完全不同的多肽。DNA 分子中 4 个核苷酸千变万化的序列排列反映了生物界物种的多样性和复杂性。

DNA 的二级结构是指两条多核苷酸链反向平行盘绕所生成的双螺旋结构，通常二级结构分为两大类：一类是右手螺旋，如 A-DNA 和 B-DNA；另一类是左手螺旋，即 Z-DNA，DNA 通常以右手螺旋形式存在（图 2-3）。一般来说 B-DNA 是普遍存在的结构，也是 Watson 和 Crick 提出的模型，A-T 丰富的 DNA 片段常呈 B-DNA。B-DNA 中碱基对倾斜角小，螺旋轴穿过碱基对，其大沟宽，小沟窄。当 DNA 处于转录状态时，DNA 模板链与由它转录所得的 RNA 链间形成的双链就是 A-DNA，A-DNA 虽然也是右手螺旋，但与 B-DNA 螺旋相比，碱基对倾斜角大，并偏向双螺旋的边缘，因此具有一个深窄的大沟和宽浅的小沟，碱基对与中心轴的倾角发生改变，螺旋宽而短，每圈螺旋包括 11 个碱基对。A-DNA 构象对基因表达具有重要的意义。另外，B-DNA 双链都被 RNA 链所取代而得到由两条 RNA 链组成的双螺旋结构也是 A-DNA。另外，研究发现还存在 C-DNA，D-DNA 和 B-DNA 等不同形式 DNA，由于它们均接近 B 型，可作为 B 型同一族。Z-DNA 结构为 1979 年 Rich 通过 X 射线衍射对 d（CGCGCG）结晶进行结构分析提出的结构模型，它的双股螺旋为左旋形态，螺旋细长，每圈螺旋含 12 对碱基，大沟平坦，小沟深而窄，核苷酸构象顺反相间，螺旋骨架呈 Z 字型。Z-DNA 能与 B-DNA 相互结合，当一段 Z-DNA 形成时，其两端必为 B-DNA 和 Z-DNA 的相互结合形态，形成与 B-DNA 的接口。它比较特殊，主要是在细胞减数第一次分裂前期中的偶

主要参数	A-DNA	B-DNA	Z-DNA
螺旋方向	右	右	左
核苷酸构象	反式	反式	C反式、G顺式
每轮碱基对数	11	10	12
螺旋直径（nm）	2.55	2.37	1.84
碱基间距（nm）	0.26	0.34	0.37
碱基倾角（°）	20	6	7

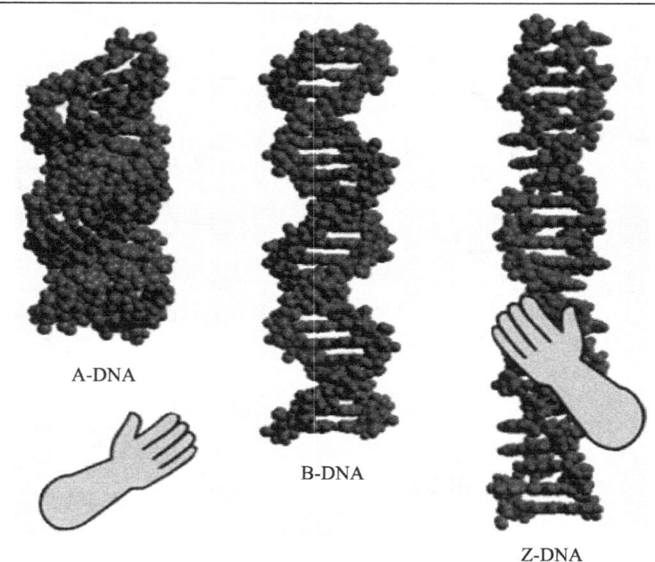

图 2-3　DNA 的二级结构

线期产生的，DNA 转录时，若局部变构为 Z-DNA，可使 DNA 的转录活性降低。

DNA 的高级结构是指 DNA 双螺旋进一步扭曲盘绕所形成的更复杂的特定空间结构，包括超螺旋、线性双联中的纽节、多重螺旋等。其中超螺旋结构是 DNA 高级结构中的主要形式。DNA 双螺旋结构中，一般每转一圈有 10 个核苷酸对，双螺旋总处于能量最低状态，若正常 DNA 双螺旋额外地多转或少转几圈，使每转一圈的核苷酸数量大于或小于 10，就会出现双螺旋空间结构的改变，在 DNA 分子中产生额外的张力。若此时双螺旋链的末端是自由的，可通过链的转动而释放这种额外的张力，从而保持原来的双螺旋结构；若此时 DNA 分子的末端是固定的或是环状分子，双链不能自由转动，额外的张力就不能释放而导致 DNA 分子内部原子空间位置的重排，进而造成扭曲，出现超螺旋结构。即 B-DNA 双螺旋分子的链间螺旋数若发生变化，就会出现超螺旋结构，而且超螺旋的绕数与 B-DNA 的链间螺旋数有密切关系。超螺旋结构可分为正超螺旋（右手超螺旋）和负超螺旋（左手超螺旋）结构两大类，负超螺旋是细胞内常见的 DNA 高级结构，正超螺旋是过度缠绕的双螺旋结构。它们在不同类型拓扑异构酶作用下或在特殊情况下可以相互转变，研究发现，细菌质粒 DNA 在天然状态下以负超螺旋为主，稍被破坏即出现开环结构，两条链均断裂开则呈线性结构。DNA 的一级结构决定了其高级结构，这些高级结构又决定和影响着一级结构的功能。

（二）RNA

DNA 是贮藏遗传信息的最重要的生物大分子，但需要通过转录生成 mRNA、翻译生成蛋白质才能调控生物功能。除了少数病毒外，所有 RNA 分子都来自 DNA 的转录。贮存在 DNA

双链中的遗传信息通过一个被称为转录的酶促反应按照碱基互补配对的原则被转化成为单链RNA分子。与DNA相比，细胞内的RNA种类繁多，可根据结构和功能不同分为信使RNA（messenger RNA，mRNA）和非编码RNA（non-coding RNA，ncRNA）。目前已发现的RNA中，编码RNA占总量的2%，非编码的RNA占98%。非编码RNA包括转运RNA（transfer RNA，tRNA）、核糖体RNA（ribosomal RNA，rRNA）、核内小RNA（small nuclear RNA，snRNA）、小核仁小RNA（small nucleolar RNA，snoRNA）、长链非编码RNA（long-noncoding RNA，lncRNA）、小干扰RNA（small interfering RNA，siRNA）、微RNA（microRNA，miRNA）等。各类RNA在组成、大小、分子结构、生物学功能和亚细胞定位等方面都有所不同。

RNA的结构具有以下特点：①与DNA不同，其骨架含有核糖，在RNA中尿嘧啶取代了胸腺嘧啶，RNA主要以单链形式存在于生物体内。②由于RNA链频繁发生自身折叠，在互补序列间形成碱基配对区，所以尽管RNA是单链分子，它仍然具有大量的双螺旋结构特征。RNA可以多种茎－环结构，如发卡结构、环结构或者凸结构的形式存在，因此，RNA的碱基配对区可以使规则的部分双螺旋，也可以使不连续的部分双螺旋。RNA中的碱基配对还可能发生在不相邻的序列中，形成假结的复杂结构。③RNA因为没有形成长的规则的双螺旋结构，常形成大量的三级结构，如tRNA中的三碱基配对以及碱基与骨架的相互作用。

1. mRNA　mRNA由一条多核苷酸链构成，分子质量在150～2000 kDa，沉降系数为6～25 S，占RNA总量的1%～5%。虽然mRNA在所有细胞内执行着相同的功能，即通过密码三联子翻译生成蛋白质，其生物合成的具体过程和成熟mRNA的结构在原核和真核细胞内是不同的。真核细胞mRNA的最大特点在于它往往以一个较大相对分子质量的前体RNA出现在核内，需要经过转录后加工。只有成熟的、相对分子质量明显变小并经过化学修饰的mRNA才能进入细胞质基质，参与蛋白质合成。原核生物常以AUG（有时GUG，甚至UUG）作为起始密码子，而真核生物几乎永远以AUG作为起始密码子。

真核生物mRNA结构上的最大特征是5′端的帽子及3′的多A尾［poly（A）tail］。mRNA几乎是一诞生就是戴上帽子的，一般认为，帽子结构是GTP和原mRNA 5′三磷酸腺苷（或鸟苷）缩合反应的产物，新加上的G与mRNA链上所有其他核苷酸方向正好相反，像一顶帽子倒扣在mRNA链上，故而得名（图2-4）。mRNA的帽子结构常常被甲基化，第一个甲基出现在所有真核细胞的mRNA中（单细胞真核生物mRNA主要是这个结构），由鸟嘌呤-N（7）-甲基转移酶（guanine-N（7）-methyltransferase）催化，称为零号帽子（cap0）。帽子结构的下一步是在第二个核苷酸（原mRNA 5′第一位）的2′-OH位上加另一个甲基，这步反应由2′-O-甲基转移酶完成。一般把有这两个甲基的结构称为1号帽子（cap1），真核生物以这类帽子为主。当mRNA原第二位核苷酸是腺嘌呤时，其N^6位有时也被甲基化，这一反应只能在2′-OH被甲基化以后才能发生。在某些生物细胞内，mRNA链上的第三个核苷酸的2′-OH位也可能被甲基化，因为这个反应只以带有1号帽子的mRNA为底物，所以被称为2号帽子（cap2）。有2号帽子的mRNA只占有帽mRNA总量的15%以下。帽子结构可以使mRNA免遭核酸酶的破坏。除了组蛋白基因外，真核生物mRNA的3′端都有多A序列，其长度因mRNA种类不同而变化，一般为40～200个。多A序列是在转录后加上去的，多A尾是mRNA由细胞核进入细胞质基质所必需的形式，它大大提高了mRNA在细胞质基质中的稳定性。当mRNA刚从细胞核进入细胞质基质时，其多A尾一般比较长，随着mRNA在细胞质内逗留时间变长，多A尾逐渐变短消失，mRNA进入降解过程。尽管大部分真核mRNA有多A尾，细胞中仍可有多达1/3没有多A尾的mRNA。

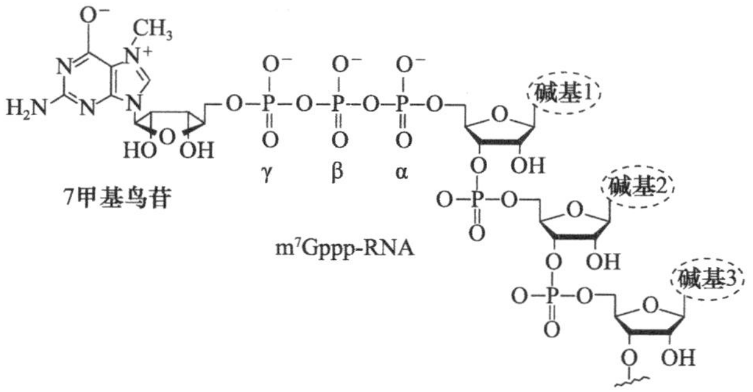

图 2-4 真核生物 RNA 结构

许多原核生物的 mRNA 可能以顺反子的形式存在，细菌 mRNA 可以同时编码不同的蛋白质，把只编码一个蛋白质的 mRNA 称为单顺反子，把编码多个蛋白质的 mRNA 称为多顺反子。多顺反子 mRNA 是一组相邻或相互重叠基因的转录产物，这样的一组基因可被称为一个操纵子，是生物体内的重要遗传单位，如大肠杆菌乳糖操纵子转录成编码 3 条多肽的多顺反子 mRNA，经过翻译生成 β- 半乳糖苷酶、透过酶及乙酰基转移酶。此外，原核生物 mRNA 的 5′ 端无帽子结构，3′ 端没有或只有较短的多 A 尾结构。原核生物起始密码子 AUG 上游 7～12 个核苷酸处有一段被称为 Shine-Dalgarno（SD）序列的保守区，因为该序列与 16 S rRNA 3′ 端反向互补，多被认为在核糖体与 mRNA 的结合过程中起作用。

2. tRNA　tRNA 占细胞 RNA 总量的 5%～10%，在蛋白质的合成中处于关键地位，负责识别被激活的氨基酸，形成氨酰 -tRNA 复合体，准确无误的将氨基酸运输到核糖体去合成蛋白质，虽然 tRNA 分子各自的序列不同，但具有一些共同特征。 tRNA 含有 70～90 个核苷酸，其中含有 10%～20% 的稀有碱基［如假尿苷酸（Pseudouridylic acid）和二氢尿嘧啶（dihydrouracil，D）］。tRNA 的二级结构呈三叶草形（图 2-5）。tRNA 主要由 5 部分组成：①反密码环（anticodon loop），由 7 个核苷酸组成，中间三个碱基构成反密码子，可以识别 mRNA 上的密码子，反密码子的两端由 5′ 端的尿嘧啶和 3′ 端的嘌呤界定。② TΨC 环，由 7 个核苷酸组成，其中含有胸腺嘧啶和假尿嘧啶（Ψ），该环可能与 tRNA 和核糖体的结合以及维持 tRNA 的空间结构有关。③二氢尿嘧啶环，又称 D 环，由 8～12 个核苷酸组成，具有 2 个稀有碱基 D，可与不同的氨酰 -tRNA 合成酶结合。④氨基酸臂，在三叶草的柄部，由 7 对碱基组成，富含鸟嘌呤，其 3′ 端有 CCA 三个碱基，可携带活化的氨基酸。⑤额外环也称多余臂，由 3～18 个核苷酸组成，不同的 tRNA 具有不同大小的额外环，是 tRNA 分类的重要指标。其生物学功能尚不清楚。

有学者在 tRNA 的二级结构基础上做了酵母 $tRNA^{Phe}$、$tRNA^{fMet}$ 和大肠杆菌 $tRNA^{fMet}$、$tRNA^{Arg}$ 等的三级结构，发现都呈 L 形折叠，而这种结构是靠氢键来维持的，tRNA 的三级结构与氨酰 -tRNA 合成酶对 tRNA 的识别有关（图 2-5）。tRNA 的 L 形三级结构，保留了二级结构中由于碱基互补而产生的双螺旋杆状结构，又通过分子重排创造了另一对双螺旋。氨基酸臂和 TΨC 环的杆状区域构成了第一个双螺旋，D 臂和反密码子环的杆状区域形成了第二个双螺旋结构，两个双螺旋结构上各有一个缺口。TΨC 环和 D 臂的套索状结构位于“L”的转折点。所以氨基酸臂顶端的碱基位于“L”的一个端点，反密码子环的套索结构生成了“L”的另一个端点。tRNA 的高级结构特点为我们研究其生物学功能提供了重要的线索。

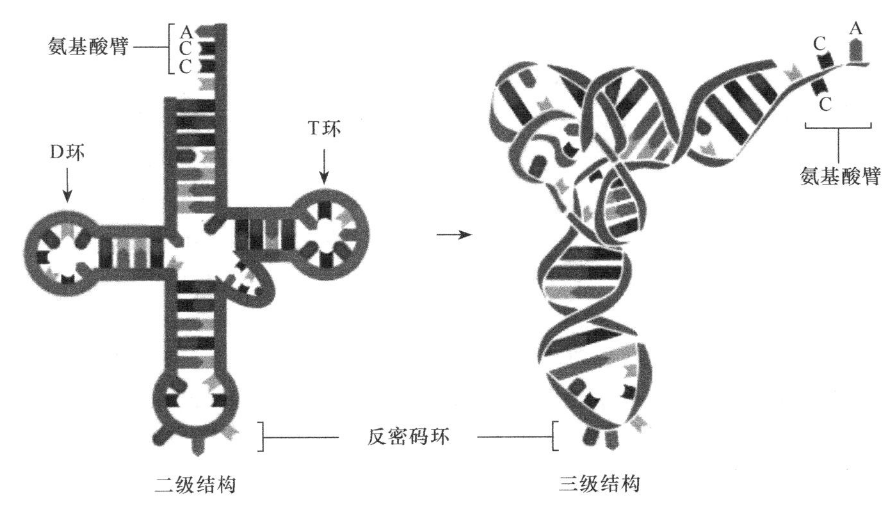

图 2-5 tRNA 的二级结构和三级结构

3. rRNA rRNA 分子质量为 1000～1200 kDa，占细胞内 RNA 总量的 80% 以上，所以是细胞内分子质量最大，含量最多的 RNA。核糖体内的 rRNA 不仅是核糖体的重要结构成分，也是核糖体发挥功能的重要元件。在生物体内主要有 6 种 rRNA，沉降系数分别为 5 S、5.8 S、16 S、18 S、23 S 和 28 S。

（1）5 S rRNA。细菌 5 S rRNA 含有 116 个核苷酸（革兰氏阳性菌）或 120 个核苷酸（革兰氏阴性菌）。5 S rRNA 有两个高度保守的区域，其中一个区域含有保守序列 CGAAC，这是与 TΨC 环上的 GTΨCG 序列相互作用的部位，是 5 S rRNA 与 tRNA 相互识别的序列。另一个区域含有保守序列 GCGCCGAAUGGUAGU，与 23 S rRNA 中一段序列互补，这是 5 S rRNA 与 50 S 核糖体大亚基相互作用的位点，在结构上有其重要性。

（2）5.8 S rRNA。是真核生物核糖体大亚基特有的 rRNA，长度为 160 个核苷酸，含有修饰碱基。它还含有与原核生物 5 S rRNA 中的保守序列 CGAAC 相同的序列，可能是与 tRNA 作用的识别序列，这说明 5.8 S rRNA 可能与原核生物的 5 S rRNA 具有相似的功能。

（3）16 S rRNA。该 rRNA 在蛋白质的合成中起着积极作用，它与 mRNA、50 S 亚基以及 P 位和 A 位的 tRNA 的反密码子直接作用。其长度为 1475～1544 个核苷酸，含有少量的修饰碱基。该分子虽然可以被分成几个区，但全部压缩在 30 S 小亚基内。16 S rRNA 的结构十分保守，其中 3′ 端的一段 ACCUCCUUA 的保守序列，与 mRNA 5′ 端翻译起始区富含嘌呤的序列互补。在 16 S rRNA 靠近 3′ 端处还有一段与 23 S rRNA 互补的序列，在 30 S 与 50 S 亚基的结合中起作用。

（4）18 S rRNA。酵母 18 S rRNA 由 1789 个核苷酸组成，它的 3′ 端与大肠杆菌 16 S rRNA 有广泛的同源性。其中酵母 18 S rRNA、大肠杆菌 16 S rRNA 和人线粒体 12 S rRNA 在 3′ 端有 50 个核苷酸序列相同。

（5）23 S rRNA。rRNA 基因的一级结构包括 2904 个核苷酸，在大肠杆菌 23 S rRNA 第 1984～2001 位核苷酸，存在一段能与 $tRNA^{Met}$ 序列互补的片段，表明核糖体大亚基可能与 $tRNA^{Met}$ 的结合有关。在 23 S rRNA 靠近 5′ 端（第 143～157 位核苷酸）有一段 12 个核苷酸的序列与 5 S rRNA 上第 72～83 位核苷酸互补，表明 50 S 大亚基上这两种 RNA 之间可能存在相互作用。核糖体 50 S 大亚基上约有 20 种蛋白质能不同程度地与 23 S rRNA 相结合。

（6）28 S rRNA。该 rRNA 长度为 3890～4500 bp，目前还不清楚其功能。

4. miRNA　miRNA是一种长度为18～26 nt的单链小分子RNA，广泛存在于真核生物中。1993年，美国科学家在秀丽隐杆线虫中发现了第一个可时序调控胚胎后期发育的基因*lin-4*，它可以通过与靶基因不完全互补配对来调控靶基因的翻译，随后科学家又在线虫中发现了第二个miRNA *let-7*。此后，随着二代测序的发展，miRNA测序也得到了应用，越来越多的miRNA被发现。在DNA上，编码miRNA的序列具有多种存在形式，它可以是内含子，可以位于基因间区，也可以以多顺反子的形式存在。成熟的miRNA 5′端为磷酸基团，3′端为羟基。编码miRNA的基因最初产生一个长的初始转录物（pri-RNA）分子，长度为300～1000bp，会形成一些茎－环结构，其中配对的区域并不一定能完美配对。多数情况下，组成茎部的两条“臂”都产生功能性miRNA。即pri-RNA随后被剪切为70～90个碱基、具有茎－环结构的单链RNA前体（pre-RNA）并经过Dicer酶加工而成，主要通过与靶基因不完全互补结合、抑制翻译或去除mRNA的多A尾等调控靶基因的表达。每一条都有自己的一组靶基因，miRNA和靶RNA的结合是通过“种子残基”（seed residue）的相互作用启动的，对于长度为22bp的miRNA来说，“种子残基”通常是指miRNA中第2到第9个核苷酸之间的序列。该序列与靶基因高度互补，是识别靶基因最有效的区域。

miRNA是由pri-miRNA经过两步剪切反应而产生的。第一步反应需要在核酸内切酶Drosha的作用下进行，Drosha是RNaseⅢ酶家族的成员，该酶与另一种必需的特异性蛋白亚基（在一些生物体中称为Pasha，在另一些生物体中则称为DGCR8）一起形成微加工复合物（microprosessor complex）。Drosha及其所构成的微加工复合物存在于细胞核中，因此pri-miRNA的切割反应是在细胞核内进行的。pri-miRNA中的碱基配对的茎部通常长约33bp，环部大小可变（通常10bp左右）。茎部可以被分为两个功能片段：一个约11bp的茎下部区和一个约22bp的茎上部区，经过微加工复合物的切割，可以得到由茎上部区和环部所组成、长度为70～90bp、具有发夹结构的miRNA前体（pre-mRNA），其末端为5′-磷酸和3′-羟基，其3′末端有2个突出的未配对的核苷酸。所产生的pre-miRNA将通过核孔进入细胞质中。之后，在核酸内切酶Dicer作用下，pre-miRNA生成成熟miRNA。Dicer切割pre-miRNA的双链茎部形成双链形式的miRNA与siRNA不同，许多情况下，双链形式的miRNA中的两条单链之间并不是完美配对的。

miRNA在各个物种间具有高度进化保守性，在茎部的保守性最强，在环部可以允许存在更多的突变位点。这种保守性可能与其功能有着密切关系，多数miRNA不是分散分布的，而是几个miRNA由一个pri-miRNA加工而来。有些miRNA在各个发育阶段都有表达，不具有组织和细胞特异性，但多数miRNA是在特定时间、特定组织细胞内进行表达，在组织发育中起着重要的作用。miRNA与许多重要的生命过程相关，包括发育、造血、凋亡、增殖甚至肿瘤的发生。

miRNA能够与Argonaute等蛋白质结合，产生出携带单链miRNA的RISC复合物，通过与目标基因mRNA碱基配对的方式来控制其他基因的表达。miRNA主要通过两种机制控制mRNA的表达：①通过RISC的核酸内切酶活性，在与mRNA配对处切断靶mRNA，进而导致靶mRNA的降解；②通过抑制靶mRNA翻译，控制靶基因的表达。动物miRNA倾向于同靶mRNA的3′非翻译区发生不完全碱基配对，进而抑制靶mRNA的蛋白翻译过程。然而，动物miRNA同靶mRNA的完全或不完全碱基配对也可能导致mRNA的降解，而植物miRNA倾向于同靶mRNA发生完全或几乎完全的碱基配对，从而导致靶mRNA被切割裂解，尽管也存在阻断翻译的方式。因此，一般认为，mRNA两种作用机制的选择取决于miRNA和mRNA

之间的碱基配对的程度，碱基配对的程度越高，越有可能促使靶 mRNA 被切割裂解。

目前发现，当 RISC 在 miRNA 指导下与靶 mRNA 结合之后，可通过以下几种方式在翻译水平上影响基因表达：① RISC 能够阻止核糖体前进，甚至会造成核糖体提前从 mRNA 分子上脱落下去，从而阻止蛋白质合成的延伸阶段的进行；②在 RISC 的介导下，核糖体所合成出来的新生肽链能够被蛋白酶所降解；③ RISC 中的 Argonaute 蛋白能够和翻译起始因子竞争与 mRNA 的 5′ 帽子结构相结合，从而抑制翻译的起始；④ RISC 中的 Argonaute 蛋白能够阻止核糖体大亚基与结合在 mRNA 分子上的核糖体小亚基相结合；⑤在 RISC 的介导下，mRNA 的 3′ 末端的多 A 尾结构会被降解，阻止 mRNA 的 5′ 末端和 3′ 末端结合在一起形成闭合环状结构；⑥ RISC 促使 mRNA 发生脱腺苷化和脱帽反应，得 mRNA 进入降解途径。虽然翻译抑制是最常见的 miRNA 生理功能，但在有些情况下，miRNA 也可导致翻译激活，如 RISC 和 miRNA 在脆性 X 相关蛋白 FXR1 的帮助下，能够激活肿瘤坏死因子 α 的 mRNA 进行翻译。

5. lncRNA　lncRNA 一词用来指不被翻译成蛋白质的长度超过 200 nt 的 RNA 转录物，其数量巨大。lncRNA 转录物除了来自基因间隔区，多数都来自编码蛋白质基因的内部或附近，并且可以包括 5′ 非编码区、内含子、外显子或 3′ 非编码区在内的其中一条或两条 DNA 链为模板，产生多个往往相互重叠的转录物。一般来讲，单个 lncRNA 被转录的频率比蛋白质编码基因通常小得多。越来越多的证据表明，lncRNA 可在基因调节中起作用。

三、蛋白质

蛋白质（protein）一词从希腊文“proteios”衍生而来，是指按某种重要性居于第一位的东西。尽管已证明核酸是生命内最基本的物质，因为蛋白质的合成和结构最终都取决于核酸，但蛋白质仍然是生物活性物质中最重要的大分子组分，生物有机体的遗传学特性仍然要通过蛋白质来得到表达。蛋白质负责催化细胞内大多数的化学反应（酶蛋白）、调节基因表达（调节蛋白），以及决定细胞、组织和生物体的许多结构特征（结构蛋白）。

蛋白质的生物合成是以氨基酸（amino acid）作为基本材料的，且只有与 tRNA 相结合的氨基酸才能被准确地运送到核糖体中，参与多肽链的起始和延伸。参与蛋白质合成的氨基酸有 20 种，它们可以以任意顺序、任意数量（一般为 100～1000 个）结合在一起。每个氨基酸含有一个结合了羧基（—COOH）的碳原子（α 碳）、一个氨基（$—NH_2$）和一个通常称为 R 基的侧链。R 基一般为携带各种不同原子的碳原子链或碳原子环。最简单的是甘氨酸（—H）和丙氨酸（$—CH_3$）的 R 基。一般来说，蛋白质是由一条或多条多肽链组成，每条多肽链是一串共价结合的氨基酸，多肽链的每一环都是由一个氨基酸的羧基与接下来一个氨基酸的氨基连接而形成的，所生成的化学键是一个称为肽键的共价键。因此，多肽链的主链由 α 碳原子和肽键相间排列构成，侧链自主链伸出，形成有序的排列。多肽链分子的两端不一样，一端具有游离的氨基（$—NH_2$），从而称为氨基端（amino terminus）；另一端具有游离的羧基（—COOH），从而称为羧基端（carboxyl terminus）。每条特定的肽链都有其特异的氨基酸种类和排列顺序，虽然组成蛋白质的氨基酸只有 20 种，但由于组成蛋白质的氨基酸种类、数量和排列顺序不同，使其形成的蛋白质具有多样性。氨基酸的线性顺序组成了蛋白质的一级结构，它是蛋白质的基本结构，即使只有一个氨基酸改变，也可能会形成异常的蛋白质，影响其生理功能，如人血红蛋白 β 链第 6 位上的谷氨酸被缬氨酸所取代，就会导致镰状细胞贫血症。

蛋白质的一级结构对蛋白质的稳定性具有重要影响。成熟蛋白 N 端的第一个氨基酸（除已被切除的 N 端甲硫氨酸之外，但包括翻译后修饰产物）在蛋白质的降解中有着举足轻重的影响。当某个蛋白质的N端是甲硫氨酸、甘氨酸、丙氨酸、丝氨酸、苏氨酸和缬氨酸时，表现稳定。其N端为赖氨酸、精氨酸时表现最不稳定，平均2～3min就被降解了。泛素调控的蛋白质降解具有重要的生理意义，它不仅能够清除错误蛋白质，对细胞生长周期、DNA复制以及染色体结构都有重要的调控作用，而且对于理解细胞的许多生理过程和新药的开发也具有重要意义。

蛋白质的二级结构是在一级结构的基础上，借氢键维持的多肽链盘绕折叠形成的有规律重复的空间结构。其包括3种基本构象：①α螺旋是肽键以右手螺旋盘绕形成的空心筒状构象，螺旋的形成和维系是靠肽键中氨基酸残基的氨基和羧基通过静电引力形成的链内氢键。有的蛋白质以α螺旋为主，而有的蛋白质只是部分肽段为α螺旋。虽然在蛋白质中也存在左手螺旋，但是侧链的相互作用使得其对右手螺旋更有偏好性，因此在蛋白质中右手螺旋占主导地位。②β折叠是一条肽链自身回折形成的平行排列构象，这种折叠靠平行链之间的氢键维系。不少蛋白质的二级结构中有部分肽段为β折叠，有部分肽段为α折叠。但有的蛋白质，如免疫球蛋白轻链，几乎全由β折叠构成。③三股螺旋又称π螺旋，是胶原蛋白特有的结构，是动物重要的纤维蛋白，这种蛋白质使骨骼、肌腱、韧带等具有很大的强度。胶原蛋白分子中的每条多肽链是一个大而松散的螺旋，由三条多肽链相互缠绕形成稳定的右手超螺旋，这种螺旋主要靠氢键维持。

蛋白质的三级结构是蛋白质多肽键在二级结构的基础上，进一步螺旋折叠形成的空间结构。维系三级结构的化学键除氢键和二硫键外，还依靠各种氨基酸侧链之间形成的疏水键和离子键。只具有一条肽链的蛋白质，需要在三级结构水平上才能表现出生物学活性，但是两条或多条肽键构成的蛋白质，必须形成四级结构才能表现出生物活性。因此，四级结构不是所有蛋白质都具有的结构。四级结构中分离的亚基虽然具有三级结构，但是不具有生物学活性，只有当亚基按照一定的方式、数量集合在一起形成完整的蛋白质分子时，才能表现出复杂的生物学活性。组成四级机构的亚基可以相同，也可以不同，如人的血红蛋白有4个亚基，其中两个α亚基，两个β亚基。

第二节 中心法则

Watson和Crick于1953年提出不朽的DNA双螺旋模型后，接着提出DNA半保留的复制方式，揭示了遗传信息的贮存和复制的分子基础，解决了DNA的自我复制问题，巩固了DNA作为遗传物质和遗传信息载体的地位。在这里，遗传信息是指核酸中的碱基序列以及蛋白质中的氨基酸序列。Crick于1958年又提出了中心法则（central dogma）来说明遗传信息的传递方向和途径。中心法则（central dogma）是20世纪人类最伟大的科学发现之一，诺贝尔医学奖曾17次颁发给这一领域里的十多位佼佼者。中心法则的建立，从分子水平上标志着人类在揭示生命本质的征途上迈出了一大步，极大地推动了生命科学的发展，并为21世纪生命科学发展奠定了坚实基础。分子生物学的中心法则最早是由英国剑桥大学的物理学家弗朗西斯·克里克（Francis H.C. Crick）在1958年提出的，在英国的实验生物学会第12届讨论会《大分子的生物复制》会议录（*Symp Soc Exp Biol* Ⅻ，138，1958）上发表。中心法则是在前人工作的基础上，特别是在克里克和杰姆斯·沃森（James Watson）一起揭示了DNA分子的双螺旋结构的基础上，总结出来的生命遗传信息的流动方向或传递规律。克里克当时提出的中心法则今天证明是正确的，生命的信息传递是有方向性的，即染色体DNA是RNA分子合成的模板，合成后的

RNA 分子转运到细胞质中，在那里决定氨基酸的顺序，并合成蛋白质。中心法则的内容则由于分子生物学在这几十年中的迅猛发展而大大地丰富起来，信息传递主线上的细节基本上已经清楚。信息传递在时间（不同发育阶段）、空间（不同环境条件）上都是被调节和控制的，失去控制便引起疾病甚至死亡。调控都是通过 DNA 和 RNA 与蛋白质的相互作用进行的。当时无法考虑的调控问题现在已经有了相当深入的研究。中心法则不但对过去几十年的分子生物学的发展起了指导性的作用，对今后分子生物学的发展还将继续起指导性的作用。中心法则所包含的划时代的生物学意义在于它揭示了生命最本质的规律，今天和明天的生命科学都是建立在分子生物学的中心法则上，它无疑是 20 世纪人类科技史上的一个伟大的里程碑。

中心法则所认为的遗传信息的传递方向是从 DNA 到 RNA 或从 RNA 到蛋白质，而且不可逆转。由此可见中心法则的主要内容是：DNA 是自身复制的模板，DNA 通过转录作用将遗传信息传递给 RNA，最后 RNA 通过翻译作用将遗传信息表达给蛋白质。中心法则揭示了遗传信息的传递方向，反映了 DNA、RNA 和蛋白质之间的相互关系。

一、DNA 的复制

DNA 作为遗传物质应该具备两个基本功能，一是遗传信息在世代间的传递，从而保证物种的延续和遗传的稳定性；二是在细胞和个体的生长发育等过程中使遗传信息得以表达，从而表现为亲代相似的性状。必须准确进行 DNA 复制（DNA replication），即以原来的 DNA 分子为模板合成出相同的分子，通过亲代 DNA 分子的复制将遗传信息传递给子代。

DNA 复制发生在细胞周期的 S 期，是在 DNA 聚合酶等酶的催化下，DNA 双链间氢键断裂并解旋分开、每条链作模板按照碱基配对的原理在其上合成互补链，这是在细胞分裂以前进行的复制过程，其结果是一条双链变成两条一样的双链。基因组中能独立进行复制的单位称为复制子，一个复制子中只有一个复制起点。通常细菌、病毒、线粒体 DNA 分子都是作为单个复制子完成复制。每个复制子使用一次，并且在每个细胞周期中只复制一次。真核生物基因组 DNA 分子上有多个复制子。复制子中含有复制需要的控制元件。在复制的起始位点具有原点，在复制的终止位点具有终点。

1953 年 Watson 和 Crick 在提出 DNA 双螺旋结构模型后不久，接着又提出了 DNA 的复制机制——DNA 复制的半保留模型。研究表明，DNA 复制的基本规则是：①一般按半保留、半不连续方式进行。②复制起始在原点的特定序列上。③在复制的起点处控制复制。④复制叉的移动有单向或双向。⑤链的延伸方向只能是 $5' \rightarrow 3'$ 方向。⑥在存在模板的条件下，DNA 聚合酶以短的 RNA 片段作为引物开始合成 DNA 的短片段。⑦存在各种 DNA 链的合成起始机制，除了 RNA 引发外，还存在一些其他的机制，包括 DNA 链与一个末端蛋白共价结合，以及缺口的共价延伸等。⑧终止也是在复制过程中的某个固定点。⑨复制的机制取决于基因组结构和构象来保持产生完整的染色体。⑩即使在同一个细胞内也可进行多种复制机制的操作。

1958 年，Meselson 和 Stahl 以大肠杆菌为材料，利用 ^{15}N 及 ^{14}N 同位素标记的实验首先证实了 DNA 半保留复制模型的正确性。1963 年，Cairns 对大肠杆菌 DNA 放射自显影实验，以及 Taylor 在 1958 年进行的蚕豆染色体放射自显影实验，都说明真核生物与原核生物一样，DNA 的复制方式也是按半保留方式进行的。

DNA 半保留半不连续复制指的是亲代 DNA 分子的两条链，在半保留复制过程中，一条链按 $5' \rightarrow 3'$ 方向连续合成，另一条链按 $5' \rightarrow 3'$ 方向不连续合成的方式，合成一系列不连续的冈崎片段，它是在蛋白质和酶促作用下进行的复杂的生化反应，涉及 30 多种蛋白质的协同作用。参与 DNA 复制的关键酶包括 DNA 聚合酶、引物（发）酶、DNA 连接酶、DNA 拓扑异构酶、DNA 解旋酶和单链结合蛋白等。无论真核生物还是原核生物，DNA 分子复制实质上是染色体的复制。

环状双链 DNA 的复制主要采取三种方式：①滚环复制，又称 σ 复制，该模型能解释双链及单链子代 DNA 是怎样从复制型产生的。λ 噬菌体的增殖、接合，以及真核生物 rDNA 的扩增都是以这种复制方式进行的。② θ 型复制，大肠杆菌 DNA 环状双链分子在其 DNA 复制过程的中间产物，在放射自显影观察时可形成一个 θ 结构。这是由于从复制起点开始复制，形成两个复制叉，双向复制所产生的结果，其外形酷似希腊字母 θ 而得名。θ 型复制需要 RNA 引物进行半保留半不连续复制。一条单链总是和模板链互补地结合在一起形成子链。③线粒体的 D 环复制，新哺乳动物线粒体 DNA 复制是不对称的，且双链不是同时复制。先复制双链的一条链，待该链复制到 2/3 的长度时，另一条链才开始复制。线粒体 DNA（哺乳类）的 D 环维持开放的形式，每条单链复制有各自的复制起点。

端粒（telomere）是真核生物染色体末端由特定的 DNA 重复序列构成的一种特殊结构，其主要功能有三个：①保护染色体末端，防止其受核酸酶的降解。②为线状染色体的末端复制提供基础，维持染色体结构的稳定性和完整性。③促进减数分裂染色体有效配对和同源染色体重组。此外，端粒与染色体联会、细胞分裂和细胞衰老也有密切关系。端粒 DNA 的序列比较特殊，由一系列短的串联重复序列组成，可用 Gn（A/T）m 的一般式来表示，其中 n＞1，m 为 1～4。例如，四膜虫为 TTGGGG，线虫为 TTAGGC，哺乳类为 TTAGGG 等。端粒末端的这些特殊序列一般形成环状结构。研究表明，当端粒（TTAGGG）n 序列的 3′ 单链末端序列折回，碱基配对取代其上游相同序列时，将形成一个类似 D 环的 t 环（telomere loop，t-loop）结构。这是由于在该区域一系列被替换出的 TTACGG 重复序列形成一个未配对的单链区，而折回的端粒尾端序列与该区域的同源链配对的结果。这种结构是由端粒结合蛋白（telomere-binding protein，TBP）TRF2（与端粒的 TTACGG 重复序列结合的一种蛋白）所催化形成的。该结构的形成提供了一个有序的高级结构，使凸出 3′ 端单链埋藏在 DNA 分子内部以避免与端粒酶接触，同时也保护了单链。端粒的复制不是由 DNA 聚合酶完成的，而是由端粒酶（telomerase）催化合成的。端粒酶是一种特殊的反转录酶，其活性只限于利用端粒酶特异的 RNA 作为模板。

二、转录

从构成基因的 DNA 片段拷贝 RNA 分子的合成过程是基因表达的第一步，被称为转录（transcription）。由于 RNA 必须含有能正确翻译成蛋白质的编码序列，因此用于 RNA 合成的 DNA 模板链不携带编码序列，被称为非编码链或反义链，而非模板 DNA 链有着与 mRNA 相同的碱基序列（其中 mRNA 的 T 被 U 取代），被称为正义链，此链也通常用于编码其对应的基因。转录遵循与 DNA 复制相同的碱基配对原则，即 DNA 中的 A、T、G 和 C 分别与 RNA 中的 U、A、C 和 G 配对，这保证了转录产物的准确性。

转录过程需要酶催化完成，RNA 聚合酶是转录过程中最关键的酶，每个细胞中约有 7000 个 RNA 聚合酶分子，根据细胞的生长情况，任何时候都可能有 2000～5000 个酶在执行转录 DNA 模板的功能。RNA 聚合酶的持续合成能力惊人，在原核生物中超过 10^4 个核苷酸，在真核生物中超过 10^6 个核苷酸。持续合成能力十分重要，因为一旦 RNA 聚合酶与模板分开，它就不能再继续合成。转录的速度同样惊人，原核生物中每秒约 70 个核苷酸，真核生物中每秒约 40 个核苷酸。原核和真核生物的 RNA 聚合酶虽然都能催化 RNA 的合成，但在其分子组成、种类和生化特性上各有特色。

细菌细胞仅有一种 RNA 聚合酶，其全酶有 6 个多肽亚基，其中两个 α 亚基、一个 β 亚基、一个 β′ 亚基和一个 ω 亚基组成核心酶，加上一个 σ 亚基后组成全酶。分子质量约为 400 kDa，比血红蛋白（60 kDa）的分子质量还要大。转录起始，由 σ 因子识别转录起始位点，延长过程仅需要核心酶的催化。RNA 聚合酶的核心酶虽可合成 RNA，但不能找到模板 DNA 上的起始位点，所以核心酶的产物是不均一的，而且 DNA 的两条链都可以作为核心酶的模板。只有带 σ 因子的全酶才能专一的与 DNA 上的启动子结合，一旦开始转录，它就脱离了起始复合物，而由核心酶负责 RNA 链的延伸。也就是说 σ 因子的作用是负责模板链的选择和转录的起始，它是酶的别构效应物，是酶专一性识别模板上的启动子。在某些细菌内含有能识别不同启动子的 σ 因子，以适应不同生长发育阶段的要求，调控不同基因转录的起始。β 亚基和 β′ 亚基组成聚合酶的催化中心，它们在序列上与真核生物 RNA 聚合酶的两大亚基有同源性。α 亚基可能与核心酶的组装及启动子识别有关，并参与 RNA 聚合酶和部分调节因子的相互作用。与大肠杆菌相比，T3 和 T7 噬菌体的 RNA 聚合酶在结构上要简单很多，它们由一条多肽链组成，相对分子质量小于 10^5。在 37℃下，它们的转录速率为每秒 200 个核苷酸。但是这种简单的 RNA 聚合酶只能起始存在于噬菌体中的几个启动子的转录。因此，大肠杆菌 RNA 聚合酶组成上的复杂性可能反映了它必须与大量蛋白质因子相互作用这个事实。

真核生物中共有 3 类 RNA 聚合酶，其结构比大肠杆菌 RNA 聚合酶更复杂，它们在细胞核中的位置不同，负责转录的基因不同。RNA 聚合酶 Ⅰ 存在于细胞核的核仁中，其转录产物是 45 S rRNA 前体，经剪接修饰后生成 5 S rRNA 外的各种 rRNA。rRNA 与蛋白质组成的核糖体是蛋白质合成的场所。RNA 聚合酶 Ⅱ 位于细胞质内，在核内转录生成 mRNA 的前体分子，即核内不均一 RNA，经剪接加工后生成的 mRNA 被运送到细胞质基质中作为蛋白质合成的模板。RNA 聚合酶 Ⅲ 也位于细胞质内，催化的主要转录产物是 tRNA、5 S rRNA、snRNA，其中 snRNA 参与 RNA 的剪接。真核生物的 RNA 聚合酶一般由 6～16 个亚基组成，相对分子质量超过 5×10^5。除了细胞核中的 RNA 聚合酶之外，真核生物线粒体和叶绿体中还存在着不同的 RNA 聚合酶。线粒体 RNA 聚合酶只有一条多肽链，相对分子质量小于 7.5×10^4，是已知最小的 RNA 聚合酶之一，与 T7 噬菌体 RNA 聚合酶有同源性。叶绿体 RNA 聚合酶比较大，结构上与细菌中的聚合酶相似，由多个亚基构成，部分亚基由叶绿体基因组编码。

在 RNA 聚合酶的催化作用下，转录的基本过程包括模板识别、转录起始、识别启动子及转录的延伸和终止。模板的识别阶段主要指 RNA 聚合酶与位于基因上游的一段称作启动子（promoter）的区域相互作用并与之相结合的过程。启动子是基因转录起始所必须的一段 DNA 序列，是基因表达调控的上游顺式作用元件之一。真核细胞中模板的识别与原核细胞有所不同。真核生物 RNA 聚合酶不能直接识别基因的启动子区，所以，需要一些被称为转录调控因子的辅助蛋白质按照特定顺序结合于启动子上，RNA 聚合酶才能与之相结合并形成复杂的转录前起始复合物，以保证有效地起始转录。转录起始即 RNA 链上第一个核苷酸键的产生，不需要引物，RNA 聚合酶结合在启动子上以后，使启动子附近的 DNA 双链解旋并解链，形成转录泡以促使底物核糖核酸与模板 DNA 的碱基配对。转录起始大致分为三个阶段：① RNA 聚合酶全酶对启动子的识别，聚合酶与启动子可逆性结合形成封闭复合物。此时，DNA 双链仍处于双链状态。②伴随 DNA 构象上的重大变化，封闭复合物转变成开放复合物，聚合酶全酶所结合的 DNA 序列中有一小段双链被解开。对于强启动子来说，从封闭复合物到开放复合物的转变是不可逆的，是快反应。③开放复合物与最初的两个 NTP 相结合并在这两个核苷酸之间形成磷酸二酯键后转变成包括 RNA 聚合酶、DNA 和新生 RNA 的三元复合物。形成的三元复合物会进入两种途径：一是合成并释放 2～9 个核苷酸的短 RNA 转录物，一旦 RNA 聚合酶成功合成 9 个以上核苷酸并离开启动子区，转录就进入正常的延伸阶段。二是当 RNA 聚合酶聚合产生新生 RNA 链达到 9～10 个核苷酸时，σ 亚基被释放，转录起始复合物通过上游启动子区并生成有核心酶、DNA 和新生 RNA 所组成的转录延伸复合物。

进入延伸阶段，DNA 和 RNA 聚合酶分子都发生了构象变化。RNA 聚合酶从起始阶段的全酶转变为延伸阶段的核心酶构象。RNA 的合成是连续的过程，一旦进入延伸阶段，底物 NTP 不断被添加到新生 RNA 链的 3′-OH 端，随着 RNA 聚合酶的移动，DNA 双螺旋持续解开，暴露出新的单链 DNA 模板，新生 RNA 链的 3′ 端不断延伸，在解链区形成 RNA-DNA 复合物。而在解链区的后面，DNA 模板链与其原先配对的非模板链重新结合成为双螺旋，RNA 链被逐步释放。

当 RNA 链延伸到转录终止位点时，RNA 聚合酶不再形成新的磷酸二酯键，RNA-DNA 复合物分离，转录泡瓦解，DNA 恢复成双链状态，而 RNA 聚合酶和 RNA 链都被从模板上释放出来，这就是转录的终止。

真核生物的基因大多数是断裂的，一个基因可由多个内含子和外显子间隔排列而成。研究表明，内含子在真核基因中所占的比例很高，甚至超过了 90%。断裂基因的存在表明真核细胞的基因结构和 mRNA 合成过程比原核细胞要复杂得多，因为真核生物基因表达往往伴随着 RNA 的剪接（splicing）过程，从 mRNA 前体分子中切除被称为内含子（intron）的非编码区，并使基因中被称为外显子（exon）的编码区拼接形成成熟的 mRNA。

三、翻译

蛋白质是基因表达的最终产物，它的生物合成是一个比 DNA 复制和转录更为复杂的过程。核糖体是蛋白质合成的场所，mRNA 是蛋白质合成的模板，转运 RNA（tRNA）是模板与氨基酸之间的接合体。此外，在合成的各个阶段还有许多蛋白质和其他生物大分子的参与。据统计，在真核生物中有将近 300 种生物大分子与蛋白质的合成有关，细胞所用来进行合成代谢总能量的 90% 消耗在蛋白质合成过程中，而参与蛋白质合成的各种组分约占细胞干重的 35%。mRNA 和蛋白质之间的联系是通过遗传密码的破译来完成的。mRNA 上每 3 个核苷酸翻译成蛋白质多肽链上的一个氨基酸，这 3 个核苷酸就称为密码，也叫三联子密码即密码子（codon）。遗传密码具有如下特性：①密码子的连续性，翻译由 mRNA 的 5′ 端的起始密码子开始，一个密码子接一个密码子连续阅读直到 3′ 终止密码子，密码子间无间断也没有重叠，即起始密码子决定了所有后续密码子的位置。②密码子的简并性，按照一个密码子由 3 个核苷酸组成的原则，4 种核苷酸可以组成 64 个密码子，现在已经知道其中 61 个是编码氨基酸的密码子，另外三个即 UAA、UGA 和 UAG 并不编码任何氨基酸，它们是终止密码子，不能与 tRNA 的反密码子配对，但能被终止因子或释放因子识别，终止肽链的合成。因为 61 个密码子只对应 20 种氨基酸，所以许多氨基酸有多个密码子，实际上除甲硫氨酸（ATG）和色氨酸（UGG）只有一个密码子外，其他氨基酸都有一个以上的密码子，其中 9 种氨基酸有 2 个密码子，1 种氨基酸有 3 个密码子，5 种氨基酸有 4 个密码子，3 种氨基酸有 6 个密码子。由一个以上密码子编码同一种氨基酸的现象称为简并，对应于同一氨基酸的密码子称为同义密码子。另外，AUG 和 GUG 既是甲硫氨酸及缬氨酸的密码子又是起始密码子。③密码子的通用性与特殊性，无论是对病毒、细菌、植物还是动物而言都是通用的。20 世纪 70 年代以后对各种生物基因组的大规模测序结果也充分证明了生物界基本共用同一套遗传密码。密码子的通用性有助于我们研究生物的进化。同时，遗传密码的通用性在遗传工程中得到充分运用，如在细菌中大量表达人类的外源蛋白——胰岛素等。但是这种通用性也有例外，在支原体中，终止密码子 UGA 被用来编码色氨酸；在嗜热四膜虫中，另一个终止密码子 UAA 被用来编码谷氨酰胺。④密码子与反密码子的相互作用，在蛋白质的生物合成过程中，tRNA 的反密码子在核糖体内通过碱基配对，识别并结合到 mRNA 的特殊密码子上。

蛋白质的生物合成过程包括以下几个步骤：①氨基酸的活化，蛋白质的生物合成是以氨基酸作为基本建筑材料的，且只有与 tRNA 相结合的氨基酸才能被准确地运送到核糖体中，参与多肽链的起始或延伸。氨基酸必须在氨酰 -tRNA 合成酶的作用下生成活化氨基酸 AA-tRNA。②翻译的起始，蛋白质合成的起始需要核糖体大小亚基、起始 tRNA 和几十个蛋白因子的参与，在模板 mRNA 编码区 5′ 端形成核糖体 -mRNA- 起始 tRNA 复合物并将甲硫氨酸放入核糖体 P 位点。③肽链延伸，起始复合物生成，第一个氨基酸与核糖体结合后，肽链开始伸长，氨基酸通过新生肽键的方式被有序地结合上去。肽键延伸由许多循环组成，每加一个氨基酸就是一个循环，每个循环包括 AA-tRNA 与核糖体结合、肽键的生成和移位。④肽链的终止，当终止密码子 UAA、UAG 或 UGA 出现在核糖体的 A 位点时，没有相应的 AA-tRNA 能与之结合，而释放因子能识别这些密码子并与之结合，水解 P 位点上多肽链与 tRNA 之间的二酯键。接着新生的肽链和 tRNA 从核糖体上释放，核糖体大、小亚基解体，蛋白质合成结束。释放因子具有 GTP 酶活性，它催化 GTP 水解，使肽链与核糖体解离。⑤蛋白质前体的加工，新生的多肽链通常是没有功能的，必须经过加工修饰才能转变为有活性的蛋白质。这种加工方式包括：N 端 fMet 或 Met 的切除、二硫键的形成、特定氨基酸的修饰（磷酸化、糖基化、甲基化和乙酰化）及切除新生肽链中的非功能片段。⑥蛋白质的折叠，新生肽链必须经过正确的折叠才能形成动力学和热力学稳定的三维构象，从而表现出生物活性或功能，因此蛋白质的折叠是翻译后形成功能蛋白质的必经阶段。如果折叠错误，其生物学功能就会受到影响或丧失，严重者甚至会引起疾病。新合成的蛋白质分子如何形成具有功能的空间结构、蛋白质结构与功能的关系等问题成为结构生物学研究的热点。⑦蛋白质的转运，在生物体内，蛋白质的合成位点与功能位点常常被一层或多层细胞膜隔开，这样就产生了蛋白质的转运问题。一般来说，蛋白质转运可分为两大类：若某个蛋白质的合成和转运是同时发生的，则属于翻译运转同步机制；若蛋白质从核糖体上释放之后才发生转运，则属于翻译后转运。

四、中心法则的修正、补充和发展

随着分子遗传学和分子生物学研究的深入和发展，中心法则的内容和形式都得到了修正、补充和发展。

1. RNA 的复制　研究发现很多 RNA 病毒，如流感病毒、双链 RNA 噬菌体及多数单链 RNA 噬菌体，在感染宿主细胞后，它们的 RNA 在宿主细胞内进行复制，这种复制是以导入的 RNA 为模板，而不是通过 DNA，即 RNA 依赖的 RNA 聚合酶催化以 RNA 为模板的 RNA 合成。这说明在某种情况下，RNA 像 DNA 一样是可以复制的，这是对中心法则的一种补充。

2. RNA 反向合成 DNA　1970 年，Temin 等在某些引起肿瘤的单链 DNA 病毒［即反转录病毒（retrovirus），如 Rous 肉瘤病毒］中，发现一种反转录酶（reverse transcriptase），能以病毒 RNA 为模板，反向合成 DNA。在感染循环中，RNA 通过反转录（reverse transcription）

成单链DNA，单链DNA又形成双链DNA，插入寄主基因组，成为细胞基因组的一部分，像其他基因一样遗传。即遗传信息从DNA向RNA的定向转录并不是绝对的。RNA序列也可作为遗传信息使用，遗传信息流也可以反过来从RNA到DNA。这在遗传信息的传递方式上开辟了一条新的途径，说明遗传信息的形式可以相互转化，这是中心法则的一项重要新的发展。

3. RNA的自催化剪接　1981年，Cech等在四膜虫中发现自催化剪接的rRNA。1983年，Altman等发现大肠杆菌的核糖核酸酶的催活性取决于RNA而不是蛋白质。这意味着RNA可以不通过蛋白质而直接表现出本身的某种遗传信息，而这种信息并不以核苷酸三联体来编码，这是对中心法则的又一次补充和发展。

4. DNA水平的基因重排　如人的正常造血细胞向B或T淋巴系定向分化时，在重排信号的启动下发生特异性免疫球蛋白Ig和T细胞受体（T cell receptor，TCL）基因的重新组合，在结构上使得分散排列在DNA上的V、D、J基因片段发生重排，形成了免疫球蛋白和T细胞受体的功能性基因。这说明即使DNA作为遗传信息载体，为了行使细胞的某种特殊功能也是可以发生改变的。基因重排在原核生物和真生物中都存在。

5. RNA编辑　mRNA因核苷酸的插入、缺失或置换，而改变了原DNA模板的遗传信息，翻译出不同于基因编码的氨基酸序列，称为RNA编辑（RNA editing）。RNA编辑使得基因产物的结构不能从基因组DNA序列中推导得到，具有增加或改变遗传信息的作用。

6. 基因子中内含子的切除与外显子的连接　1977年，Berger首次报道腺病毒基因中存在内部间隔区；1978年，Gilbert提出了内含子、外显子概念，揭示了基因的不连续性。一个基因的内含子和外显子共同转录在一条转录产物中，然后将内含子去除而将外显子连接起来形成成熟的RNA分子。内含子和外显子的发现与mRNA的成熟加工是对中心法则的一个重要修正，它没有改变遗传信息流的方向，但DNA与成熟的mRNA并不是共线性，这是由于RNA加工所造成的结果。

7. 朊病毒的感染与繁殖问题　中心法则明确指出遗传信息流只能从核酸到核酸，从核酸到蛋白质，不能从蛋白质到核酸，也不能从蛋白质到蛋白质。朊病毒（prion）又称普里昂或朊粒，是一种不含核酸分子、只由蛋白质分子构成的病原体，能引起传染性海绵样脑病（疯牛病）等哺乳动物中枢神经系统疾病。众所周知，病毒的繁殖都是以病毒自身的核酸作为遗传物质进行核酸的复制，然后指导病毒外壳蛋白的合成，而朊病毒是不含核酸的蛋白质病原体，完全由蛋白质组成。它既能作为蛋白质病原感染人类与其他哺乳动物，也能在被感染者体内扩增繁殖。它的感染与繁殖对中心法则提出了挑战。在哺乳动物的基因组内存在一个与朊病毒相应的基因*PrP*，而且该基因是保守的，在正常脑内正常表达时，其产物为PrPc，该蛋白可被相关酶完全水解；在被感染朊病毒的脑细胞中该类蛋白是以PrPSc的形式存在，对蛋白质水解具有抗性。研究证明，在细胞内，PrPc必须与PrPSc结合，以PrPSc为模板使其转变成PrPSc。这不同于一般的DNA复制和一般的蛋白质修饰，而是一种典型的表观遗传变异（epigenetic variation）。在正常人体内，*PrP*基因的表达和PrPc的产生是符合中心法则的。因此，在某种意义上看，朊病毒特殊的复制也是对中心法则的一种补充和发展。

五、基因表达调控

（一）基因

人们对基因及其本质的认识有一个漫长的过程，随着生命科学的发展，对基因概念的定义也在不断地修正。遗传学之父孟德尔通过豌豆杂交实验，揭示了生物性状传递是由颗粒性的“遗传因子”决定的这一遗传规律。丹麦遗传学家Johannsen在1909年提出“基因”（gene）一词来代替孟德尔的“遗传因子”。1902年，Boveri和Sutton两位科学家都发现了孟德尔的“遗传因子”与性细胞在减数分裂过程中的染色体行为有平行的关系，并各自独立提出了细胞核的染色体可能是基因载体的“遗传的染色体学说”。此后，Morgan于1926年发表了《基因论》，建立了遗传的染色体学说，同时还提出了基因既是一个功能单位，也是一个突变单位，又是一个交换单位的“三位一体”的概念。1941年，Beadle和Tatum提出了“一基因一酶”的理论。1957年，Benzer提出了基因结构的顺反子（cistron）概念，证明基因是DNA分子上的一个特定的片段，就其功能上来说是一个独立的单位即顺反子。1961年，Jacob和Monod提出了大肠杆菌乳糖操纵子模型，来阐明原核生物基因表达的调节控制机制。1977年，Beger等首次报道在Ad2（腺病毒）里发现某些基因中存在内部间隔区。1977年，Sanger在测定中ΦX174的DNA全序列时，意外地发现了基因重叠现象，即几个基因共用一段DNA序列的情况。1978年，Gilbert将在前体RNA拼接产生mRNA过程中丢失的片段称为内含子（intron），而将拼接后表达的片段称为外显子（exon）。此外，1951年，McClintock在研究玉米籽粒斑点着色的遗传时发现，在玉米中存在一种被她称作Ac-Ds的控制系统，Ac是激活因子（activator），Ds是解离因子（dissociation element），统称作控制因子（controlling element）。20世纪70年代后，人们普遍地接受了McClintock的理论并认识到基因不仅是可分的，而且也是可以移动的，有些基因或DNA片段可以从染色体的一个位置转移到另一位置，甚至从一条染色体跳跃到另一条染色体上去，即转座（transposition）。

现代基因的概念将基因的结构和基因的功能联系起来，特别强调基因是合成一条有功能的多肽或RNA分子所必需的完整的DNA序列。这里，完整的DNA序列提示不能忽略RNA编码区两端的转录调控区。在基因组研究中，研究者往往利用被起始密码与终止密码所界定的一串密码子的可读框，作为鉴别和寻找编码蛋白质的基因的依据。严格地讲，根据现代基因的概念，这只是找到为蛋白质编码的RNA编码区，还不能认为找到了一个完整的基因。随着分子生物学技术和遗传学的发展以及各项基因组计划的实施，通过比较基因组、功能基因组的研究，人们会对基因的本质有更进一步的认识和了解，这必将揭示和丰富基因的结构、功能的内容，基因概念也将会得到不断地更新和发展。

人类及其他脊椎动物包含约220种功能特化的细胞类型。它们的差异与基因表达模式相关，因为大部分基因的表达水平因细胞类型或细胞周期而异。科学家把从DNA到蛋白质的过程称为基因表达，对这个过程的调节就称为基因表达调控。基因表达调控是现阶段分子生物学研究的中心课题。要了解生物的生长、发育规律就必须了解基因表达的规律。基因表达调控包括转录水平上的和转录后水平上的调控。

（二）原核生物基因表达调控

原核生物的基因表达调控虽然比真核生物简单，但也存在着复杂的调控系统，如在转录调控中就存在着许多问题：如何在复杂的基因组内确定正确的转录起始点？如何将DNA的核苷酸按照遗传密码的程序转录到新生的RNA链中？如何保证合成一条完整的RNA链？如何确定转录的终止？原核生物的基因表达调控主要发生在转录水平上，包括负转录调控和正转录调控。其中负转录调控系统中，调节基因的产物是阻遏蛋白，负责阻止结构基因转录。根据其作用特征又分为负控诱导和负控阻遏两大类。在负控诱导系统中，阻遏蛋白不与效应物

（诱导物）结合时，结构基因不转录；而在负控遏制系统中，阻遏蛋白与效应物结合时，结构基因不转录。在正转录调控系统中，调节基因的产物是激活蛋白。可根据激活蛋白的作用性质分为正控阻遏系统和正控诱导系统，前者中，效应分子的存在使激活蛋白处于非活性状态；后者中，效应分子的存在使激活蛋白处于活性状态。以下介绍两种主要的调控模式。

1. 乳糖操纵子与负控诱导　法国巴斯德研究所著名的科学家Jacob和Monod在实验的基础上于1961年建立了乳糖操纵子学说。大肠杆菌乳糖操纵子包括4类基因：①结构基因，能通过转录、翻译使细胞产生一定的酶系统和结构蛋白，这是与生物性状的发育和表型直接相关的基因。乳糖操纵子包含3个结构基因：*lacZ*、*lacY*、*lacA*。*lacZ*合成β-半乳糖苷酶，*lacY*合成透过酶，*lacA*合成乙酰基转移酶。②启动基因*P*，位于操纵基因的附近，它的作用是发出信号，mRNA合成开始，该基因也不能转录成mRNA。③操纵基因*O*，控制结构基因的转录速度，位于结构基因的附近，本身不能转录成mRNA。④调节基因*i*：可调节操纵基因的活动，调节基因能转录出mRNA，并合成一种蛋白，称为阻遏蛋白。操纵基因、启动基因和结构基因共同组成一个单位——操纵子（operon）。

调节乳糖催化酶产生的操纵子称为乳糖操纵子。其调控机制简述如下：①抑制作用，调节基因转录出mRNA，合成阻遏蛋白，因缺少乳糖，阻遏蛋白构象能够识别并结合到操纵基因上，所以RNA聚合酶就不能与启动基因结合，结构基因也被抑制，结果结构基因不能转录出mRNA，不能翻译酶蛋白。②诱导作用，乳糖存在的情况下，乳糖代谢产生别乳糖（allolactose），别乳糖能和调节基因产生的阻遏蛋白结合，使阻遏蛋白改变构象，不能再和操纵基因结合，失去阻遏作用，RNA聚合酶便与启动基因结合，并使结构基因活化，转录出mRNA，翻译出酶蛋白。③负反馈，细胞质中有了β-半乳糖苷酶后，便催化分解乳糖为半乳糖和葡萄糖。乳糖被分解后，又造成了阻遏蛋白与操纵基因结合，使结构基因关闭。

2. 色氨酸操纵子与负控阻遏　大肠杆菌色氨酸操纵子是转录为阻遏型的负调节的例子，色氨酸操纵子负责调控色氨酸的生物合成，它的激活与否完全根据培养基中有无色氨酸而定。当培养基中有足够的色氨酸时，该操纵子自动关闭；缺乏色氨酸时，操纵子被打开。色氨酸在这里不是起诱导作用而是阻遏作用，因而被称作辅阻遏分子，意指能帮助阻遏蛋白发生作用。色氨酸操纵子恰和乳糖操纵子相反。大肠杆菌色氨酸操纵子结构较简单，也是研究得最清楚的操纵子，结构基因依次排列为*trpEDC2BA*，其中*trpGD*和*trpCF*基因融合。*trpE*和*trpG*编码邻氨基苯甲酸合酶，*trpD*编码邻氨基苯甲酸磷酸核糖转移酶，*trpC*编码吲哚甘油磷酸合酶，*trpF*编码异构酶，*trpA*和*trpB*分别编码色氨酸合酶的α和β亚基。*trpE*的上游为调控区，由启动子、操纵基因和162 bp的前导序列组成。5个结构基因全长约6800 bp，*trpD*远侧还有一个二级启动子，在细胞生长需要过量trp时发挥作用。

trp操纵子转录起始的调控是通过阻遏蛋白实现的。产生阻遏蛋白的基因是*trpR*，该基因距色氨酸操纵子（trp operon）基因簇很远。它结合于trp操纵基因特异序列，阻止转录起始。但阻遏蛋白的DNA结合活性受trp调控，trp起着一个效应分子的作用，trp与之结合的动力学常数为（1～2）$\times10^{-5}$ mol·L^{-1}。在有高浓度trp存在时，阻遏蛋白－色氨酸复合物形成一个同源二聚体，并且与色氨酸操纵子紧密结合，因此可以阻止转录。阻遏蛋白－色氨酸复合物与基因特异位点结合的能力很强，动力学常数为2×10^{-10} mol·L^{-1}，因此细胞内阻遏蛋白数量仅有20～30分子可充分发挥作用。当trp水平低时，阻遏蛋白以一种非活性形式存在，不能结合DNA。在这样的条件下，trp操纵子被RNA聚合酶转录，同时trp生物合成途径被激活。

trp操纵子转录终止的调控是通过弱化作用（attenuation）实现的。在大肠杆菌色氨酸操纵子（trp operon）前导区的碱基序列包括4个分别以1、2、3和4表示的片段，能以两种不同的方式进行碱基配对，1-2和3-4配对，或2-3配对，3-4配对区正好位于终止密码子的识别区。前导序列有相邻的两个色氨酸密码子，当培养基中trp浓度很低时，负载有trp的tRNA trp也少，这样翻译通过两个相邻色氨酸密码子的速度就会很慢，当4区被转录完成时，核糖体滞留1区，这时的前导区结构是2-3配对，不形成3-4配对的终止结构，所以转录可继续进行。反之，核糖体可顺利通过两个相邻的色氨酸密码子，在4区被转录之前，核糖体就到达2区，这样使2-3不能配对，3-4区可以配对形成终止子结构，转录停止。

（三）真核生物基因表达调控

真核生物基因表达调控与原核生物有很大的差异。原核生物同一群体的每个细胞都和外界环境直接接触，它们主要通过转录调控，以开启或关闭某些基因的表达来适应环境条件（主要是营养水平的变化），故环境因子往往是调控的诱导物。而大多数真核生物，基因表达调控最明显的特征是能在特定时间和特定的细胞中激活特定的基因，从而实现预定的、有序的、不可逆的分化和发育过程，并使生物的组织和器官在一定的环境条件范围内保持正常的生理功能。真核生物基因表达调控据其性质可分为两大类：第一类是瞬时调控也称可逆调控，相当于原核生物对环境条件变化所做出的反应。瞬时调控包括某种代谢底物浓度、激素水平升降时及细胞周期在不同阶段中的酶活性和浓度调节。第二类是发育调节也称不可逆调控，这是真核生物基因表达调控的精髓，因为它决定了真核生物细胞分化、生长和发育的全过程。据基因调控在同一时间中发生的先后次序，又可将其分为转录水平调控、转录后的水平调控、翻译水平调控及蛋白质加工水平的调控，研究基因调控应回答下面三个主要问题：①什么是诱发基因转录的信号？ ②基因调控主要是在哪个环节（模板DNA转录，mRNA的成熟或蛋白质合成）实现？③不同水平基因调控的分子机制是什么？

回答上述三个问题是相当困难的，这是因为真核细胞基因组DNA含量比原核细胞多，而且在染色体上除DNA外还含有蛋白质、RNA等，在真核细胞中，转录和翻译两个过程分别是在细胞核和细胞质两个彼此分开的区域中进行的。一条成熟的mRNA链只能翻译出一条多肽链；真核细胞DNA与组蛋白及大量非组蛋白相结合，只有小部分DNA是裸露的；高等真核细胞内DNA很大部分是不转录的；真核生物能够有序的根据生长发育阶段的需要进行DNA片段重排，并能根据需要增加细胞内某些基因的拷贝数等。尽管难度很大，科学家还是建立起多个调控模型。

1\. 转录水平的调控　Britten和Davidson于1969年提出真核生物单拷贝基因转录调控的模型——Britten-Davidson模型。该模型认为在整合基因的5′端连接着一段具有高度专一性的DNA序列，称为传感基因。在传感基因上有该基因编码的传感蛋白。外来信号分子和传感蛋白结合形成复合物。该复合物作用于和它相邻的综合基因组（亦称受体基因）而转录产生mRNA，后者翻译成激活蛋白。这些激活蛋白能识别并作用于位于结构基因（*SG*）前面的受体序列，从而使结构基因转录翻译。若许多结构基因的邻近位置上同时具有相同的受体基因，那么这些基因就会受某种激活因子的控制而表达，这些基因即属于一个组（set），如果有几个不同的受体基因与一个结构基因相邻接，他们能被不同的因子所激活，那么该结构基因就会在不同的情况下表达，若一个传感基因可以控制几个整合基因，那么一种信号分子即可通过一个相应的传感基因激活几组的基因。故可把一个传感基因所控制的全部基因归属为一套。如果一种整合基因重复出现在不同的套中，那么同一组基因也可以属于不同套。

（1）染色质结构对转录调控的影响。真核细胞中染色质分为两部分，一部分为固缩状态，如间期细胞着丝粒区、端粒、次缢痕，染色体臂的某些节段部分的重复序列和巴氏小体均不能表达，通常把该部分称为异染色质。与异染色质相反的是活化的常染色质。真核基因的活跃转录是在常染色质中进行的。转录发生之前，常染色质往往在特定区域被解旋或松弛，形成自由DNA，这种变化可能包括核小体结构的消除或改变，DNA本身局部结构的变化，如双螺旋的局部去超螺旋或松弛、DNA从右旋变为左旋等，这些变化可导致结构基因暴露，RNA聚合酶能够发生作用，促进了这些转录因子与启动区DNA的结合，导致基因转录，实验证明，这些活跃的DNA首先释放出两种非组蛋白，这两种非组蛋白与染色质结合较松弛，非组蛋白是造成活跃表达基因对核酸酶高度敏感的因素之一。

更多的科学家已经认识到，转录水平调控是大多数功能蛋白编码基因表达调控的主要步骤。关于这一调控机制，现有两种假说。一种假说认为，真核基因与原核基因相同，均拥有直接作用在RNA聚合酶或聚合酶竞争DNA结合区的转录因子，第二种假说认为，转录调控是通过各种转录因子及反式作用蛋白对特定DNA位点的结合与脱离引起染色质构象的变化来实现的。真核生物DNA严密的染色质结构及其在核小体上的超螺旋结构，决定了真核基因表达与DNA高级结构变化之间的必然联系。DNA链的松弛和解旋是真核基因起始mRNA合成的先决条件。

（2）转录后水平的调控。真核生物基因转录在细胞核内进行，而翻译则在细胞质中进行。在转录过程中真核基因有插入序列，结构基因被分割成不同的片段，因此转录后的基因调控是真核生物基因表达调控的一个重要方面，首要的是RNA的加工、成熟。各种基因转录产物RNA，无论rRNA、tRNA还是mRNA，必须经过转录后的加工才能成为有活性的分子。

2. *翻译水平上的调控*　蛋白质合成翻译阶段的基因调控有三个方面：①蛋白质合成起始速率的调控；②mRNA的识别；③激素等外界因素的影响。蛋白质合成起始反应中要涉及核糖体、mRNA蛋白质合成起始因子、可溶性蛋白及tRNA，这些结构和谐统一才能完成蛋白质的生物合成。mRNA则起着重要的调控功能。真核生物蛋白质合成起始时，40 S核糖体亚基及有关合成起始因子首先与mRNA模板近5′端处结合，然后向3′方向移行，发现AUG起始密码时，与60 S亚基形成80 S起始复合物，即真核生物蛋白质合成的“扫描模式”。mRNA 5′端的帽子与蛋白质合成有关系。真核生物5′端可以有3种不同帽子：O型、Ⅰ型和Ⅱ型。不同生物的mRNA可有不同的帽子，其差异在于帽子的碱基甲基化程度不同。帽子的结构与mRNA的蛋白质合成速率之间关系密切：①帽子结构是mRNA前体在细胞核内的稳定因素，也是mRNA在细胞质内的稳定因素，没有帽子的转录产物会很快被核酸酶降解；②帽子可以促进蛋白质生物合成过程中起始复合物的形成，因此提高了翻译强度；③没有甲基化（m7G）的帽子（如GPPPN-）以及用化学或酶学方法脱去帽子的mRNA，其翻译活性明显下降。mRNA的先导序列可能是翻译起始调控中的识别机制。可溶性蛋白因子的修饰对翻译也起着重要的调控作用。

第三节　基因组、转录组、蛋白质组和表观组

随着科学研究的进展，人们发现单纯研究某一方向（基因组、蛋白质组、转录组等）无法解释全部生物医学问题，科学家就提出从整体的角度出发去研究人类组织细胞结构、基因、蛋白及其分子间的相互作用，通过整体分析反映人体组织器官功能和代谢的状态，为探索人

类疾病的发病机制提供新的思路。

詹姆斯·沃森（1999）曾经说道："我有幸有这样一个机会，让我的科学生涯从双螺旋这一步直接跨入30亿步（指人类基因组的30亿对核苷酸）的人类基因组……不尽快将它完成是非常不道德的。"

I would only once have the opportunity to let my scientific career encompass a path from the double helix to the three billion steps of the human genome……it's essentially immoral not to get it done as fast as possible. —James Watson

史蒂芬·福仁德（2011）曾经说道："今天已到了这样的时候，几乎所有的生物学现象都难以逃脱'组学化'。在随后的25年里，街头巷尾谈论的主要话题都将是'组学'，即便不只是唯一的话题。"

Today，we've gotten to the point where almost no biological phenomenon can escape 'omicsization'，and within the next 25 years，omics will be the biggest，if not the only，game in town.—Stephen Friend.

一、基因组

任何生命活动的机制最终都归结到基因水平的探讨，生命体内的一切生命活动都间接或直接地受到基因的调控。研究基因的结构和功能，一直以来都是分子生物学的核心内容。这些研究能为揭示人类疾病的产生机制、促进医学的发展，并为对农业领域进行种质改良奠定重要的理论基础。

基因是脱氧核糖核酸DNA和核糖核酸RNA中具有遗传效应的一段核苷酸序列，是遗传的基本单位、突变单位和控制性状的功能单位。基因具有两个特点：①它能复制、转录和翻译合成蛋白质，从而通过不同水平的调控，实现对生物遗传性状的控制；②它能够突变，非致病性的突变给自然选择带来了原始材料。

从经典的孟德尔遗传学的角度出发，基因组（genome）是指一个生物体所有基因（遗传和功能单位）的总和；从遗传学（染色体遗传学）的角度出发，基因组是指一个生物体（单倍体）所有染色体的总和，如人类的22条常染色体和X、Y染色体；从分子遗传学的角度出发，基因组是指一个生物体或一个细胞器所有DNA分子的总和，如真核生物的核基因组DNA分子和线粒体基因组DNA分子（植物还另有叶绿体基因组DNA分子）、细菌的主基因组和数目不等的质粒DNA组分；现在有时还指某一特定生态环境样本中所有微生物（microbiota）DNA的总和；最重要的是，从现代信息学的角度出发，基因组是指一个生物体所有遗传信息的总和。一个基因从来都不能单独遗传和行使功能，只是所在基因组的一个组分。指导细胞活动的所有指令以及细胞对环境的反应，都来自基因组。细胞分裂的过程就是基因组DNA分子复制的过程；细胞分化的过程就是基因组指导相关基因在特定时空和特定环境条件下的表达和互作过程。

1. *真核生物基因组*　它的最大特点是含有大量的重复序列，而且功能DNA序列大多被不编码蛋白质的非功能DNA隔开。我们把一种生物蛋白体基因组DNA的总量称为*C*值（*C*-value）。在真核生物中，*C*值一般随着生物的进化而增加，高等生物的*C*值一般大于低等生物，这很容易以高等生物需要更多的基因来控制性状来解释。然而进一步的研究发现，某些两栖类的*C*值甚至比哺乳动物还大，而在两栖动物中*C*值的变化也很大，可相差100倍，这就是*C*值悖论。它是指*C*值往往与种系进化的复杂程度不一致，某些低等生物却具有较大的*C*值。如果这些DNA都是编码蛋白质的功能基因，那么，很难想象在两个近似的物种中，它们的基因数目会相差100倍。由此推断，许多DNA序列可能不编码蛋白质。

真核细胞DNA序列大致可分为三类：①不重复序列，在单倍体基因组里，这些序列一般只有一个或几个拷贝，它占DNA总量的40%～60%。不重复序列长750～2000 bp，相当于一个结构基因的长度。实际上结构基因基本上属于不重复序列。②中度重复序列，这类序列的重复次数为10～10 000，占总DNA的10%～40%。③高度重复序列，也称卫星DNA，这类DNA只在真核生物中发现，占基因组的10%～60%，由6～100个碱基组成，在DNA链上串联重复成千上万次。卫星DNA是不转录的，其功能不明，可能与染色体的稳定性有关。

真核生物基因组的结构特点如下：①真核基因组庞大，一般都远大于原核生物的基因组。②真核生物基因组存在大量的重复序列。③真核生物基因组的大部分为非编码序列，占整个基因组序列的90%以上，该特点是真核生物与细菌和病毒之间最主要的区别。④真核基因组的转录产物为单顺反子。⑤真核基因是断裂基因，有内含子结构。⑥真核基因组存在大量的顺式作用元件，包括启动子、增强子、沉默子等。⑦真核基因组中存在大量的DNA多态性，主要包括单核苷酸多态性（single nucleotide polymorphism，SNP）和串联重复序列多态性（tandem repeat polymorphism）两类。⑧真核基因组具有端粒结构，它是真核生物线性基因组DNA末端的一种特殊结构，它是一段DNA序列和蛋白质形成的复合体。其DNA序列相当保守，一般由多个短核苷酸串联在一起构成。人类的端粒DNA长5～15 000 bp。端粒具有保护线性DNA的完整复制、保护染色体末端和决定细胞的寿命等功能，有关端粒的研究也是分子生物学的研究热点之一。

2. *原核生物基因组*　其大多只有一条染色体，且DNA含量少，如大肠杆菌DNA的相对分子质量仅为2.4×10^9，其完全伸展总长度约为1.3 mm，含有4000多个基因。最小的病毒如双链DNA病毒SV40，其基因组相对分子质量只有3×10^6，含5个基因，而单链RNA病毒Qβ，只含有4个基因。此外，细菌的质粒、真核生物的线粒体、植物的叶绿体也含有DNA和功能基因，这些DNA称为染色体外遗传因子。从基因组的组织结构来看，原核细胞DNA特点有：①结构简练，原核DNA分子的绝大部分是用来编码蛋白质的，只有非常小的一部分不转录，这与真核DNA的冗余现象不同，而且这些不转录DNA序列通常是控制基因表达的序列。②存在转录单元，原核生物DNA序列中功能相关的RNA和蛋白质基因，往往丛集在基因组的一个或几个特定部位，形成功能单位或转录单元，他们可被一起转录为含有多个mRNA的分子，叫多顺反子mRNA。③有重叠基因，以前人们认为基因是一段DNA序列，这段序列负责编码一个蛋白质或一条多肽。但是后来已经发现，在一些细菌和动物病毒中有重叠基因，即同一段DNA能携带两种不同蛋白质的信息。ΦX174是一种单链的DNA病毒，1977年，Sanger等在*Nature*上发表了其全部的核苷酸序列且弄清了各个基因的起始位置和密码数目，然后他们发现ΦX174的9个基因有些是重叠的。基因重叠可能是生物进化过程中自然选择的结果。

基因组的大小（单倍染色体中DNA的长度）在不同的生物中有相当大的变化。生物的复杂度越高所需的基因也就越多，因此一般来说，基因组的大小与生物体的复杂度相关。尽管一些复杂的原生生物基因组可能大于200 Mb，但原核生物的基因组一般不足10 Mb，如大肠杆菌K-12的基因组大小为4.6 Mb（含有约4400个基因），肺炎链球菌基因组大小为2.2 Mb（含有约2300个基因）。

基因组学（genomics）则可定义为研究基因组结构、功能与多样性的科学。基因组学的概念最早于1986年由美国科学家Thomas Roderick提出，是对所有基因进行基因组作图（包括遗传图谱、物理图谱、转录图谱）、核苷酸序列分析、基因定位和基因功能分析的一门科学。基因组学研究主要包括以全基因组测序为目标的结构基因组学和以基因功能鉴定为目标的功能基因组学两方面的内容。基因组学出现于20世纪80年代，90年代随着几个物种基因组计划的启动，基因组学取得长足发展。1980年，噬菌体ΦX174（5368个碱基对）完全测序，成为第一个测定的基因组。1995年，嗜血流感菌（*Haemophilus influenzae*, 1.8 Mb）测序完成，是第一个测定的自由生活物种。从这时起，基因组测序工作迅速展开。2001年，人类基因组计划公布了人类基因组草图，为基因组学研究揭开新的一页。基因组学发展的历史，从某种意义上来说，就是DNA测序技术发展的历史。基因组DNA测序是人类对自身基因组认识的第一步。随着测序的完成，功能基因组学研究成为研究的主流，它从基因组信息与外界环境相互作用的高度，阐明基因组的功能。

二、转录组

转录组（transcriptome）广义上指某一生理条件下，细胞内所有转录产物的集合，包括mRNA、rRNA、tRNA及ncRNA；狭义上指所有mRNA的集合。

以DNA为模板合成RNA的转录过程是基因表达的第一步，也是基因表达调控的关键环节。与基因组不同的是，转录组的定义中包含了时间和空间的限定。同一细胞在不同的生长时期及生长环境下，其基因表达情况是不完全相同的。通过测序技术揭示造成差异的情况，已是目前最常用的手段。人类基因组包含30亿个碱基对，其中大约只有5万个基因转录成mRNA分子，转录后的mRNA能被翻译生成蛋白质的也只占整个转录组的40%左右。

转录组谱可以提供某条件下某基因表达的信息，并据此推断相应未知基因的功能，揭示特定调节基因的作用机制。通过这种基于基因表达谱的分子标签，不仅可以辨别细胞的表型归属，还可以用于疾病的诊断。例如，阿尔茨海默病（Alzheimer's disease，AD）中，神经原纤维缠结的大脑神经细胞基因表达谱就有别于正常神经元，当病理形态学尚未出现纤维缠结时，这种表达谱的差异即可以作为分子标志直接对该病进行诊断。同样对那些临床表现不明显或者缺乏诊断标准的疾病也具有诊断意义，如自闭症。自闭症的诊断要靠长达十多个小时的临床评估才能做出判断。基础研究证实自闭症不是由单一基因引起的，很可能是由一组不稳定的基因造成的一种多基因病变，通过比对正常人群和患者的转录组差异，筛选出与疾病相关的具有诊断意义的特异性表达差异，一旦这种特异的差异表达谱被建立，就可以用于自闭症的诊断，以便能更早甚至可以在出现自闭症临床表现之前就对疾病进行诊断，并及早开始干预治疗。

三、蛋白质组

蛋白质组（proteome）的概念最先由Marc Wilkins提出，指由一个基因组（genome）或一个细胞、组织表达的所有蛋白质（protein）。蛋白质组的概念与基因组的概念有许多差别，它随着组织甚至环境状态的不同而改变。在转录时，一个基因可以多种mRNA形式剪接，一个蛋白质组不是一个基因组的直接产物，蛋白质组中蛋白质的数目有时可以超过基因组的数目。蛋白质组学（proteomics）处于早期发育状态，这个领域的专家否认它是单纯的方法学，就像基因组学一样，不是一个封闭的、概念化的、稳定的知识体系，而是一个领域。

蛋白质组学集中于动态描述的基因调节，对基因表达的蛋白质水平进行定量的测定，鉴定疾病、药物对生命过程的影响，以及解释基因表达调控的机制。作为一门科学，蛋白质组学研究并非从零开始，它是已有20多年历史的蛋白质（多肽）谱和基因产物图谱技术的一种延伸。多肽图谱依靠双向凝胶电泳（two-dimensional gel electrophoresis，2-DE）和进一步的图像分析；而基因产物图谱依靠多种分离后的分析，如质谱技术、氨基酸组分分析等。

由于可变剪接及RNA编辑的存在，许多基因可以表达出多种不同的蛋白质。因此，蛋白质组的复杂度要比基因组的复杂度高得多。如果某物种的基因组全序列已经破译，并不代表该物种的蛋白质组也已破译。具体分析某个基因的蛋白质产物要综合基因组水平、转录水平和翻译水平的修饰及调控来确定。

蛋白质组学主要分两方面，一是结构蛋白质组学，二是功能蛋白质组学。其研究前沿大致分为三个方面。

（1）针对有关基因组或转录组数据库的生物体或组织细胞，建立其蛋白质组或亚蛋白质组及其蛋白质组连锁群，即组成性蛋白质组学。

（2）以重要生命过程或人类重大疾病为对象，进行重要生理病理体系或过程的局部蛋白质组学或比较蛋白质组学。

（3）通过多种先进技术研究蛋白质之间的相互作用，绘制某个体系的蛋白质，即相互作用蛋白质组学，又称为“细胞图谱”蛋白质组学。

此外，随着蛋白质组学研究的深入，又出现了一些新的研究方向，如亚细胞蛋白质组学、定量蛋白质组学等。蛋白质组学是系统生物学的重要研究方法。

四、表观组

几十年来，DNA一直被认为是决定生命遗传信息的核心物质，但是近些年新的研究表明，生命遗传信息从来就不是基因所能完全决定的。科学家们发现，可以在不影响DNA序列的情况下改变基因组的修饰，这种改变不仅可以影响个体的发育，而且还可以遗传下去。后成说（epigenesis）是古希腊哲学家亚里士多德表达的一种发育的观点，相对于先成说（preformation），这一理论认为机体的发育不是现成雏形的简单放大，而是在发育过程中逐渐形成的。Waddington借用“epigenesis”这一术语来阐述表观遗传的概念，即为什么有时遗传变异并不导致表型改变，以及基因如何与环境相互作用产生表型。现在认为，表观基因组学（epigenomics）是在基因组的水平上研究表观遗传修饰的学科。表观基因组学使人们对基因组的认识又增加了一个新视点：对基因组而言，不仅仅是序列包含遗传信息，而且其修饰也可以记载遗传信息。表观基因组记录着生物体的DNA和组蛋白的一系列化学变化；这些变化可以被传递给该生物体的子代。表观基因参与基因表达、个体发展、组织分化和转座子的抑制过程，且可以被环境因素影响。

表观遗传学研究的核心是试图解答中心法则中从基因组向转录组传递遗传信息的调控方法。其研究内容主要包括两个方面：①基因选择性转录表达的调控，有DNA甲基化、基因印记、组蛋白共价修饰和染色质重塑；②基因转录后的调控，包括基因组中非编码RNA、miRNA、反义RNA、内含子及核糖开关等。

欧盟早在1998年就启动了解析人类DNA甲基化谱式的研究计划“表观基因组学计划”，以及旨在阐明基因的表观遗传谱式建立和维持机制的“基因组的表观遗传可塑性”研究计划。2008年，美国国家卫生研究院利用由“路标计划”管理的新基金，启动了表观基因组学研究计划，一批表观遗传学项目和研究人员获得数百万到上千万美元的经费支持。对表观遗传的研究不仅仅在于发现新的修饰及其酶，更在于发掘出其深层的生物学意义。将特定的表观修饰与生物学过程连接起来，是表观遗传研究者的一大目标。同时，构建调控网络，找出该修饰在特定生物学过程中赖以起作用的关键基因，在表观遗传与疾病发生的研究中也有着重要的意义。

知识拓展 · Expand Knowledge

可变剪接（alternative splicing，AS）是指用同一个启动子来转录基因，因为在加工的过程中产生的 mRNA 有差异，不同类型的细胞仍可产生不同数量的蛋白质，甚至是不同的蛋白质。其原因是，从一种细胞到另一种细胞，相同转录物的剪接可有差异。不同的剪接方式包含一模一样的编码蛋白质的外显子，在此情况下蛋白质是一样的，但因为 mRNA 分子不以相同的效率翻译，合成速率会有差别。其他情况下，在每种细胞中，转录物种编码蛋白质的部分具有不同的剪接方式，即使它们的外显子是相同的，但所产生的 mRNA 分子也会编码不一样的蛋白质。虽然人类基因组包含不到 3 万个基因，但因为可变剪接，所产生的不同蛋白质的数目可比基因数目多。

重点词汇 · Keywords

1. 核酸（nucleic acid）
2. 信使 RNA（messenger RNA）
3. 非编码 RNA（non-coding RNA）
4. 蛋白质（protein）
5. 氨基酸（amino acid）
6. 中心法则（central dogma）
7. 转录（transcription）
8. 翻译（translation）
9. 基因组（genome）
10. 转录组（transcriptome）
11. 蛋白质组（proteome）
12. 表观基因组学（epigenomics）

本章小结 · Summary

核酸和蛋白质是生物体中最重要的两种生物大分子，也是生物信息学的主要研究对象。核酸包括 DNA 和 RNA，RNA 又分为编码蛋白质的 mRNA 和非编码 RNA。核苷酸是 DNA 和 RNA 分子的基本组成单位。蛋白质的基本结构单位是氨基酸，参与蛋白质合成的 20 种氨基酸可以以任意顺序和数量通过肽键结合在一起组成肽链。氨基酸的线性顺序组成了蛋白质的一级结构。蛋白质的高级结构是在一级结构的基础上形成的。中心法则描述了生命遗传信息的流动方向，染色体 DNA 是 RNA 分子合成的模板，合成后的 RNA 分子转运到细胞质中，在那里决定氨基酸的顺序，并合成蛋白质。一个生物体所有遗传物质的总和构成基因组。某个组织或细胞在特定生长阶段或生长条件所转录出来的 RNA 总和，包括编码蛋白质的 mRNA 和各种非编码 RNA，被称为转录组。一个基因组，或一个细胞、组织表达的所有蛋白质被称为蛋白质组。对基因组而言，不仅仅是序列包含遗传信息，而且其修饰也可以记载遗传信息，我们将基因组水平上的表观遗传修饰称为表观基因组。

Nucleic acid and protein are the two most important biological macromolecules in organisms, and they are also the main research objects of bioinformatics. Nucleic acid includes DNA and RNA, and RNA is divided into protein-coding mRNA and non-coding RNA. Nucleotide is the basic unit of DNA and RNA molecules. The basic structural unit of protein is amino acid. The 20 amino acids involved in protein synthesis can be joined together by peptide bonds in any order and quantity to form a peptide chain. The linear sequence of amino acids constitutes the primary structure of the protein. The high-level structure of protein is formed on the basis of the primary structure. The central dogma describes the flow direction of genetic information of life. Chromosomal DNA is the template for the synthesis of RNA molecules. The synthesized RAN molecules are transported to the cytoplasm, where they determine the sequence of amino acids and synthesize proteins. A genome is the genetic material of an organism. The total amount of RNA transcribed by a certain tissue or cell at a specific growth stage or growth condition, including protein-coding mRNA and various non-coding RNA, is called the transcriptome. A genome, or all the proteins expressed by a cell or tissue are called proteome. As far as the genome is concerned, not only does the sequence contain genetic information, but its modification can also record genetic information. We call the epigenetic modification at the level of the genome an epigenomes.

思考题 · Thinking Questions

1. DNA 的转录过程和 DNA 的复制过程有何不同？
2. 参与蛋白质合成的 RNA 是哪几种？每一种的作用是什么？
3. miRNA 和 lncRNA 有什么结构特征？其作用是什么？
4. 转录组学和蛋白质组学所得的数据能够探索哪些生物学问题？

参考文献 · References

陈铭. 2018. 生物信息学. 3 版. 北京：科学出版社.
戴灼华，王亚馥，丁毅，等. 2016. 遗传学. 北京：高等教育出版社.
李煜，马正海，李宏，等. 2014. 分子生物学，武汉：华中科技大学出版社.
乔纳森·佩夫斯纳. 2020. 生物信息学与功能基因组学. 田卫东，赵兴明，译. 北京：化学工业出版社.
宋林生，石琼. 2016. 海洋生物功能基因开发与利用. 北京：科学出版社.
杨焕明. 2016. 基因组学. 北京：科学出版社.
朱玉贤，李毅，郑晓峰，等. 2013. 现代分子生物学. 4 版. 北京：高等教育出版社.
M. 泽瓦勒贝，J. O. 鲍姆. 2012. 理解生物信息学. 李亦学，郝沛，译. 北京：科学出版社.
Weaver R F. 2013. 分子生物学. 郑用琏，马纪，李玉花，等译. 北京：科学出版社.

第三章 生物信息数据库

学习目标 · Learning Objectives

1. 掌握数据库的定义。
   Master the definition of the database.
2. 掌握数据库的结构。
   Master the structure of database.
3. 熟悉和了解生物信息学数据库的检索方法。
   Know and understand the retrieval methods of bioinformatics databases.
4. 熟悉和了解常用的生物信息学数据库的使用方法。
   Know and understand How to use bioinformatics database.

第一节 数据库概述

一、数据库简介

数据库（database），顾名思义，是存入数据的仓库，是一类用于存储和管理数据的计算机文档，是统一管理的相关数据的集合，其存储形式有利于数据信息的检索与调用。当人们收集了大量的数据后，应该把它们保存起来进行进一步的处理并抽取有用的信息。以前人们把数据存放在文件柜中，随着社会的发展，数据量急剧增长，现在人们借助计算机和数据库技术科学地保存大量的数据，以便能更好地利用这些数据资源，而且数据是按一定格式存放的。最早的数据库是用来简单地收集数据，不可计算。然而随着信息技术和市场的发展，特别是 20 世纪 90 年代以后，数据管理不再仅仅是存储和管理数据，而转变成用户所需要各种数据管理的方式。数据库也有很多种类型，从最简单的存储各种数据的表格到能够进行海量数据存储的大型数据库系统都在各个方面得到了广泛的应用。

在信息化社会，充分有效地管理和利用各类信息资源，是进行科学研究和决策管理的前提条件。数据库技术是管理信息系统、办公自动化系统、决策支持系统等各类信息系统的核心部分，是进行科学研究和决策管理的重要技术手段。自 1859 年达尔文《物种起源》出版以来超过 150 年的时间里，生物学研究逐步从宏观领域走向微观领域。DNA 双螺旋结构和碱基互补配对原则的发现以及中心法则的提出奠定了分子生物学基础，人们对基因的探索、鉴别速度迅速提高。1990 年启动的人类基因组计划，标志着基因时代的正式到来。此后随着测序技术的发展，大量的基因测序计划在世界各地启动。各种生物数据库的信息量正迅猛增长。如于 2003 年 4 月宣告完成的人类基因组计划测出了 30 亿碱基对（bp）核苷酸的排列顺序，如果将测序的结果打印成书，每页印 8000 个碱基符号，需要印 750 000 页，如此大的信息量只能用计算机的数据库来处理。随着分子结构测定技术的突破和互联网的普及，许许多多的生物学数据库如雨后春笋般迅速出现和成长。伴随着生物基因组学的快速发展、基因组计划的实施，2000 年 6 月，科学家宣布了人类基因组草图的绘制完成，人类基因组计划马上要进入“后基因组”时代，所以生命科学的研究将面临着更大的挑战，即怎么有效地对大量的生物信息数据进行检索分类、分析应用。为了提高和加快研究水平和速度，在生物信息学者的努力下，人类基因组序列数据、其他多种模式生物的序列数据及各自相应的基因结构与功能信息皆可供众多生物学家免费接入和使用，从而为他们更好地设计和与解释实验数据提供了丰富的背景知识。

二、数据库结构

一个数据库就像一个数据的储藏处，具有特定结构，能够访问和提取数据，在许多情况下它还能辅助数据分析。一般来说，这个数据库结构包括文件或表格，每个文件或表格包括许多记录（record）和域（field）。在生物学数据库中，一个基因或蛋白质序列以书面形式进行存放，数据库的每一条记录（record）也可以称为条目（entry），包含了多个描述某一数据特性或属性的字段，如基因名、来源物种、序列的创建日期等，这也是数据结构化的基础；值（value）则是指每个记录中某个字段的具体内容。

图 3-1 显示了一个从 GenBank 数据库中获取的一条基因序列，这是一个平面文件，其中位于前面第一列的“LOCUS”“DEFINITION”等均为域。

```
LOCUS       XM_011609737            2199 bp    mRNA    linear   VRT 05-JUL-2019
DEFINITION  PREDICTED: Takifugu rubripes cytochrome P450 19A1-like (pfcyp19a),
            transcript variant X1, mRNA.
ACCESSION   XM_011609737
VERSION     XM_011609737.2
DBLINK      BioProject: PRJNA543527
KEYWORDS    RefSeq.
SOURCE      Takifugu rubripes (torafugu)
ORGANISM  Takifugu rubripes
            Eukaryota; Metazoa; Chordata; Craniata; Vertebrata; Euteleostomi;
            Actinopterygii; Neopterygii; Teleostei; Neoteleostei;
            Acanthomorphata; Eupercaria; Tetraodontiformes; Tetradontoidea;
            Tetraodontidae; Takifugu.
COMMENT     MODEL REFSEQ:  This record is predicted by automated computational
            analysis. This record is derived from a genomic sequence
            (NC_042297.1) annotated using gene prediction method: Gnomon.
            Also see:
                Documentation of NCBI's Annotation Process

            On Jul 5, 2019 this sequence version replaced XM_011609737.1.

            ##Genome-Annotation-Data-START##
            Annotation Provider          :: NCBI
            Annotation Status            :: Full annotation
            Annotation Name              :: Takifugu rubripes Annotation Release
                                            103
            Annotation Version           :: 103
            Annotation Pipeline          :: NCBI eukaryotic genome annotation
                                            pipeline
```

图 3-1　生物学数据库中的平面文件格式

随着生物学的发展及各类组学技术的建立，生物学相关数据的数量也在呈指数型的增长。在组学的发展过程中，如何有效地建立和使用数据库来实现大批量数据的存储、处理及检索是科学家首先要解决的问题。因此，开发与分子生物学大规模数据相关的生物学数据库已经成为生物信息学研究中最基本的一项任务。到目前为止，生物学数据库使用了 4 种不同的数据库结构类型：平面文件、关系型数据库、面向对象数据库和基于 Internet 平台的 XML。

最早的数据库是以平面文件的格式（flat file format）进行保存的，平面文件格式即纯文本文件，它是数据库最简单的一种格式，这种格式是将多个记录以特殊约定的分隔符（如“/”或“|”）进行区分，数据库文件就是由这些字段及内容组成，并不包含什么隐藏的计算机指令。平面文件数据库由包含纯文本的文件构成，这些文本通常使用 SCS Ⅱ码集合中的字符，但是一些包含 ASC Ⅱ码扩展集或 Unicode 集合中字符的文本也被认为是平面文件。显而易见，这样的数据库就会形成一个很长的文本文件。因此，要想在平面文件格式的数据库中检索某一信息，计算机必须通读整个文件。平面文件格式数据库中的数据通常被结构化为一组数据 Entry（也称为条目或记录），可被认为是一组数据实体的描述符。例如，在 NCBI 数据库中，Entry 可以为单个基因的序列，它包含一组描述符，是对该基因的一系列描述。此外，平面文件数据库的 Entry 通常都连续地排列在一份或多份文本中，在一些数据库中所有的 Entry 存放在单一文本中，另一些数据库中每个 Entry 有着自己单独的文件。而一些较大的数据库采用两者相结合的方式，将 Entry 集合在若干个较大的文件中，可见这些文件排列没有一定的规则。

至今平面文件还在使用，是因为它有以下几个优势：①通用性，绝大多数用于计算机的机器都有现成的软件能够读入、显示和查找文本文件。自定义地编写能够对文本文件进行简单操作的程序也相对简单，不需要某一方面的专业知识。②平面文件格式在机器与机器之间的传输中也相对较方便。其最初格式是采用 UNIX 操作平台作为数据仓库的标准，但现在可认为是独立于平台的，机器和机器之间数据传输可通过 FTP、电子邮件。③平面文件能够被很多工具处理，大多数 UNIX 命令行工具的设计思想是对文本文件进行基于行的处理。这些工具被广泛地运用于对生物信息中平面文件格式的数据处理中。同样的，包括 BLAST 和 ClusterW 在内的各种分析工具被设计来用于获取平面文件格式。

如今，先进的管理软件可以组织和维护电子平面文件数据库，这种软件可以很容易地输入数据和使用详细地搜索查询功能检索数据。至今平面文件还在使用，因为许多复杂的数据库结构需要特殊的、昂贵的软件，而对于平面文件，根据用户的偏好有许多可选择的软件可以读取和分析。当记录逐渐变多或描述记录的字段很复杂时，平面文件格式的数据库就变得非常难于进行检索。于是，更多的数据库则是使用了包含能够帮助寻找数据记录间隐含关系的计算机操作指令的数据库管理系统（database management system），以便于数据的接入与检索。根据不同的数据结构类型，数据库管理系统可分为关系型数据库管理系统（relational database management system）和面向对象数据库管理系统（object-oriented database management system）。

在生物信息学中最常见的数据库是关系数据库，关系型数据库是根据特定的关系模型组织的一系列数据。关系数据库在一些表格中存储数据。每个表格中的行和列是不同的。然而，至少有一个共同的可以把每个表格链接起来，这个域称为键（key）。正是这些键区分了关系数据库和平面文件数据库。但是，并非所有的域都可作为键，作为键的数据必须是每个记录中独特的。一个关系数据库中甚至是同样表格中，可以有多个不同域作为键。数据库的结构往往用键链接不同表格的形式显示。图 3-2 中，A 表中包括了一个基因的编号、名称、序列长度和这个基因的物种来源。B 表中包括了基因的编号和基因序列。因此，最简单的关系数据库中，A 表可以从 B 表中提取相关信息，甚至 A 和 B 表可以进行合并。

基因编号	基因名称	序列长度	物种来源
G01	*Beta-actin*	2133	*Mus musculus*
G02	*Beta-actin*	1942	*Cynoglossus semilaevis*
G03	*EFα1*	1659	*Tribolium castaneum*
……			

A

基因编号	基因序列
G01	ATGCACTGAGGCACGGCAGGCCCAGAGCATCTCACCTGAAGCACC……
G02	TTTATGGCTAGAGCCGGGCAACTGATGCAGTATAAATGAAACGCA……
G03	TTTTTGACTTGCTCGTCGTTCGGTGTGGTCGCCGCTTCGTTAAGT……
……	

B

图 3-2　两个可以展示关系数据库的模型

在关系数据库的程序中，一套操作符可以简单地处理和分析数据。一些操作符具有数学性质，一些操作符侧重于数据处理。一般通过操作符处理表格中数据所产生的结果可以显示在一个新的表格中。经常使用的语言是结构化查询语言（structured query language，SQL），如果从图 3-2 中选择所有基因编号和基因名称，同时物种来源为“*Mus musculus*”。编写的 SQL 代码如下：

Query1

```
SELECT gene-code, gene-name
FROM A
WHERE species-origin='Mus musculus'
```

从两个不同表格中使用键作为关键要素提取数据，如在表 A 中搜索和提取基因名称，在表 B 中得到基因编码是 G01 的所有序列。

编写的 SQL 代码如下：

```
SELECT A. gene-code, B. gene-sequence
```

以上仅是简单的例子，当处理复杂的数据结构，即在许多不同的表格中包含许多链接时，查询会变得极其复杂。

面向对象的数据库并不一定需要 SQL 或任何专门的数据库编程语言，它们可以使用像 Java 或 C++这类程序语言。其主要特征是用户界面。它们具有明显的结构，包含了相互之间紧密对应的对象和反映了这些生物细胞的构成部分和性质。与关系数据库相比，面向对象的数据库可以使用它们更熟悉的术语组织查询。但是，面向对象的数据库用于存储信息的实际结构仍可能涉及极小量的表格。

分布式数据库虽然在一个中央数据库管理系统的控制之下，但是实际的数据库部分（表格）可能储藏在同一地方或任何地方，可以通过网络链接到多个计算机上。一个分布式数据库的例子是 Reciprocal Net，这是一个供晶体学家存储分子结构有关信息的分布式数据库。中央数据库管理系统在美国印第安纳大学，另有 19 个分布在美国、英国和澳大利亚的参与管理点。数据仓库已经克服了非均质性数据问题和数据库间管理问题。数据仓库主要将信息整合入一个数据库中进行存储，它是在数据库已经大量存在的情况下，为了进一步挖掘数据资源及决策需要而产生的，它并不是所谓的“大型数据库”。

可扩展标记语言 XML（extensible markup language）作为数据和资料储存的一个通用工具，最近也成为重点发展的对象，被广泛用于生物信息学中，它是一个非常强大的用来注释数据的系统。标记语言常用于编写网页，包括超文本标记语言（HTML）和 XHTML 等，实际上 HTML 和 XHTML 是 XML 的子集，虽然它们不那么强大。XML 的一个特别的功能是它使用了平面文件格式，这使得 XML 文件非常便于携带和访问，因此越来越多的生物信息学数据库如关系型数据库，虽然它们的主拷贝使用了其他文件格式，但是也提供了 XML 文件格式。还有一些生物数据库，如 LRRML，已完全基于 XML 文件格式构建数据库管理系统，并使用 XML 的查询语言 XQuery/XPath 进行各种应用的编写，而不再是仅仅把 XML 文件格式的数据作为备选数据格式与平面文件格式平行提供给用户。由于 XML 的设计是依照国际标准，所以它具备作为计算机通用语言的主要要点。几乎现在每种编程环境中都包括了读取和存取 XML 格式数据的工具及库。

XML 的主要特征是使用称为标签（tag）的标识符，它可以附上部分数据。截至目前，美国国家医学图书馆（NCBI）的 PubMed 数据库已经收入了超过 30 000 000 篇引用文献，PubMed 以一系列 XML 文件的形式与许多 DTD 联合在一起。我们以 PubMed（https://ftp.ncbi.nlm.nih.gov/pubmed/baseline）下载的 XML 为例来说明（图 3-3），该文件包含了一个生命科学期刊上的数据。PubMed Article tag 提供了该文件的根节点。子节点用标签划分，如修改日期（data revised）、期刊信息（如 volume，issue 等）、摘要（abstract）、作者（authorlist）等标签。从规范地使用标签中能看出数据是如何被组织的。

```
<PubmedArticleSet>
  <PubmedArticle>
    <MedlineCitation Status="PubMed-not-MEDLINE" Owner="NLM">
      <PMID Version="1">32803178</PMID>
      <DateRevised>
        <Year>2020</Year>
        <Month>08</Month>
        <Day>18</Day>
      </DateRevised>
      <Article PubModel="Print-Electronic">
        <Journal>
          <ISSN IssnType="Print">2055-0391</ISSN>
          <JournalIssue CitedMedium="Print">
            <Volume>62</Volume>
            <Issue>4</Issue>
            <PubDate>
              <Year>2020</Year>
              <Month>Jul</Month>
            </PubDate>
          </JournalIssue>
          <Title>Journal of animal science and technology</Title>
          <ISOAbbreviation>J Anim Sci Technol</ISOAbbreviation>
        </Journal>
        <ArticleTitle>Arginine addition in a diet for weaning pigs can improve the growth performance under heat stress.</ArticleTitle>
        <Pagination>
          <MedlinePgn>460-467</MedlinePgn>
        </Pagination>
        <ELocationID EIdType="doi" ValidYN="Y">10.5187/jast.2020.62.4.460</ELocationID>
        <Abstract>
          <AbstractText>The effects of arginine (Arg) and methionine (Met) supplementation on nutrient use in pigs were determined under hot seaso
          <CopyrightInformation>© Copyright 2020 Korean Society of Animal Science and Technology.</CopyrightInformation>
        </Abstract>
        <AuthorList CompleteYN="Y">
          <Author ValidYN="Y">
            <LastName>Yun</LastName>
            <ForeName>Won</ForeName>
            <Initials>W</Initials>
            <Identifier Source="ORCID">https://orcid.org/0000-0002-1835-2640</Identifier>
            <AffiliationInfo>
              <Affiliation>Department of Animal Science, Chungbuk National University, Cheongju 28644, Korea.</Affiliation>
            </AffiliationInfo>
          </Author>
          <Author ValidYN="Y">
            <LastName>Song</LastName>
            <ForeName>Minho</ForeName>
            <Initials>M</Initials>
```

图 3-3　PubMed 中的 XML 文件（显示部分）

XML 文档的结构是根据一种文件类型定义（DTD）组织的，而文档 DTD 是由 XML 文档的作者自行定义的。一个 DTD 定义了一类遵从一系列规则的 XML 文档。这些规则中包括一个节点中有多少个、怎样类型、怎样组织的子节点；一个 DTD 是通过一个文件类型声明与

XML 文档联系在一起的，这个声明指出了这个 XML 文档是依附于该 DTD 定义的文档类；一个 DTD 是通过 XML 确定其特殊性，在这个 XML 文档里可能直接包含了关于类型的声明。为了更方便，DTD 是以独立文件的形式进行储存和调用的。图 3-4 是 NCBI 中 PubMed XML 文档的 DTD。我们可以通过阅读 DTD 弄清楚图 3-3 中 XML 文件的结构：引文格式由一个文章 ID 和文章名组成；而一篇文章应该包括期刊的信息，还有可选内容（摘要、作者等），期刊名是由它的 ISSN 号、期刊号及标题表示的，作者名单中包含每个作者的姓名等。DTD 同样包括了标签的值和值的类型。

```
<!ELEMENT   Affiliation  (%text;)*>

<!ELEMENT   AffiliationInfo (Affiliation, Identifier*)>

<!ELEMENT   Agency (#PCDATA) >

<!ELEMENT   ArticleDate (Year, Month, Day) >
<!ATTLIST   ArticleDate
            DateType CDATA  #FIXED "Electronic" >

<!ELEMENT   ArticleId (#PCDATA) >
<!ATTLIST   ArticleId
            IdType (doi | pii | pmcpid | pmpid | pmc | mid |
                   sici | pubmed | medline | pmcid | pmcbook | bookaccession) "pubmed" >

 <!ELEMENT  ArticleIdList (ArticleId+)>

<!ELEMENT   ArticleTitle   (%text; | mml:math)*>
<!ATTLIST   ArticleTitle    %booklinkatts; >

<!ELEMENT   Author (((LastName, ForeName?, Initials?, Suffix?) | CollectiveName), Identifier*, AffiliationInfo*) >
<!ATTLIST   Author
            ValidYN (Y | N) "Y"
            EqualContrib    (Y | N)  #IMPLIED >

<!ELEMENT   AuthorList (Author+) >
<!ATTLIST   AuthorList
            CompleteYN (Y | N) "Y"
            Type ( authors | editors )  #IMPLIED >

<!ELEMENT   b        (%text;)*> <!-- bold -->

<!ELEMENT   BeginningDate ( Year, ((Month, Day?) | Season)? ) >

<!ELEMENT   Book ( Publisher, BookTitle, PubDate, BeginningDate?, EndingDate?, AuthorList*, InvestigatorList?, Volume?,
                   VolumeTitle?, Edition?, CollectionTitle?, Isbn*, ELocationID*, Medium?, ReportNumber?) >

<!ELEMENT   BookTitle        (%text; | mml:math)*>
<!ATTLIST   BookTitle   %booklinkatts; >

<!ELEMENT   Chemical (RegistryNumber, NameOfSubstance) >

<!ELEMENT   ChemicalList (Chemical+) >

<!ELEMENT   Citation        (%text; | mml:math)*>

<!ELEMENT   CitationSubset (#PCDATA) >
```

图 3-4　PubMed XML 文件的文件类型定义（显示部分）

数据库的访问可以是本地的，也可以通过网站上的用户界面程序（如 Java 或通过基于 Web 的接口）。本地存储的数据库具有更快的访问优势，在查询的设计上更灵活和安全。但是，不仅需要有足够的磁盘空间用以保存一个数据库，而且需要投资时间和金钱用以管理和维护数据库。因此，对于大多数用户，首选是通过互联网来访问外部数据库。目前，已经存在很多基于 Web 形式和接口的生物数据库及其相关数据库的资源，如主要的生物信息数据库、美国国家生物技术信息中心（NCBI）。另外，几乎所有生物领域的数据库都有一些链接（link）到其他数据库中的有关条目，使我们更容易整理所有的信息。如 NCBI，经常增加这些链接，因而对于每个数据库来说，其所有版本并不一定具有相同的一组链接。这些链接使得这些数据库成为生物学研究领域中最强大的资源之一。

数据库条目的最低要求是其包括数据、数据标签及负责这个条目的递交者（或作者）。然而，这些条目通常会给出更多的信息，我们也称为注释，包括发表论文中报告的数据、其他已知事实或者解释、其他数据库中的相关条目。尽管大多数数据库几乎全部集中于某一特定方面，但这些数据库包含的信息涉及各个相关领域。当注释列出了其他数据库的相关条目时，数据库通常会给出一个 URI 指示，被称为链接，通过链接，用户可以快速地搜索和浏览许多数据库。这使得一套数据库成为了一个极其有用的信息资源地，它的功能往往比常见的文献综述来得更为强大。一个成功的数据库搜索会揭示一个领域的很多不同方面，并提供原始数据和解释，以及相关的重要研究文献。除了简单地提供信息，一些数据库以交互式图形的方式显示它们的数据。这使得浏览数据类似于翻阅一本书的各页。有时候对某种类型的数据进行搜索，也是一个较直观的方式。此外，一些数据库还提供了一些可以在线分析它们数据的程序。

第二节　常用生物信息数据库的检索方式

目前最常用的生物学数据库检索系统有两个，分别是 Entrez 和 SRS，它们都可以提供多个数据库的整合检索结果。

一、Entrez

Entrez 系统是目前应用最为广泛的生物学数据库，它由 NCBI 开发并维护的。Entrez 可提供全局检索（global search）。图 3-5 中所示的为查询“*vasa*”基因后显示的结果。查询结果被分成了 6 个部分，既包括文献，也包括核酸、蛋白质、基因组等查询结果。Entrez 系统将各个数据库建立了完善的联系。但是该检索方法仅是针对多个数据库的宽泛检索，检索结果不够精确，精确检索需要采用特殊的方法针对特定的数据库进行检索。在 NCBI 主页搜索框（图 3-6）的左侧存在一个下拉菜单，用户可以通过下拉菜单选择其中一个数据库来进行检索。

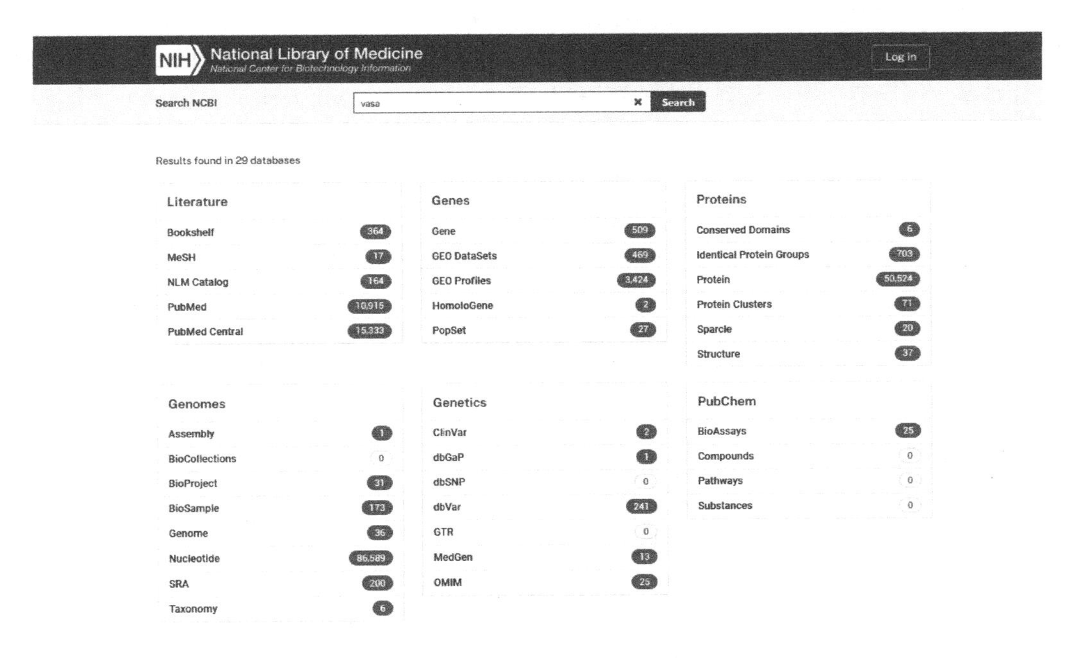

图 3-5　Entrez 检索结果的页面（部分）

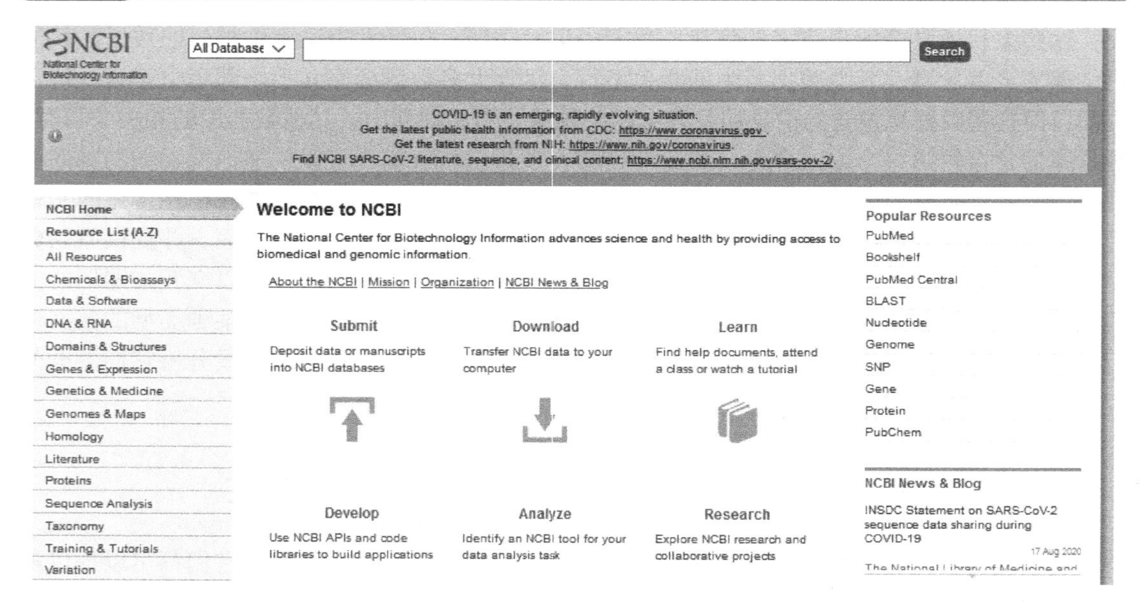

图 3-6 NCBI 的主页（部分）

Entrez 的查询可以使用单词、基因标记、数据库标识、短语、句子等几乎所有内容。为了使查询结果更为精确，Entrez 中有一些内置的特征可以帮助用户，其中包括布尔操作符、查询语句及数据库包括的所有可用的标签。这种搜索可以通过手动输入的方式实现，也可以在网络界面中通过限制、过滤及高级搜索来实现。Entrez 检索时使用的布尔操作符有 AND、OR、NOT，在使用时 Entrez 会将布尔操作符视为由左及右的顺序。在两个搜索关键词中输入 AND，搜索结果是两个关键词的交集，通常来讲，用空格连接的两个搜索词都被认为是用 AND 连接的两个关键词，在两个搜索关键词中输入 OR，搜索结果是两个关键词的并集，在两个搜索关键词中输入 NOT，是指搜索操作符左边关键词的结果，而去掉右边关键词的结果。如果在输入相关关键词后加入括号，括号内的部分将会优先搜索。每个 Entrez 还有一个专门的索引列表，每当某个短语与列表中的短语相匹配时，如“growth factor”，Entrez 就会把它视为一个短语而非用 AND 连接的单词。不同的数据库可能会有不同的列表和不同对待列表的方式。此外，为了便于检索，每个 Entrez 数据库都建立了各具特点的索引集，包括了从不同方面提取出的信息，这就是通常所说的“域”。

一次搜索完毕后搜索框中随即会出现一个“保存搜索”的选项，这个选项可以使用户在“My NCBI”的账户中保存这次搜索。“My NCBI”提供了自动检索的功能，它的功能和特点在帮助手册里有更为详细的描述。另外，关于高级搜索在操作手册中也有说明。

二、SRS

欧洲生物信息学中心（European bioinformatics institute，EBI），是一个非营利性的学术机构，是欧洲分子生物学实验室（European molecular biology laboratory，EMBL）的一部分。它的主要任务是建立、维护和提供生物学数据库以及信息学服务，从而支持生物学数据的存放和进一步挖掘。EMBL 位于德国海德尔堡，是世界上著名的生命科学研究机构。目前主要拥有的数据库分为 6 大类：数据库浏览器和登录检索工具、文献数据库、生物芯片数据库、核酸数据库、蛋白质数据库和结构数据库。数据库浏览器和登录检索工具：EBI 发展了多种工具用于浏览和检索生物学相关序列和文献。其中 SRS（序列检索系统）是最为强大的浏览 / 检索工具。SRS 为用户提供了快速、便捷和友好的界面以搜索超过 400 个局域和公众数据库中大量不同种类的生命科学类数据。

第三节 水产生物信息数据库

一、生物信息数据库

按照处理对象分类，生物信息学中的数据库可以分为 4 种类型：核酸序列数据库、蛋白质序列数据库、蛋白质结构数据库和基因组数据库。按照建库的方式，大致可以分为 4 类：一级数据库、二级数据库、整合数据库和专家库。其中最基础的是一级数据库，一般是国家或国际组织建设和维护的数据库，属于档案数据库（archive），数据都直接来源于实验获得的原始数据，如测序得到的序列或经过 X 射线晶体衍射得到的三维结构数据等，只经过简单的归类整理和注释。此外，还包含如序列所属的物种、类型、序列发表的文献出处等一些基本的说明。核酸序列数据库 GenBank、EMBL、DDBJ 及蛋白质结构数据库（protein data bank，PDB）就是典型的一级数据库。而二级数据库是在一级数据库的基础上，结合工作的需要将部分数据进行修改和调整，组成专一性很强、数据量相对较少但质量高、数据库结构设计精致的二级数据库。如 NCBI 的 RefSeq 数据库，其 mRNA 序列是综合了 GenBank 中来源于同一物种相同基因的所有 mRNA 序列信息的一致性序列（consensus sequence）；而公共数据库中大多数的蛋白质序列是将核酸序列中的编码序列区域（coding sequence region，CDS）进行蛋白质翻译后，通过后续的一些计算分析（如利用 BLAST 进行序列相似性分析），主观人为地为序列加上蛋白质产物名称及功能注释。也就是说，它们不是通过实验来确定的。以 UniProt 下属的 KnowledgeBase 数据库为例，它是由众多蛋白质专家人工校正注释的高质量的 Swiss-Prot 和由计算机预测得到的各种蛋白质功能信息的 TrEMBL 两部分组成，是目前最大的二级蛋白质序列数据库。如人类基因组图谱库 GDB、转录因子和结合位点库 TRANSFAC、蛋白质结构家族分类库 SCOP。一级数据库的注释信息非常有限，因此二级数据库中的功能与结构注释在分析中的作用便显得格外突出。但必须注意的是，二级数据库中的信息有些时候也会产生误导，特别是一些由程序自动计算得出的结果。专家库，是一种特殊的二级数据库，这种数据库质量很高，使用方便可靠，但更新和发展都比较慢，是具有丰富经验的专家学者经过人工校对标识建立起来的。Swiss-Prot 就是一个典型的专家库。还有一种是整合数据库，它是将不同数据库的内容按照一定的要求整合而成的，为一定的目的服务，许多商业和内部数据库实质上就是整合数据库。

生物信息学数据库具有以下一些特点：①数据库种类的多样性。几乎覆盖了生命科学的各个领域，如核酸序列数据库、蛋白质序列数据库、蛋白质的三维结构数据库、文献数据库等，数量多达数百种。②数据库的更新和增长很快。生物信息学数据库的更新周期短，这是显而易见的，科学每天都在发展，数据库就需要不断的进行更新。与之相应的数据库规模也在不断的扩大。③数据库的复杂性增加，层次加深。许多生物数据库之间的内容都是息息相关的，有可能是并列的，也有可能是包含的。数据库的信息量大造就了高复杂性和深层次性。④数据库使用的高度计算机化和网络化。越来越多的生物信息学数据库与互联网联结，从而为生物学家利用这些信息资源提供了前所未有的机遇，特别是绝大多数网上生物信息学数据库的信息资源可以免费检索或下载使用 。

二、常用水产生物信息数据库

从1996年起，*Nucleic Acids Research*（*NAR*）杂志在每年的第一期中详细介绍最新版本的各种数据库，包括数据库内容的详尽描述与访问网址。截至2020年，*NAR*收集了全世界1637个主要分子生物学数据库，分成15个大类，41个亚类，从*NAR*的数据库分类列表中可直接了解数据库的信息、更新。当我们进行数据库记录的检索时，就是利用查询语言在整个数据库中查找复合条件（即对特定字段包含特定内容的限定）的所有记录的过程。例如，我们可以在GeneBank核酸序列数据库中查找所有来源于红鳍东方鲀（*Takifugu rubripes*）、最近30天公布的（published in the last 30 days）、类型为mRNA（molecular type：mRNA）的核酸序列。本节我们介绍一些常用的生物信息学数据库。

1. GenBank　　GenBank数据库包含了所有已知的核酸序列和蛋白质序列，以及与它们相关的文献著作和生物学注释。它是由美国国家生物技术信息中心（NCBI）建立和维护的。它的数据直接来源于测序工作者提交的序列、由测序中心提交的大量EST序列和其他测序数据，以及与其他数据机构协作交换的数据。GenBank每天都会与欧洲分子生物学实验室（EMBL）的数据库和日本的DNA数据库（DDBJ）交换数据，使这三个数据库的数据同步。到1999年8月，GenBank中收集的序列数量达到460万条，34亿个碱基，而且数据增长的速度还在不断加快。GenBank的数据可以从NCBI的FTP服务器上免费下载完整的库，或下载积累的新数据。NCBI还提供广泛的数据查询、序列相似性搜索以及其他分析服务，用户可以从NCBI的主页上找到这些服务。162.0（2007年8月）版本的GenBank发行说明中道出："从1982年到现在，GenBank中的碱基数每隔18个月翻一番。"在2019年10月的版本234中，NCBI数据库包含有6.69万亿个碱基和16.8亿条记录。

每条GenBank数据记录包含了对序列的简要描述：它的科学命名、物种分类名称、参考文献、序列特征表及序列本身。序列特征表里包含对序列生物学特征注释，如编码区、转录单元、重复区域、突变位点或修饰位点等。所有数据记录被划分在若干个文件里，如细菌类、病毒类、灵长类、啮齿类，以及EST数据、基因组测序数据、大规模基因组序列数据等16类，其中EST数据等又被各自分成若干个文件。

（1）GenBank数据检索。NCBI的数据库检索查询系统是Entrez。Entrez是基于Web界面的综合生物信息数据库检索系统。利用Entrez系统，用户不仅可以方便地检索GenBank的核酸数据，还可以检索来自GenBank和其他数据库的蛋白质序列数据、基因组图谱数据、来自分子模型数据库（MMDB）的蛋白质三维结构数据、种群序列数据集以及由PubMed获得Medline的文献数据。

Entrez提供了方便实用的检索服务，所有操作都可以在网络浏览器上完成。用户可以利用Entrez界面上提供的限制条件（limit）、索引（index）、检索历史（history）和剪贴板（clipboard）等功能来实现复杂的检索查询工作。对于检索获得的记录，用户可以选择需要显示的数据，保存查询结果，甚至以图形方式观看检索获得的序列。更详细的Entrez使用说明可以在该主页上获得。

（2）向GenBank提交序列数据。测序工作者可以把自己工作中获得的新序列提交给NCBI，添加到GenBank数据库中。这个任务可以由基于Web界面的BankIt或独立程序Sequin来完成。

BankIt是一系列表单，包括联络信息，发布要求，引用参考信息、序列来源信息以及序列本身的信息等。用户提交序列后，会从电子邮件收到自动生成的数据条目、GenBank的新序列编号，以及完成注释后完整的数据记录。用户还可以在 BankIt 页面下修改已经发布序列的信息。BankIt 适合于独立测序工作者提交少量序列，不适合大量序列的提交，也不适合提交很长的序列，EST 序列和 GSS 序列也不适用 BankIt 提交。BankIt 使用说明和对序列的要求可详见其主页面。

大量的序列提交可以由 Sequin 程序完成。Sequin 程序能方便地编辑和处理复杂注释，并包含一系列内建的检查函数来提高序列的质量保证。它还被设计用于提交来自系统进化、种群和突变研究的序列，可以加入比对的数据。Sequin 除了用于编辑和修改序列数据记录，还可以用于序列的分析，任何以 FASTA 或 ASN.1 格式序列为输入数据的序列分析程序都可以整合到 Sequin 程序下。

NCBI 的网址：http://www.ncbi.nlm.nih.gov。

Entrez 的网址：http://www.ncbi.nlm.nih.gov/entrez/。

BankIt 的网址：http://www.ncbi.nlm.nih.gov/BankIt。

Sequin 的相关网址：http://www.ncbi.nlm.nih.gov/Sequin/。

2. EMBL 核酸序列数据库　EMBL 核酸序列数据库由欧洲生物信息学研究所（EBI）维护的核酸序列数据构成，由于与 GenBank 和 DDBJ 的数据合作交换，它也是一个全面的核酸序列数据库。该数据库由 Oracal 数据库系统管理维护，查询检索可以通过因特网上的序列提取系统（SRS）服务完成。向 EMBL 核酸序列数据库提交序列可以通过基于 Web 的 WEBIN 工具，也可以用 Sequin 软件来完成。

数据库网址：http://www.ebi.ac.uk/embl/。

SRS 的网址：http://srs.ebi.ac.uk/。

WEBIN 的网址：http://www.ebi.ac.uk/embl/Submission/webin.html。

3. DDBJ 数据库　日本 DNA 数据仓库（The DNA Data Bank of Japan，DDBJ）也是一个全面的核酸序列数据库，与 GenBank 和 EMBL 数据库合作交换数据。可以使用其主页上提供的 SRS 工具进行数据检索和序列分析。可以用 Sequin 软件向该数据库提交序列。

DDBJ 的网址：http://www.ddbj.nig.ac.jp/。

4. GDB　基因组数据库（GDB）为人类基因组计划（HGP）保存和处理基因组图谱数据。GDB 的目标是构建关于人类基因组的百科全书，除了构建基因组图谱之外，还开发了描述序列水平的基因组内容的方法，包括序列变异和其他对功能和表型的描述。目前 GDB 中有，人类基因组区域（包括基因、克隆、amplimers PCR 标记、断点 breakpoints、细胞遗传标记 cytogenetic markers、易碎位点 fragile sites、EST 序列、综合区域 syndromic regions、contigs 和重复序列），人类基因组图谱（包括细胞遗传图谱、连接图谱、放射性杂交图谱、content contig 图谱和综合图谱等），人类基因组内的变异（包括突变和多态性，加上等位基因频率数据）。GDB 数据库以对象模型来保存数据，提供基于 Web 的数据对象检索服务，用户可以搜索各种类型的对象，并以图形方式观看基因组图谱。

GDB 的网址：http://www.gdb.org。

三、蛋白质数据库

1. PIR 和 PSD　PIR 国际蛋白质序列数据库（PSD）是由蛋白质信息资源（PIR）、慕尼黑蛋白质序列信息中心（MIPS）和日本国际蛋白质序列数据库（JIPID）共同维护的国际上最大的公共蛋白质序列数据库。这是一个全面的、经过注释的、非冗余的蛋白质序列数据库，包含超过142 000条蛋白质序列（截至1999年9月），其中包括来自几十个完整基因组的蛋白质序列。所有序列数据都经过整理，超过99%的序列已按蛋白质家族分类，一半以上还按蛋白质超家族进行了分类。PSD的注释中还包括对许多序列、结构、基因组和文献数据库的交叉索引，以及数据库内部条目之间的索引，这些内部索引帮助用户在包括复合物、酶-底物相互作用、活化和调控级联和具有共同特征的条目之间方便的检索。每季度都发行一次完整的数据库，每周可以得到更新部分。

PSD有几个辅助数据库，如基于超家族的非冗余库等。PIR提供三类序列搜索服务：基于文本的交互式检索；标准的序列相似性搜索，包括BLAST、FASTA等；结合序列相似性、注释信息和蛋白质家族信息的高级搜索，包括按注释分类的相似性搜索、结构域搜索GeneFIND等。

PIR和PSD的网址：http://pir.georgetown.edu/。

2. SWISS-PROT　SWISS-PROT是经过注释的蛋白质序列数据库，由欧洲生物信息学研究所（EBI）维护。数据库由蛋白质序列条目构成，每个条目包含蛋白质序列、引用文献信息、分类学信息、注释等，注释中包括蛋白质的功能、转录后修饰、特殊位点和区域、二级结构、四级结构、与其他序列的相似性、序列残缺与疾病的关系、序列变异体和冲突等信息。SWISS-PROT中尽可能减少了冗余序列，并与其他30多个数据建立了交叉引用，其中包括核酸序列库、蛋白质序列库和蛋白质结构库等。利用序列提取系统（SRS）可以方便地检索SWISS-PROT和其他EBI的数据库。SWISS-PROT只接受直接测序获得的蛋白质序列，序列提交可以在其Web页面上完成。

SWISS-PROT的网址：http://www.ebi.ac.uk/swissprot/。

3. PROSITE　PROSITE数据库收集了生物学有显著意义的蛋白质位点和序列模式，并能根据这些位点和模式快速和可靠地鉴别一个未知功能的蛋白质序列应该属于哪一个蛋白质家族。有的情况下，某个蛋白质与已知功能蛋白质的整体序列相似性很低，但由于功能的需要保留了与功能密切相关的序列模式，这样就可能通过PROSITE的搜索找到隐含的功能motif，因此是序列分析的有效工具。PROSITE中涉及的序列模式包括酶的催化位点、配体结合位点、与金属离子结合的残基、二硫键的半胱氨酸、与小分子或其他蛋白质结合的区域等；除了序列模式之外，PROSITE还包括由多序列比对构建的profile，能更敏感地发现序列与profile的相似性。PROSITE的主页上提供各种相关检索服务。

PROSITE的网址：http://www.expasy.ch/prosite/。

4. PDB　蛋白质数据仓库（PDB）是国际上唯一的生物大分子结构数据档案库，由美国Brookhaven国家实验室建立。PDB收集的数据来源于X光晶体衍射和核磁共振（NMR）的数据，经过整理和确认后存档而成。目前PDB数据库的维护由结构生物信息学研究合作组织（RCSB）负责。RCSB的主服务器和世界各地的镜像服务器提供数据库的检索和下载服务，以及关于PDB数据文件格式和其他文档的说明，PDB数据还可以从发行的光盘中获得。使用Rasmol等软件可以在计算机上按PDB文件显示生物大分子的三维结构。

RCSB的PDB数据库网址：http://www.rcsb.org/pdb/。

5. SCOP　蛋白质结构分类（SCOP）数据库详细描述了已知的蛋白质结构之间的关系。分类基于若干层次：家族，描述相近的进化关系；超家族，描述远源的进化关系；折叠子（fold），描述空间几何结构的关系；折叠类，所有折叠子被归于全α、全β、α/β、α+β和多结构域等几个大类。SCOP还提供一个非冗余的ASTRAIL序列库，这个库通常被用来评估各种序列比对算法。此外，SCOP还提供一个PDB-ISL中介序列库，通过与这个库中序列的两两比对，可以找到与未知结构序列远缘的已知结构序列。

SCOP 的网址：http://scop.mrc-lmb.cam.ac.uk/scop/。

6. COG　蛋白质直系同源簇（COG）数据库是对细菌、藻类和真核生物的 21 个完整基因组的编码蛋白，根据系统进化关系分类构建而成。COG 库对于预测单个蛋白质的功能和整个新基因组中蛋白质的功能都很有用。利用 COGNITOR 程序，可以把某个蛋白质与所有 COG 中的蛋白质进行比对，并把它归入适当的 COG 簇。COG 库提供了对 COG 分类数据的检索和查询，基于 Web 的 COGNITOR 服务，系统进化模式的查询服务等。

COG 库的网址：http://www.ncbi.nlm.nih.gov/COG。

四、功能数据库

1. KEGG　京都基因和基因组百科全书（KEGG）是系统分析基因功能、联系基因组信息和功能信息的知识库。基因组信息存储在 GENES 数据库里，包括完整和部分测序的基因组序列；更高级的功能信息存储在 PATHWAY 数据库里，包括图解的细胞生化过程如代谢、膜转运、信号传递、细胞周期，还包括同系保守的子通路等信息；KEGG 的另一个数据库是 LIGAND，包含关于化学物质、酶分子、酶反应等信息。KEGG 提供了 Java 的图形工具来访问基因组图谱，比较基因组图谱和操作表达图谱，以及其他序列比较、图形比较和通路计算的工具，可以免费获取。

KEGG 的网址：http://www.genome.ad.jp/kegg/。

2. ASDB　可变剪接数据库（ASDB）包括蛋白质库和核酸库两部分。ASDB（蛋白质）部分来源于 SWISS-PROT 蛋白质序列库，通过选取有可变剪接注释的序列，搜索相关可变剪接的序列，经过序列比对、筛选和分类构建而成。ASDB（核酸）部分由 GenBank 中提及和注释的可变剪接的完整基因构成。数据库提供了方便的搜索服务。

3. TRRD　转录调控区数据库（TRRD）是在不断积累的真核生物基因调控区结构——功能特性信息基础上构建的。每一个 TRRD 的条目里包含特定基因的各种结构：转录因子结合位点、启动子、增强子、静默子以及基因表达调控模式等。TRRD 包括 5 个相关的数据表：TRRDGENES（包含所有 TRRD 库基因的基本信息和调控单元信息）、TRRDSITES（包括调控因子结合位点的具体信息）、TRRDFACTORS（包括 TRRD 中与各个位点结合的调控因子的具体信息）、TRRDEXP（包括对基因表达模式的具体描述）、TRRDBIB（包括所有注释涉及的参考文献）。TRRD 主页提供了对这几个数据表的检索服务。

TRRD 的网址：http://wwwmgs.bionet.nsc.ru/mgs/dbases/trrd4/。

4. DIP　相互作用的蛋白质数据库（DIP）收集了由实验验证的蛋白质－蛋白质相互作用的数据。数据库包括蛋白质的信息、相互作用的信息和检测相互作用的实验技术三个部分。用户可以根据蛋白质、生物物种、蛋白质超家族、关键词、实验技术或引用文献来查询 DIP 数据库。

DIP 的网址：http://dip.doe-mbi.ucla.edu/。

5. TRANSFAC　TRANSFAC 数据库是关于转录因子、基因组上的结合位点和与 DNA 结合的 profiles 的数据库。由 SITE、GENE、FACTOR、CLASS、MATRIX、CELLS、METHOD 和 REFERENCE 等数据表构成。此外，还有几个与 TRANSFAC 密切相关的扩展库：PATHODB 库收集了可能导致病态的突变的转录因子和结合位点；S/MART DB 收集了与染色体结构变化相关的蛋白因子和位点的信息；TRANSPATH 库用于描述与转录因子调控相关的信号传递的网络；CYTOMER 库表现了人类转录因子在各个器官、细胞类型、生理系统和发育时期的表达状况。TRANSFAC 及其相关数据库可以免费下载，也可以通过 Web 进行检索和查询。

知识拓展 · Expand Knowledge

基因组浏览器是一个有图形界面的数据库，可以把序列信息及其他数据转化成染色体位置坐标的函数来进行展示。基因组浏览器已经成为把基因组相关信息进行组织管理的必备工具。主要的 3 个基因组浏览器包括 UCSC、Ensembl 和 NCBI。UCSC 浏览器目前支持 35 个脊椎和非脊椎动物基因组的分析，是目前针对人类和其他重要物种应用最广泛的基因组浏览器，它提供了不同分辨率的染色体位置图形视图。每个染色体视窗内同时可以有定位在水平方向的各种注释数据轨。这些数据轨来自不同的类别，如回帖、测序、与表型及疾病的关联性、基因、表达、基因组比较和基因组变异等。Ensembl 提供关注各种真核生物的一系列综合的网站。对于大多数使用者来说，Ensembl 在广泛性上和重要性上和 UCSC 是相当的。对于新手来说，同时访问这两个网站会很有帮助。Ensembl 的目的是自动分析和注释基因组数据，并能以浏览器的形式来展示基因组数据。NCBI 的 Map 浏览器包括了后生动物、植物和真菌等多个物种的染色体图谱。它允许基于文本的搜索或基于序列的搜索，并对每一个基因组提供 4 个层次的详细信息，及该物种的主页、基因组视图、图谱视图和序列视图。

重点词汇 · Keywords

1. 数据库（database）
2. 记录（record）
3. 平面文件格式（flat file format）
4. 可扩展标记语言（extensible markup language）
5. 数据库管理系统（database management system）
6. 关系型数据库管理系统（relational database management system）
7. 面向对象数据库管理系统（object-oriented database management system）
8. 结构化查询语言（structured query language，SQL）
9. 美国国家生物技术信息中心（the national center for biotechnology information，NCBI）
10. 欧洲分子生物学实验室（the European molecular biology laboratory，EMBL）
11. 日本的 DNA 数据库（the DNA data bank of japan，DDBJ）
12. 基因组数据库（GDB）
13. 蛋白质数据库（protein data bank，PDB）

本章小结 · Summary

一个数据库就像一个数据的储藏处，具有特定结构，能够访问和提取数据，在许多情况下它还能辅助数据分析，随着生物学的发展及各类组学技术的建立，生物学相关数据的数量也呈指数型的增长，有效地建立和使用数据库来实现大批量数据的存储、处理及检索是科学家首先要解决的问题。生物学数据库使用了 4 种不同的数据库结构类型：平面文件、关系型数据库、面向对象数据库和基于 Internet 平台的 XML。根据不同的数据结构类型，数据库管理系统可分为关系型数据库管理系统和对象型数据库管理系统，其中最常见的数据库是关系数据库。最常用的生物学数据库检索系统有两个，是 Entrez 和 SRS，它们都可以提供多个数据库的整合检索结果。同时本章还介绍了水产领域常用的生物信息学数据库。

A database is like a data storage place. It has a specific structure and can access and extract data. In many cases, it can also assist data analysis. With the development of biology and the establishment of various omics technologies, the amount of biology-related data also showing exponential growth. The effective establishment and use of databases to realize the storage, processing and retrieval of large quantities of data is the first problem for scientists to solve. Biological databases use 4 different database structure types: flat files, relational databases, object-oriented databases and XML based on the Internet platform. According to different data structure types, database management systems can be divided into relational database management systems and object database management systems. The most common database is relational database. There are two most commonly used biological database retrieval systems, Entrez and SRS, both of which can provide integrated retrieval results from multiple databases. At the same time, this chapter also introduces bioinformatics databases commonly used in the aquatic field.

思考题 · Thinking Questions

1. 为什么数据库对水产生物信息学的研究很重要?
2. 数据库的平面文件格式和 XML 格式各有哪些优缺点?
3. 请使用 PubMed 检索所需要的科技文献。
4. 为什么会存在不同类型的数据库?

参考文献 · References

陈铭. 2018. 生物信息学. 3 版. 北京：科学出版社.
宋林生，石琼，焦炳华. 2016. 海洋生物资源开发利用高技术丛书. 北京：科学出版社.
杨焕明. 2016. 基因组学. 北京：科学出版社.
朱玉贤，李毅，郑晓峰，等. 2013. 现代分子生物学. 4 版. 北京：高等教育出版社.
Pevsner J. 2019. 生物信息学与功能基因组学. 田卫东，赵兴明，译. 北京：化学工业出版社.
Weaver R F. 2013. 分子生物学. 郑用琏，马纪，李玉花，等译. 北京：科学出版社.

第四章 序列分析与比较

学习目标 · Learning Objectives

1. 掌握序列比对的基本概念和类型。
   Master the basic definition of sequence alignment and its type.
2. 掌握序列比对的原理及基本方法。
   Master the principles and basic methods of sequence alignment.
3. 熟悉和了解常用序列比对软件的使用方法。
   Know and understand the usages of regular sequence alignment softwares.

第一节 序 列 分 析

在数学上，序列（sequence）是指被排成一列的对象。在生物学中，序列是指生物大分子中基本单位的排列顺序和方式，其中，核酸序列（nucleic acid sequence）是指DNA或RNA分子中核苷酸的排列顺序，蛋白质序列（protein sequence）是指蛋白质分子中20种蛋白质氨基酸的排列顺序。序列是生物大分子的基本结构（或一级结构），也是生物大分子发挥生物功能的基础，因此，序列分析是生物信息学中十分重要的一个方面。

一、核酸序列分析

1. *序列组分分析* 核酸序列的常规分析一般包括核酸序列组分分析以及序列变换分析等，主要进行分子质量预测、碱基组成分析和碱基分布分析等。目前，用于核酸序列分析的常用软件主要有DNAMAN和Bioedit两种。

【实例分析】使用DNAMAN软件分析斑马鱼（*Danio rerio*）*CD59*基因序列的基本性质。

（1）载入序列。运行DNAMAN软件，依次打开“文件”→“打开”载入目的序列，或者点击“文件”→“新建”，然后将目的序列复制粘贴至窗口中，载入待分析的目的序列，如图4-1所示。

（2）输出结果。点击“序列”→“显示序列”，点击“序列组分”显示结果，如图4-2所示。

（3）结果解读。从输出结果可以看出（图4-3），*CD59*基因长度为1077 bp；核苷酸（A）的个数为296个，占总体的27.5%；核苷酸（C）的个数为190个，占总体的17.6%；核苷酸（G）的个数为236个，占总体的21.9%；核苷酸（T）的个数为355个，占总体的33.0%；*CD59*基因分子质量（molecular weight）分别是333.12 kDa（单链状态）和663.86 kDa（双链状态）。

2. *序列变换分析* 在序列分析过程中，根据不同需要，往往要对核酸序列进行各种变换，如寻找序列的互补序列、反向序列以及反向互补序列等。DNAMAN、Primer Premier和

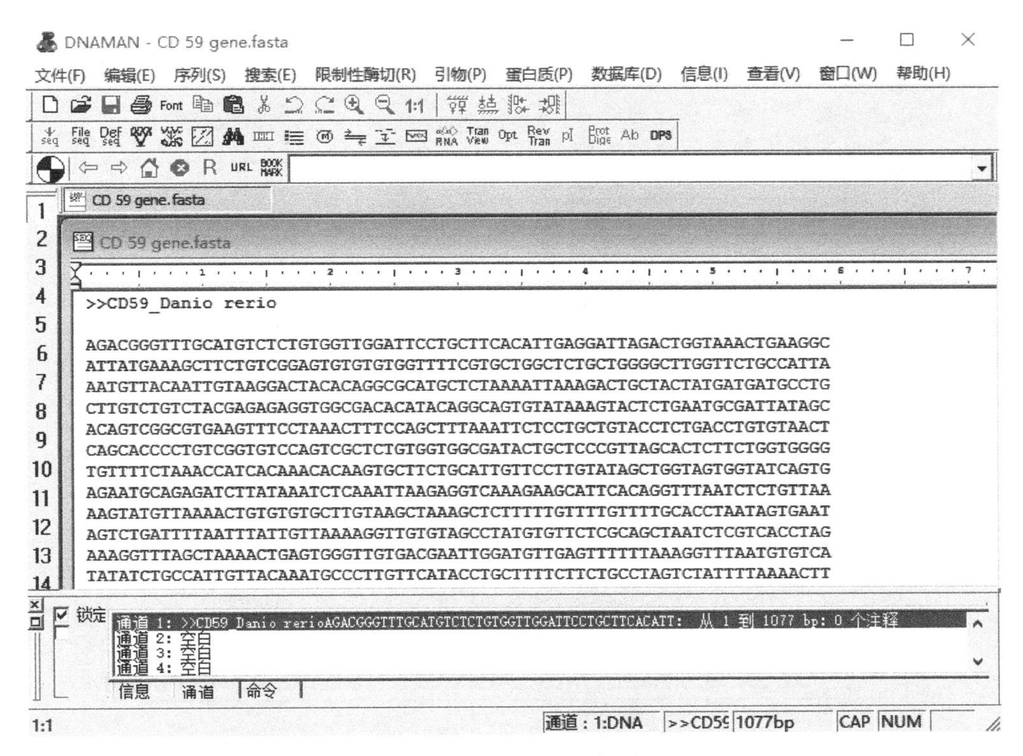

图 4-1　DNAMAN 载入序列界面

DNASTAR 等常见的生物学软件可以很容易地实现序列的自由变换。

【实例分析】使用 DNAMAN 软件进行序列转换。

（1）载入序列。运行 DNAMAN 软件，载入序列的方法与上述操作一致。载入目的序列后，点击“序列”→“显示序列”，操作如图 4-4 所示。

（2）寻找目的序列的反向、互补以及反向互补序列。进行上述操作后，选中“反向序列”“互补序列”以及“反向互补序列”（图 4-5），单击“确定”，即可得到目的序列的反向、互补以及反向互补序列，序列结果如图 4-6 所示。

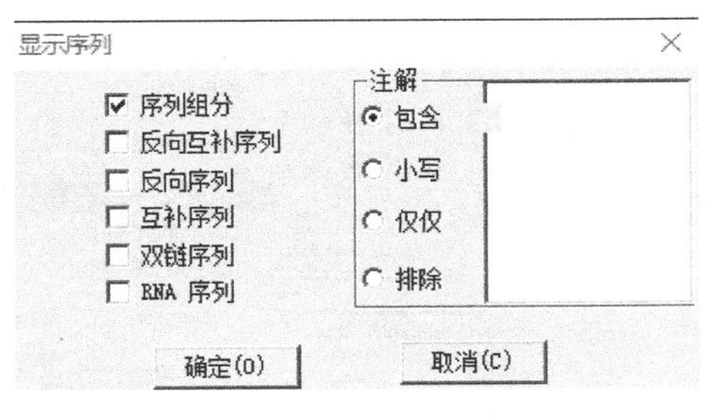

图 4-2　序列组分

二、蛋白质序列分析

蛋白质序列的基本特征分析是蛋白质序列分析的基础，一般包括蛋白质的理化性质、亲水性 / 疏水性、跨膜区以及信号肽预测等方面的分析，而关于蛋白质的生物功能分析则需要结合蛋白质序列分析和空间结构分析的结果。

（一）理化性质分析

蛋白质的理化性质分析是蛋白质序列分析的基本内容之一。根据组成蛋白质的 20 多种氨基酸的物理和化学性质，可以对其分子质量、分子式、理论等电点（pI）、氨基酸组成、消光系数和稳定性等理化特征（参数）进行分析。

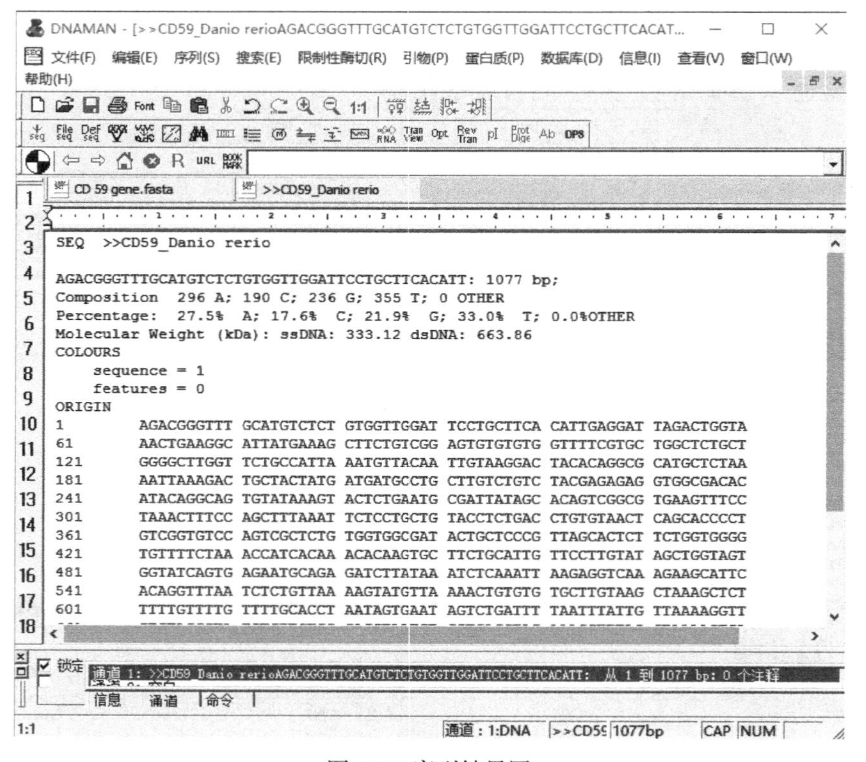

图 4-3 序列结果图

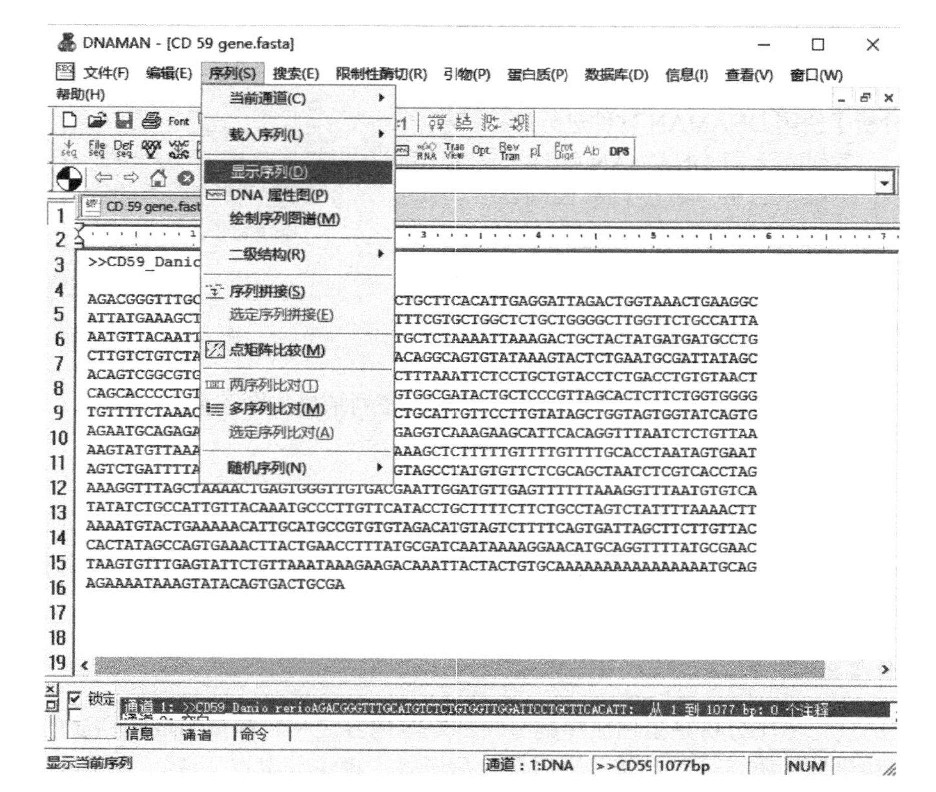

图 4-4 DNAMAN 的程序界面

【实例分析】利用 Protparam 软件分析理化性质。

计算分析蛋白质理化性质的工具非常多，其中最为出名的是 Geneva 大学的 Expasy 服务器（https://www.expasy.org/）。

此处以斑马鱼（*Danio rerio*）CD59 蛋白质为例，通过 Protparam 工具（https://web.expasy.org/protparam/）数据分析的结果为 CD59 蛋白质的基本性质。操作如下：

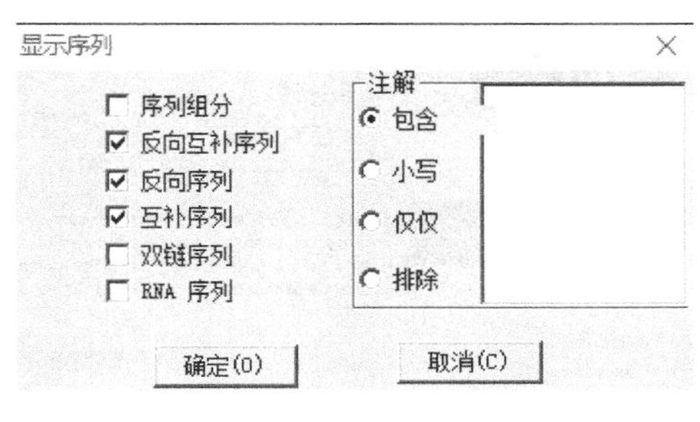

图 4-5 操作界面

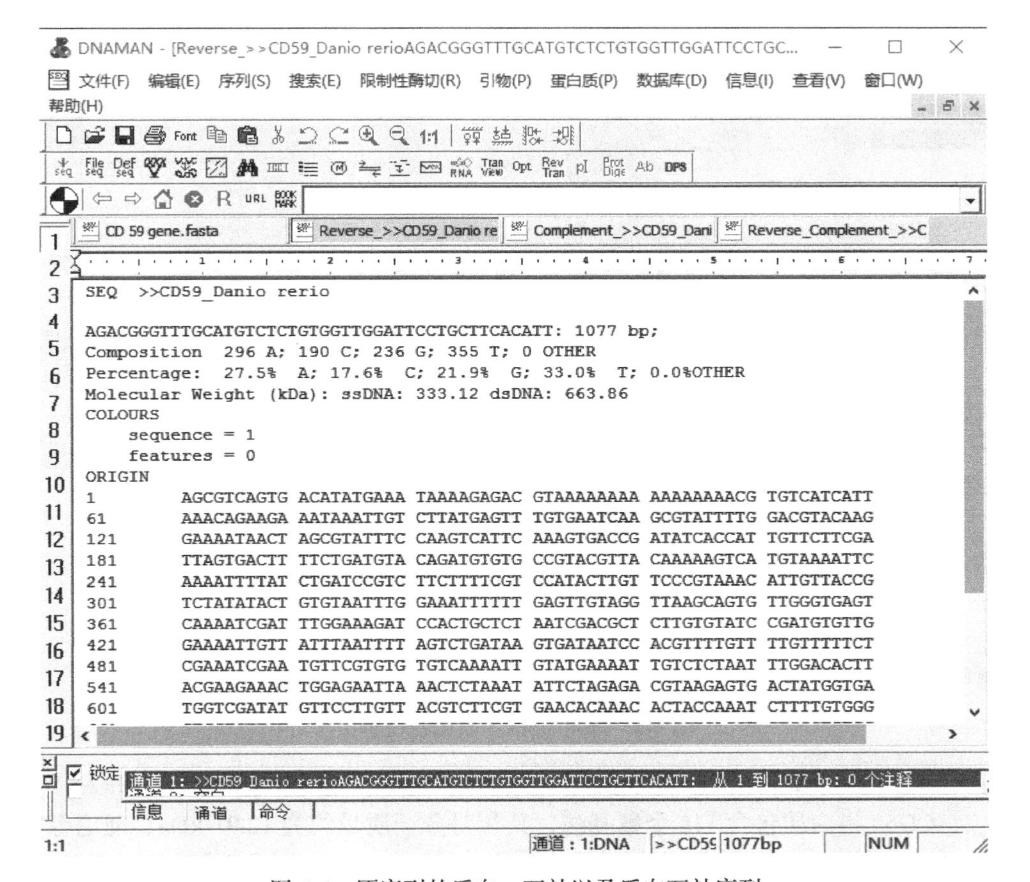

图 4-6 原序列的反向、互补以及反向互补序列

（1）打开工具。打开 Expasy 服务器，首页界面如图 4-7 所示。点击页面左下方的“Resources A..Z”进入工具页面，点击“ProtParam”工具，将目的序列以 FASTA 格式粘贴入表单中，也可以直接输入 Swiss-Prot/ TrEMBL 的序列登录号或标识符（AC/ID）后，点击“Compute parameters”，提交序列（图 4-8）。

（2）结果分析。从程序运行结果可以获得 CD59 蛋白质的氨基酸数（number of amino acids）、分子质量（molecular weight）、理论等电点（theoretical PI）、氨基酸组分（amino acid composition）、正/负电荷残基总数（total number of positively/negatively charged residues）、原子组成（atomic composition）、分子式（formula）、原子总数（total number of atoms）、消光系数（extinction coefficient）、预估半衰期（estimated half-life）不稳定指数（instability index）、

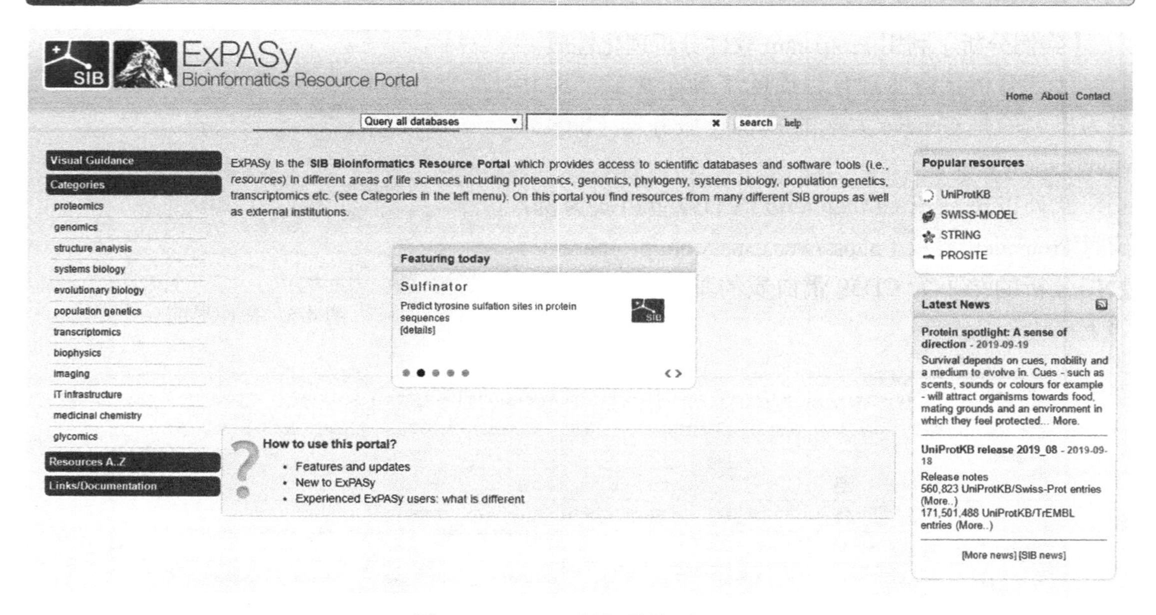

图 4-7 Expasy 服务器首页界面

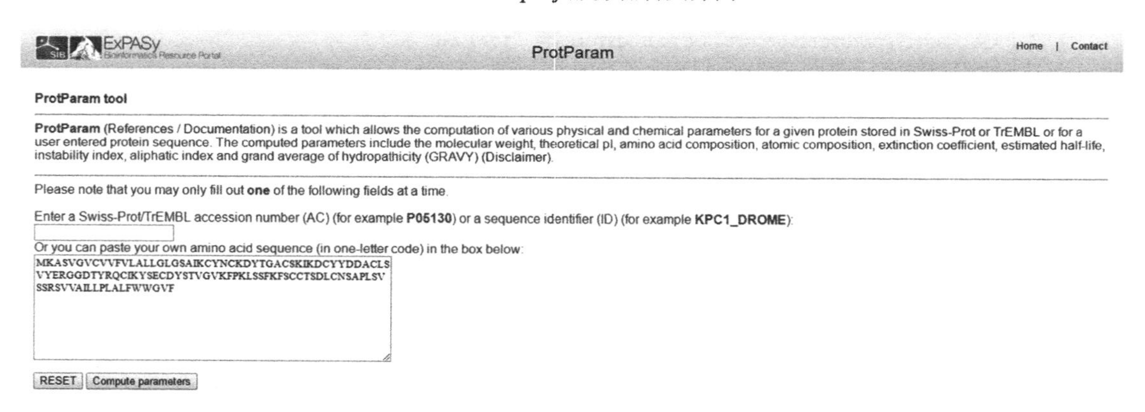

图 4-8 ProtParam 工具的提交页面

脂肪指数（aliphatic index）和总平均亲水性（grand average of hydropathicity，GRAVY）信息（图 4-9）。CD59 蛋白质包含 118 个氨基酸，其相对分子质量约为 12.91 kDa、理论等电点 pI 为 8.27，总共包括 1798 个原子，分子式为 $C_{581}H_{897}N_{141}O_{167}S_{12}$；在组成 CD59 蛋白质的 19 种氨基酸中，丝氨酸（Ser）所占的比例量高，为 12.7%，而谷氨酰胺（Gln）和甲硫氨酸（Met）所占的比例最低，为 0.8%；CD59 蛋白质的不稳定指数为 36.57，脂肪指数为 89.15。

（二）疏水性分析

组成蛋白质的 20 种氨基酸各自带有不同极性的侧链基团。氨基酸侧链的疏水性为各氨基酸的疏水性减去甘氨酸疏水性之值。疏水性氨基酸在蛋白质内部，其疏水性在保持蛋白质三级结构的形成和稳定中起着重要作用。

20 种氨基酸的疏水特性各有不同，较高正值的氨基酸具有较强的疏水性，而较低负值的氨基酸则具有较强的亲水性。不同方法采用的标准不同，所得到的参数也相差较大，但大体上还是一致的，目前使用较多是 Kyte & Doolittle 法（K-D 法）。

【实例分析 1】使用 ProtScale 软件分析蛋白质疏水性。

分析蛋白质疏水性有 Expasy 服务器的 ProtScale 在线工具（https://web.expasy.org/protscale/），如图 4-10 所示，该站点提供蛋白质的 50 多种不同属性供用户选择使用，并为每一种氨基酸输出相应的分值。

以斑马鱼（*Danio rerio*）CD59 蛋白质为研究对象，进一步分析 CD59 蛋白质的疏水性。

（1）提交序列。访问 Expasy 服务器中的 ProtScale 工具（https://web.expasy.org/protscale/），提交序列可以是 SwisProt 数据库中的序列登录号（AC）或文本格式的蛋白质序列。

（2）参数设置。默认分析内容是“Hphob. / Kyte & Doolitte”，即计算基于 K-D 法的蛋白质疏水性，如图 4-10 所示，使用 ProtScale 程序分析蛋白质的疏水性时，需要对窗口参数（windows size）进行调整，参数用于估算每种氨基酸残基的平均显示尺度，默认值为 9，为使亲水性 / 疏水性区域更加明显，可以适当根据分析目的调整该参数。

（3）结果分析。结果如图 4-11 所示，预测 CD59 蛋白质在 N 端和 C 端位置各有一个典型的疏水性区域。

【实例分析 2】使用生物学软件 BioEdit 分析蛋白质的疏水性。

BioEdit 软件由 Tom Hall 公司开发，可对核酸序列和蛋白质序列进行一系列的分析操作，该软件的分析内容非常丰富，如多序列比对、引物设计、BLAST 搜索、限制性酶切分析等，而且提供了很多网络程序的分析界面和接口。

本例仍以 CD59 蛋白质为分析对象，使用 BioEdit 软件对其进行疏水性分析，主要操作如下。

（1）载入序列。运行 BioEdit，依次打开“File”→“Open”，选择待分析的目的序列（FASTA 格式），打开序列的界面如图 4-12 所示。

（2）设置参数。返回菜单栏，依次打开“Sequence”→“Protein”→“Doolittle Mean Hydrophobicity Profile”，设置窗口大小参数 *n*，默认值为 13，即显示 9（=*n*-4）到 17（=*n*+4）位

Number of amino acids: 118

Molecular weight: 12914.08

Theoretical pI: 8.27

Amino acid composition: CSV format

Ala (A)	8	6.8%
Arg (R)	3	2.5%
Asn (N)	2	1.7%
Asp (D)	7	5.9%
Cys (C)	11	9.3%
Gln (Q)	1	0.8%
Glu (E)	2	1.7%
Gly (G)	8	6.8%
His (H)	0	0.0%
Ile (I)	4	3.4%
Leu (L)	12	10.2%
Lys (K)	9	7.6%
Met (M)	1	0.8%
Phe (F)	6	5.1%
Pro (P)	3	2.5%
Ser (S)	15	12.7%
Thr (T)	4	3.4%
Trp (W)	2	1.7%
Tyr (Y)	8	6.8%
Val (V)	12	10.2%
Pyl (O)	0	0.0%
Sec (U)	0	0.0%
(B)	0	0.0%
(Z)	0	0.0%
(X)	0	0.0%

Total number of negatively charged residues (Asp + Glu): 9
Total number of positively charged residues (Arg + Lys): 12

Atomic composition:

Carbon	C	581
Hydrogen	H	897
Nitrogen	N	141
Oxygen	O	167
Sulfur	S	12

Formula: $C_{581}H_{897}N_{141}O_{167}S_{12}$
Total number of atoms: 1798

Extinction coefficients:

Extinction coefficients are in units of M^{-1} cm^{-1}, at 280 nm measured in water.

Ext. coefficient　23545
Abs 0.1% (=1 g/l)　1.823, assuming all pairs of Cys residues form cystines

Ext. coefficient　22920
Abs 0.1% (=1 g/l)　1.775, assuming all Cys residues are reduced

Estimated half-life:

The N-terminal of the sequence considered is M (Met).

The estimated half-life is: 30 hours (mammalian reticulocytes, in vitro).
>20 hours (yeast, in vivo).
>10 hours (Escherichia coli, in vivo).

Instability index:

The instability index (II) is computed to be 36.57
This classifies the protein as stable.

Aliphatic index: 89.15

Grand average of hydropathicity (GRAVY): 0.415

图 4-9　ProtParam 预测结果

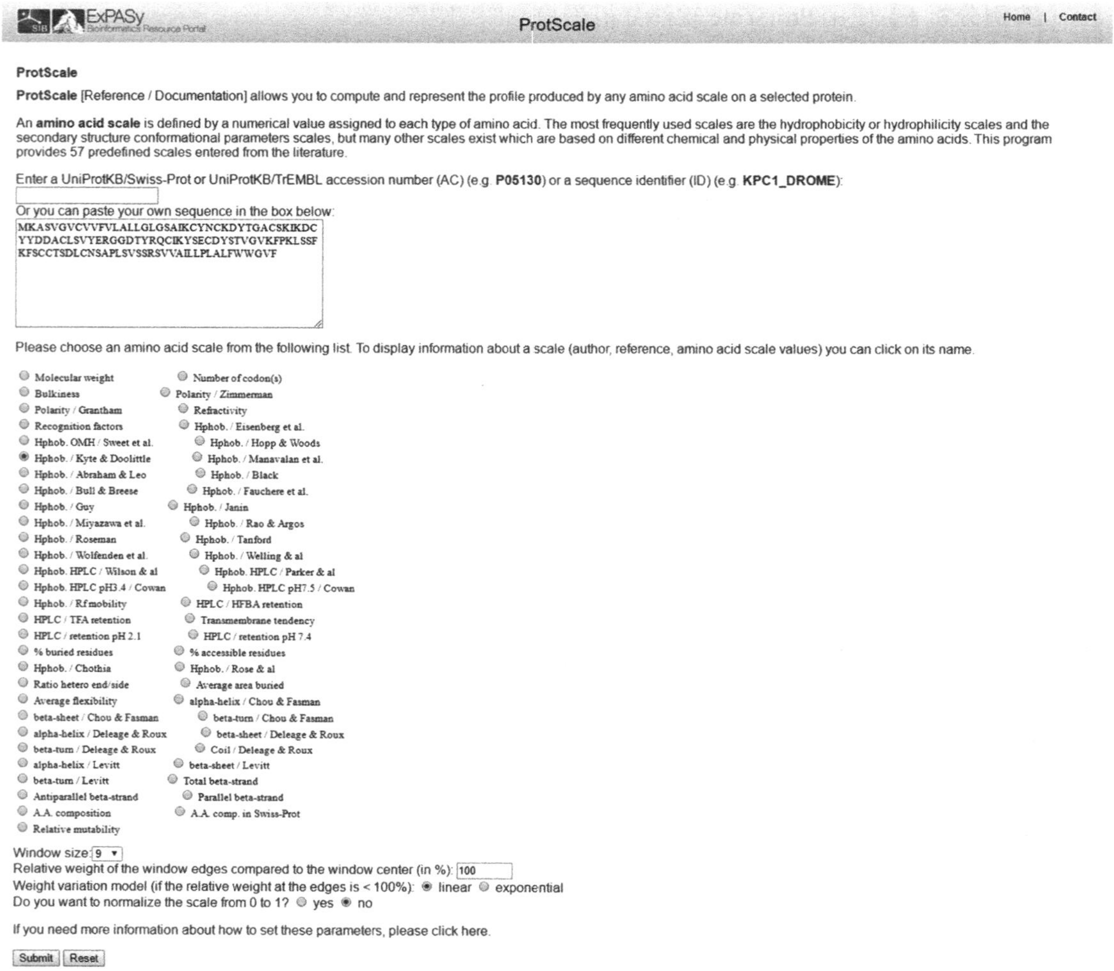

SIB ExPASy Bioinformatics Resource Portal   ProtScale   Home | Contact

ProtScale

ProtScale [Reference / Documentation] allows you to compute and represent the profile produced by any amino acid scale on a selected protein.

An **amino acid scale** is defined by a numerical value assigned to each type of amino acid. The most frequently used scales are the hydrophobicity or hydrophilicity scales and the secondary structure conformational parameters scales, but many other scales exist which are based on different chemical and physical properties of the amino acids. This program provides 57 predefined scales entered from the literature.

Enter a UniProtKB/Swiss-Prot or UniProtKB/TrEMBL accession number (AC) (e.g. **P05130**) or a sequence identifier (ID) (e.g. **KPC1_DROME**):

Or you can paste your own sequence in the box below:

MKASVGVCVVFVLALLGLGSAIKCYNCKDYTGACSKIKDC
YYDDACLSVYERGGDTYRQCIKYSECDYSTVGVKFPKLSSF
KFSCCTSDLCNSAPLSVSSRSVVAILLPLALFWWGVF

Please choose an amino acid scale from the following list. To display information about a scale (author, reference, amino acid scale values) you can click on its name.

Molecular weight | Number of codon(s)
Bulkiness | Polarity / Zimmerman
Polarity / Grantham | Refractivity
Recognition factors | Hphob. / Eisenberg et al.
Hphob. OMH / Sweet et al. | Hphob. / Hopp & Woods
Hphob. / Kyte & Doolittle | Hphob. / Manavalan et al.
Hphob. / Abraham & Leo | Hphob. / Black
Hphob. / Bull & Breese | Hphob. / Fauchere et al.
Hphob. / Guy | Hphob. / Janin
Hphob. / Miyazawa et al. | Hphob. / Rao & Argos
Hphob. / Roseman | Hphob. / Tanford
Hphob. / Wolfenden et al. | Hphob. / Welling & al
Hphob. HPLC / Wilson & al | Hphob. HPLC / Parker & al
Hphob. HPLC pH3.4 / Cowan | Hphob. HPLC pH7.5 / Cowan
Hphob. / Rf mobility | HPLC / HFBA retention
HPLC / TFA retention | Transmembrane tendency
HPLC / retention pH 2.1 | HPLC / retention pH 7.4
% buried residues | % accessible residues
Hphob. / Chothia | Hphob. / Rose & al
Ratio hetero end/side | Average area buried
Average flexibility | alpha-helix / Chou & Fasman
beta-sheet / Chou & Fasman | beta-turn / Chou & Fasman
alpha-helix / Deleage & Roux | beta-sheet / Deleage & Roux
beta-turn / Deleage & Roux | Coil / Deleage & Roux
alpha-helix / Levitt | beta-sheet / Levitt
beta-turn / Levitt | Total beta-strand
Antiparallel beta-strand | Parallel beta-strand
A.A. composition | A.A. comp. in Swiss-Prot
Relative mutability

Window size: 9
Relative weight of the window edges compared to the window center (in %): 100
Weight variation model (if the relative weight at the edges is < 100%): linear exponential
Do you want to normalize the scale from 0 to 1? yes no

If you need more information about how to set these parameters, please click here.

Submit Reset

图 4-10 ProtScale 工具主界面

之间疏水性的平均值。如果序列中有空位，可选中“Perform Degapped”去除空位以减少空位罚分造成的影响。

这里将 Window Size 设置为 9，执行“Run Plot”程序自动开始疏水性分析，结果显示 CD59 蛋白质在 7～15 和 105～110 位氨基酸之间均含有一个典型的疏水性区域（图 4-13），与 ProtScale 程序预测结果一致。

（三）跨膜区分析

跨膜区是指蛋白质序列中跨越细胞膜的区域，含有跨膜区的蛋白质，常常属于膜锚定蛋白或离子通道蛋白，在细胞响应外源刺激、募集信号等方面发挥作用，因此，对蛋白序列的跨膜区进行预测和分析也是生物信息学的重要方面。

跨膜区分析主要是基于对已知蛋白跨膜区的数据分析，目前蛋白序列跨膜区预测的算法都是基于统计学模型或人工神经网络（artificial neural network，ANN），他们的共同特征是通过选取训练集对模型进行训练得到模型参数，然后根据训练好的模型来对目的序列进行预测。

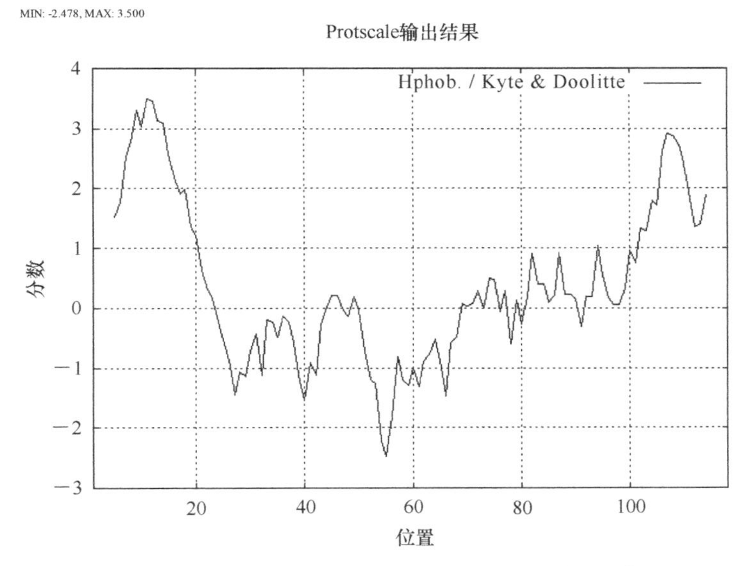

图 4-11　使用 ProtScale 程序分析 CD59 蛋白质的疏水性

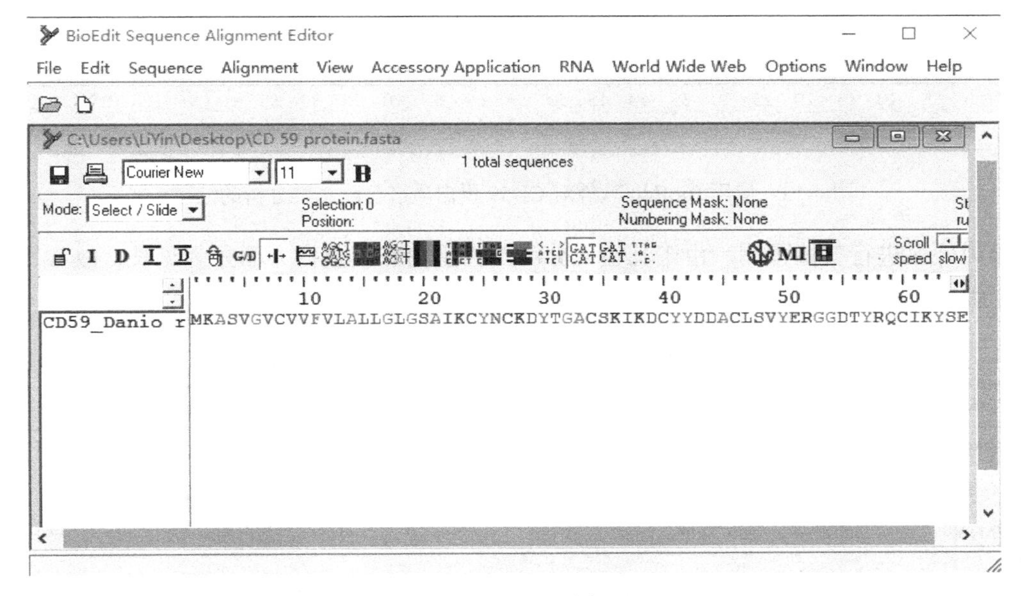

图 4-12　BioEdit 打开序列界面

常见的跨膜区分析软件如表 4-1 所示。需要注意的是，使用单一的预测软件分析蛋白质跨膜区的准确性都不太高，综合不同的软件预测结果并结合疏水性分析，可以提高预测结果的准确性，尤其是对于跨膜螺旋和膜向性预测的准确率一般可达 80%～95%。

天然跨膜蛋白数据库 Tmbase 来源于 Swiss-Prot 数据库，并提供给每个序列一些附加信息，如跨膜结构区的数量、位置及其侧翼序列情况。

【实例分析】使用 TMHMM Server v.2.0 对斑马鱼（*Danio rerio*）的 CD59 蛋白质进行跨膜区分析。

TMHMM 是一个基于隐马尔可夫模型（hidden Markov models，HMM）预测跨膜螺旋的程序，它综合了跨膜区疏水性、电荷偏倚、螺旋长度和膜蛋白拓扑学限制等性质，可对跨膜

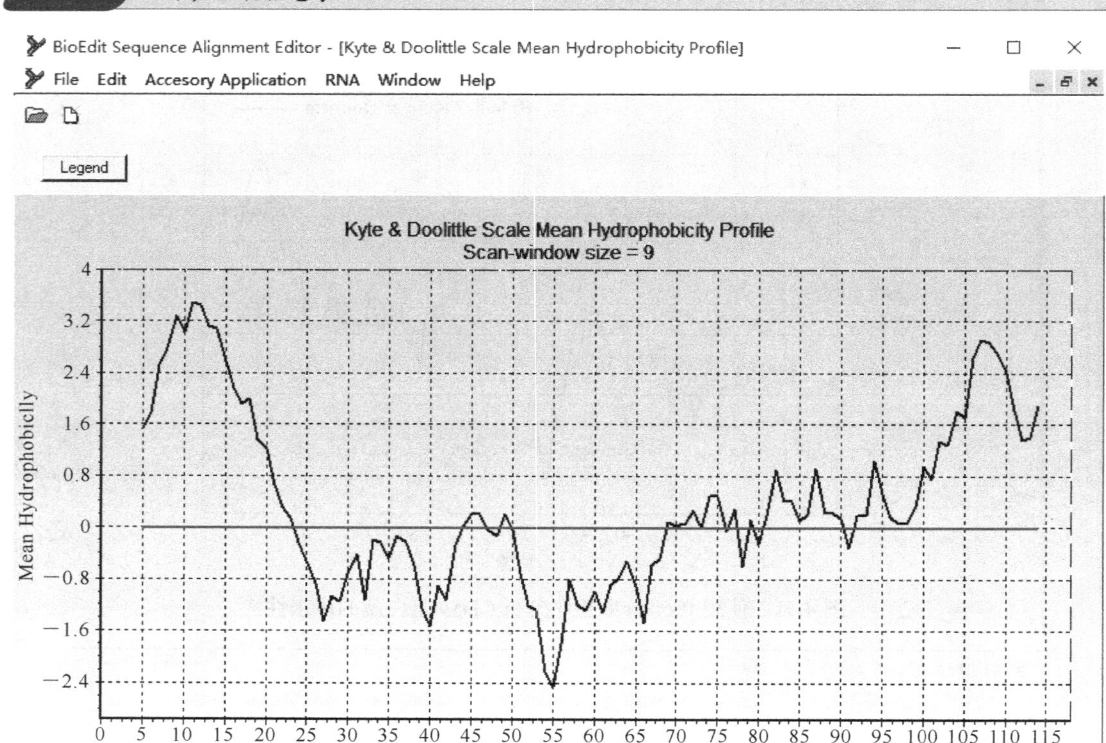

图 4-13 使用 BioEdit 软件对 CD59 蛋白质进行疏水性分析的结果

区及膜内外区进行整体预测。由于其在区分可溶性蛋白和膜蛋白方面尤为见长，故常用于判定一个蛋白是否为膜蛋白。

表 4-1 常见的跨膜区分析在线网络工具

工具	网址	说明
TMHMM	http://www.cbs.dtu.dk/services/TMHMM/	判定某蛋白是否为膜蛋白
TMpred	https://embnet.vital-it.ch/software/TMPRED_form.html	准确预测跨膜蛋白的跨膜片段
HMMTop	http://www.enzim.hu/hmmtop/	预测蛋白的跨膜螺旋和拓扑结构

研究背景：上节使用 K-D TGREASE 算法能有效地检测出 CD59 蛋白质高疏水性的区域，但不能据此说明 CD59 蛋白质含有跨膜区，因为水溶性球状蛋白质的内埋区基本上均为疏水性的。故可以使用 TMHMM 软件分析 CD59 蛋白质以确定其是否为跨膜蛋白。

针对分析目的，主要操作流程如下：

（1）打开在线工具。打开 TMHMM 在线软件（http://www.cbs.dtu.dk/services/TMHMM/）。

（2）提交数据。在主界面中的“SUBMISSION”标签下方，上传 FASTA 格式的序列文件或在文本中直接贴入序列文本，如图 4-14 所示。

（3）参数设置。输出格式有三个选项，分别是：① Extensive，with graphics（图形化显示）；② Extensive，no graphics（不以图形显示）；③ One line per protein（每个蛋白逐行显示）。若进行大批量的跨膜区预测，可以选择③选项验出结果，本例默认使用选项①。

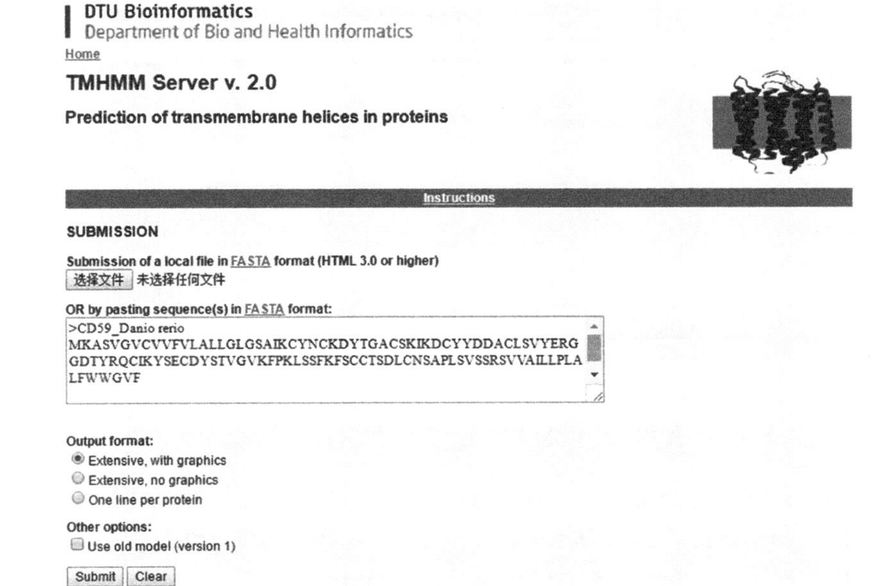

图 4-14　TMHMM 软件提交目的序列界面

（4）结果解读。TMHMM 软件预测的结果如图 4-15 所示。

预测结果显示，CD59 蛋白质的第 1～4 位氨基酸位于细胞膜里面，5～22 位氨基酸之间形成一个典型的跨膜螺旋区，第 23～97 位氨基酸位于细胞膜外，第 98～117 位氨基酸之间形成一个典型的跨膜螺旋区，第 118 位氨基酸位于细胞膜外。如图 4-16 所示，与该蛋白质的疏水性区域判断结果基本一致，表明 CD59 蛋白质可能是一个与细胞信号传导有关的受体蛋白。

（四）信号肽预测

组成生物体的蛋白质大多数是在细胞质中的核糖体上合成的，各种蛋白质合成之后要分别运送到细胞中的不同部位，以保证细胞生命活动的正常进行。有的蛋白质要通过内质网膜

TMHMM result

HELP with output formats

```
# CD59_Danio Length: 118
# CD59_Danio Number of predicted TMHs:  2
# CD59_Danio Exp number of AAs in TMHs: 35.98128
# CD59_Danio Exp number, first 60 AAs:  19.63675
# CD59_Danio Total prob of N-in:        0.38755
# CD59_Danio POSSIBLE N-term signal sequence
CD59_Danio      TMHMM2.0 inside       1    4
CD59_Danio      TMHMM2.0 TMhelix       5   22
CD59_Danio      TMHMM2.0 outside     23   97
CD59_Danio      TMHMM2.0 TMhelix      98  117
CD59_Danio      TMHMM2.0 inside     118  118
```

图 4-15　TMHMM 软件预测结果

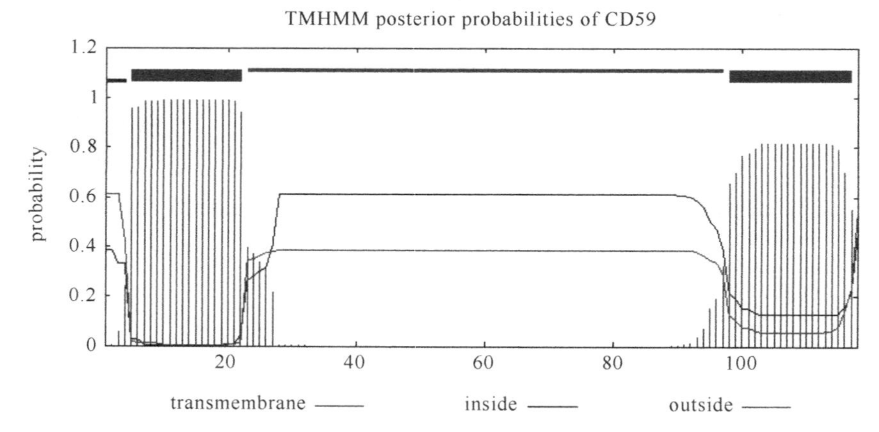

图 4-16 使用 TMHMM 软件对 CD59 蛋白质的跨膜区分析结果

进入内质网腔内，最终成为分泌蛋白；有的蛋白质则需要穿过各种细胞器膜，进入细胞器内，构成细胞器蛋白。分泌蛋白的 N 端都有一段 15～35 个氨基酸的疏水性肽段，其功能是引导蛋白质肽链穿过内质网膜进入腔内，称为信号肽（signal peptide）。

为了解释动物细胞分泌蛋白质通过细胞膜的机制，美国科学家 Gunter Blobel 于 1975 年提出了蛋白质跨膜运输的信号肽学说，该学说认为，细胞中的核糖体处于游离状态时，即已开始分泌蛋白质，并在所分泌的蛋白质的多肽链 N 端产生信号肽（15～35 个氨基酸），这个信号肽被识别后将游离核糖体引导至内质网膜上。这个过程包括：核糖体上的一种信号识别蛋白（即 SRP 受体），一方面识别分泌蛋白的信号肽，另一方面又与内质网上的受体识别颗粒结合，从而使游离核糖体固着于内质网；分泌蛋白进而依靠信号肽穿过内质网膜并继续合成，延长肽链；合成终止后，分泌蛋白进入内质网腔内，信号肽在穿膜后就被腔内的信号水解切除。

根据氨基酸的组成及其位置特征，可以将信号肽划分为 4 大类：①分泌信号肽（含 RR-motif 信号肽）；②脂蛋白信号肽；③ Pilin-like 信号肽；④细菌素和信息素信号肽。

不同的信号肽组成的氨基酸有所不同，但基本长度为 15～35 个氨基酸，主要由三个区域组成：N-region、H-region 和 C-region。N-region 为正电荷区域，至少含有 1 个精氨酸（R）或赖氨酸（K）；H-region 为疏水区，一般长度为 12～14 个氨基酸；C-region 包含信号肽酶（SPase）的剪切位点，在信号肽酶剪切位点 -1 位和 -3 位上多为中性的丙氨酸，故该区域也称为富含丙氨酸区域。常见的信号肽预测工具详见表 4-2。

表 4-2 信号肽预测的在线工具

工具	网址	说明
ChloroP	http://www.cbs.dtu.dk/services/ChloroP/	预测植物中叶绿体转运肽
LipoP	http://www.cbs.dtu.dk/services/LipoP/	预测革兰氏菌中的信号酞 I 和 II 的剪切位点
NetNES	http://www.cbs.dtu.dk/services/NetNES/	预测富含亮氨酸的核输出信号
SecretomeP	http://www.cbs.dtu.dk/services/SecretomeP/	预测真核生物中非经典类型的和无导肽的分泌蛋白
SignalP	http://www.cbs.dtu.dk/services/SignalP/	测革兰氏阳性（G^+）菌、革兰氏阴性菌（G^-）、真核生物中信号肽
MITOPROT	https://ihg.gsf.de/ihg/mitoprot.html	预测线粒体、叶绿体信号肽

【实例分析】使用 SignalP 5.0（http://www.cbs.dtu.dk/services/SignalP/）对斑马鱼（*Danio rerio*）CD59 蛋白质进行信号肽预测。

SignalP 是最为常用的信号肽分析软件，常用于分泌蛋白质预测的第一步。2019 年 4 月，SignalP 版本升级至第 5 版。第一版本基于人工神经网络（artificial neural network）；第二版本引入隐马尔可夫模型（hidden Markov models）；第三版本改进切除位点（cleavage site）预测方法；第四版本改进对信号肽和跨膜螺旋的区分能力。这 4 个版本仅能对 Sec/SPI 类型的信号肽进行预测。而第五版本结合了深度神经网络（deep neural network）、条件随机分类（conditional random field classification）和迁移学习（transfer learning）方法，能对信号肽进行更准确的预测。主要操作如下。

1）提交数据　　连网至 SignalP 5.0 Server 服务器，SignalP 5.0 Server 主界面如图 4-17 所示，以文本格式在文本框位置粘贴入待分析的目的序列或直接上传 FASTA 格式的序列文件。

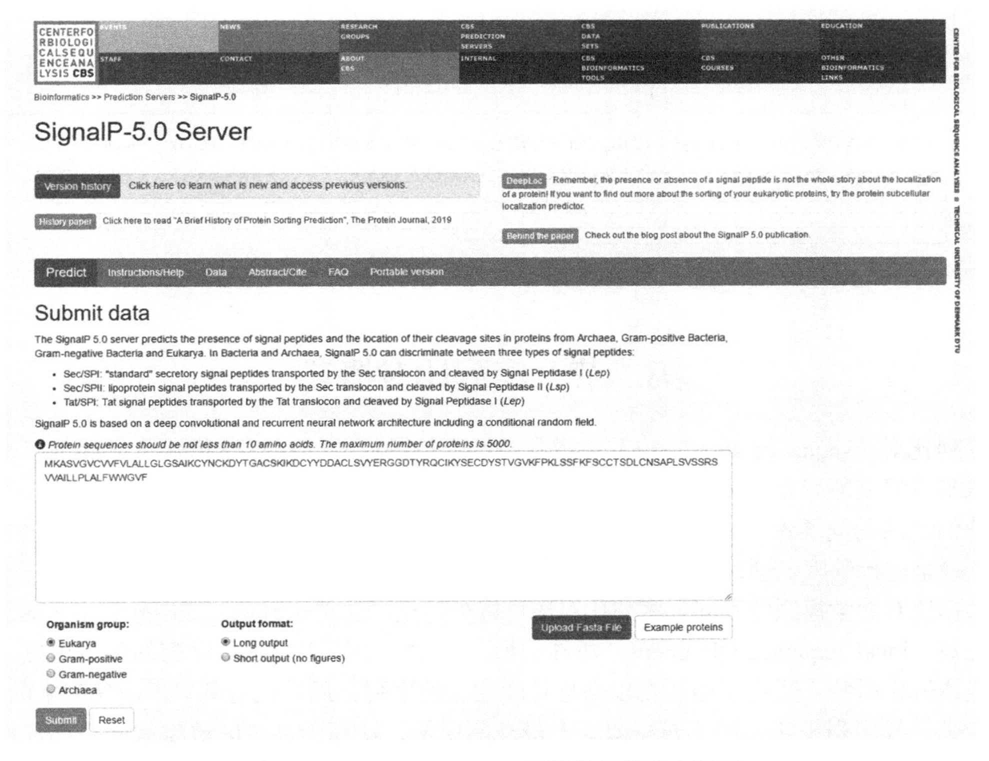

图 4-17　SignalP 5.0 Server 预测信号肽的主界面

2）参数设置　　根据分析对象的物种特性及目的要求，参数设置如下：

（1）类别（organism group）：分别为真核生物（eukaya）、革兰氏阴性菌（Gram-negative）、革兰氏阳性菌（Gram-positive）以及古细菌（archaea）。斑马鱼为真核生物，故此处选中真核生物。

（2）输出形式（out format）：分为长图输出（long output）和短图输出（无表格）[short output（no figures）]。

（3）点击“Submit”提交，结果如图 4-18 所示。

预测结果显示，CD59 蛋白质存在信号肽的可能性为 0.9998，位于第 21～22 位；剪切位点的可能性为 0.9654，说明 CD59 蛋白质可能在跨膜运输中起信号识别作用；剪切位点位于第 21～22 位氨基酸，表明成熟肽始于第 21 位氨基酸。

Sequence
Prediction: Signal peptide (Sec/SPI)
Cleavege site between pos. 21 and 22: GSA-IK.
Probability: 0.9654

Protein type	Signal Peptide (Sec/SPI)	Other
Likelihood	0.9998	0.0002

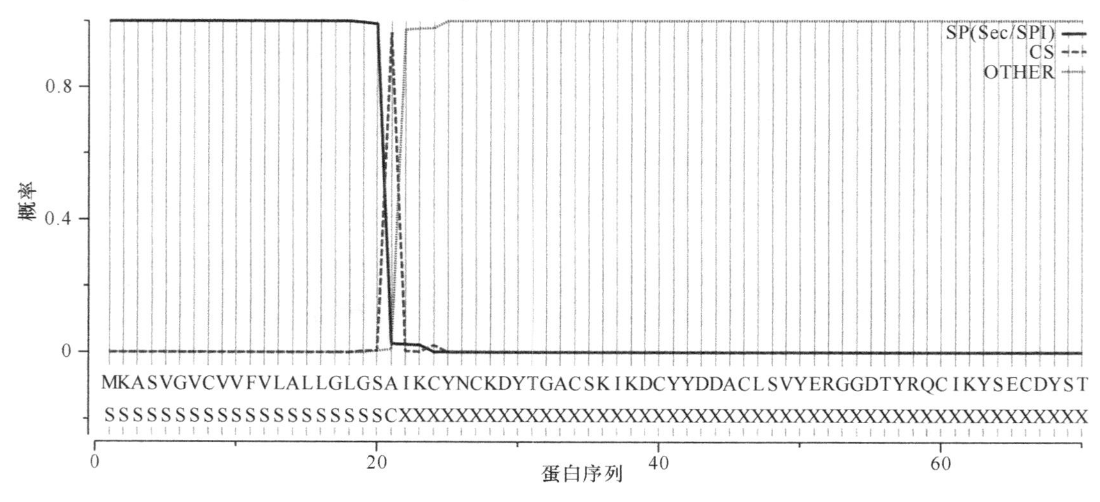

图 4-18 SignalP 5.0 的预测结果

第二节 序列比对概述

序列比对（sequence alignment）是指利用特定算法或数学模型计算两条或两条以上序列之间碱基或氨基酸残基之间的匹配程度，明确这些序列之间的相似性（similarity），并以此来预测他们之间的同源性（homology）或可能的进化关系。序列比对是生物信息学研究的基本方法，也是进行基因识别、分子进化、生命起源等研究的前提和基础。

根据比对数学模型的不同，序列比对还可以分为全局比对（global sequence alignment）和局域比对（local sequence alignment）两种类型。其中，全局比对是从序列的整体出发，探究序列整体的相似性，适用于相似度较高且长度相近的序列，局域比对则只考虑序列中的部分，其目的是寻找序列中匹配度（或相似度）最高的区域，适用于某些区域相似度很高且长度差异较大的序列。

根据比对序列数目的不同，我们可以将序列比对分为序列两两比对（pair-wise sequence alignment）和多序列比对（multiple sequence alignment）。其中，序列两两比对是指 2 条相同类型序列之间的比较，主要是利用一定的算法进行序列字符的匹配和替换，最终获得两条序列的最优比对结果。多序列比对是指 3 条或 3 条以上同型序列的比较，进行多序列比对的意义在于可以通过多条序列的比对找出在不同生物序列之间的保守区域，获得比序列两两比对更为丰富的序列相似性信息，并以此推断这些相关序列的分子起源以及它们在进化过程中亲缘关系的远近。此外，在进行序列两两比对和多序列比对时，我们还可以根据实际情况选择全局比对或局域比对。

在生物信息学中，我们通常使用打分矩阵（scoring matrix）来描述两条或一组序列的相似程度。根据比对序列类型的不同，我们将打分矩阵分为核酸打分矩阵和蛋白质打分矩阵。核酸打分矩阵主要有等价矩阵（identity matrix）、BLAST 矩阵和转换 - 颠换矩阵。其中，等价矩阵最为简单，即对比序列中相同核苷酸匹配得 1 分，不同核苷酸匹配得 0 分。BLAST 矩阵中，相同核苷酸匹配得 5 分，不同核苷酸匹配得 -4 分。转换－颠换矩阵中，核苷酸发生转换（transition）得 -1 分，发生颠换（transversion）得 -5 分。蛋白质打分矩阵主要有等价矩阵、遗传密码矩阵（genetic code matrix，GCM）、疏水矩阵（hydrophobicity matrix）、PAM 矩阵（point accepted mutation matrix）和 BLOSUM 矩阵（blocks substitution matrix）。

PAM 矩阵（point accepted mutation）和 BLOSUM 矩阵是两种国际上常用的氨基酸替换矩阵（amino acid substitution matrix）。其中，PAM 矩阵是由 Dahoff 等在 1978 年提出的，其基础是进化的可接受点突变模型，即在进化过程中，相关的蛋白质在某些位置上可出现不同的氨基酸，这些氨基酸的替换不会对蛋白质的结构和功能产生太大的影响，而且每个位点的氨基酸突变是相互独立的，与该点上以前的突变无关。1 个 PAM 的进化距离（PAM1）表示 100 个氨基酸残基中发生 1 个可接受残基单点突变，目前常用的 PAM250 矩阵是通过初始的 PAM1 模型推算出来的，表示的是两个序列之间具有 20% 的氨基酸残基匹配，因此在实际的应用中，在检测和分析进化距离较远的序列之间是否具有同源性时具有一定的局限性。1992 年，Henikoff 等通过观察蛋白质模块数据库中 2000 多个保守蛋白质氨基酸模块（blocks）的实际替换概率，构建了一组以序列片段为基础的替换矩阵，用于解决序列的远距离相关问题。为避免同一氨基酸残基被重复计算而引起的潜在偏差，在构建模型之前，需要将具有最小相同残基百分比的序列片段先整合成一条序列，然后，计算出每一片段中每个残基位置的平均贡献，使被整合的这条序列可以被看成是单一序列。根据最小相同残基百分比的不同，可产生 BLOSUM60（相似度≥60% 的模块组合）、BLOSUM62（相似度≥62% 的模块组合）或 BLOSUM80（相似度≥80% 的模块组合）等矩阵。其中，BLOSUM62 矩阵被认为是性能最佳矩阵，现已成为许多蛋白质比对工具的标准。

生物序列比对的理论基础是进化学说，如果两条或一组序列的相似性很高，我们则可以推测他们在进化上可能由同一祖先分别演化而来。但是，需要注意的是，两条或一组序列组成的高度相似也可能是在进化过程中由一些随机因素引起的，因此，在进化上，这种由随机因素产生的序列相似性称为趋同（convergence）。此外，在比对过程中，为了弥补插入（insertion）和缺失（deletion）对序列相似性的影响，通常会在目标序列中引入空位（gap），每插入一个空位，就要在总分中减去一定的分值，称为空位罚分（gap penalty）。空位罚分包括空位起始罚分（gap open penalty）和空位延伸罚分（gap extension penalty）。其中，空位起始罚分是指在序列比对时，在某一目标序列中引入一个空位，使待比对目标序列之间的匹配最优；空位延伸罚分是指在序列比对中，在某一目标序列中引入一个空位后，继续引入一个或多个连续空位，以便获得待比对序列的最优匹配。通常情况下，空位起始罚分要高于空位延伸罚分，但也有情况下，空位起始罚分可以与空位延伸罚分相等。

第三节　序列两两比对

一、序列两两比对的算法

序列两两比对的算法主要有点阵分析法（dot matrixa nalysis）、动态规划算法（dynamic programming algorithm）和 BLAST 法（词或 K 串方法）。

（1）点阵分析法是最早的一种序列两两比对算法，该算法通过点阵作图的方法表示，能直观地看出两条序列之间的相似性，通常应用于序列相似度不是非常高的两条序列。点阵分析法的最大优势是能够将所有可能的比对结果用该矩阵的对角线表现出来，还可以显示插入/缺失及序列内部正向和反向重复的存在，而其局限性则在于大部分的点阵分析软件无法给出一个真正的比对结果。

（2）动态规划算法是最精确的一种序列比对算法。1970年，Needleman 和 Wunsch 首先将动态规划算法应用于序列全局比对，开发了 Needleman-Wunsch 算法；随后，在1981年，Smith 和 Waterman 又将该方法用于局部比对，开发了 Smith-Waterman 算法。动态规划算法的优势在于，在给定的得分系统下（选择合适的得分矩阵和空位罚分系统），动态规划方法能保证给出最优比对结果，然而，随着序列长度的增加，计算步骤和对计算机内存的要求会成平方或立方增长，所以当序列较长时，使用这种方法的效率会变得很低，因此，动态规划算法适用于较少量序列之间的比对。

（3）BLAST 法是通过搜索序列间完全相同的一短串字符（即词或K串），然后通过动态规划算法把这些词语连接成比对结果的方法。该方法的搜索速度很快，适用于搜索整个数据库，其得到的比对结果在统计上是可靠的。该算法的特点是速度快且比较精确，与动态规划算法相比，BLAST 法更适用于从一组大量序列中搜索与查询相似的序列。

二、序列两两比对的工具

进行序列两两比对前，首先需要选择基于合适算法的程序，然后仔细选择得分系统。牢记得分系统的微小变动就可能导致比对结果非常剧烈的变化。常见的序列两两比对的网站或软件及网址如表4-3所示。

表4-3　常用的序列两两比对的网站或软件及网址

网站或软件名称	网址
PipMaker（percent identity plot）	http://bio.cse.psu.edu
BCM Search Launcher	http://arete.ibb.waw.pl/pL/html/gene_feature_searches_bcm.html
SIM	http://us.expasy.org
FASTA program suite	http://fasta.bioch.virginia.edu
Pairwise BLAST	https://blast.ncbi.nlm.nih.gov/Blast.cgi
Ace View	http://www.ncbi.nlm.nih.gov/IEB/Research/Acembly
BLAST	https://blast.ncbi.nlm.nih.gov/Blast.cgi
GeneSeluer	http://www.bioinformatics.iastate.edu/bioinformatics2go/

三、序列两两比对分析实例

基本局部比对搜索工具（basic local alignment search tool，BLAST）是一种序列类似性检索工具。美国国家生物技术信息中心（national center for biotechnology information，NCBI）提供了免费的网页版 BLAST 服务平台，该平台的特点是容易操作、数据库同步更新，其缺点是不利于操作大批量的数据，同时也不能自己定义搜索的数据库。NCBI 的 BLAST 服务平台包含 BLASTN、BLASTP、BLASTX、tBLASTN、tBLASTX 等5种子程序（表4-4）。这5种程序是利用改进的 Karlin 和 Altschul 的统计学方法来描述检索结果的显著性。因此，根据查询的目的及序列选择合适的 BLAST 程序，有助于获得最佳的检索结果，但这些程序不支持主题形式检索，即不支持主题词、自由词、文本词等的检索。

表 4-4　BLAST 的 5 种子程序

程序	查询序列	数据库类型	说明
BLASTN	核酸	核酸	比较核酸序列和核酸数据库
BLASTP	蛋白质	蛋白质	比较氨基酸序列和蛋白质数据库
BLASTX	核酸（翻译）	蛋白质	比较核酸双链序列理论上 6 框架的所有转换结果和蛋白质数据库，用于新 DNA 序列和 ESTs 的分析
tBLASTN	蛋白质	核酸（翻译）	比较蛋白质序列和核酸序列数据库，动态转换为 6 框架结果，用于寻找数据库中没有标注的编码区
tBLASTX	核酸（翻译）	核酸（翻译）	主要用于 EST 分析

注：EST（expressed sequence tag）指表达序列标签

【实例分析】运用 BLAST 工具进行双序列比对。

本例以虹鳟（*Oncorhynchus mykiss*，GeneBank No.： NM_001124497.1）和大西洋鲑（*Salmo salar*，GeneBank No.： XM_014126457.1）的 CD59 核苷酸序列为例，分析两者之间的相似性。针对分析目的，我们对这两条序列进行全面的双序列比对和显著性分析，主要操作流程如下。

（1）打开程序。打开 NCBI 首页，如图 4-19 所示，点击右上方的 BLAST 工具，或者直接输入网址（https://blast.ncbi.nlm.nih.gov/Blast.cgi）进入 BLAST 工具页面（图 4-20）。

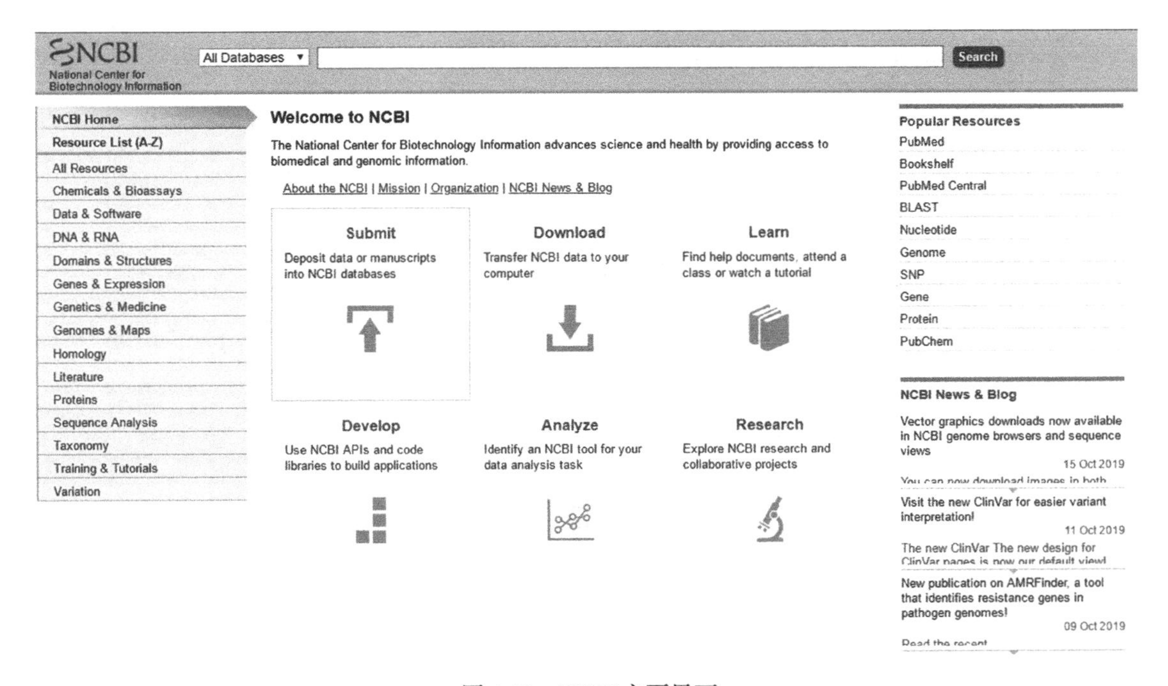

图 4-19　NCBI 主页界面

（2）提交序列。本例为核苷酸序列比对，点击“Nucleotide BLAST”，进入序列比对页面。选中“Align two or more sequences”，进行双序列比对。在检索页面“Enter Query Sequence”和“Enter Subject Sequence”的文本框内可以输入目的序列，也可以输入 GenBank 登录号或者 GI 号。在本例中直接在文本框中输入 FASTA 格式的核苷酸序列，如图 4-21 所示。

（3）参数设置。系统会出现三个程序选项，分别是 Highly similar sequences（megablast，高

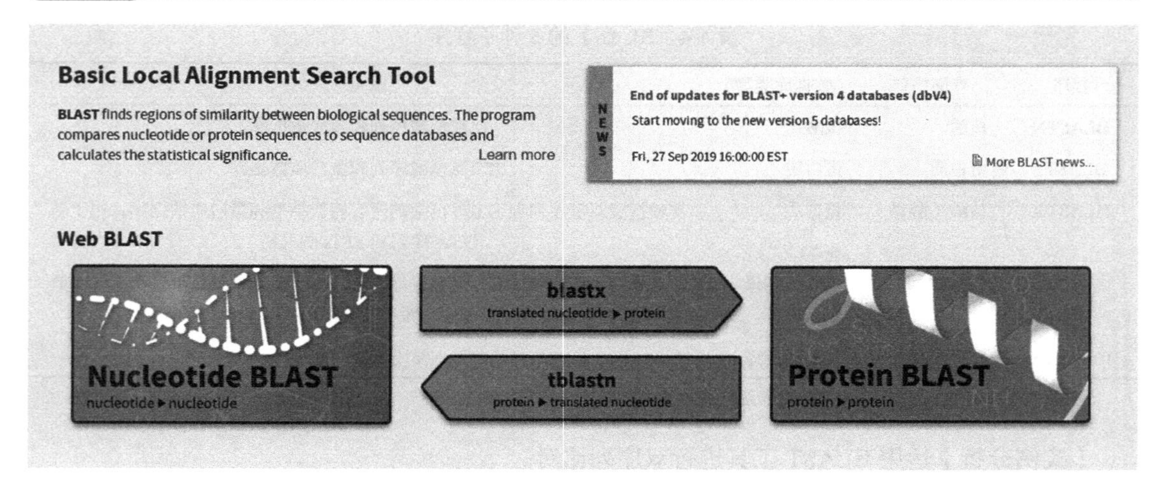

图 4-20 BLAST 工具主页

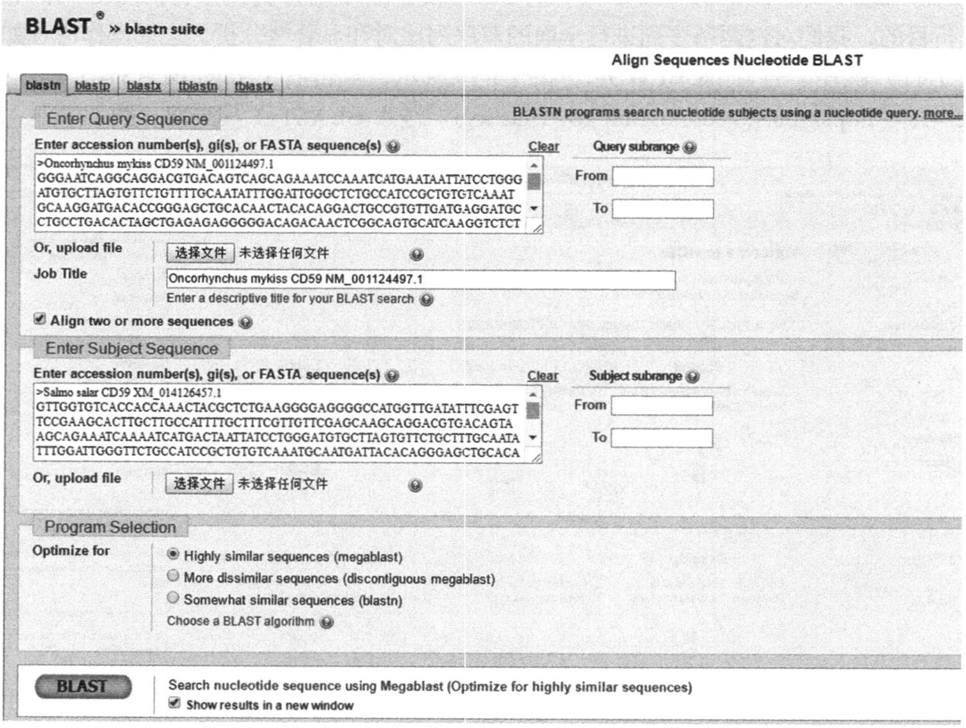

图 4-21 BLAST 输入序列页面

度相性序列)、More dissimilar sequences(discontiguous megablast，更多不相似序列)、Somewhat similar sequences(blastn，某些相似序列)，分别适用于高度相似(相似性 95% 以上)的长序列、差异比较大而某些相似的序列。选取哪种程序选项，视具体情况而定。这里选择“Highly similar sequences(megablast，高度相性序列)”项，其他使用默认参数，并点击页面下方的“BLAST”直接提交，如图 4-21 所示。

(4)比对结果。比对结果如图 4-22 所示，分别给出了 Descriptions(基本描述)、Graphic Summary(图示总览)、Alignments(比对)信息以及 Dot Plot(点阵视图)。在点矩阵视图中，

图 4-22　序列比对结果输出

横坐标是目的序列，纵坐标是参考序列。连续线表示两序列匹配之处，缺口表明两序列不匹配之处。点矩阵视图可以揭示比对序列中局部相似性之间的复杂关系。从图 4-23 中，我们可以看出两条序列之间高度相似，相似性为 91.27%。

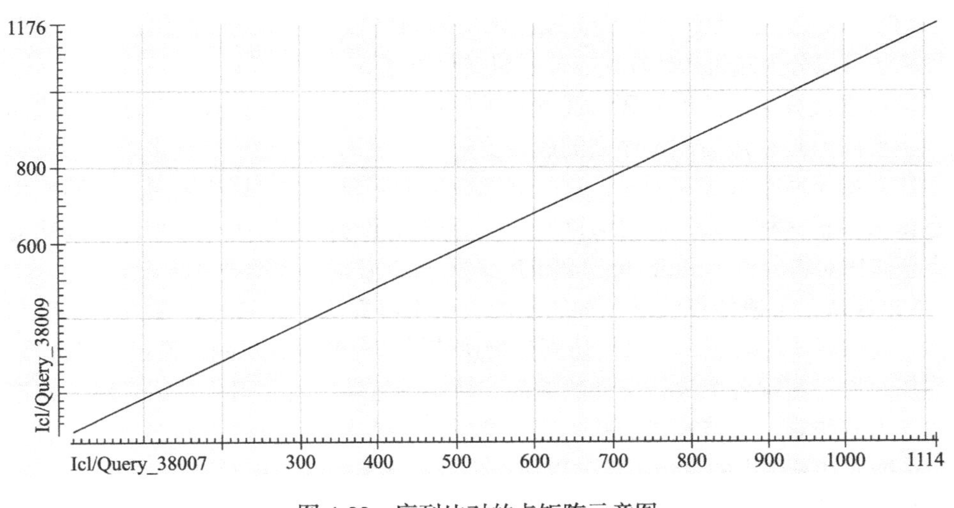

图 4-23　序列比对的点矩阵示意图

第四节　多序列比对

一、多序列比对算法

多序列比对的算法较多，主要包括精确算法（exact algorithm）、累进算法（progressive

algorithm）、迭代算法（iterative algorithm）、遗传算法（genetic algorithm）、隐马尔可夫算法（hidden Markov model）等。

1. 精确算法　精确算法与双序列比对的动态规划算法思想相同，只是将维数由二维改变为多维。算法分为两个步骤：首先进行打分矩阵的计算，然后在打分矩阵中回溯寻找获得一条路径，该路径代表多序列比对结果。

精确算法所用的计算时间和计算机的内存容量随着序列数目和序列长度的增加呈指数型变化，实际上使用的Needleman-Wunsch算法只能计算长度较短数列、数目较少的多条比对。使用经过改进的Carrillo-Lipman算法的MSA程序中也最多只能计算10条近缘序列，因此，这种算法仅适用于少量序列的全局比对。

2. 累进算法　累进算法是最简单有效的多序列比对算法之一，它的基本思想是基于相似序列通常具有进化相关性这一假设，其对时间和内存的要求都最低，被应用于大多数的多序列比对工具，如ClustalW、Pileup、T-COFFEE等。

累进算法将最相近的序列进行多条序列比对，形成一个初始比对，然后使用动态规划算法逐步将较远缘序列添加到初始的比对中。序列的亲缘关系由根据两条序列比对所形成的系统发育树决定。

使用累进算法的多序列比对程序（如Clustal和Pileup）的主要问题是最终的多条比对必须依赖起始的两条序列比对，最先比对的序列在序列树上最为相关。如果这些序列比对得很好，在起始比对中的错误就会很少，但是当初始序列之间关系越远时，比对中的错误越多，而且这些错误还将在多条比对中扩增，并且以后的计算过程无法校正这些错误。现在没有一种简单的方法可以解决这一问题。使用累进算法的第二个问题是很难选择一个同时符合多条序列特征的合适的得分矩阵及空位罚分。

3. 迭代算法　迭代算法是基于最优化局部的思想，每一次最优化过程就是迭代的过程，迭代算法可以分为随机迭代算法和非随机迭代算法。

由于随机迭代算法的速度问题，通常只被用作比对后的优化过程。非随机迭代算法与累进算法的主要问题是在最为相关序列的起始比对中出现的错误会扩展到多条序列比对中，尤其是起始比对始于两个远缘序列时，这一问题就更为明显。迭代算法则通过不断使用动态规划算法重排来纠正这种错误，同时对这些亚类群进行比对以获得所有序列的全局比对，其目的是提高整体比对得分值。MultAlin、PRRP及MUSCLE均使用这种算法。

4. 遗传算法　遗传算法是一种通用的机器学习算法。1962年，霍兰（Holland）教授首次提出了遗传算法的思想，它借用仿真生物遗传学和自然选择机制，通过自然选择、遗传、变异等作用机制，实现各个体适应性的提高。从某种程度上说，遗传算法是对生物进化过程进行的数学方式仿真。遗传算法的基本思想是通过重排来产生许多不同的多条比对，这些重排模拟空位插入和复制中的重组事件，以便产生越来越多的多条比对得分。

目前使用遗传算法进行多条序列比对的软件有SAGA和RAGA。其基本思想是通过重排来产生许多不同的多条比对，这些重排模拟空位插入和复制中的重组事件，以便产生越来越多的多条比对得分。这种比对并不能保证为最优或者达到最佳得分。尽管SAGA程序可以对较多的序列进行比对，但当序列数目超过20个时，其比对速度很慢。

5. 隐马尔可夫算法　隐马尔可夫算法是一种常用的统计概率算法，是描述大量相互联系状态之间发生转换概率的模型，本质上是一条表示匹配、缺失或插入状态的链，当用于多序列比对计算时，可用来检测序列比对结果中的保守区。序列比对结果中的每一个保守残基可以用一个匹配状态来描述，空位的插入可用插入状态描述，残基缺失状态则表示允许在本该匹配的位置发生缺失。因此，应用隐马尔可夫模型进行多序列比对，就是需要把所有的位置都用匹配、插入或缺失这三种状态中的一种表示。

二、多序列比对软件

目前，根据不同算法设计的多序列比对软件种类很多，但是，每种软件或多或少都存在一些不足或局限。这是因为当比对的目标序列十分相似或者在蛋白质序列中包含非线性元件，如重复序列（无论串联还是其他情况）、螺旋卷曲等都会影响最终的比对结果，因此，需要在比对之前对目标序列的特征进行初步的分析，以便选择合适的比对软件进行比对，从而获得比较满意的结果。表 4-5 列出了一些常用的多序列比对软件；表 4-6 为针对特定序列的多条比对软件推荐表。

表 4-5 常用的多序列比对软件

软件名称	使用算法	获取途径
MSA	精确算法	https://www.ebi.ac.uk/Tools/msa/
DCA	精确算法	https://bibiserv.cebitec.uni-bielefeld.de/dca
OMA	迭代算法	https://bibiserv.cebitec.uni-bielefeld.de/oma
ClustalW	累进算法	https://myhits.sib.swiss/cgi-bin/clustalw
MultAlin	累进算法	http://www.sacs.ucsf.edu/cgi-bin/multalin.py
DiAlign	基于一致性	http://www.gsf.de/biodv/dialign.html
T-COFFEE	基于一致性 / 累进	http://igs-server.cnrs-mrs.fr/-cnotred
Praline	基于一致性 / 累进	jhering@nimr.mrc.ac.uk
IterAlign	迭代算法	http://giotto.Stanford.edu/～luciano/iteralign.html
PRRP	迭代算法	ftp://ftp.genome.ad.jp/pub/genome/saitama-cc/
SAM	迭代算法 / 隐马尔科夫	rph@cse.ucsc.edu
HMMER	迭代算法 / 隐马尔科夫	http://hmmer.wustl.edu
SAGA	迭代算法 / 遗传算法	http://igs-server.cnrs-mrs.fr/-cnotred
GA	迭代算法 / 遗传算法	czhang@watnow.uwaterloo.ca
MUSCLE	迭代算法	http://www.drive5.com/muscle

表 4-6 针对特定序列的多条比对软件推荐表

输入序列特征	推荐使用软件
2～100 个蛋白质序列（最多 10 000 个残基），序列差异较小	T-COFFEE，MUSCLE 可以得到更好的结果；如果知道蛋白质序列的三维结构信息，3DT-COFFEE 是最好的选择
100～500 个序到，序列无明显差异	MUSCLE 程序的结果较好
大于 500 个序列	使用 MUSCLE 程序中的快速选项，设置 maxiters-2
2～100 保守区域侧翼有变化区域的序列	DiAlign
2～100 由于重排，重复等具有一个或多个结构域的蛋白质序列	ProDA
长度较长的序列（大于 20 000 个碱基或残基）	ClustalW，其他的程序往往会耗尽内存

三、多序列比对分析实例

Clustal是使用最广泛的多序列比对工具，具有多个操作系统的版本，包括Linux版本、Mac OS版本和Windows版本，其中Windows平台下有命令行操作的ClustalW和窗口化操作的ClustalX。本例用ClustalX 2.1，采用的是累进算法，其运算流程大致如下：将所有序列逐一进行双序列比对，并得到距离矩阵；根据距离矩阵，以邻接法（neighbor-joinning method，NJ）构建成一个有根的系统发育树（向导树）来指导多序列比对，本实例主要介绍使用ClustalX进行多序列比对。

本例以斑马鱼（*Danio rerio*，GeneBank No.： NM_001326385.1）、大西洋鲑（*Salmo salar*，GeneBank No.： XM_014126457.1） 和虹鳟（*Oncorhynchus mykiss*，GeneBank No.： NM_001124497.1）的CD59的核苷酸序列为例，序列以FASTA格式保存。

【实例分析】使用ClustalX软件进行多序列比对。

（1）载入序列。运行ClustalX软件，根据分析目的选择默认的“Multiple Alignment Mode”（多序列比对模式），然后在“File”菜单的“Load Sequences”项加载要比对的序列文件。该序列文件存放的是要进行多序列比对的所有序列，序列可以支持NBRF/PIR、EMBL/Swiss-prot、FASTA（Pearson，NCBI）、GDE、Clustal、MSF（GCG）和RSF（GCG）等多种格式。加载序列后显示如图4-24所示的输入界面。

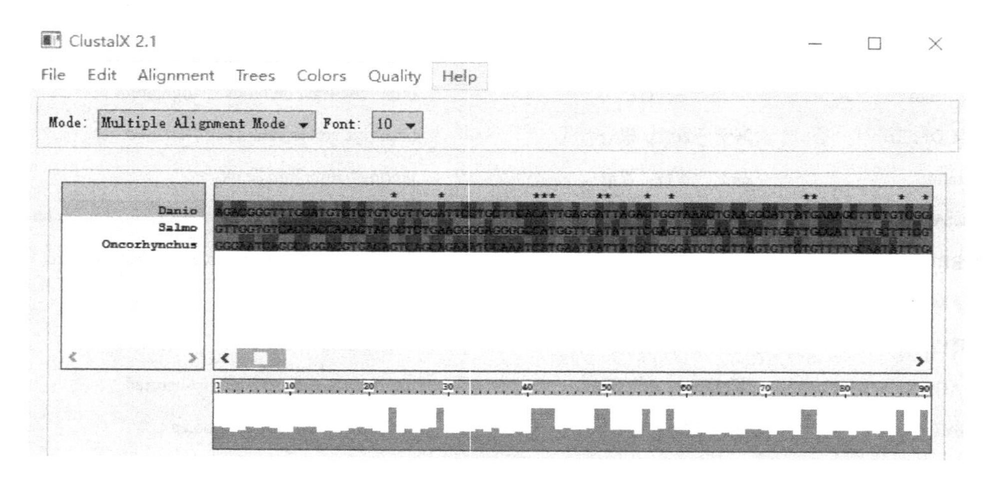

图4-24 ClustalX序列输入界面

（2）参数设置。可以根据分析要求设置相应的比对参数。通常情况下，我们可以使用默认参数。比对参数主要有6个，如图4-25所示，分别是比对前重置新空位（Reset New Gaps before Alignment）、比对前重置所有空位（Reset All Gaps before Alignment）、序列两两比对参数（Pairwise Alignment Parameters）、多序列比对参数（Multiple Alignment Parameters）、蛋白空位参数（Protein Gap Parameters）和二级结构参数（Secondary Structure Parameters）。

（3）完全比对。在“Alignment”菜单下选择“Do Complete Alignment”进行完整的序列比对。此时会出现一个交互式对话框，可以对比对的参数进行修改。该程序的比对也可拆分为两步执行：选择“Alignments”菜单下的“Produce Guide Tree”进行渐进式比对的前两个步骤，即进行双序列比对和构建指导树；选择“Alignments”菜单下的“Do Alignment from

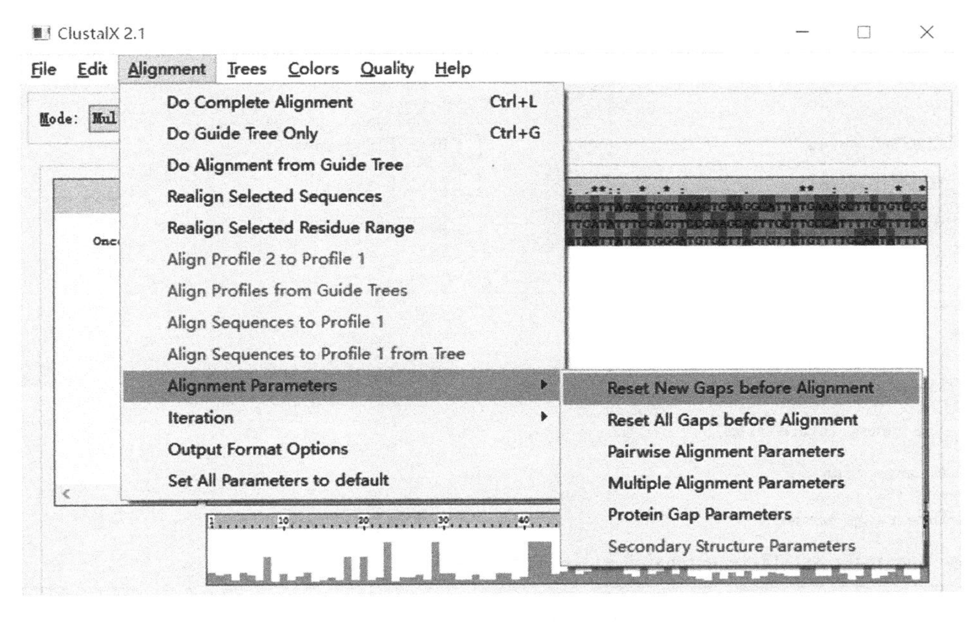

图 4-25 比对参数设置

Tree”，可根据产生的指导树进行最后一步的渐进式比对。

（4）结果输出。如图 4-26 所示，比对结果在“File”菜单下可选择其输出格式，如图 4-27 所示，可支持的输出格式有 CLUSTAL、NBRF/PIR、GCG/MSF、PHYLIP、GDE、NEXUS、FASTA。

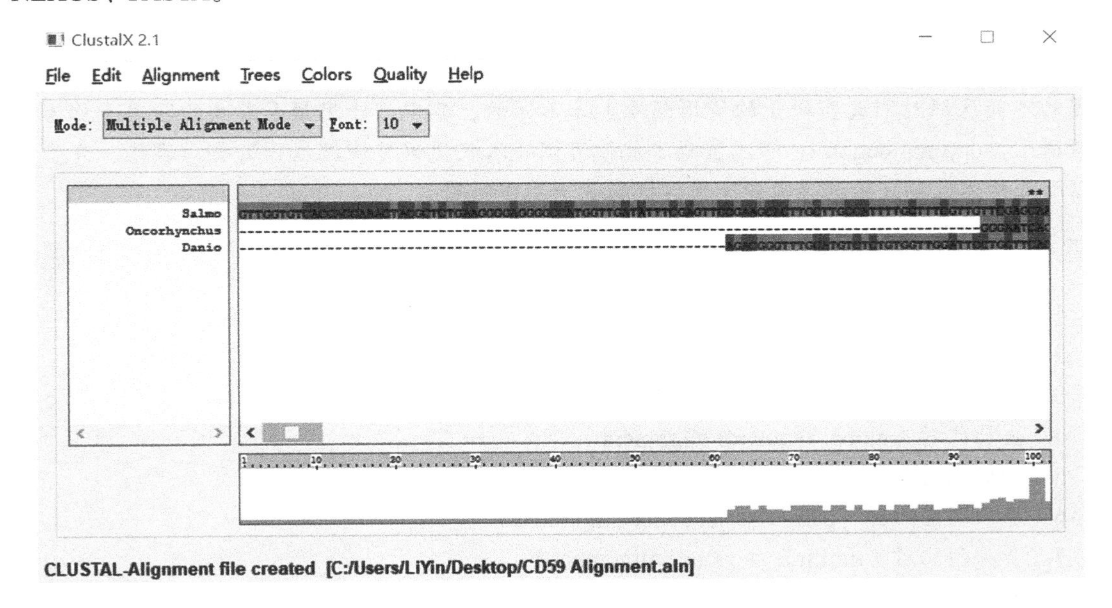

图 4-26 ClustalX 多序列比对结果界面

知识拓展 · Expand Knowledge

密码子偏性（codon bias）指生物体中同义密码子（synonymous codon）使用频率不同的现象。中心法则强调，密码子不仅具有通用性还具有简并性，即两个或两个以上的密码子可

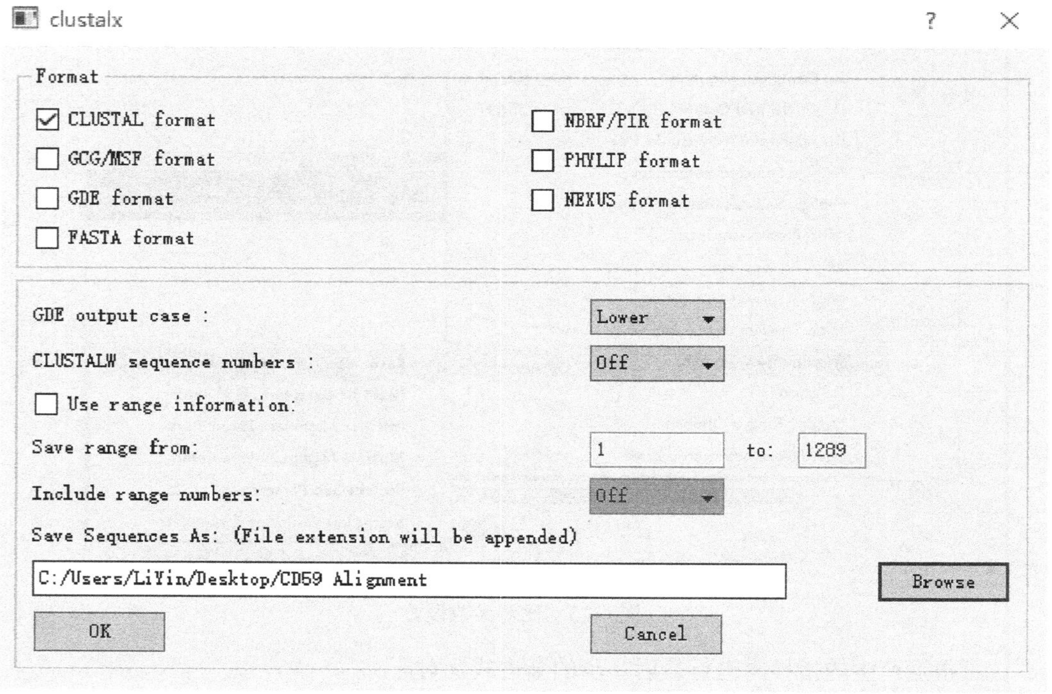

clustalx ? ×

Format
CLUSTAL format
GCG/MSF format
GDE format
FASTA format
NBRF/PIR format
PHYLIP format
NEXUS format

GDE output case : Lower
CLUSTALW sequence numbers : Off
Use range information:
Save range from: 1 to: 1289
Include range numbers: Off
Save Sequences As: (File extension will be appended)
C:/Users/LiYin/Desktop/CD59 Alignment
Browse
OK
Cancel

图 4-27 ClustalX 比对结果输出界面

以编码同一种氨基酸，这些编码同一种氨基酸的密码子则被称为同义密码子。在没有选择压力和中性突变的理想状态下，同义密码子在生物体内的使用频率应该是相同的，但是实际上，不同生物体内对同义密码子的使用频率都是不同的，甚至在同一生物体中，不同基因或同一基因的不同区域对同义密码子的使用频率也是不同的，其中，使用频率最高的密码子称为最优密码子（optimal codon）。研究密码子偏性可以使人们更好地理解基因的翻译调控、分子进化以及生物体适应自然选择的分子遗传机制等一系列问题。

重点词汇 · Keywords

1. 核酸序列（nucleic acid sequence）
2. 蛋白质序列（protein sequence）
3. 序列比对（sequence alignment）
4. 全局比对（global sequence alignment）
5. 局域比对（local sequence alignment）
6. 序列两两比对（pair-wise sequence alignment）
7. 多序列比对（multiple sequence alignment）
8. PAM 矩阵（point accepted mutation matrix）
9. BLOSUM 矩阵（blocks amino acid substitution matrix）
10. 趋同（convergence）
11. 空位（gap）
12. 动态规划（dynamic programming）

13. 基本局部比对搜索工具（basic local alignment search tool，BLAST）

本章小结 · Summary

核酸和蛋白质序列的分析主要包括序列结构分析和序列同源性分析。其中，核酸序列结构分析主要包括序列组分分析和序列变换分析，蛋白质序列结构分析主要包括理化性质分析、疏水性分析、跨膜区分析和信号肽预测。核酸和蛋白质的序列同源性分析主要采用序列比对的方法。根据序列比对采用数学模型的不同，序列比对可以分为全局比对和局域比对两种类型。此外，根据比对序列数目的不同，我们可以将序列比对分为序列两两比对和多序列比对。在序列比对中，为了弥补插入和缺失对序列相似性的影响，通常会在目标序列中引入空位。序列比对的结果（或比对序列的相似性）可以通过打分矩阵算出的分值描述。根据比对序列类型的不同，可将打分矩阵分为核酸打分矩阵和蛋白质打分矩阵。核酸打分矩阵主要有等价矩阵、BLAST 矩阵和转换－颠换矩阵。蛋白质打分矩阵主要有等价矩阵、遗传密码矩阵、疏水矩阵、PAM 矩阵和 BLOSUM 矩阵。在算法上，序列两两比对的算法主要有点阵分析法、动态规划算法和 BLAST 法（词或 K 串方法）。多序列比对的算法主要包括精确算法、累进算法、迭代算法、遗传算法和隐马尔可夫算法等。

Nucleic acid and protein sequence analyses mainly include sequence structure analysis and sequence homology analysis. The nucleic acid sequence structure analysis mainly includes sequence composition analysis and sequence transformation analysis. The protein sequence structure analysis mainly includes physicochemical properties analysis, hydrophobic analysis, transmembrane domain analysis and signal peptide prediction. The homology analysis of nucleic acid or protein sequences is mainly performed by sequence alignment. Based on mathematical models used in alignment, sequence alignment can be categorized into global sequence alignment and local sequence alignment. According to the number of aligned sequences, sequence alignment can be categorized into pair-wise sequence alignment and multiple sequence alignment. Gap is usually introduced in sequence alignment in order to compensate the effect of insertion and deletion on sequence similarity. The result of sequence alignment (or sequence similarity) can be described by the scoring matrix. The scoring matrix can be categorized into nucleic acid scoring matrix and protein scoring matrix according to the type of aligned sequences. Nucleic acid scoring matrix mainly includes identity matrix, BLAST matrix and transformation-conversion matrix. The protein scoring matrix mainly includes equivalence matrix, genetic code matrix (GCM), hydrophobicity matrix, point taken mutation matrix (PAM) and blocks amino acid substitution matrix (BLOSUM) . In terms of algorithm, the algorithms of pin-pair alignment mainly include dot matrix analysis, dynamic programming algorithm and BLAST. The algorithms of multiple sequence alignment mainly include exact algorithm, progressive algorithm, iterative algorithm, genetic algorithm and hidden Markov model, etc.

思考题 · Thinking Questions

1. 核酸序列分析一般包括哪些方面？
2. 蛋白质氨基酸序列分析的常用软件有哪些？
3. 序列比对的类型有哪些？ PAM 矩阵与 BLOSUM 矩阵的主要区别是什么？
4. NCBI 网站上能够提供哪些比对软件？这些软件的特点是什么？

参考文献 · References

陈铭. 2018. 生物信息学. 3 版. 北京：科学出版社.
吴祖建，高芳銮，沈建国. 2010. 生物信息学分析实践. 北京：科学出版社.
武志娟，钟金城. 2012. 密码子偏性及其应用. 生物学通报，47（4）：9-11.
谢平. 2014. 生命的起源－进化理论之扬弃与革新. 北京：科学出版社.

第五章 蛋白质结构与功能预测

学习目标 · Learning Objectives

1. 掌握蛋白质结构的不同层次。
   Master different levels of protein structure.
2. 熟悉蛋白质不同层次结构的预测方法。
   Know the prediction methods of different levels of protein structure.
3. 学会使用相关工具进行蛋白质结构预测。
   Learn to use online tools for structural prediction of protein.

蛋白质是生物细胞的主要组成成分，是生命活动的物质基础。在一个细胞中存在大量的蛋白质，它们各负其责，从而形成了一个有序的生命活动单元。例如，酶能够催化生化反应；转运蛋白可以运输营养物质；结构蛋白则构成了细胞的基本结构，维系细胞的形状；调控蛋白能够控制代谢、调节基因表达。那么，某一蛋白质发挥自身特异功能的基础是什么呢？或者不同蛋白质之间功能差异的根源是什么？在中心法则（central dogma）中，我们可以找到线索：遗传信息是造成蛋白质之间功能差异的主角。存储在不同基因中的遗传信息取决于这个基因的DNA序列，而利用密码子这个桥梁，遗传信息通过翻译的过程体现在蛋白质的氨基酸序列上，从而使得蛋白质各自担当着不同的角色来体现出一个细胞的生命活动。不同的蛋白质有着不同的氨基酸序列结构，从而能够形成各自特异的更高级的空间结构，最终发挥出了不同的功能。 因此，蛋白质的结构和功能之间有着直接密切的联系。我们在研究蛋白质的功能之前，需要把它们的结构先搞清楚。在实验生物学中，我们可以通过多种方法来了解蛋白质不同层次的结构，如通过氨基酸测序了解一级结构，通过X射线衍射图谱了解蛋白质的空间结构，近年来兴起的单颗粒冷冻电镜可以让我们获得高分辨率的复杂蛋白质复合物的空间结构图谱。但是随着蛋白质数据的大量增长，科学家也迫切需要能够快速对蛋白质序列注释的计算机方法。多种生物信息学资源因此出现，能够对蛋白质结构的不同层次进行注释，如对二级结构、结构域及三级结构的注释都有不同的在线资源。随着生物信息学的不断发展，它与实验生物学相互促进，让我们能够解析出更可靠的蛋白质空间结构。

第一节 蛋白质结构的不同层次

蛋白质是单体氨基酸通过肽键连接组成的生物大分子。每一种天然蛋白质都有它存在的意义，即它们都有特定的功能。它们的这种特定功能取决于其结构。目前我们对蛋白质的结构有不同层次的定义：一级结构（primary structure）（图 5-1A）、二级结构（secondary structure）（图 5-1B）、三级结构（tertiary structure）（图 5-1C）、四级结构（quaternary structure）（图 5-1D），以及介于二级结构和三级结构之间的超二级结构（supersecondary

```
FPTIPLSRLFQNAMLRAHRLHQLAFDTYEEFEEAYIPKEQKYSFLQAPQASLCFSESIPTPSNREQAQQKSNLQLLRISLLLIQSWLEPVGFLRSV
FANSLVYGASDSDVYDLLKDLEEGIQTLMGRLEDGSPRTGQAFKQTYAKFDANSHNDDALLKNYGLLYCFRKDMDKVETFLRIVQCRSVEGSCGF
```

A

```
        : 1---------11--------21--------31--------41--------51--------61--------71--------81--------91--------
OrigSeq : FPTIPLSRLFQNAMLRAHRLHQLAFDTYEEFEEAYIPKEQKYSFLQAPQASLCFSESIPTPSNREQAQQKSNLQLLRISLLLIQSWLEPVGFLRSVFANS

Jnet    : -----HHHHHHHHHHHHHHHHHHHHHHHHHHHHH-------HHHH---------------------------HHHHHHHHHHHHHHHHHHHHHHHHH---
jhmm    : -----HHHHHHHHHHHHHHHHHHHHHHHHHHHHH------------------------------HHHH----HHHHHHHHHHHHHHHHHHHHHHHHH---
jpssm   : -----HHHHHHHHHHHHHHHHHHHHHHHHHHHHH------HHHHHHH--------------------------HHHHHHHHHHH----HHHHHHHH----

        : 101-------111-------121-------131-------141-------151-------161-------171-------181-------
OrigSeq : LVYGASDSDVYDLLKDLEEGIQTLMGRLEDGSPRTGQAFKQTYAKFDANSHNDDALLKNYGLLYCFRKDMDKVETFLRIVQCRSVEGSCGF

Jnet    : ----HHHHHHHHHHHHHHHHHHHHHHH--------------------------HHHHHHHHHHHHHHHHHHHHHHHHHHHHHH--------
jhmm    : ---HHHHHHHHHHHHHHHHHHHHHHHH--------------------------EEEEEH-HHHHH-HHHHHHHHHHHHHHHHHE-------
jpssm   : ------HHHHHHHHHHHHHHHHHHHHH--------------------------HHHHHHHHHHHHHHHHHHHHHHHHHHHHH---------
```

B

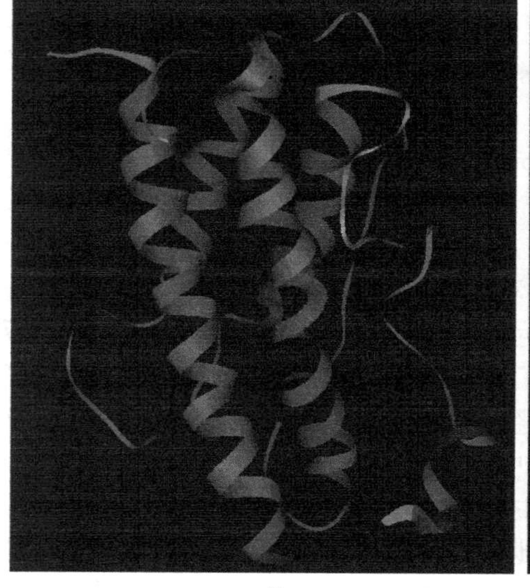

C

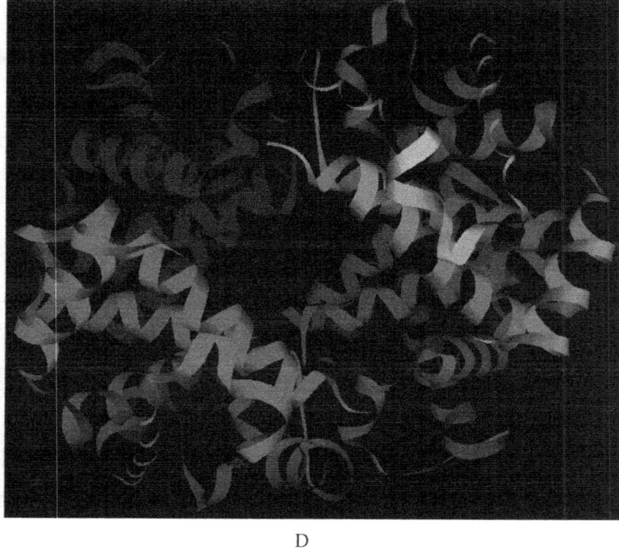

D

扫码看彩图

图 5-1　蛋白质的层次结构

A．人生长激素的氨基酸序列；B．预测的人生长激素的二级结构；C．人生长激素的 3D 空间结构（PDB：1hgu）；D．人血红蛋白（hemoglobin）四亚基复合物的 3D 空间结构（PDB：1xz2）

structure）和结构域（domain）。

1．*一级结构*　蛋白质的一级结构是指蛋白质多肽链的氨基酸残基的线性排列，相邻氨基酸之间通过肽键结合。我们用 20 个英文字母代表 20 种氨基酸，这样就可以使用字母符号记录多肽链，如人的生长激素（图 5-1A）。蛋白质的一级结构是研究其空间构象的基础。

2．*二级结构*　在一级结构的基础上，蛋白质中相邻的一些氨基酸通过空间的折叠可以形成有规则的构象，这种结构主要由氢键维系。相邻氨基酸之间的肽键本质是一个刚性的酰胺平面，能够提供氢键供体（C═O）和受体（N—H），多肽链主链可以看作由酰胺平面单元通过 α 碳原子连接起来的线性结构，因此很容易形成周期性的氢键作用，从而形成了有规则的二级结构。常见的二级结构有 α 螺旋（α helix）、β 折叠（β sheet）、β 转角（β turn）和无规则卷曲（coil）。

3．*超二级结构和结构域*　在二级结构的基础上，相邻的二级结构单元可以有序的组合到一起，形成更复杂的空间结构，我们称之为超二级结构或者模体（motif）。目前已知的模体主要有三种基本的组合方式：αα、αβ 和 ββ。超二级结构已经具备了特定的生物学意义，它们往往能够和特定单一的某种生化活性联系到一起，如 HTH（α- 转角 -α）是转录因子中的一种常见模体，它是转录因子 DNA 结合域的一部分，负责与 DNA 结合（图 5-2）。

在二级结构和模体的基础上，蛋白质通过局部的空间折叠，形成了稳定且紧密的结构域。结构域也可以称为功能域，它是蛋白质中独立存在的功能单位，赋予蛋白质某一特定功能。结构域的命名是以它们表现的功能为依据的，如前面说的转录因子的 DNA 结合域。Klenow 酶的两个结构域，分别具有聚合酶活性和 3′-5′ 外切酶活性（图 5-3）。

4. 三级结构　一条多肽链最终会通过空间折叠形成三级结构。三级结构的形成主要靠的是氨基酸残基的支链基团。支链基团之间可以形成氢键、离子键和疏水键等弱化学键（图 5-4），其中疏水键的作用不可忽视，对球状蛋白的空间折叠具有重要的贡献。此外，半胱氨酸的巯基基团（—SH）之间形成的二硫键对三级结构的形成也有重要的贡献。

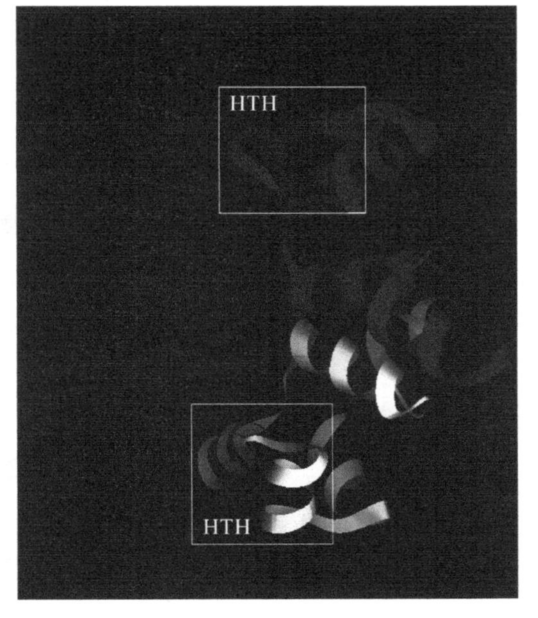

图 5-2　噬菌体 Cro 蛋白中的 HTH 模体（PDB：6on0）

HTH 用白色方框标注；红色标注的是 DNA 双螺旋；蓝色和绿色标注的是 Cro 蛋白的两个亚基

5. 四级结构　很多蛋白质都是由一条多肽链组成，形成的最高级结构是三级结构。但是，有些蛋白质是由多条多肽链构成，能够形成巨大的复合物，我们把这种更高层次的结构称为四级结构，如图 5-1D 中展示的人血红蛋白，它由 4 个多肽链组成。我们曾经也看到过多种复合物：大肠杆菌的 DNA 聚合酶Ⅲ、离子通道等，在我们

扫码看彩图

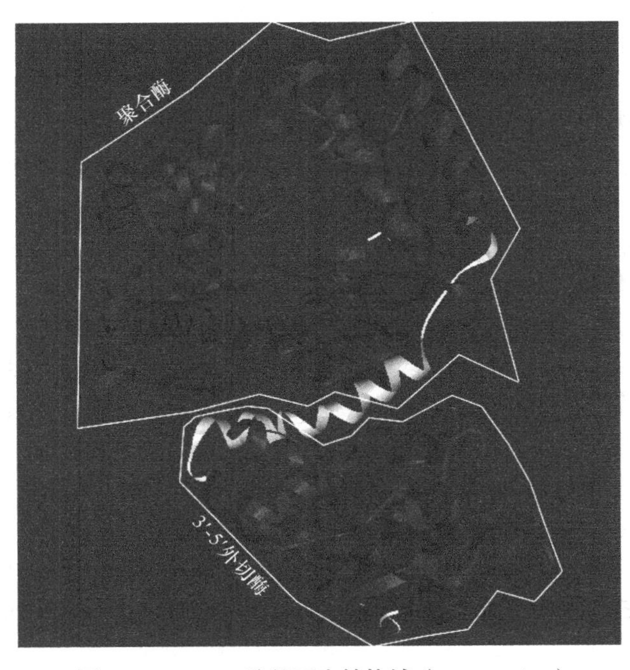

图 5-3　Klenow 酶的两个结构域（PDB：1krp）

扫码看彩图

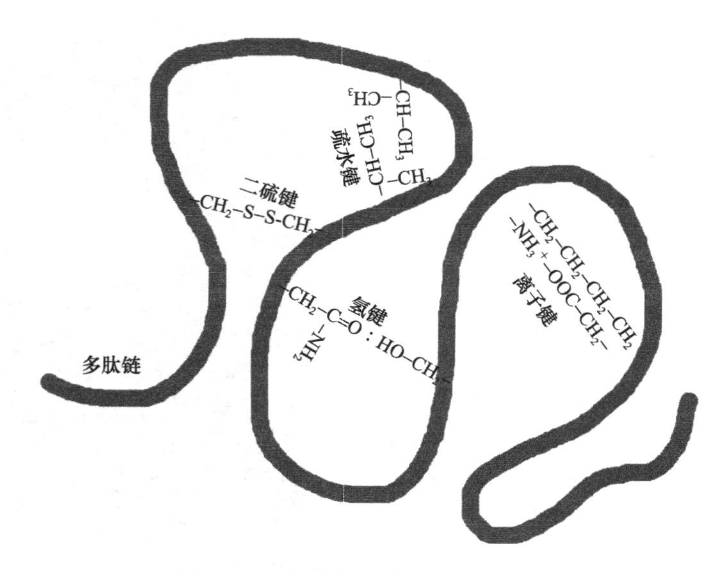

图 5-4 三级结构形成相关的化学键

各个生物学科里面都可以看到相关的例子。

第二节 蛋白质一级结构及其获得方法

在分子生物学、基因工程和基因组学发展起来之前，蛋白质一级结构的获得主要是通过蛋白质测序的方法，但是效率低且成本高。基于对中心法则的认识，我们知道蛋白质和基因编码区的关系。随着现代生物技术的发展，基因组测序效率和成本不断降低，获得 DNA 序列显得更简单便宜，而我们可以通过 DNA 序列根据遗传密码表推导出相应的氨基酸序列，即蛋白质的一级结构。目前我们也可以利用质谱（mass spectrometry）来获得多肽的一级结构，但是需要丰富的质谱数据库作支撑。

目前，为了获得蛋白质一级结构，我们主要是通过获得基因序列来推导出蛋白质序列。获得基因序列的方式也有很多。我们可以通过基因工程实验直接把目标基因的 cDNA 序列克隆出来，也可以通过高通量测序的方法获得整个转录组序列，还可以利用现有的数据库信息，如存储着大量核酸数据的 NCBI、DDBJ、EBI 等网站。

在实验中，我们通常会获得大量的基因的 cDNA 序列，如现在流行的转录组高通量测序，经过拼接之后得到了大量的 unigenes。根据获得的这些 cDNA 序列，我们可以通过生物信息学方法将其编码的氨基酸序列推导出来。目前，对于一条 mRNA，尤其是真核生物的 mRNA，它遵循着 3 条特有的规则：①一条 mRNA 产生一种天然蛋白质。② mRNA 上存在一个由三联体密码子组成的开放阅读框（open reading frame，ORF），起始密码子为 AUG，终止密码子为 UAA、UGA 或 UAG。③ ORF 编码的多肽序列长度通常会超过 100 个氨基酸，才能具备特定的功能。通过这些规则，我们就很容易地能够判定一条 mRNA 编码的蛋白质序列了。生物信息学网站 NCBI 提供了在线的 ORF 预测工具（ORF finder：www.ncbi.nlm.nih.gov/orffinder/）（图 5-5），也提供了一个离线版本的预测工具，适应于 Linux 系统，可以进行批量预测。

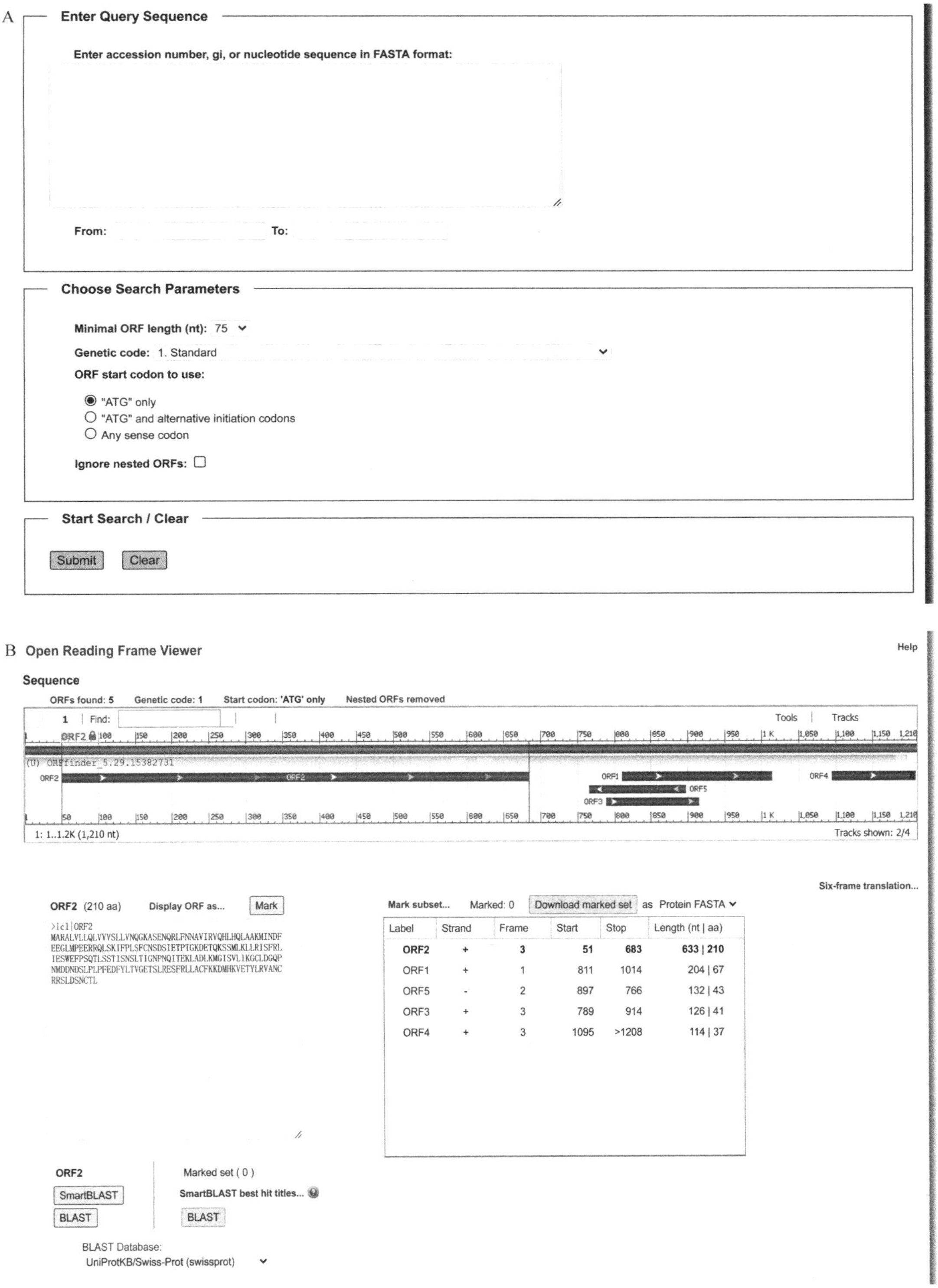

A

Enter Query Sequence

Enter accession number, gi, or nucleotide sequence in FASTA format:

From: **To:**

Choose Search Parameters

Minimal ORF length (nt): 75

Genetic code: 1. Standard

ORF start codon to use:

- "ATG" only
- "ATG" and alternative initiation codons
- Any sense codon

Ignore nested ORFs:

Start Search / Clear

Submit　Clear

B　Open Reading Frame Viewer　Help

Sequence

ORFs found: 5　Genetic code: 1　Start codon: 'ATG' only　Nested ORFs removed

1 | Find:　Tools | Tracks

(U) ORFfinder_5.29.15382731

ORF2　ORF1　ORF4　ORF5　ORF3

1: 1..1.2K (1,210 nt)　Tracks shown: 2/4

Six-frame translation...

ORF2 (210 aa)　Display ORF as...　Mark

>lcl|ORF2
MARALVLLQLVVVSLLVNQGKASENQRLFNNAVIRVQHLHQLAAKMINDF
EEGLMPEERRQLSKIFPLSFCNSDSIETPTGKDETQKSSMLKLLRISFRL
IESWEFPSQTLSSTISNSLTIGNPNQITEKLADLKMGISVLIKGCLDGQP
NMDDNDSLPLPFEDFYLTVGETSLRESFRLLACFKKDMHKVETYLRVANC
RRSLDSNCTL

Mark subset...　Marked: 0　Download marked set　as　Protein FASTA

Label	Strand	Frame	Start	Stop	Length (nt | aa)
ORF2	**+**	**3**	**51**	**683**	**633 | 210**
ORF1	+	1	811	1014	204 | 67
ORF5	-	2	897	766	132 | 43
ORF3	+	3	789	914	126 | 41
ORF4	+	3	1095	>1208	114 | 37

ORF2

SmartBLAST

BLAST

Marked set (0)

SmartBLAST best hit titles...

BLAST

BLAST Database:

UniProtKB/Swiss-Prot (swissprot)

图 5-5　使用 NCBI 的 ORF finder 进行 ORF 预测

A．序列提交界面；B．预测结果界面；示例为斑马鱼生长激素 1（GenBank Accession：NM_001020492.2）

第三节 蛋白质二级结构分析

一、蛋白质二级结构的预测方法

蛋白质二级结构的预测是基于一级结构进行的一系列的生物信息学分析。通过二级结构的预测，我们可以知道蛋白质的不同区域的序列会形成什么样的二级结构。目前能够使用的预测二级结构的程序很多（表 5-1），多数使用神经网络算法进行预测。

表 5-1 蛋白质二级结构预测相关程序

程序	介绍	链接
ESIDEN	利用循环神经网络进行蛋白质扭角的预测	https://kornmann.bioch.ox.ac.uk/leri/resources/download.html
OPUS-TASS	基于集成神经网络预测蛋白质扭角及二级结构	https://github.com/thuxugang/opus_tass
SPOT-1D	利用预测接触图和集成神经网络进行蛋白质扭角及二级结构预测	https://sparks-lab.org/server/spot-1d
Spider3	利用长短时记忆双向递归神经网络进行预测	https://sparks-lab.org/server/spider3/
RaptorX-SS8	利用 PSI-BLAST 剖面的条件神经场预测三态和八态二级结构	http://raptorx.uchicago.edu/
GOR	基于信息论和贝叶斯推理进行蛋白质二级结构预测	https://abs.cit.nih.gov/gor/
Jpred	利用 PSI-BLAST 和 HMMER 剖面的多重神经网络分配进行预测	http://www.compbio.dundee.ac.uk/jpred/
NNSSP	组合最近邻算法与多序列比对进行预测	http://www.softberry.com/berry.phtml?topic=nnssp&group=help&subgroup=propt
PHD	利用评审裁决后的多重神经网络分配进行预测	https://npsa-prabi.ibcp.fr/cgi-bin/npsa_automat.pl?page=/NPSA/npsa_phd.html
PredictProtein	基于剖面神经网络进行预测	http://www.predictprotein.org/
PSIPRED	使用两个前馈神经网络对 PSI-BLAST 结果进行分析预测	http://bioinf.cs.ucl.ac.uk/psipred/

二、预测水产生物蛋白质二级结构

例如，我们从 NCBI 网站获得斑马鱼 CXC 趋化因子受体 2（GenBank Accession：XP_017213388.1）的蛋白质序列，然后使用 Jpred4 对斑马鱼 CXC 趋化因子受体 1（GenBank Accession：XP_017213388.1）进行二级结构预测（图 5-6）。结果揭示了该蛋白质不同的区域形成了不同的二级结构。详细的预测数据可以根据其提供的链接下载相关结果文件来查看。

第四节 结构域分析

一、蛋白质结构域的预测方法

通过一些方法，如实验验证、同源蛋白质的多序列比对等，我们能够获得关于蛋白质结构域及家族的信息。目前一些重要的蛋白质结构域和家族数据库有保守结构域数据库

A

Jpred 4
Incorporating Jnet

A Protein Secondary Structure Prediction Server

Home | REST API | About | News | F.A.Q. | Help & Tutorials | Monitoring | Contact | Publications

Input sequence(?)

METATTEFPFTLMTPCPETVKNLNSTVLVVIYIIVFCLSLLGNTVVIFVVFFMDNRRTSTDLYLMHLAVA
DLLFSLTLPFWVAYLHAGHWPFGTIMCKMISGVQEVTFYCSVFMLACISIDRYMAIVKATQFLNRKLHLI

Advanced options (click to show/hide)

Make Prediction　Reset Form

B Results

After much trouble and strife, Bob the scheduling penguin has retrieved your results! Rejoice. For your pleasure the following viewing options are available. You may bookmark this page for future reference although data is not kept on the server for more than two days.

- View results summary in SVG - displayed below (details on acronyms used):

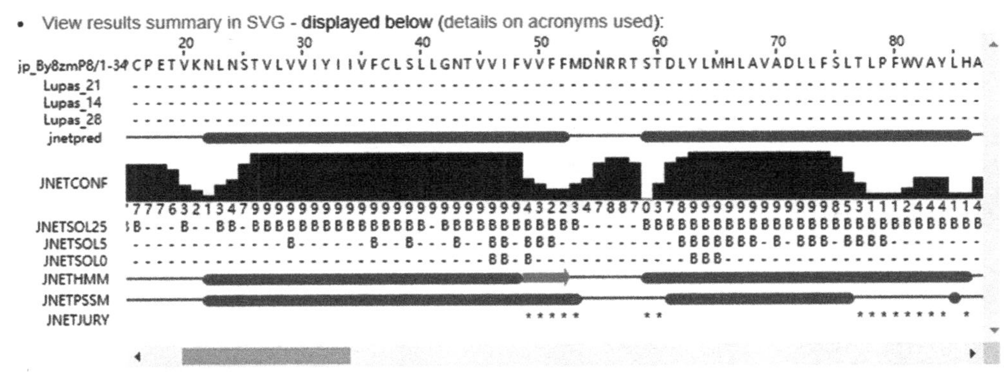

- View full results in HTML
- View simple results in HTML
- View results in PDF
- View results in Jalview (Link to a separate page with the Jalview Java Desktop application)
- View everything in a results directory (details on data each file contains are available through README file)
- Get all files in TAR.GZ archive

图 5-6　使用 Jpred 4 进行二级结构预测

A. 序列提交界面；B. 预测结果界面

（conserved domain database，CDD）、SMART 结构域分析数据库、Pfam 蛋白质家族数据库等。这些数据库都提供了蛋白质结构域分析的在线工具，主要是通过序列比对的方式，从数据库中搜索同源序列，并进一步地注释要查询的序列中存在的结构域。

二、水产生物蛋白质结构域的分析

我们分别使用SMART数据库（http://smart.embl-heidelberg.de/）（图5-7）和NCBI的CDD数据库（https://www.ncbi.nlm.nih.gov/cdd/）（图5-8）对斑马鱼CXC趋化因子受体2进行结构域分析。结果表明，斑马鱼CXC趋化因子受体2具有典型的七次跨膜结构，是一种膜蛋白。相比之下，CDD数据库含有的结构域的信息更丰富，结构域预测的结果也更精细。

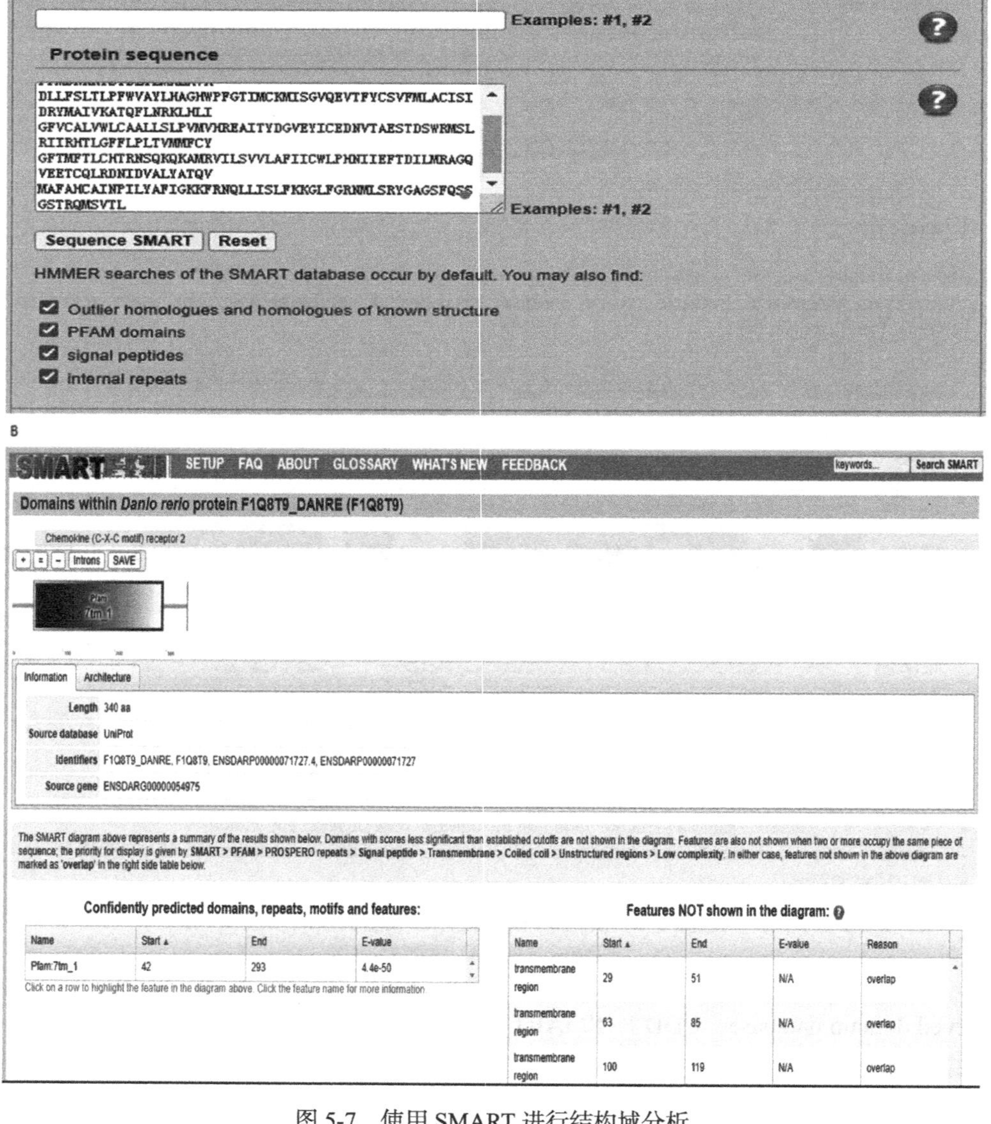

图5-7　使用SMART进行结构域分析

A. 序列提交界面；B. 预测结果界面

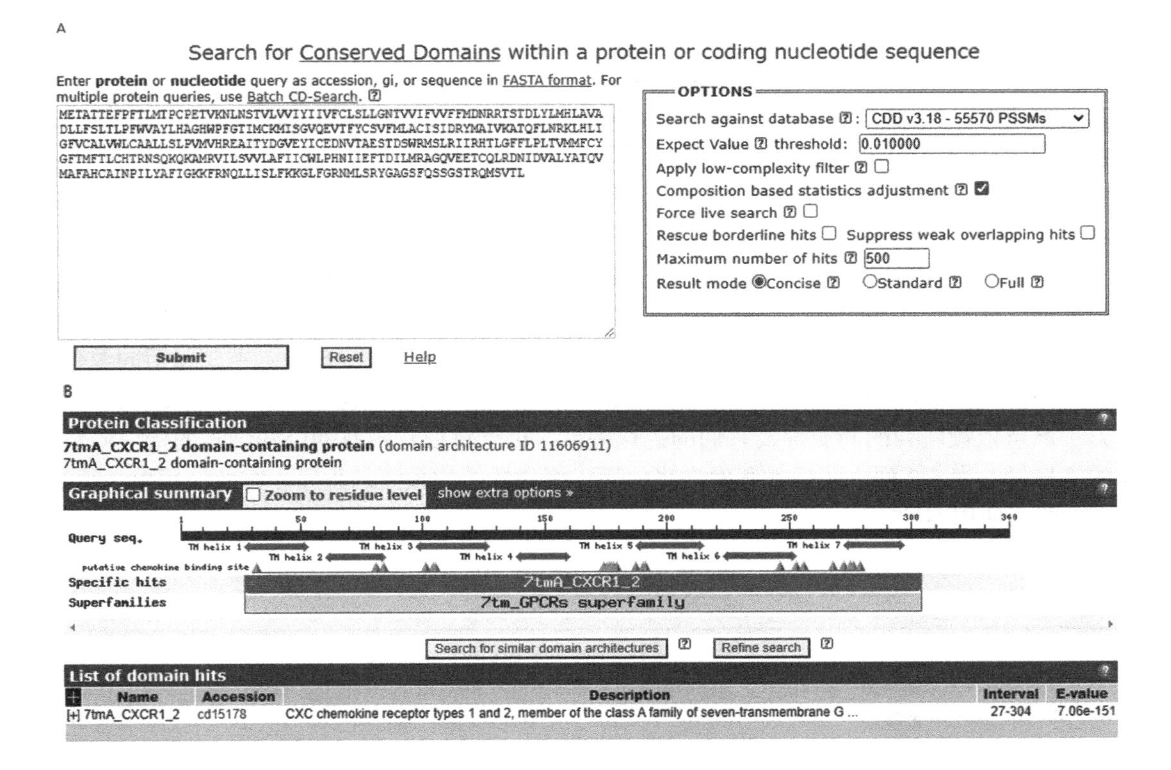

图 5-8　使用 NCBI CD-search 进行结构域分析

A. 序列提交界面；B. 预测结果界面

第五节　蛋白质三级结构分析

一、蛋白质三级结构的解析方法

在微观的细胞世界里，一个有功能的蛋白质具有特定的空间结构，多肽会折叠形成特定的三级结构；数个多肽可以形成更高级的蛋白质复合物，呈四级结构。在现代生命科学发展的过程中，解析蛋白质的高级结构是非常重要的。在实验学科里，有三种技术可以很好地进行蛋白质高级结构的解析，如 X 射线晶体学、核磁共振及近些年兴起的冷冻电镜技术。目前的结构数据库中超过 90% 的生物大分子结构是通过 X 射线晶体学解析的，而新兴的冷冻电镜技术在解析复杂的蛋白质复合物的结构方面有着巨大的优势。实验学科中解析蛋白质高级结构的技术虽然解析精度高，但是效率却比较低。由于现代基因组学的发展，大量物种的基因组被测序出来并有了精细的注释，从而我们也能够从注释出的基因推导出它的产物蛋白质。这样巨量的蛋白质靠传统的结构解析技术去解析是行不通的。在医药领域，药物设计技术也不能靠传统的蛋白质解析技术。因此，蛋白质的理论分析方法也是必需的。随着计算机技术的快速发展，蛋白质结构的计算机预测技术也应运而生，虽然它的分析精度比不上传统的实验方法，但是也具有规模大、成本低、获得数据快等诸多优势。

20 世纪 70 年代，诺贝尔化学奖获得者 Christian B. Anfinsen 认为，蛋白质的天然构象是由其所有原子间相互作用来决定的，由此也可以认为蛋白质的天然构象在给定的环境中由氨基酸序列决定。由此衍生了蛋白质结构预测算法的基本原则：蛋白质的天然构象由其氨基酸序列决定，特定的氨基酸序列驱动蛋白质达到最小的吉布斯能量状态。蛋白质结构预测算法分为两部分：一个是蛋白质构象搜索的快速算法；另一个是精准的评分函数，能够捕获最佳可用的蛋白质构象。在第一部分中，主要有两种方法：基于物理的方法（physics based approaches）和基于知识的方法（knowledge based approaches）。基于物理的方法又称从头预测方法（*ab initio*），包括蒙特卡洛方法（Monte Carlo methods）、遗传算法（genetic algorithms）、分子动力学模拟（molecular dynamics simulations）、模拟退火（simulated annealing）等方法。这种方法存在一些限制，如缺少精准的评分函数、需求大量的计算机资源、存在力场误差等。基于知识的方法是利用已知结构的蛋白质及知识的潜能进行预测，主要包括同源建模（homology modeling）和折叠识别（fold recognition）或预测线索法（threading methods）。这种方法严重依赖序列的同源性及它们的进化关系，也严重依赖现有的已知结构的蛋白质数据库的信息量。表 5-2 列出了目前开发出来的用于蛋白质结构预测的程序，有的使用单一算法，也有的联合使用多种算法。

表 5-2 蛋白质三级结构预测相关程序

程序	介绍	链接
Abalone	从头预测，在 AMBER 力场中进行多肽和小蛋白的模拟	http://www.biomolecular-modeling.com/Abalone/index.html
AWSEM-Suite	基于同源建模及能量全景图理论进行分子动力学模拟	https://awsem.rice.edu/
BHAGEERATH-H	使用同源建模和从头预测联合进行蛋白质三级结构预测	http://www.scfbio-iitd.res.in/bhageerath/bhageerath_h.jsp
Biskit	利用同源建模进行大分子结构等分析	http://biskit.pasteur.fr/
CONFOLD	一种从头蛋白质折叠预测方法	https://github.com/multicom-toolbox/CONFOLD
ESyPred3D	利用同源建模进行蛋白质三级结构预测	https://www.unamur.be/sciences/biologie/urbm/bioinfo/esypred/
FoldX	使用经验力场的蛋白质设计算法，能够应用于同源建模	http://foldxsuite.crg.eu/
Hhpred	利用 HMM-HMM 比较的同源建模及结构预测	https://toolkit.tuebingen.mpg.de/tools/hhpred
IntFOLD	可以利用同源建模或蛋白质预测线索法进行三级结构预测	https://www.reading.ac.uk/bioinf/IntFOLD/
I-TASSER	从头蛋白质折叠预测方法，用于蛋白质结构预测及基于结构的功能注释的层级方法	https://zhanglab.dcmb.med.umich.edu/I-TASSER/
MODELLER	利用同源建模进行蛋白质三维结构预测	https://salilab.org/modeller/
Phyre2	主要利用同源建模进行蛋白质三级结构预测、配体结合位点预测及分析氨基酸突变效应	http://www.sbg.bio.ic.ac.uk/phyre2
RaptorX	可以利用同源建模和蛋白质预测线索法进行三级结构预测	http://raptorx.uchicago.edu/
ROBETTA	用同源建模和从头蛋白质预测方法进行蛋白质三级结构预测	http://new.robetta.org/
Rosetta@home	进行从头蛋白质预测	http://boinc.bakerlab.org/rosetta/

续表

程序	介绍	链接
SWISS-MODEL	蛋白质结构同源建模	https://swissmodel.expasy.org/
trRosetta	从头蛋白质预测方法	https://yanglab.nankai.edu.cn/trRosetta/
YASARA	提供了两种方法应用于生物催化研究：同源建模和分子模拟	http://www.yasara.org/

二、水产生物蛋白质三级结构的分析

在水产养殖动物中，很多物种的基因组已经被测序并注释出来，由此，大量的蛋白质序列也会通过基因组被推导出来。在水产养殖研究中，限于成本及应用，我们几乎不使用实验手段去解析水产生物蛋白质结构，而是更多地使用生物信息学的手段。例如，我们利用同源建模的方法在 SWISS-MODEL 网站进行在线的斑马鱼生长激素 1 的三级结构分析。

在网站的序列提交界面，我们把斑马鱼生长激素 1 的氨基酸序列拷贝到提交窗口，然后点击按钮"Search For Templates"（图 5-9），网站将斑马鱼生长激素 1 与数据库里的序列进行同源比对，然后获得一个比对结果列表（图 5-10）。与斑马鱼生长激素 1 同源性最高的序列被列了出来，我们可以根据相关指标选择几个进行下一步建模。在这里主要有两个指标：全局模型质量评估（global model quality estimation，GMQE）和相似度（identity）。GMQE 是联合序列比对和模板三级结构得到的质量评估指标，介于 0 和 1 之间，数值越高说明模板的可靠性越高。相似度则是一个百分数，代表了提交的序列与模板之间的序列相似程度。我们选择了 4 个模板之后，点击按钮"Build Models"进行建模，然后就获得了基于相应模板的斑马鱼生长激素 1 的三级结构（图 5-11）。

在建模之后，网站进一步通过定性模型能量分析（qualitative model energy analysis，QMEAN）来评估建模的质量。它是一种基于不同几何性质的复合估计方法，在单个模型的基础上提供全局和局部的绝对质量估计。我们可以通过 QMEAN Z-score 来评估建模的质量，如果得分在 0 附近表明我们要预测的蛋白质的结构与模板之间有很好的一致性。如果 QMEAN Z-score 为−4.0 或者更低则表明模板的可靠性很低，建模不成功。在给出的例子中，第一个模板（图 5-11B）的 QMEAN Z-score 为−3.13，说明建模的质量是比较高的，获得的斑马鱼生长激素 1 的三级结构可靠性也是比较高的。

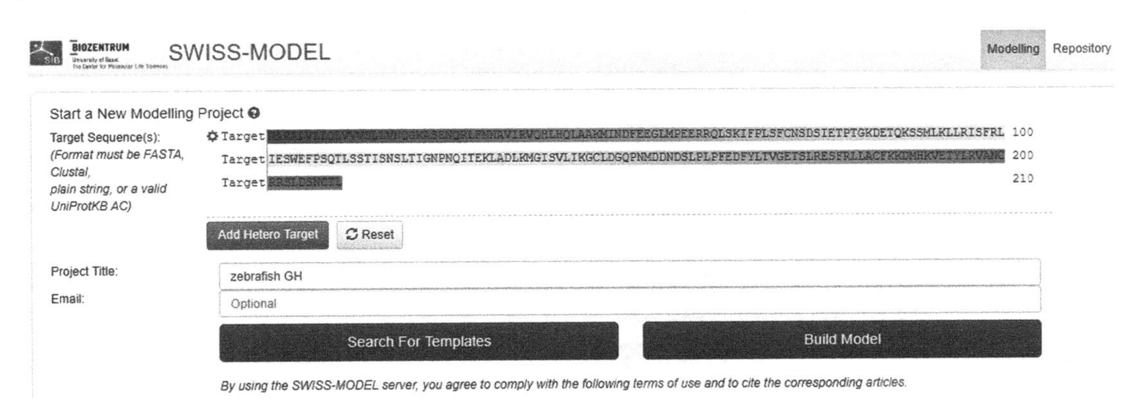

图 5-9 SWISS-MODEL 序列提交界面

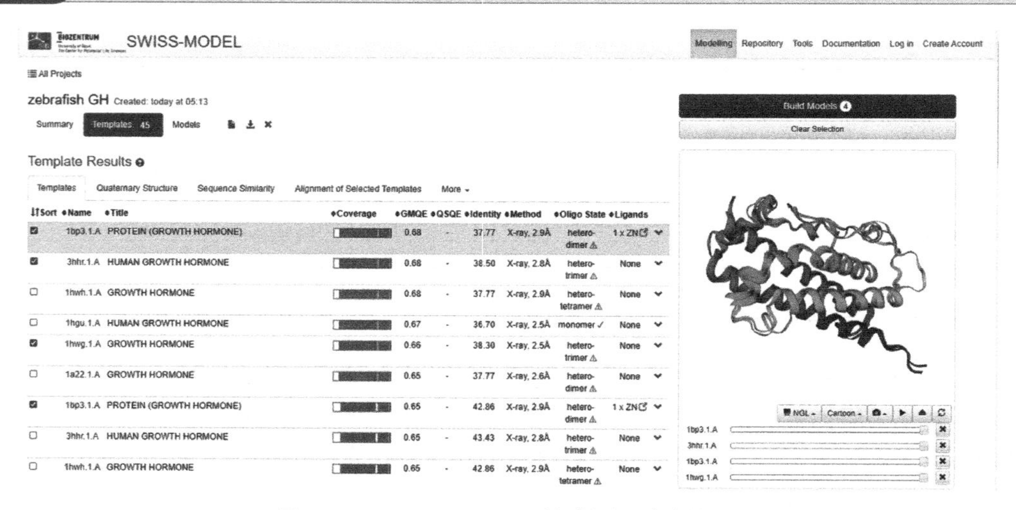

图 5-10　SWISS-MODEL 搜索同源建模模板

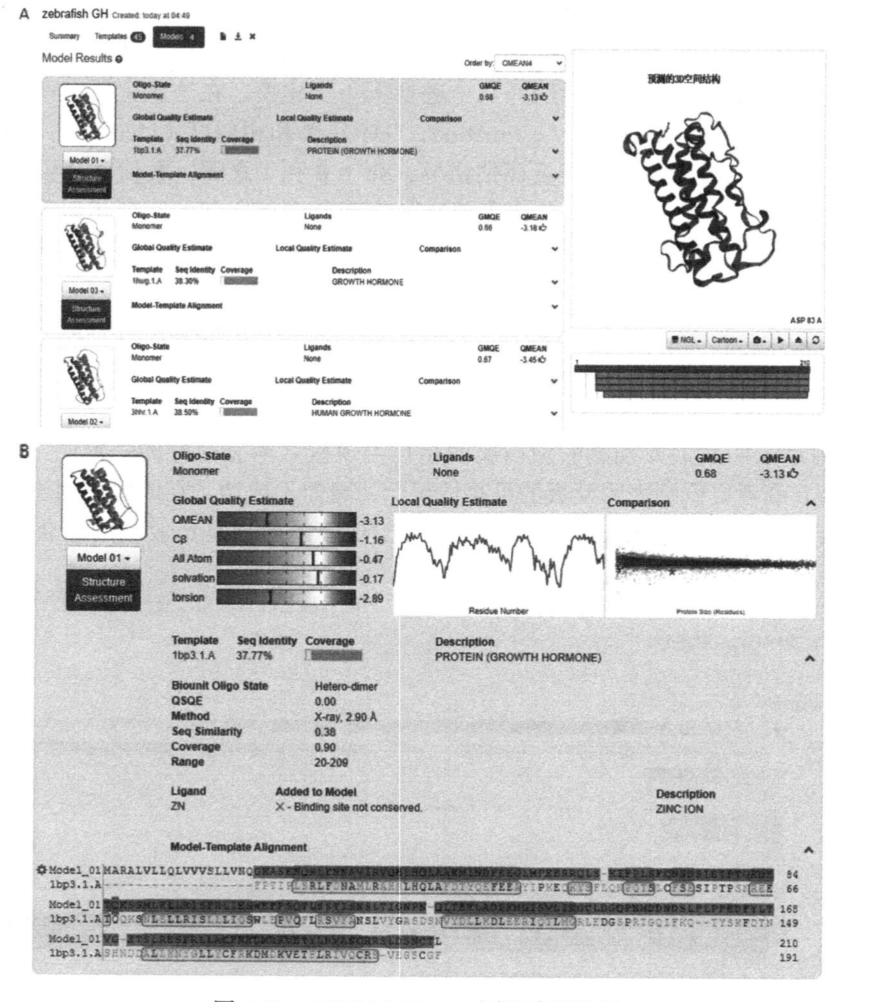

图 5-11　SWISS-MODEL 同源建模结果

A．选择多个模板建模后获得的汇总结果界面；B．其中一个模板的建模结果界面

知识拓展 · Expand Knowledge

单粒子冷冻电子显微术 (single-particle cryo-electron microscopy)：现代分子生物学和结构生物学的发展，迫切地要求我们通过观测生物大分子的结构细节来理解这些生物分子所参与的生命进程，单粒子冷冻电子显微术完美符合这一要求。相比于 X 射线晶体衍射和核磁共振技术，它具有不需要结晶、能保证生物样品处于近生理状态、所需样品量少、分子量范围宽泛等优点。操作者通过将生物样品滴加到电镜载网上，用滤纸吸去大部分溶液，只留一层覆盖着样品的水层，最后在近液氮温度下迅速冷冻，将大量同类生物分子的低剂量二维成像数据进行比对叠加，利用三维重构的方法重构出物体的傅里叶变换形式，通过逆傅里叶变换操作获得物体在实空间中的结构信息。例如，2015 年，清华大学的施一公教授团队利用该技术，首次解析了剪接体完整的高分辨率结构，并搭建了原子模型。单粒子冷冻电子显微术已经成为近原子分辨率下确定生物大分子三维结构的强大技术，相信随着新型电子探测相机等硬件和软件技术的持续进步，将成为生物学研究中的一把“利器”。

重点词汇 · Keywords

1. 一级结构（primary structure）
2. 二级结构（secondary structure）
3. 三级结构（tertiary structure）
4. 四级结构（quaternary structure）
5. 超二级结构（supersecondary structure）
6. 结构域（domain）
7. 同源建模（homology modelling）

本章小结 · Summary

解析蛋白质的结构是研究其功能的基础。目前我们对蛋白质的结构有不同层次的定义：一级结构（primary structure）、二级结构（secondary structure）、三级结构（tertiary structure）、四级结构（quaternary structure），以及介于二级结构和三级结构之间的超二级结构（supersecondary structure）和结构域（domain）。随着生命科学的发展和计算机技术的发展，解析蛋白质结构的手段越来越多。针对不同层次的蛋白质结构，均有对应的生物信息学分析手段。我们可以通过中心法则理论从基因序列推导出蛋白质一级结构，可以利用 Jpred 等程序预测蛋白质的二级结构，可以利用蛋白质保守结构域数据进行同源比对解析蛋白质的结构域，也可以利用多种方法（如同源建模、折叠识别、从头预测等）进行蛋白质三级结构的预测。随着预测算法不断完善，利用生物信息学手段进行蛋白质结构预测的可靠性也越来越高。

Analyzing the structure of protein is the basis of studying its function. At present, we have different definitions of protein structure: primary structure, secondary structure, tertiary structure, quaternary structure, and super secondary structure and domain between secondary structure and tertiary structure. With the development of life science and computer technology, there are more and more methods to analyze protein structure. According to different levels of protein structure, there are corresponding bioinformatics analysis methods. We can deduce protein primary structure from gene sequence by central rule theory. We can predict protein secondary structure by using programs such as Jpred. We can analyze protein domain by homologous alignment using protein conservative domain data. We can also use a variety of methods (such as source modeling, fold recognition, and so on) Ab initio prediction of protein tertiary structure. With the continuous improvement of prediction algorithm, the reliability of protein structure prediction by means of bioinformatics becomes higher and higher.

思考题 · Thinking Questions

1. 如何理解蛋白质结构的不同层次?
2. 蛋白质不同层次的结构之间有什么联系?
3. 查阅文献和互联网资源，了解关于蛋白质结构预测的工具有哪些。

参考文献 · References

Bienert S, Waterhouse A, de Beer T A P, et al. 2017. The SWISS-MODEL Repository-new features and functionality. Nucleic Acids Res, 45: 313-319.

Cheng Y. 2018. Single-particle cryo-EM-How did it get here and where will it go. Science, 361(6405): 876-880.

Drozdetskiy A, Cole C, Procter J, et al. 2015. JPred4: a protein secondary structure prediction server. Nucleic acids research, 43(W1): 389-394.

El-Gebali S, Mistry J, Bateman A, et al.2019. The Pfam protein families database in 2019. Nucleic Acids Res, 47(D1): 427-432.

Letunic I, Bork P. 2018. 20 years of the SMART protein domain annotation resource. Nucleic Acids Research, 46(D1): 493-496.

Marchler-Bauer A, Bryant S H. 2004. CD-Search: protein domain annotations on the fly. Nucleic acids research, 32: 327-331.

Nakane T, Kotecha A, Sente A, et al.2020. Single-particle cryo-EM at atomic resolution. Nature, 587(7832): 152-156.

Waterhouse A, Bertoni M, Bienert S, et al. 2018. SWISS-MODEL: homology modelling of protein structures and complexes. Nucleic Acids Res, 46: 296-303.

Yao R, Qian J, Huang Q. 2020. Deep-learning with synthetic data enables automated picking of cryo-EM particle images of biological macromolecules. Bioinformatics, 36(4): 1252-1259.

第六章 基因组测序与组装

学习目标 · Learning Objectives

1. 了解基因组测序与组装的发展过程，关注其热点问题和发展趋势，以及国内外研究现状与前沿进展。
Understand the development process of genome sequencing and assembly，pay attention to its hot issues and development trends，as well as domestic and foreign research status and frontier progress.
2. 掌握基因组测序与组装的基本概念、基本原理和基本方法。
Master the basic definitions，principles and the basic methods of genome sequencing and assembly.

第一节 基因组测序原理与方法

一、基因组测序的发展历程

1977 年，桑格（Sanger F）和库森（Coulson A R）发明了桑格－库森法（又称 双脱氧法或链终止法，常简称为 Sanger 测序法）用于 DNA 分析，并与吉尔伯特（Gilbert W）共同发明了第一台测序仪，成功测定了长度为 500 多个碱基的噬菌体 ϕX174 基因组。由此开始，人类获得了探索生命遗传本质的能力，生命科学的研究进入了基因组学的时代。至今为止，测序技术已经取得巨大发展，从第一代发展到了第三代测序技术。

本章节从基因组测序技术的定义、生物学基础、发展历程以及到目前为止所发展出来的三代基因组测序技术的原理、方法等方面的知识出发，为读者勾勒出了一幅基因组测序技术完整的脉络图。希望通过本章的学习，读者对基因组测序技术有更深刻全面的了解。

1. 测序技术　一个生物体的基因组是指一套染色体中的完整的 DNA 序列，包括了基因和非编码 DNA。基因组测序技术是指测定和分析 DNA 片段中碱基的排列序列。对核酸序列的正确解读，是解开生命科学领域前沿科学问题的重要基础。因此，从测序技术诞生至今，其最终目的就是准确、有效、快速且高通量地测定生命体的核酸序列。20 世纪 70 年代末，Sanger 等提出的双脱氧法，与 Gilbert 等开发的马克萨姆－吉尔伯特法（又称化学降解法或 DNA 化学测序法）共同组成了第一代测序技术。高通量测序技术是在第一代测序技术原理基础上的飞跃式发展，常被人们称为第二代测序技术。近年来，为更好地补充和完善基因组测序技术，研究人员研发出第三代测序技术，也称单分子测序技术。第三代测序技术能够真正实现单分子测序，并且可以直接检测碱基修饰，如 DNA 甲基化，基本实现了从测序之初就想达到的目标，即可以直接对原始的 DNA 进行单分子精确测序，并且不受读长限制。目前，第三代测序主要有两大技术：基于边合成边测序原理的单分子实时荧光测序和基于电泳驱动核苷酸分子挨个通过纳米孔的纳米孔测序。

2. 测序的应用领域　目前较为成熟的测序技术在全基因组从头测序（*de novo* genome sequencing）、全基因组重测序（genome re-sequencing）、简化基因组测序（reduced representation genome sequencing）和宏基因组测序（meta genomics sequencing）等诸多领域的研究中得到应用，是分子生物学研究中最常用的技术之一，广泛应用于病情诊断、药物研发和生物合成等方面。

全基因组从头测序是指在不需要任何参考基因的情况下对某个物种基因组进行生物信息学分析后获得该基因组拼装信息，如原始数据、测序覆盖率、ContigN50、ScaffoldN50、GC含量等基因组的特征数据。全基因组从头测序的基本技术路线包括构建基因组文库、基因组测序、获得原始数据、基因组组装和质量评估以及生物信息学分析等。其中生物信息学分析又包括常规分析、高级分析和个性化分析。常规分析主要包括测序数据质控分析、高质量序列拼接和组装、基因结构预测及功能注释、蛋白结构域注释、基因家族分析、重复序列注释等；高级分析有特异序列、特异功能蛋白等的预测。

全基因组重测序是对已知基因组序列的物种进行不同个体的基因组测序，以此对不同个体或者群体的基因测序结果进行差异性分析。利用已知基因组序列对全基因组重测序结果进行比对，通过检测出全基因组范围的插入缺失突变（insertion and deletion，InDel）、结构变异（structure variation，SV）和单核苷酸多态性（single nucleotide polymorphism，SNP）等变异信息，以获得个体间分子遗传特征，并广泛应用于性状基因定位、遗传进化分析、遗传变异检测、遗传进化和动物重要经济性状候选基因预测等方面的研究。

简化基因组测序是通过酶切并富集限制性内切酶周边的片段进行测序的策略，其能显著降低测序成本和基因组的复杂度，并能快速鉴定高密度 SNP 位点，常用于遗传变异检测、高密度遗传图谱构建、重要性状候选基因定位和群体遗传进化分析。

宏基因组测序是指基于高通量测序技术，研究收集到的来源于环境中微生物所有的遗传物质，包括研究环境中微生物的多样性、种群关系和功能关系等，采用直接从环境中提取微生物基因组 DNA 并测序的方式，从群落水平上分析微生物及其活动，挖掘微生物新资源。

3. 测序简史

（1）DNA 结构与功能。直到 20 世纪 50 年代，人类才彻底形成 DNA 作为生命体的遗传基础的认知。20 世纪 20 年代，莱文尼（Levene）提出了四核苷酸假说，现已被否定；1944 年，艾弗里（Avery）证明了 DNA 是遗传信息的载体；20 世纪 50 年代初，查格夫（Chargaff）利用分光光度法结合纸层析等技术，对生物 DNA 作碱基定量分析，发现 DNA 碱基组成的规律；1953 年，Watson 和 Crick 发现 DNA 双螺旋模型，这是分子遗传学诞生的标志，开拓了基因组学的研究领域。

（2）早期 DNA 的测序方法。最早的基因测序方法始于 1975 年，是由 Sanger 发明的 DNA 测序加减法，让人们第一次有可能读取 DNA 的碱基序列。1977 年，Gilbert 等发明化学降解法，同时 Sanger 等发明双脱氧法。由于双脱氧法存在很多缺陷，研究人员对双脱氧法进行了改进：①对标记物方面的改进，用非放射性物质来取代放射性同位素。例如，测序反应中的产物可以使用生物素、硝酸银、荧光标记等化学性质的发光物质来进行示踪标记，最终结果通过荧光信号或酶显色反应来显示。这些方法要比传统的放射性同位素方法容易，而且安全、快速、成本低。②主要是采用毛细管法来代替常规电泳方法。20 世纪 90 年代，Matnies 等提出了采用激光聚焦荧光扫描检测装置的陈列毛细管电泳法，使序列分析效率得到了较大程度的提高，该方法在人类基因组计划中发挥了重要作用。以上两种测序手段因其准确性高一直沿用至今，是常用的测序技术，它们的出现也被认为是第一代测序技术真正诞生的标志。

（3）高通量测序技术。高通量测序技术就是通量高、规模大的平行测序，具有第一代测序技术没有的检测速度快、通量高、敏感度高、成本低、覆盖度广等特点。高通量测序技术可对一个物种的基因组和转录组进行全面、有效的分析，其原理主要是将不同的基因组 DNA 片段通过连接通用接头，运用不同的基因扩增方法产生大量的单分子多克隆序列，再进行平行测序，并将所获得的测序数据经分析后获得完整的 DNA 序列信息。第二、三代测序技术都属于高通量测序技术，主要包括罗氏公司的 454 测序技术、Illumina 公司的 Solexa 测序技术、ABI 公司的 SOLiD 测序技术、华大基因的纳米球测序（DNA nanoball）技术、Pacific Biosciences 公司的单分子实时测序技术和 Helicos Biosciences 公司的单分子荧光测序技术。

二、基因组测序的原理

1. *第一代测序技术原理* 第一代测序技术包括双脱氧法、化学降解法及其衍生方法。双脱氧法原理是 ddNTP 的 2′ 和 3′ 都不含羟基，且 DNA 聚合酶对其没有排斥性，并在 DNA 合成过程中无法形成磷酸二酯键。当添加一定比例的放射性同位素标记的引物时，在 DNA 聚合酶的作用下 ddNTP 被合成到链上，合成反应会随着其后的核苷酸无法连接而终止。再进行聚丙烯酰胺凝胶电泳分离和放射自显影后，可根据相应泳道的末端核苷酸信息及片段大小排序读出整个片段的序列信息。通过调节加入的 dNTP 和 ddNTP 的相对量即可获得较长或较短的末端终止片段。

化学降解法测定 DNA 序列，其原理是先对 DNA 链的 5′ 端进行 ^{32}P 放射性标记，再利用特殊试剂降解，可以对链上 1～2 个碱基进行专一性断裂（断裂分为 4 种，在联氨试剂的作用下嘧啶的位置发生断裂；在高盐浓度和联氨试剂作用下只在胞嘧啶处断裂；在甲酸试剂作用下嘌呤处断裂；在硫酸二甲酯作用下鸟嘌呤处断裂），然后通过聚丙烯酰胺凝胶电泳进行片段分离凝胶电泳图，不同于 Sanger 测序法。

总的说来，第一代测序技术的主要特点是测序读长可达 1000 bp，准确性高达 99.999%，但有测序成本高、通量低等方面的缺点，严重影响了其应用的规模。

2. *第二代测序技术原理* 经过不断的技术开发和改进，以罗氏公司的 454 技术，Illumina 公司的 Solexa、Hiseq 技术，ABI 公司的 SOLiD 技术为代表的第二代测序技术诞生。此外，值得一提的还有 ThermoFisher 的 Ion Torrent 技术与华大基因的 Nanoball 测序技术。第二代测序技术大大降低了测序成本的同时，还大幅提高了测序速度，并且保持了高准确性，但在序列读长方面比起第一代测序技术要短很多。本小节将逐一介绍第二代测序技术。

第二代测序方法可以分为两大类：边合成边测序（sequencing by synthesis，SBS）和边连接边测序（sequencing by ligation，SBL）。边合成边测序方法通常是指用不同的荧光标记 4 种 dNTP，当 DNA 聚合酶合成互补链时，添加进去的每种 dNTP 都会释放出不同的荧光，根据捕获的荧光信号并经过特定的计算机软件处理，从而获得待测 DNA 的序列信号。边连接边测序方法是指 DNA 片段与带有荧光基团的探针杂交成像，并通过荧光基团的发射波长来判断碱基或者其互补碱基的序列。绝大多数的边合成边测序和边连接边测序方法，DNA 都是在一个固体的表面上被克隆的。一个特定区域内成千上万个拷贝的 DNA 分子可以增加信号和背景信号的区分度。大量的平行同样对上百万的测序片段（reads）的读取大有帮助，每个平行只有唯一的 DNA 模板。一个测序平台可以同时从上百万的类似反应中读取数据，因此可以同时对上百万的DNA分子进行测序。

（1）454测序技术（SBS）原理。454生命科学公司最早在2005年推出了第二代测序平台Genome Sequencer20，并测序了支原体*Mycoplasma genitalium*的基因组。在2007年，推出性能更优的第二代基因组测序系统——Genome Sequencer FLXSystem（GSFLX）。罗氏自2005年就与454公司洽谈并购事宜，2007年终于完成并购，随后公布了DNA双螺旋的发现者之一——沃森（Jim Watson）的个人基因组，测序总花费不到100万美元。在2010年，454公司推出初级版的新一代测序仪GSJunior，其每次反应能得到100 000条序列，是GSFLX的1/10，读取的序列平均长度为400 bp，准确率高达99%以上。

Roche 454的基本原理是在经乳化的磁珠上，DNA模板在乳液滴中进行微乳液PCR，从而产生待测模板DNA簇。并随着放置于焦磷酸测序底物的微滴定板小孔中进行酶联反应，对单链DNA的拷贝分子进行大量的平行测序，因此被称为一种基于微乳液PCR和焦磷酸测序技术的测序平台。

（2）Solexa测序技术原理（SBS）。最早由Solexa公司研发的Genome Analyzer测序仪，是利用合成测序（sequencing by synthesis）的原理，实现大规模平行测序和自动化样本制备。在2006年，Solexa公司被Illumina公司高价收购，并将Solexa测序仪命名为Illumina Genome Analyzer（GA）。现在最主要的测序仪器为Hiseq2500和Hiseq4000测序仪。它的核心技术是DNA簇和可逆性末端终止。2008年*Nature*杂志发表了3个人类基因组图谱：第一个亚洲人图谱（炎黄一号）、第一个癌症患者图谱和第一个非洲人图谱，它们均依赖该公司测序平台完成。这与第一个人类基因组图谱花费巨资、耗时13年形成了鲜明对比。同年，由中国深圳华大基因研究院、英国Sanger研究所和美国国立人类基因组研究所共同承担的“千人基因组计划”中，Illumina公司的测序技术也得到了很好的应用。

Illumina测序平台的测序原理是基于边合成边测序，单链DNA固定在8通道的芯片表面形成寡核苷酸桥，芯片置于流通池内，经过PCR扩增各通道均产生不同单克隆DNA簇。加入DNA聚合酶和4种荧光标记的dNTP可逆终止子后进行合成反应，每次只增加单个碱基，合成的同时检测其荧光信号确定碱基类型，之后切掉dNTP 3'端延长终止基团，继续添加碱基进行测序反应。

（3）SOLiD测序技术原理（SBL）。ABI公司在2007年底时推出了自己的二代测序平台——SOLiD。从SOLiD到SOLiD3，ABI公司仅用了一年多的时间。其采用了“双碱基编码技术”，使每个位点在测序过程中都会被检测2次，给测序技术提供了一种纠错机制，所以不会在DNA聚合酶合成过程中存在常见的错配问题，从而在准确性上大大领先于其他测序平台。但其有一个致命的弱点，就是测序读长仅为80bp左右，限制了其在基因组拼接中的应用。

SOLiD采用微乳液PCR，与454技术不同的是SOLiD采用寡核苷酸连接测序方式。该测序原理在于磁珠上，微乳液PCR后模板链连接至SOLiD玻片上进行测序反应。其过程为：首先，模板链上的接头和通用引物互补配对，加入8碱基探针和连接酶竞争与引物连接的位点。连接反应后，探针的后3个碱基被清除，荧光信号释放，多次加入底物直至延伸至待测链末端，然后换用新引物进行新一轮测序反应。新引物与第一个引物区别是长度相同、与接头配对位置相差一个碱基，完成待测链测序需要5个此种引物。采用双碱基编码策略进行连接反应，即每两个相邻位点的碱基对应16种任意组合的8碱基探针中的4种荧光信号之一，核苷酸链延伸时，每个位点被扫描2次，准确率达99.94%，但双碱基编码策略也可能导致连锁解码错误。

（4）Ion Torrent PGM 原理（SBS）。Ion Torrent PGM 的核心技术是 Ion Torrent 公司开发的半导体测序技术。同时也采用了微乳液 PCR 技术，差别在于其检测的是单核苷酸与芯片上固定的模板链配对时释放氢离子引起的 pH 变化，而不是荧光信号。Ion Torrent PGM 有 3 种芯片，314 芯片适合小基因组测序，316 芯片和 318 芯片用于全转录组测序和染色质免疫共沉淀测序。

（5）DNA 纳米球测序技术原理（SBS）。DNA 纳米球测序技术是一种高通量测序技术，用于确定生物体的整个基因组序列。该方法使用滚环复制将基因组 DNA 的小片段扩增为 DNA 纳米球。荧光核苷酸与互补核苷酸结合，然后与 DNA 模板上已知序列结合。碱基顺序通过结合核苷酸的荧光来确定。与其他新一代测序平台相比，这种 DNA 测序方法允许每次以较低的试剂成本对大量 DNA 纳米球进行测序。然而，这种方法的局限性在于它只产生短的 DNA 序列，这对将其读数映射到参考基因组提出了挑战。

华大基因 BGISEQ 测序平台采用的是 DNB（DNA nanoball，DNA 纳米球）核心测序技术。DNB 技术是在溶液中完成模板扩增的，优点是能够在扩增过程避免错误累积的发生，有效提高测序准确度，并且在 loading 过程中没有聚合酶、引物和 dNTP 等 PCR 条件。所以，该平台从测序原理上有效地避免了大量 duplicates 的产生。

3. *第三代测序技术原理*　测序技术经过第一代、第二代的发展，读长从第一代测序技术的近 1000 bp，降到了第二代测序技术的 100~200bp，但通量和速度大幅提升，而第三代测序技术的发展思路在于保持第二代测序技术优势（速度快和高通量）的同时，弥补其劣势（读长较短）。与前两代相比，第三代测序技术最突出的特点就是测序过程无须进行 PCR 扩增的单分子测序。

（1）SMRT 技术原理。PacBio 公司的测序技术是最受关注的第三代测序技术，主要的测序技术是单分子实时测序技术，它基于边合成边测序的原理，采用了磷酸标记的 dNTP，当模板链加一个 dNTP 后，荧光基团会随着磷酸一起扩散到溶液中，而不影响下一次的反应，这样就可以使反应连续进行从而加快测序的速度。该技术的核心在于使用了 Zero-Mode Wave guide（ZMW）（零级波导）。ZMW 是一种直径只有几十纳米的纳米孔，用激光照射 ZMW 的底部时，由于底部上的小孔比激光的单个波长还短，因此，激光不能直接穿过小孔，而会在小孔处发生光的衍射，只照亮 ZMW 的底部小片区域。DNA 聚合酶被锚定在 ZMW 底部的这片区域内，当有单个的脱氧核苷酸加载在 DNA 聚合酶上形成新的化学键时，这个脱氧核苷酸上的荧光物质被激活而发光，从而被检测到。另外，这个孔很小，在这个小孔内 DNA 链的周围，被标记的脱氧核苷酸有限，并且这四种荧光标记的脱氧核苷酸非常快速地从外面进入孔内又出去，因此形成了非常稳定的并且很弱的背景荧光信号，才使在有大量溶液背景上检测单个荧光标记的核苷酸成为可能。另外一个特点是，荧光标记的位置是磷酸基团而不是碱基，因此可以在没有空间位阻的情况下连续观测到数以千计的碱基。PacBio 公司已经推出了基于 SMRT 的商业测序仪——PacBio RS Ⅱ、PacBio Sequel 和 Pacbio Sequel Ⅱ。单分子测序比一代和二代测序原始数据准确率低、有效反应孔不足、通量低等，SMRT 测序的错误率大约是 15%，碱基错测率约 1%，其他错误主要是由单碱基的插入和缺失导致的，虽然 SMRT 测序的低准确率备受争议，但是进行纠正后，其正确率可达 99.3%，并且 SMRT 测序的错误都是随机错误，而非系统错误，系统错误是无法通过提高测序覆盖度矫正的。因此，其数据应用于基因组组装前需先对数据进行纠错处理。然而，整体的优势相对一代和二代还是较高的。SMRT 测序具有超长读长、测序时间短、无须模板扩增和直接检测表观修饰位点等特点，这可以避免PCR导致的误差，而且在较短的时间内测序，可使在酶失活之前完成检测，进而提高准确率。

（2）纳米单分子测序技术。纳米单分子测序技术是Oxford Nanopore Technologies公司所开发的，其基本原理不同于以往的测序技术的原因是其基于电信号而非光信号。纳米单分子测序技术是当待测碱基或待测分子从一个以α-溶血素构建的生物纳米孔洞经过时检测到的被影响的电流。在纳米孔洞中，孔一侧的外表面依附着核酸外切酶，内表面共价结合着一种合成的环糊精传感器。该系统镶嵌在一个脂双层内，该脂双层两侧为不同的盐浓度，目的是提供既符合碱基区分检测又满足外切酶活性的物理条件。在适当的电压下，单链DNA经外切酶消化后，变成单个碱基落入孔中，孔内的环糊精与碱基短暂地相互作用，改变了流过纳米孔的电流，其中腺嘌呤与胸腺嘧啶的电信号大小很相近，但由于胸腺嘧啶在环糊精停留较长，所以每个碱基都因其产生电流特有的干扰振幅而被区分开。纳米孔测序具有以下几个特点：读长长，为几十至100 kb；准确率高；可实时读取数据；通量高；在测序过程中不破坏起始DNA；样品制备成本低；可以直接读取甲基化的胞嘧啶。

4. 其他测序技术原理　除上述标准的第一至三代测序技术之外，还有一类介于第二代测序和第三代测序之间用于辅助基因组测序的技术，利用二代测序平台进行长序列的测序。

（1）10×Genomics 建库测序技术。10×Genomics 建库测序技术的原理：10×Genomics Chromium系统利用其独有的液滴式文库构建解码技术，针对长片段序列进行等温扩增并引入了条形码（barcode）序列编辑单条DNA分子，形成完整文库后再放置于Illumina平台上进行测序，得到原始数据。GemCode平台配套的数据分析软件将条形码标记能力与短读取数据相结合，产生独特的一种数据类型：linked-reads。通过利用条形码标记信息将以linked-reads数据类型形成的同一模板DNA来源的序列信息进行拼接，以获得大片段遗传信息（50～100 kb）。除此之外，该技术进行了升级，将一细胞类群贴上相同的条形码，用于单细胞的测序，其核心是利用上百万独特的条形码标记单细胞的10×Genomics单细胞测序技术。基本思路是含有条形码信息的凝胶珠（gel bead）与样品和酶混合，再与位于微流体“双十字”交叉系统中的油表面活性剂结合形成含有条形码信息的凝胶珠、样品和酶的混合物（gel bead in emulsion，GEM），然后凝胶珠溶解释放条形码序列，开始对细胞进行标记，将每个混合物中含有条形码信息的产物混合，构建标准测序文库（图6-1）。每个凝胶珠表面携带很多具有相同条形码信息的序列，该序列有四个部分：R1、10×Barcode、UMI和poly（dT）VN。有效形成的GEM中只包裹单个细胞和一个凝胶珠，以及反转录所需要的酶和试剂，在反转录过程中细胞裂解释放mRNA等物质，条形码序列与ploy（dT）相连接，通过与转录组3′端poly（A）碱基互补，在反转录的过程中添加到cDNA序列中。10×Genomics平台可以在几分钟内完成100～80 000个细胞的捕获过程，具有细胞通量高、项目周期短、可捕获真正意义的单细胞等优势。

（2）st LFR 建库测序技术。单管长片段测序（single-tube long fragment read sequencing，st LFR）是可以使用经济的第二代测序技术对长DNA分子中的数据进行测序的技术。它基于在原始长DNA分子的亚片段中添加相同的条形码序列（DNA共条形码）。为了有效实现此目的，st LFR使用微珠的表面在单个试管中产生数百万个微型条形码反应。使用组合过程，在珠子上生成了多达36亿个唯一的条形码序列，从而实现了几乎无冗余的共条形码，每个样本具有5000万个条形码。

（3）光学图谱（optical mapping）。光学图谱技术基于限制性内切酶图谱技术，可以称为

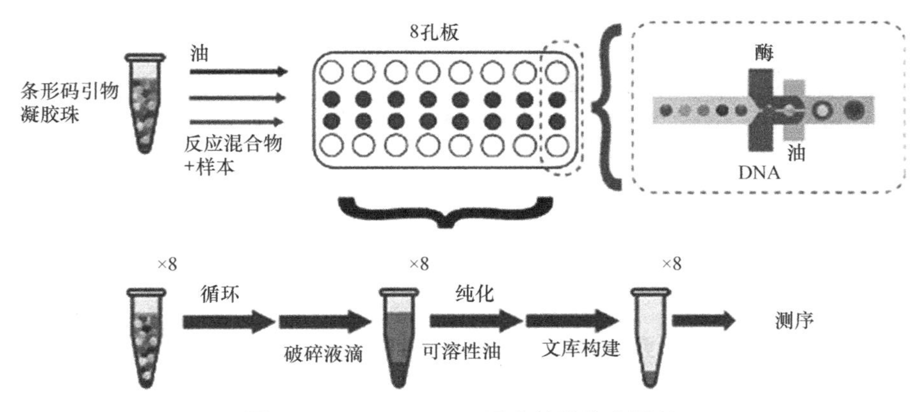

图 6-1　10×Genomics 平台关键技术原理

光学化或数字化酶切指纹图谱技术。将 DNA 固定在界面上，在界面表面进行酶切反应，然后将 DNA 进行荧光染色，并在显微镜下观测。每条 DNA 被酶切后的片段大小及顺序可形成单分子限制性酶切指纹。软件利用酶切指纹组装成最终的指纹图谱。

美国 BioNano 公司开发的 Irys 系统在它的基础上进行改进，只是在 DNA 单链上切口（不切断），加入荧光基团，然后让整条 DNA 链通过纳米通道。他们的理想是最终真实展现染色体的情况，最新研发结果是可以让酵母 12 Mb 的染色体完整展现。该技术主要是用来辅助基因组序列组装：辅助延伸支架（scaffold），使基因组图谱更精细；发现染色体的倒置、插入、缺失和置换；识别并纠正错误组装序列；检测缺口（gap）大小及位置（图 6-2）。

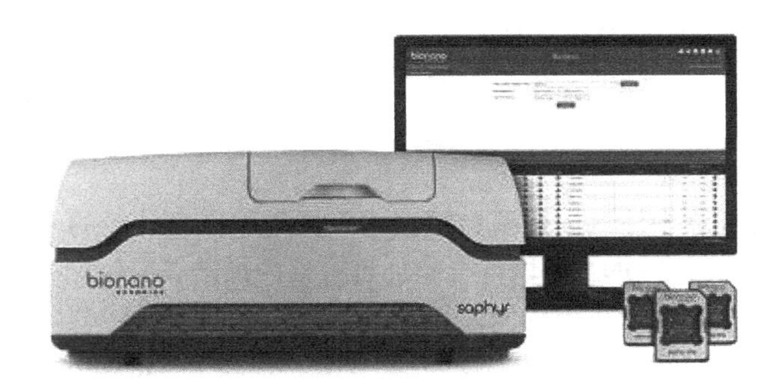

图 6-2　光学图谱（BioNano）示意图

（4）染色体构象捕获技术（chromosome conformation capture，3C）。染色体构象捕获技术主要是通过将细胞内的染色质进行固定，然后使用能够识别如 *Hin*d Ⅲ和 *Eco*R Ⅰ等的 6 个碱基的限制性内切酶或者识别 4 个碱基的 *Aci* Ⅰ 等进行酶切，酶切后进行连接。由于空间位置比较接近，处于同一个转录位点的基因在连接酶的作用下会连接在一起，然后在两个基因的酶切位点附近设计引物，若两者有相互作用，则在酶切和连接处理以后，可以通过 PCR 反应扩增出两者的线性位置距离近的杂交片段；若两者没有相互作用，则 PCR 扩增不出来。因此染色体构象捕获技术可以捕获在转录过程中染色质具有相互作用或者是在同一转录位点内的基因（图 6-3）。

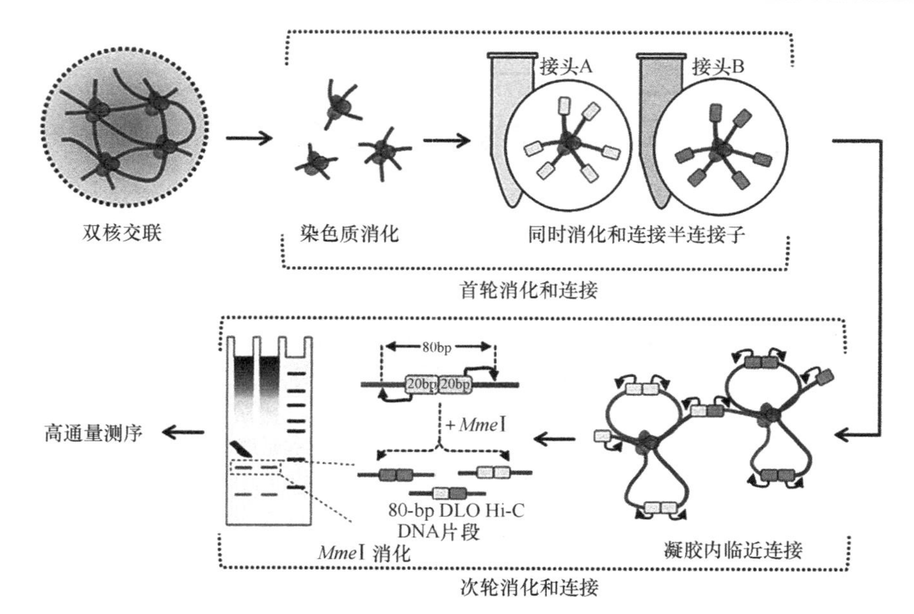

图 6-3 染色体构象捕获技术工作流程图

三、基因组测序流程

（一）一代测序流程

双脱氧法的核心技术就是在 DNA 聚合酶合成 DNA 链的过程中按一定比例掺入双脱氧核苷酸（ddNTP），导致 DNA 链在掺入 ddNTP 时终止延伸。理论上所有的位点均有可能掺入双脱氧核苷酸，从而产生终止于任何一个位点的寡核苷酸片段，每个片段的 3′ 端都是一个双脱氧的核苷酸残基，因为四种 ddNTP 上各有一种发光基团，在最后的识别中通过收集到的荧光信号就能够确定末端的 ddNTP。

上机测序：先在毛细管中注入丙烯酰胺溶液，丙烯酰胺在紫外线的电离作用下发生聚合反应变成聚丙烯酰胺凝胶，将 DNA 片段混合物加到有聚丙烯酰胺凝胶的一端，在毛细管的两端加上电压进行电泳，在毛细管正极的末端用激光照射，经过光学传感器记录荧光信号。试剂中包括四种荧光标记的 ddNTP、dNTP、DNA 聚合酶、镁离子、pH 缓冲液等。

1. 序列分析（双脱氧法）

（1）荧光染料在 ddNTP 上。

（2）发现含有荧光标记的 ddNTP 和未标记的 dNTP。

（3）用不同颜色的荧光标记不同碱基。

（4）获得一系列长度相差为 1 bp 的片段。

2. 快照技术

（1）荧光染料在 ddNTP 上。

（2）体系中只含有荧光标记的 ddNTP。

（3）不同碱基用不同颜色的荧光进行标记。

（4）获得引物延伸 1 bp 的产物片段。

3. 片段分析

（1）荧光染料结合在引物上。

（2）体系中只含有未标记的 dNTP。

（3）片段长度相近的不同目的片段用不同颜色标记其引物。

（4）获得特定的目的片段。

（二）二代测序技术的流程

1. 罗氏 454　罗氏 454 测序系统是第一个商业化运营二代测序技术的平台。它的主要测序原理如下。

（1）DNA 文库制备。454 测序系统的文件构建方式和 Illumina 的不同，它是利用喷雾法将待测 DNA 打断成 300～800 bp 长的小片段，并在片段两端加上不同的接头，或将待测 DNA 变性后用杂交引物进行 PCR 扩增，连接载体，构建单链 DNA 文库（图 6-4）。

（2）Emulsion PCR（乳液 PCR，其实是一个注水到油的独特过程）（图 6-5）。454 测序仪的 DNA 扩增过程也和 Illumina 的截然不同，它将这些单链 DNA 结合在水油包被的直径约 28 μm 的磁珠上，并在其上面孵育、退火。

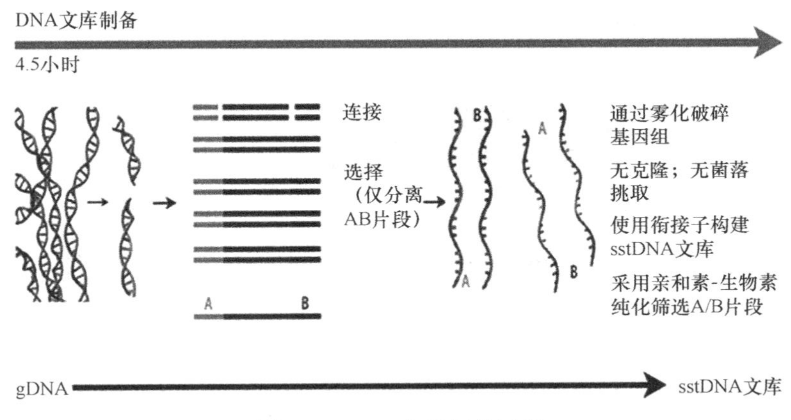

图 6-4　DNA 文库制备过程

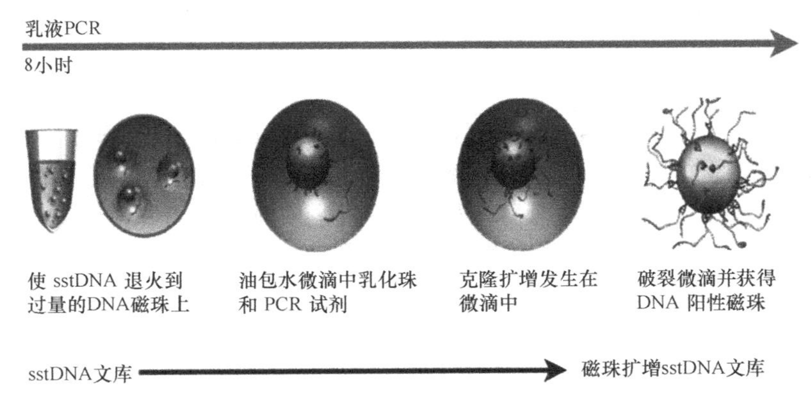

图 6-5　乳液 PCR 过程

乳液 PCR 的技术关键为“注水到油”（水油包），其最大的特点是可以形成数目庞大的独立反应空间以进行 DNA 扩增。其基本过程是在 PCR 反应前，用矿物油将包含 PCR 所有反应成分的水溶液包裹为小水滴，使这些小水滴构成独立的 PCR 反应空间。在理想状态下，每个小水滴只含一个磁珠和一个 DNA 模板。而单链 DNA 序列能够特异地结合在磁珠上的原因是被小水滴包被的磁珠表面含有与接头互补的 DNA 序列，同时孵育体系中含有 PCR 反应试剂，因此也保证了每个与磁珠结合的小片段都能独立进行 PCR 扩增，并且扩增产物仍可以结合到磁珠上。当反应完成后，便可破坏反应体系并将带有 DNA 的磁珠富集下来。通过扩增，每个小片段都将被扩增约 100 万倍，从而达到下一步测序所要求的 DNA 量。

（3）焦磷酸测序技术。测序前需要先用一种聚合酶和单链结合蛋白处理带有 DNA 的磁珠，接着将磁珠放在一种 PTP 平板上。这种平板上特制有许多直径约为 44 μm 的小孔，每个小孔仅能容纳一个磁珠，通过这种方法来固定每个磁珠的位置，以便检测接下来的测序反应过程（图 6-6）。

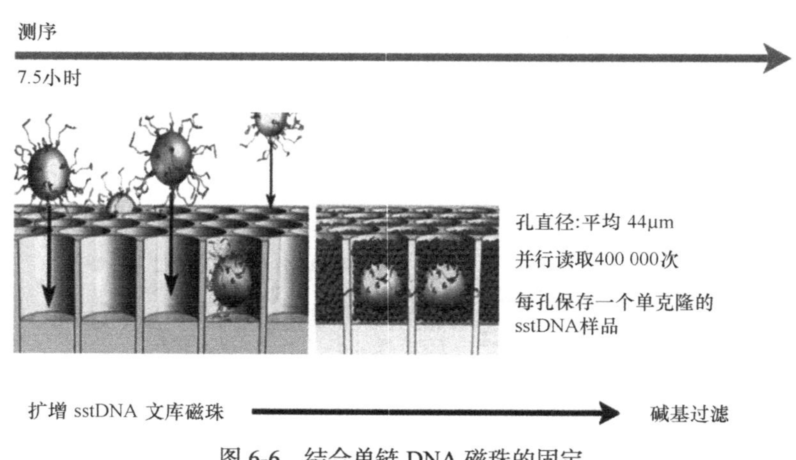

图 6-6　结合单链 DNA 磁珠的固定

测序方法采用焦磷酸测序法，将一种比 PTP 板上小孔直径更小的磁珠放入小孔中，启动测序反应。测序反应以磁珠上大量扩增出的单链 DNA 为模板，每次反应加入一种 dNTP 进行合成反应。如果 dNTP 能与待测序列配对，则会在合成后释放焦磷酸基团。释放的焦磷酸基团会与反应体系中的 ATP 硫酸化学酶反应生成 ATP。荧光素酶和 ATP 共同氧化，使测序反应中的荧光素分子发出荧光，同时由 PTP 板另一侧的 CCD 照相机记录，最后通过计算机进行光信号处理而获得最终的测序结果。最终根据每一种 dNTP 在反应中产生的荧光颜色不同来判断被测分子的序列。反应结束后，游离的 dNTP 会在双磷酸酶的作用下降解 ATP，从而导致荧光淬灭，以便使测序反应进入下一个循环。由于在该测序技术中，每个测序反应都在 PTP 板上独立的小孔中进行，因而能大大降低相互间的干扰和测序偏差。当前 454 技术的平均读长可达 400 bp，而与 Illumina 的 Solexa 和 Hiseq 技术不同的主要原因是 454 技术无法准确测量同聚物的长度，如当序列中存在类似于 poly（A）的情况时，测序反应会一次加入多个 T，而所加入的 T 的个数只能通过荧光强度推测获得，这就有可能导致结果不准确。也正是由于这一原因，454 技术会在测序过程中引入插入和缺失的测序错误。

2. Illumina 测序技术　Illumina 公司的 Solexa 和 Hiseq 应该说是目前全球使用量最大的

第二代测序机器，这两个系列的技术核心原理是相同的。这两个系列的机器采用的都是边合成边测序的方法，它的测序过程主要分为以下 3 步，如图 6-7 所示。

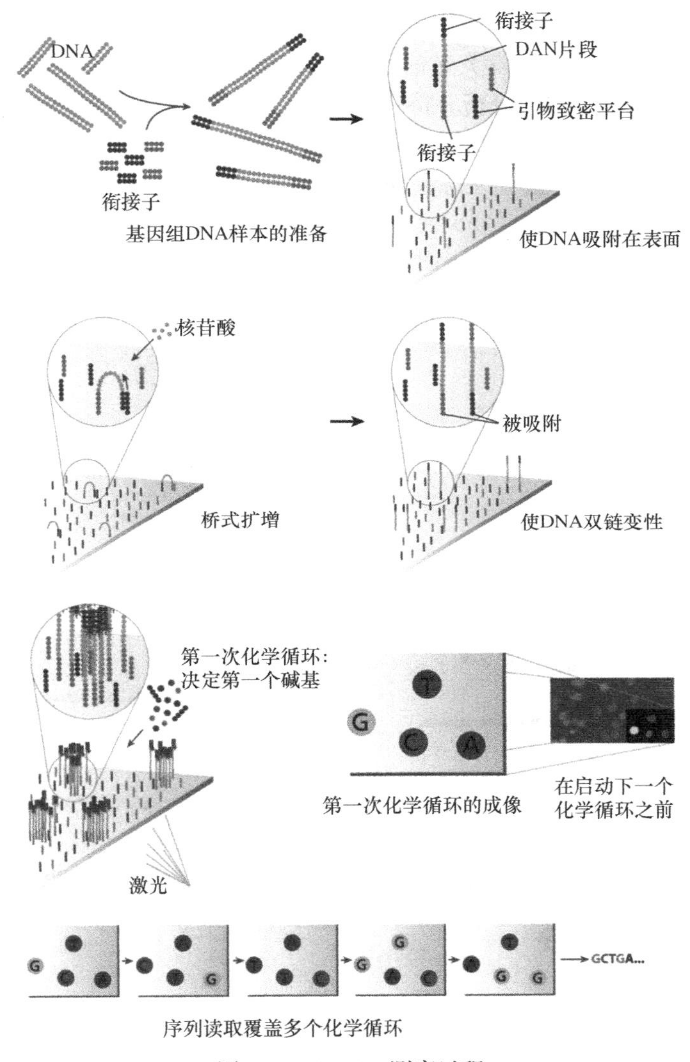

图 6-7 Illumina 测序过程

（1）DNA 待测文库构建。利用超声波把待测的 DNA 样本打断成小片段，目前除了组装和一些其他的特殊要求之外，主要是打断成 200～500 bp 长的序列片段，并在这些小片段的两端添加上不同的接头，构建出单链 DNA 文库。

（2）桥式 PCR 扩增与变性。Flowcell 是用于吸附流动 DNA 片段的槽道，当文库建好后，这些文库中的 DNA 在通过 Flowcell 时会随机附着在 Flowcell 表面的通道上。在 8 个通道中，每个通道的表面都附有很多个能和建库过程中加在 DNA 片段两端的接头相互配对的接头，能支持 DNA 在其表面进行桥式 PCR 的扩增。桥式 PCR 以通道表面所固定的接头为模板，进行不断的 PCR 循环后，使每个 DNA 片段都在各自的位置上集中成含有单个 DNA 模板的很多份拷贝的束，而进行这一过程的目的在于实现增强碱基的信号强度，最终达到测序所需的信号要求。

（3）测序。如同 Sanger 测序法，该测序过程向反应体系中添加引物、DNA 聚合酶和带有荧光标记的 4 种 dNTP。这些 dNTP 的 3′-orl 被化学方法保护，每次只能添加一个 dNTP，在 dNTP 被添加到合成链上后，所有未使用的游离 dNTP 和 DNA 聚合酶会被洗脱掉。接着，加入激发荧光所需的缓冲液，再激发荧光信号，用光学设备记录荧光信号，最后利用计算机将光学信号转化为测序碱基再进行分析。待完成记录后，再去除 dNTP3′-OH 保护基团并淬灭荧光信号。Illumina 的这种测序技术每次只添加一个 dNTP 的特点能够很好地解决同聚物长度的准确测量问题，它的主要测序错误来源是碱基的替换，目前它的测序错误率在 1%～1.5%，测序周期以人类基因组重测序为例，30× 测序深度大约为 1 周。

3. SOLiD 测序技术　SOLiD 测序技术是在连接过程之中利用 DNA 连接酶进行测序的测序技术（图 6-8）。

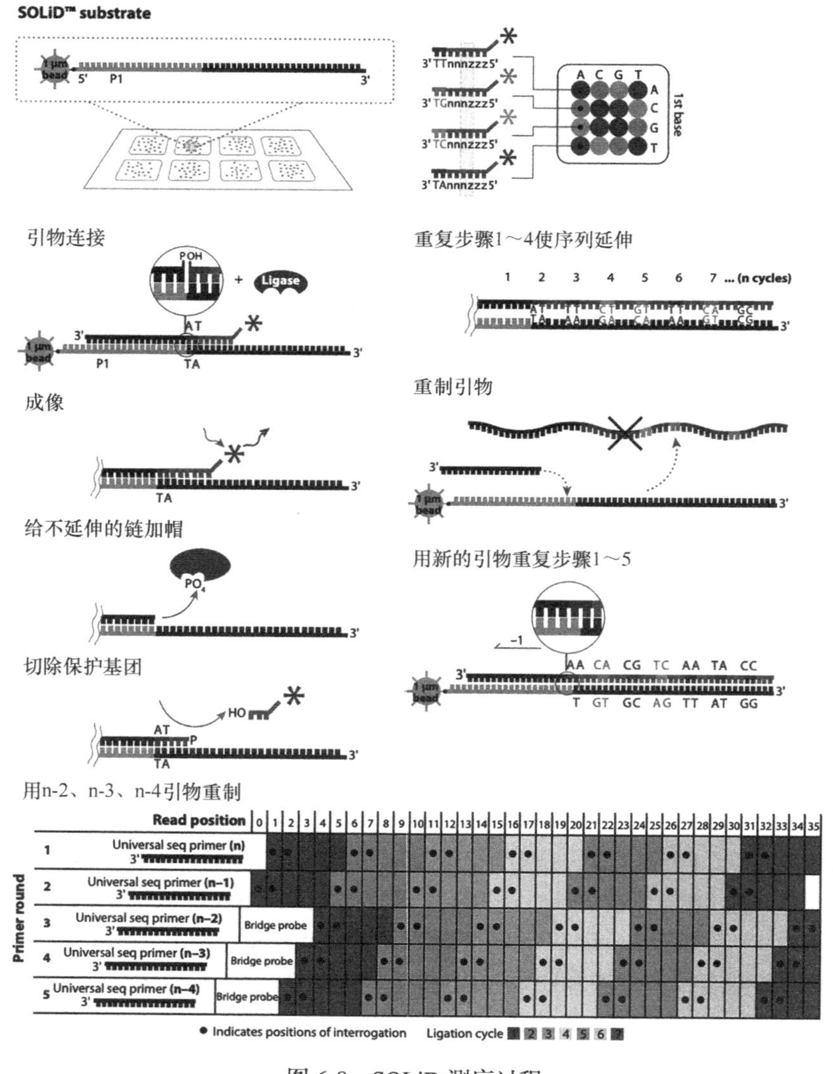

图 6-8　SOLiD 测序过程

（1）DNA 文库构建。将 DNA 片段打断后在片段两端加上测序接头，再连接载体，以构建单链 DNA 文库。

（2）DNA 扩增。与 454 测序技术类似，SOLiD 的 PCR 过程也采用水油包扩增技术，但其磁珠只有 1 μm，比起 454 技术所运用的要小得多。并在扩增的同时为下一步的测序过程做准备，即在扩增产物的 3′ 端修饰，而经 3′ 端修饰的微珠会被沉积在一块玻片上。在微珠上样的过程中，沉积小室将每张玻片分成 1 个、4 个或 8 个测序区域。相对 454 技术来说，SOLiD 系统最大的优点就是每张玻片能容纳更高密度的微珠，在同一系统中轻松实现更高的通量。

（3）DNA 连接酶测序。SOLiD 测序的关键在于它采用了连接酶进行测序，而非以前测序常用的 DNA 聚合酶。8 碱基单链荧光探针混合物作为 SOLiD 连接反应的底物，可简单表示为：3′-XXnnnzzz-5′。探针的 5′ 端分别标记了 4 种颜色的荧光染料，即 CY5、Texas Red、CY3、6-FAM，随后这些探针按照碱基互补规则与单链 DNA 模板链配对。在 3′-XXnnnzzz-5′ 这一表达式中，第 1 和第 2 位上的碱基（XX）是已经确定的，而后根据种类的不同会在 6～8 位（zzz）上加上不同的荧光标记。因此根据每两个碱基确定一个荧光信号，一次就能决定两个碱基。这种测序方法也称为二碱基测序法。当荧光探针能够与 DNA 模板链配对而连接上时，就会发出代表第 1、2 位碱基的荧光信号，图 6-8（A）和图 6-8（B）中的比色板所表示的是第 1、2 位碱基的不同组合与荧光颜色的关系。待荧光信号被记录下后，再在第 5 和第 6 位碱基之间用化学方法进行切割，移除荧光信号以便于进行下一个位置的测序。不过值得注意的是，每次测序的位置都要相差 5 位，即第一次是第 6、7 位，第二次是第 11、12 位……在测到末尾后，要将新合成的链变性、洗脱。接着用引物 $n-1$（引物 $n-1$ 与引物 n 在与接头配对的测序位置上相差了一个碱基，因而就能测定第 0、1 位和第 5、6 位）进行第二轮测序。待第二轮测序完成后，以此类推，直至第五轮测序，最终可以完成所有位置的碱基测序，并且每个位置的碱基均被检测了两次。该技术的读长在 2×50 bp，后续序列拼接同样比较复杂。由于双次检测，这一技术的原始测序准确性高达 99.94%，而 15× 覆盖率时的准确性更是达到了 99.999%，应该说是目前第二代测序技术中准确性最高的了。但在荧光解码阶段，鉴于其是双碱基确定一个荧光信号，因而一旦发生错误就容易产生连锁的解码错误。

4. DNA nanoball 测序技术　DNA nanoball 测序包括分离待测序的DNA，将其剪切成小的 100～350 bp 片段，将接头序列连接到片段上，形成单链环状 DNA。滚环复制后，导致每个片段的许多单链拷贝。DNA 拷贝在长链中从头到尾连接，并被压缩成 DNA 纳米球。然后将纳米球吸附到测序流动池上。通过高分辨率相机记录每个询问位置处的荧光颜色。生物信息学用于分析荧光数据并进行碱基调用，以及用于绘制或定量 50 bp、100 bp 或 150 bp 的单端或双端读长。步骤如下（图 6-9）。

（1）添加接头序列。必须将接头 DNA 序列连接到未知的 DNA 片段上，以便具有已知序列的 DNA 片段位于未知 DNA 的侧翼。在第一轮衔接子连接中，将右侧（Ad153_right）和左侧（Ad153_left）衔接子连接到片段化 DNA 的右侧和左侧，并通过 PCR 扩增 DNA。然后将片段的末端与裂解的寡核苷酸杂交，该片段的末端连接形成环。加入核酸外切酶以除去所有剩余的单链和双链 DNA 产物。结果得到完整的环状 DNA 模板。

（2）滚环复制。一旦产生单链环状 DNA 模板，含有连接到两个独特衔接子序列的样品 DNA，就会将完整序列扩增成长串 DNA。这是通过用 Phi29DNA 聚合酶进行滚环复制来实现的，该聚合酶结合并复制 DNA 模板。新合成的链从环状模板中释放出来，产生一个长的单链 DNA，包括几个圆形模板的头对尾拷贝。由此得到的纳米颗粒自组装成约 300 nm 的紧密

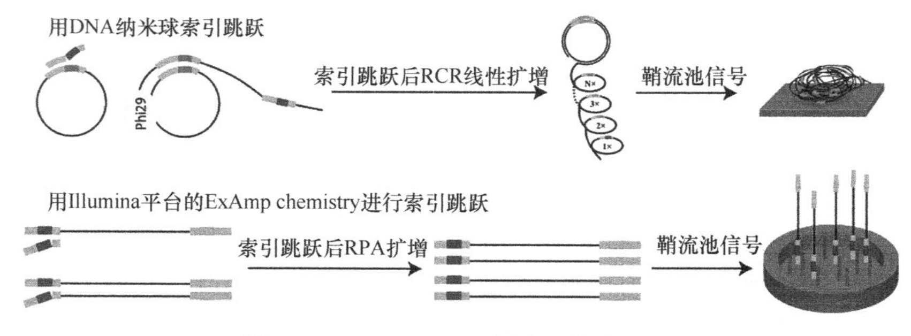

图 6-9 DNA nanoball 测序工作流程图

DNA 球。纳米球保持彼此分离，因为它们带负电荷，相互自然排斥，减少不同单链 DNA 长度之间的任何缠结。

（3）DNA 纳米球图案阵列。为了获得 DNA 序列，将 DNA 纳米球附着到图案化的阵列流动池上。流动池是涂有二氧化硅、钛、六甲基二硅氮烷（HMDS）和光致抗蚀剂材料的硅晶片。DNA 纳米球被添加到流动池中，并以高度有序的模式选择性地与带正电荷的氨基硅烷结合，从而可以对非常高密度的 DNA 纳米球进行测序。

（4）成像。在每个 DNA 核苷酸掺入步骤后，对流动细胞成像以确定与 DNA 纳米球结合的核苷酸碱基。荧光团用激光激发，激发特定波长的光。在高分辨率 CCD 相机上捕获来自每个 DNA 纳米球的荧光发射。然后处理图像以去除背景噪声并评估每个点的强度。每个 DNA 纳米球的颜色对应于疑问位置处的碱基，计算机记录基础位置信息。

（5）序列数据排序。从 DNA 纳米球产生的数据被格式化为具有连续碱基（无间隙）的标准 FASTQ 格式文件。这些文件可用于任何配置为读取单端或双端 FASTQ 文件的数据分析管道。

（三）三代测序流程

1. 单分子实时测序技术　Pacbio 的测序方法主要是单分子实时测序技术（single molecule real time sequencing，SMRT），SMRT 测序核心原理是基于边合成边测序，以 SMRT 芯片为载体完成序列的测定，在 SMRT 芯片上的零模式波导（zero mode waveguide，ZMW）孔底分布着生物素，生物素与文库结合的能力大于碱基的结合作用，使脱离文库的碱基进入 ZMW 孔内，当测序开始后，在四种碱基的磷酸基团上携带有不同的荧光基团，随着四种碱基游离做布朗运动，当碱基和 DNA 文库配对复制时，会被酶固定一段时间，荧光标记会在激光束的激发下发出荧光，根据荧光的种类便可以得知 dNTP 的种类，摄像头拍摄下来会形成影像文件，4 个摄像头分别采集 4 种信号，形成 4 个视频文件，然后会合成一个信号文件（峰图），经过一级服务器处理转变成数据库的碱基文件即可获得 DNA 模板序列。SMRT 分为文库制备及上机测序过程，文库制备的基本流程是：①先将待测 DNA 进行初步纯化、混养，目的是将待测 DNA 打断成一定长度的片段；②进行 DNA 损伤、末端修复；③再在两端形成发夹结构的接头，目的是使 DNA 能够进行环化测序；④纯化，再上样到 SMRT cells 中进行测序。

上机测序的程序是：①依次连接引物和 P6 聚合酶；②将 MagBeads 和文库结合后按照需要的数据量决定上样量，同时在样品孔中加入已知片段大小和浓度的模板作为参照一同进行测序，用于检测测序是否处于正常状态。

2. Nanopore 测序技术　Nanopore 测序是将人工合成的一种多聚合物的膜浸在离子溶

液中，多聚合物上布满了经改造的穿膜孔的跨膜通道蛋白（纳米孔），也就是Reader蛋白，在膜两侧施加不同的电压产生电压差，DNA链在马达蛋白的牵引下，解螺旋通过纳米孔蛋白，不同的碱基会形成特征性离子电流变化信号。该膜具有非常高的电阻。通过对浸在电化学溶液的膜上施加电势，可以通过纳米孔产生离子电流。进入纳米孔的单分子引起特征性的电流干扰，这称为Nanopore信号。Nanopore测序技术的主要步骤是：①先将样本在缓冲液中重悬浮，然后用磁珠研磨使细胞破裂；②进行基因特异性PCR扩增，再将磁珠清洗和洗脱；③连接测序适配器，进行分析；④利用软件进行数据分析。

第二节　基因组组装原理与方法及基因组组装评估

一、基因组组装原理

基因组组装是将长度较短的reads通过计算机拼接成较长序列的过程。利用一个生活化的例子来讲，就是设想一本书被复制成多份（基因组被测序了数十次甚至百次），之后将复制得到的多本书进行不同方式的剪切，把多份剪切的书放在一起，根据剪切方式的不同而留下的线索，复原出一本最初的书的过程（将基因组组装起来的过程）。

基因组组装面临的挑战：①不论是Sanger测序、二代测序还是三代测序，得到reads的长度都远小于完整的基因组的分子长度。②高通量测序得到海量数据会增加组装的计算复杂性，对于计算资源的要求很高。③高通量测序会引入测序错误，给组装基因组的准确率埋下了隐患。④通常短读长不会超过重复序列的长度，因此重复序列的组装也是一大难题。⑤二代测序有明显的GC偏好性和测序覆盖度的不均一性，会影响统计检验和结果的评估。

目前为止的组装算法分成两种，一种是overlap-layout-consensus算法，另一种是De-Bruijn-graph算法。

1. overlap-layout-consensus（OLC）　OLC的策略适用于reads读长比较长的测序数据，如Sanger数据和三代测序数据，由于算法复杂度太高，极少应用于二代大规模高通量基因序列的组装。其主要分为三个步骤。

第一步overlap：对所有的reads进行两两的比对，找到重叠（片段间）信息。

第二步layout：根据得到的contig信息将存在的重叠片段建立一种组合关系，形成重叠群（contigs）。

第三步consensus：根据构成contig原始数据的质量，在contig中找到质量最好的序列路径，并获得与此路径对应的序列信息（图6-10）。

目前利用OLC方法的组装软件有许多，如进行双脱氧法测序数据组装的CeleraAssembler、Phrap和Newbler等；三代组装软件如canu、falcon等。

2. De-Bruijn-graph（DBG）　DBG的策略适用于reads读长较短的测序数据，即二代大规模高通量基因序列数据的组装。

假设我们获得的reads是20 bp，图6-11A中，生成6个片段，每个片段长度（*L*）是10 bp，至少重叠长度（*O*）为5 bp，然后各个片段建立OLC图。图6-11B的*k*-mer为5，建立DBG图。

目前基于DBG算法的组装软件包括Wtdbg和ABruijin等。

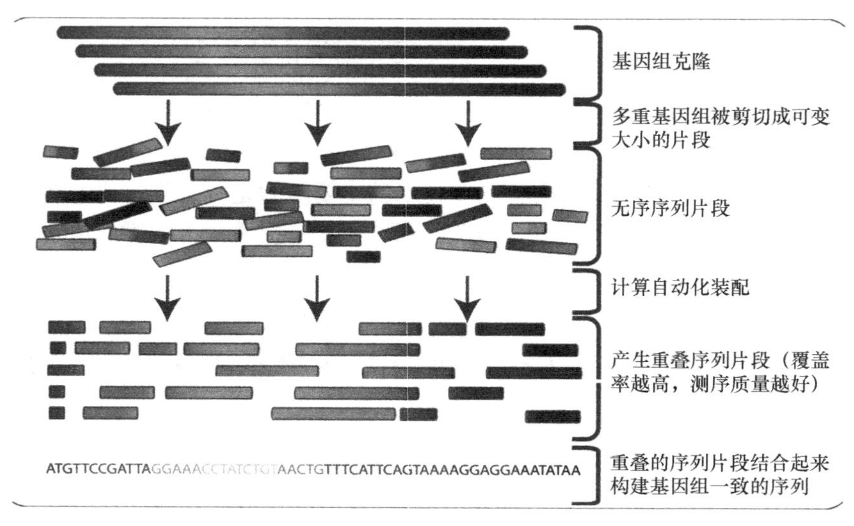

图 6-10 OLC 策略组装过程

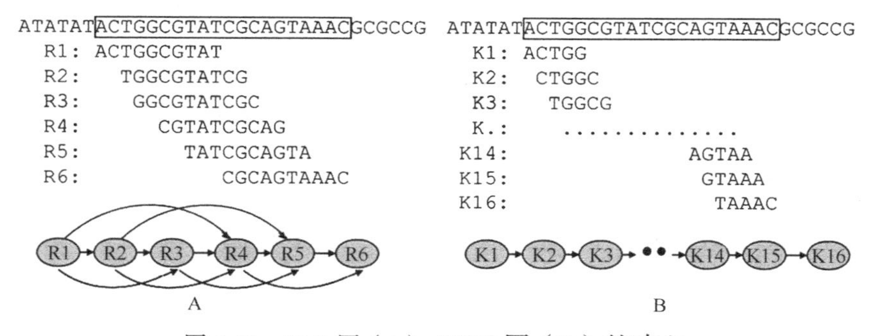

图 6-11 OLG 图（A）、DBG 图（B）的建立

二、基因组组装方法

基因组的大小、杂合程度等因素都影响基因组组装的难易程度，目前市场上主流的有以下两种产品：①细菌 / 真菌基因组组装；②动植物基因组组装。基因组组装的目的是获得该生物完整的基因组序列和对蛋白质编码序列进行注释，以了解蛋白质的功能。决定该基因组是否组装成功的因素有：要被测序物种的基因特性、测序样品的质量、测序技术的限制（短序列：短，组装碎片化；长序列：费用较高，错误率高）以及使用的组装软件的合适性。一般我们会根据物种或者测序技术的不同而选择不同的组装工具，相应地也会有不同的组装方法。下面以不同的数据类型来简单介绍各种组装方法。

1. 二代数据组装（SOAPdenovo、ALLPATHS-LG、Platanus、Supernova） SOAPdenovo 是由华大基因开发的组装工具，主要用于动植物等大型基因组的组装，也可以用于细菌 / 真菌基因组组装。对于大型基因组组装而言，需要的硬件资源特别多，建议内存在 150 G 以上。

以 2010 年的大熊猫基因组组装为例来介绍如何使用 SOAPdenovo 软件。首先利用全基因鸟枪测序技术和 Illumina Genome Analyzer 测序技术构建测序文库；其次通过使用 DBG 算法在 SOAPdenovo 软件上过滤低质量 reads，并使用 134 Gb 的高质量 reads 进行从头组装，其组装过程主要分为两步：①通过序列重叠信息将文库的短 reads（＜500 bp）组装成重叠群

（contigs）；②利用配对末端信息逐步将 contigs 加入 scaffolds 中，通过计算估计的 scaffolds 内间隙，获得 scaffold N50 的长度以及 2.3 Gb 总长度的有效信息，并进一步收集成对末端 reads 的相关信息。最后对该组装中的所有有效信息进行整合和评估。

ALLPATHS-LG 是由麻省理工学院－哈佛大学博德研究所发明的一款基因组组装软件，无论是细菌 / 真菌等小型基因组，还是动植物大型基因组的组装，它都能够胜任。和其他组装软件不同的是，ALLPATHS-LG 要求至少两个文库，第一个文库的插入片段长度不能超过测序读长的两倍，这样可以保证双端测序的 reads 之间存在 overlap，这样的文库称为小片段（fragment）；第二个文库的插入片段通常大于 3 kb，超长读长有利于基因组的组装，这样的文库称为大片段（jumping）。除了插入片段外，测序深度要求为 100× 以上。在组装时，对硬件资源也有一定的要求，对于哺乳动物基因组，建议内存大小为 512 G，对于小基因组，建议内存大小为 32 G。

对杂合度高的物种的 reads 进行组装，可以使用 Platanus 软件。Platanus 分为三个子程序，即 Contig-assemble、scaffold 和 Gap-close，类似于现有的基于 De Bruijin graph 算法的装配器（assemblers）。以下通过 Platanus 算法示意图来详细介绍其过程（图 6-12）。

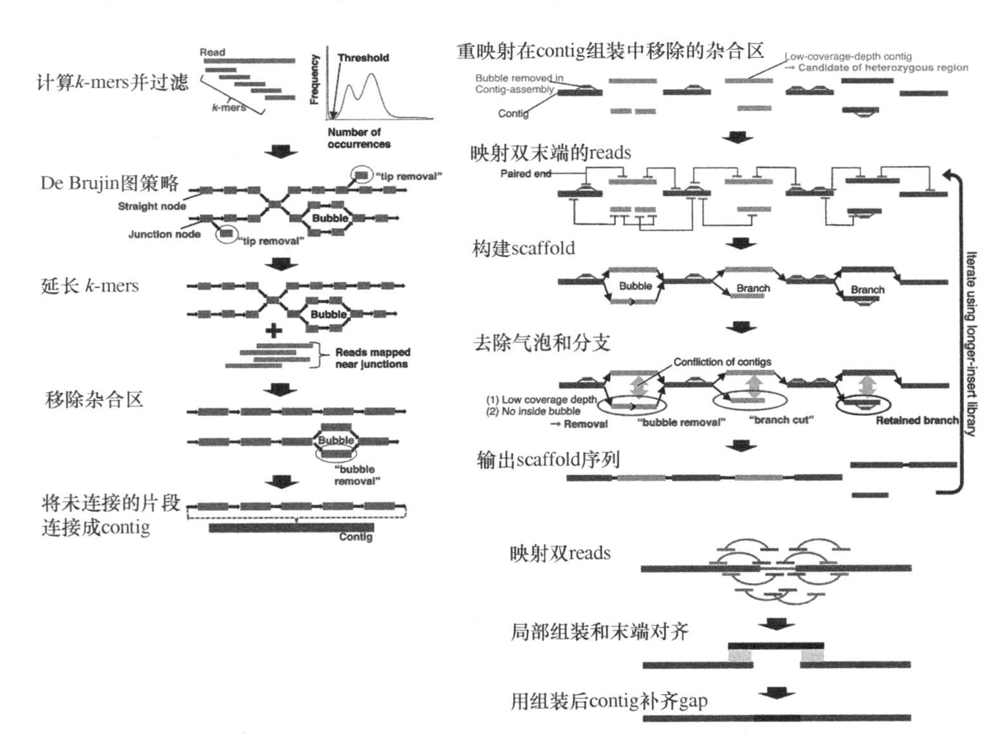

图 6-12 Platanus 算法示意图

① 在 contig-assembly 中，根据读取的集构造一个 de Bruijn graph。由错误引起的短分支将通过“技巧删除”来删除。短重复序列通过 *k*-mer 扩展来解析，其中先前的图和读数在交界处映射到附近的 *k*-mer。最后，去除了由杂合性或错误引起的气泡结构。没有任何连接的子图表示重叠群（图 6-12A）。

② 在 scaffold 中，contig 之间的连接是使用成对的 reads 检测的。contig 之间的关系由图表示。在重叠群中去除的气泡重新映射到 contig 上，并用于配对末端 reads 的映射和杂合

contigs 的检测。通过“气泡去除”或“分支切割”步骤，杂合区域作为图中的气泡或分支结构被去除。这些简化步骤是 Platanus 的特征，对于组装复杂的杂合区特别有效（图 6-12B）。

③ 在 gap-close 中，成对的 reads 被映射在 scaffold 上，并且针对每个空位收集映射在附近空位的 reads。如果期望 contig 覆盖该缺口，并由收集的 reads 构建，则该缺口被 contig 封闭（图 6-12C）。

对于通过使用 10×Genomics Chronmium 系统得到的测序数据，一般使用 Supernova 软件来对测序数据进行从头组装。艾莉（Ellie E. Armstrong）等利用 10×Genomics Chromium 系统和 1.2 ng HMW 对每条非洲野狗构建了一个测序文库，然后在 Illumina Hiseq X 和 Hiseq 4000 平台上对所有文库进行测序，并用 Supernova1.1.1 进行组装。

2. 二、三代数据整合组装（适用于 Pacbio 和 Nanopore 三代数据和 NGS 二代数据）二、三代数据整合组装充分结合二代数据准确率高和三代数据读长长的优势，从而给基因组组装带来极大的提升。组装方案都是先利用长度长的三代数据构建基因组草图，再利用二代数据对构建的基因组草图进行纠错。Canu、Falcon、Marvel、Wtdbg、NextDenovo 等用于三代数据的组装，之后利用 Pilon Racon 等纠错软件，利用二代数据对三代基因组草图进行纠错。

Falcon 是 PacBio 公司开发用于自家 SMRT 产生数据的基因组组装工具，Falcon 分为三个部分：HGAP，PacBio 最先开发的工具，用于组装细菌基因组，适用于已知复杂度的基因组，且基因组大小不能超过 3 Gb。Falcon，和 HGAP 工作流程相似，可以认为是命令行版本的 HGAP，能与 Falcon-Unzip 无缝衔接。Falcon-Unzip，适用于杂合度较高、远亲繁殖或者多倍体。例如，研究人员利用 SMRT 测序平台对大猩猩进行测序，再通过 Falcon 和 Quiver 进行基因组组装。经过纠错后，与先前用二代测序技术进行的来自其他大猩猩的短读序列进行重建记录，并和人类基因组二倍体组装相比较，发现该试验所获得的基因组装配碎片大幅度减少、基因组更完整，而且在与人类基因组对比上得到更有效的信息。

Canu 软件是专门设计给组装 PacBio 和 Oxford Nanopore 长序列的一款基因组组装工具，输入的序列可以是 FASTA 或 FASTQ 格式，未压缩或者使用 gzip(.gz)、bzip2(.bz2) 或 xz(.xz) 压缩的格式。Canu 运行时主要分为三个流程：纠错、修整和组装。每一步都差不多是如下几个步骤：①加载 read 到 read 数据库，gkpStore；②对 *k*-mer 进行计算，用于计算序列间的 overlap；③计算 overlap；④加载 overlap 到 overlap 数据库，OvlStore；⑤根据 read 和 overlap 完成特定分析目标。Read 纠错时会从 overlap 中挑选一致性序列替换原始的噪声 read，并且修整时会使用 overlap 确定 read 哪些区域是高质量区域，哪些区域质量较低需要修正。最后保留单个最高质量的序列块。序列组装时根据一致的 overlap 对序列进行编排（layout），最后得到 contig。例如，研究人员在研究拟南芥 KBS-Mac-74 的文章中运用了 30 x 短片段文库二代测序、PacBio、Nanopore 的三代测序以及 BioNano 测序数据和 Canu 等组装软件对拟南芥 KBS-Mac-74 基因组进行组装与结果分析，该试验结果显示该基因组能够比之前用 BAC 测序法得到的基因组更好地解析定量性状基因座。

3. 多种测序技术整合组装　二、三代数据混合组装除了能够充分发挥两者的优势之外，还可与其他测序结合，组装出更高质量的基因组，从而利于下游生物学问题的挖掘。例如，研究人员利用长读长（PacBio 和 Oxford Nanipore）和短读长测序（Illumina）的数据建立 contig，之后结合 Chicago 染色质相互作用数据来生成 scaffold。接着再结合 BioNano 光学图谱和 Hi-C 测序数据来组装眼镜蛇的基因组，以此获得 1.79 Gb 的 Nana_v5 基因组、223.35 Mb 的 scaffold N50。同时发现 19 种基因在眼镜蛇毒腺中特异性表达，利用其基因表达数据进行注释，鉴定出有用的突变和基因家族的扩增，以帮助开发安全有效的抗蛇毒血清。

4. 线粒体和叶绿体等细胞器基因组组装、原核生物基因组组装　MITObim 软件是线粒体组装软件之一，其基本工作流程如下：第一步，将线粒体读图映射到相关参考序列上的保守区。第二步，钓鱼读取与读取池中先前标记的区域重叠。第三步，映射读取的子集并创建新的扩展引用。重复第二步和第三步，直到所有间隙都闭合并且读取次数保持固定。黑色矩形，核读；红色矩形，远缘种的线粒体基因组；绿色矩形，线粒体 reads 和不断增长的线粒体参考。除此之外，还可用 ARC、mitoMaker、NOVOPlasty、Norgal、MitoZ 等软件对线粒体测序数据进行 *de novo* 组装；若组装的是原核生物基因组，可以使用 SPAdes，通常该工具比较适合小的基因组（图 6-13）。

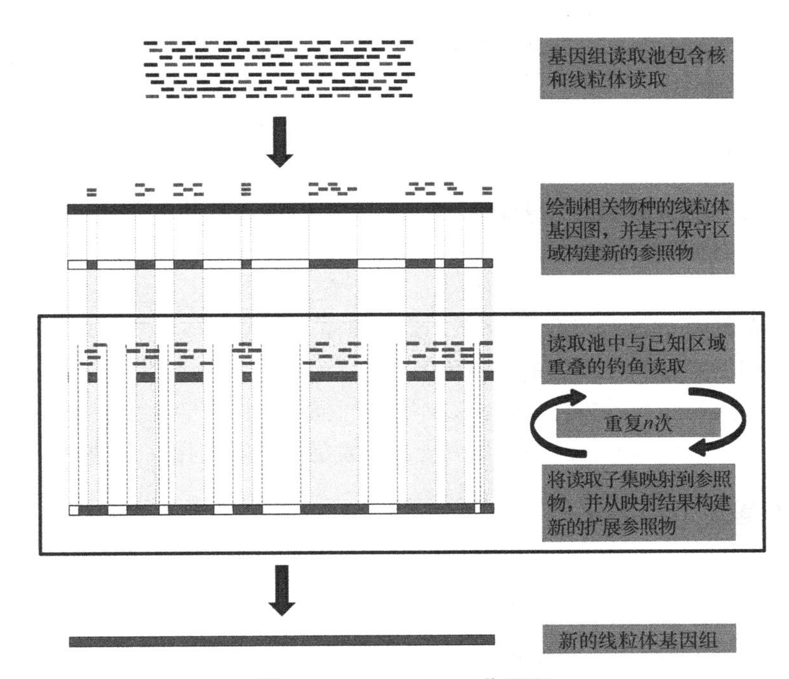

图 6-13　MITObim 工作流程

三、基因组组装评估

评估基因组（动植物）组装质量，是完成基因组组装之后不可或缺的工作。那么评价指标有哪些呢？本小节的学习将揭开谜底。

1. 黄金评价指标　contigN50 和 scaffoldN50。contig/scaffold 长度从长到短进行排序并累加，当累加达到 contig/scaffold 基因组组装总长度的 50% 时，最后参与加和的那一条 contig/scaffold 长度即为 contig/scaffoldN50 的长度。一般来说，contig/scaffoldN50 越长，表示组装质量越高。

2. 其他评价指标　如上面所提到的是否 contigN50 和 scaffoldN50 越高就说明基因组组装的质量越高呢？答案显然不是，因为如果将一些位置上不应该为邻近关系的 contig 锚定到一起时，就会造成 scaffold 的错误连接，相应的，即使此时有长度很长的 scaffoldN50 水平，也不能说明该组装质量较好，另一些评估指标也能对基因组组装进行辅助评价。

（1）序列一致性评估。基因组是通过短 reads 组装得到的。我们将用于组装的 reads 重新比对回组装的基因组上面。用于评估组装的完整性以及测序的均匀性。较高的重测序时比对率（mapping rate）（90% 以上）以及覆盖率（coverage）（95% 以上）认为组装结果和 reads 有比较好的一致性。

（2）序列完整性评估。序列完整性评估简单理解就是针对基因区序列完整程度的一个评估。对于基因区的评估一般要借助 RNA 方面的数据，如 EST 数据或 RNA reads。由于用来评估的 RNA 方面证据不同，得到的比例也会有差别。一般来说，50% 的 scaffold 覆盖基因的 95% 以上，85% 的 scaffold 覆盖基因的 90% 以上，认为组装较完整。

（3）保守性基因评估。根据广泛存在于大量真核生物中的保守蛋白家族集合（248 个核心基因库），对组装得到的基因组进行评估，评估组装基因组中的核心基因（core gene）的准确性和完整性。可以通过该物种和同源物种 busco 的比例，判断保守基因组装情况。

第三节　水产生物基因组组装技术与特征

作为人类重要蛋白质及其他营养物质来源的水产生物，尤其是海洋生物资源，其开发和利用已经成为世界各国竞争的焦点，而研究方向主要聚焦于水产生物的基因组学上。水产生物具有巨大医学价值、生态意义和经济效益，因此有必要利用水产生物基因组学的研究，系统解密水产生物如鱼的起源、进化、发育、性别调控、生殖和免疫等问题，而这些问题的有效解决有利于我们更好地开发高效的新技术及策略，以解决未来会存在育种、水产食品防控、物种多样性保护和疾病防控等方面的挑战。本章节主要介绍水产生物基因组组装技术与特征，旨在进一步了解水产生物基因组组装的研究现状、发展趋势和应用前景。

一、水产生物基因组组装策略

水产生物与早期组装的微生物基因组相比，不仅大而且更为复杂，水产动物基因组之间差异也很大，如鱼类的基因组就有 300 Mb 至几十 Gb，因此针对不同的基因组必须要通过不同的策略进行测序和组装。20 世纪 80 年代，埃德森（Anderson）等提出了鸟枪法（shotgun sequencing）作为全基因组测序的策略。随后又升级为通过利用末端序列的两端（paired-end）或一端（single-end）进行测序的全基因组鸟枪法（whole genome shotgun sequencing，WGS）。该测序结果再利用数学逻辑和算法进行拼装，最终得到完整的基因组组装结果。人类、果蝇和鱼类等皆参考该策略完成了基因组组装，如青鳉（*Oryzias latipes*）。

随着全基因组鸟枪法的逐步完善，全基因组测序技术进入了第一代、第二代和第三代的快速发展阶段，同时组装策略也开始从最初的单代组装策略走向二、三代混合组装策略以及多种技术手段混合组装的阶段。

1. 二代测序数据组装　　基因组组装的完整性、连续性和准确性取决于它们的研究目的、使用的技术和用于该研究的资源。早期的 Sanger 测序法成本高昂，最初仅限于基因组较小的微生物和具有特殊科学价值的物种，所以很难完成大型的基因组的测序和组装，且组装速度极慢。但随着科学技术的快速发展，Roche 454、Illumina 等第二代测序技术出现了，使得生物的基因组测序操作通过边合成边测序的方法得以超大规模进行。

2011 年，Bastiaan Star 等利用 Roche 454 测序技术装配了大西洋鳕（*Gadus morhua*）的基因组，发现大西洋鳕具有血红蛋白基因簇的复杂缺陷和不寻常的免疫结构。Jiang 等通过

Roche454 测序技术和 Illumina 测序技术对斑点叉尾鮰（*Ictalurus punctatus*）进行了全基因测序精细图谱的绘制，进一步阐释了斑点叉尾鮰鳞片缺失主要是由于缺乏分泌钙结合磷蛋白。Maria Murgarella 等发表了贻贝（*Mytilus galloprovincialis*）的基因组精细图谱，发现了贻贝滤食的相关机制。Ilaria Zarrella 等报道了八爪鱼（*Octopus vulgaris*）的全基因组测序精细图谱，以解锁其错综复杂的生理过程。Julian Gutekunst 等通过 Illumina 平台对美洲龙纹螯虾（*Procambarus virginalis*）进行了全基因组精细图谱分析，了解了这种新入侵物种的来源以及其独特的进化历史。Xu 等报道了鲤（*Cyprinus carpio*）的全基因组精细图谱，定位和识别了松浦镜鲤鳞被缺失等性状相关的遗传位点。Ye 等报道了海带（*Saccharina japonica*）全基因组序列图谱，发现褐藻胶合成关键酶甘露糖醛酸 C-5 差向异构酶及卤素代谢关键酶卤素过氧化物酶通过基因大量复制实现其功能分化。Lin 等发表了海马（*Hippocampus comes*）的全基因组精细图谱，阐述了性状功能弱化（如牙齿和嗅觉退化等）与其丢失的基因有关。Wang 等发表了草鱼的基因组图谱，发现其草食性的机制。此外，还发表了牙鲆、虾夷扇贝（*Patinopecten yessoensis*）、半滑舌鳎、大黄鱼、大菱鲆（*Scophthalmus maximus*）、罗非鱼等的基因精细图谱。

相比第一代测序，利用第二代测序对水产生物进行全基因组组装的主要优势是通量高、速度快、价格便宜。从例子可以看出，二代组装的序列较短，最长为 250～300 bp，而且建库过程中主要利用了 PCR 富集序列，因此有一些含量较少的序列可能无法被大量扩增，造成了一些信息的丢失，会造成基因组组装的碎片化，无法组装完整的基因组。此外，若想得到准确和长度较长的拼接结果，需要测序的覆盖率较高，导致结果错误较多和成本增加，且无法组装高重复和高杂合区域。二代测序也主要应用于水产生物的基因组测序、转录组测序、群体测序、扩增子测序等。

2. *二、三代测序数据整合组装* 随着第二代测序技术的出现，许多种水产生物的基因组被测序、组装和公布，但水产生物因为存在基因组中高重复序列的比例和多倍体化，其基因组组装依然难以完成。基于短读长的测序通常会导致嵌合序列和碎片化的 contig，长读长测序技术（如 PacBio 和 Nanopore 测序）可以产生长度达到 8～40 kb 的 read，甚至兆级别长度的 read，这种读长的优势可以跨过高重复的区域从而让基因组组装更加完整。但是三代测序仍然存在高错误率的问题，为解决此类问题，研究人员开始利用二、三代测序数据整合组装的方法。

大西洋鳕的基因组结果如今已有两个版本发表，Ole K. Tørresen 等利用 Roche 454、Illumina 和 PacBio SMRT 测序技术对大西洋鳕进行第二次基因组精细图谱制作，大大地改善了第一次基因组图谱，并发现了其大西洋鳕种群的基因组变异与 TR 频率有关的进化机制。Zhang 等利用 Illumina 和 PacBio 测序技术对凡纳滨对虾（*Litopenaeus vannamei*）进行了全基因组精细图谱绘制，发现了对虾拥有非常发达的视觉系统和神经系统，也为海洋甲壳动物底栖适应和蜕皮等研究提供了重要的理论基础和数据支持。Bao 等结合使用 Illumina 测序和 PacBio 测序技术对海参（*Apostichopus japonicus*）绘制了精细的基因组图谱，发现了海参的 Hox7 和 Hox11/13 b 在指导从胚胎期到幼虫期的轴向转化中发挥重要作用，并阐释了海参具有合成皂苷的能力和夏眠调控机制。Boothby 等报道了鸭嘴海豆芽（*Lingula anatina*）的基因组精细图谱，明确了海豆芽的分类地位以及阐释了其生物矿化的遗传学机制。Shin 发表了革首南极鱼（*Notothenia coriiceps*）的基因组精细图谱，阐释了其热激反应调控机制。Luo 等报道了杜氏高生熊虫（*Hypsibius dujardini*）的基因组精细图谱，发现了其基因组中存在大量的外源 DNA，从而可以抵御各种极端压力的相关机制。

总的来说，对于水生动物研究，三代测序技术也有着自己新的尝试，其中“2+3”的策略已经崭露头角。

3. *多种测序技术整合组装* 生物基因组中往往会存在着一些长度大于1 Mb的重复序列区，即使是第三代测序技术测序的数据也常常无法覆盖这些区域，为了解决这类问题，研究人员又想到了利用混合组装的策略，如利用光学图谱（BioNano）和染色体捕获技术Hi-C等，用于连接contig序列，完善组装效果，这类亚染色体水平的scaffolding组装技术往往可以降低scaffold数目，将scaffold N50增大3～10倍，达到染色体组装级别。

Wang等通过利用第二、三代测序和Hi-C染色体构象捕获技术对魁蚶进行了染色体水平的基因组精细图谱绘制，为蚶科贝类抗病抗逆、生长发育等重要性状的遗传解析以及种质改良等相关研究提供了重要理论支撑。Zhou等绘制了黄腹河豚（*Takifugu flavidu*）染色体水平的精细全基因组图谱，为其遗传研究、生态保护和水产养殖研究提供了更有参考价值的遗传资料。此外，仿刺参（*Apostichopus japonicus*）等也完成了精细图谱绘制。

二、水产生物基因组组装特征

水产生物包含从无脊椎动物到有脊椎动物，从藻类这样的低等植物到海洋哺乳类这样的高等动物类群，物种复杂，采用的组装技术手段和方法千差万别，基因组组装水平因此也参差不齐。

1. *鱼类* 2002年第一个利用全基因组鸟枪法组装的海洋鱼类红鳍东方鲀基因组发表，2011年第一个利用二代测序方法组装的大西洋鳕基因组发表，目前在公共数据库中已经公布的基因组超过190个，其中鳕形目、鲈形目和鲽形目是测序物种数量最多的类别，也是经济鱼类分布最多的三个类群。已发表鱼类的基因组为350 Mb到几十Gb，利用包括一代、二代、三代测序技术，遗传图谱，光学图谱等多种辅助组装的技术手段来完善基因组。鱼类基因组与陆生脊椎动物相比，部分鱼类基因组结构更具复杂性，一方面表现在鱼类中存在的多次全基因组复制事件导致某些鱼类中高重复、高杂合的特点，另一方面则体现在部分进化地位特殊的鱼类具有巨大的基因组（肺鱼预估基因组大小为40 Gb），这些特点都为基因组的测序和组装带来了挑战。

2. *甲壳类* 甲壳类是一个基因组大小高度可变的多样化群体。基因组范围从很小的160 Mb左右的腕足类水蚤（*Scapholeberis kingi*）到63 Gb左右巨大的大头双眼钩虾（*Ampelisca macrocephala*）。甲壳类基因组中的基因数量相对稳定，基因的数目与基因组大小关系不大，如水蚤（基因组大小约200 Mb）具有基因数量31 000左右，是已知最多基因的动物。虾类基因组是世界上公认的高复杂基因组，科研人员尝试了从一代数据到三代数据，最终完成了凡纳滨对虾的全基因组*de novo*测序和组装，获得的参考图谱Scaffold N50达到606 kb，分析发现，以1～6碱基为单位多次重复的简单串联序列（SSR）占对虾基因组的23.93%，这是对虾基因组高复杂性的关键所在，并且是目前已测序物种中最高的，深入研究发现大量的对虾基因组中存在大量的特异性基因和串联重复基因。此外，已经发表的中华绒螯蟹基因组，2016年在*GigaScience*上发表了第一版由二代数据组装的基因组，其N50仅为111 kb，2020年再次发表的改善版本的基因组，利用了三代Pacbio数据，最终组装版本大小为1.27 Gb，N50达到了3.1 Mb，对其基因组序列分析发现重复序列含量高达61.42%。总的来说虾蟹类基因组高重复、高杂合的特点限制了其基因组组装水平。

3. *贝类* 2010年9月，世界第一个软体动物基因组——太平洋牡蛎测序完成并发表在*Nature*杂志上，这个基因组的完成标志着高杂合度基因组拼接和组装技术得到了重大突破，

2017年4月国际上首个扇贝基因组精细图谱绘制完成，发表在*Nature*子刊*Nature Ecology & Evolution*上，同年，另一个扇贝基因组栉孔扇贝精细图谱绘制完成，并发表在*Nature Communications*上，青岛农业大学海洋科学与工程学院科研团队日前完成了紫扇贝基因组的测序和分析，继而又有缢蛏、魁蚶等基因组的精细图谱绘制完成，欧洲大扇贝、海湾扇贝、斑驴贻贝、合浦珠母贝、团聚牡蛎、地中海贻贝、大西洋牡蛎等贝类的软体动物的基因组也相继完成发表，大大丰富了软体动物基因组学的研究。

4. 藻类　从2004年第一个藻类——温泉红藻（*Cyanidioschyzon merolae*）不完整的基因组发表开始，伴随着测序技术以及用于组装和结构注释的计算方法的升级，到2007年该温泉红藻完整基因终于被完整测序并发表，这也是第一个基因组被完整公布的藻类。自此开始藻类基因组学的研究取到了极大发展，截至目前，已经测序发表的藻类基因组有110多种，其中超过一半分布在绿藻门中，基因组的大小从0.56 Mb（草履虫隐藻，*Cryptomonas paramecium*）～1500 Mb（虫黄藻，*Symbiodinium minutum*），基因组大小最多能相差四个数量级。基因组序列提供了进入单个藻类功能的窗口。

藻类之间的表型和生态位多样性暗示了其基因组编码的功能能力的广度。藻类基因组学等多方面的基本资源迅速增加，正在改变我们对光合真核生物的多样化认知，为我们对这一最复杂的群体提供了理解方式和广阔的空间。

知识拓展 · Expand Knowledge

k-mer：mer，在分子生物学上的意义为单体单元（monomeric unit，mer），常用于核酸序列中的单位，代表nt或者bp。例如，50 mer DNA代表这段DNA序列单链长度为50 nt，或者双链长度50 bp。而*k*-mer则是将核酸序列分成包含*k*个碱基的字符串，即从一段连续的核酸序列中迭代地选取长度为*k*个碱基的序列，若核酸序列长度为*L*，*k*-mer长度为*k*，那么可以得到$l-k+1$个*k*-mer。

重点词汇 · Keywords

1. 脱氧核苷酸链终止法（the dideoxy chain-termination method）
2. 化学降解法（chemical degradation method）
3. 454测序技术（454 sequencing technology）
4. Illumina测序技术（Illumina sequencing technology）
5. SOLiD测序技术（SOLiD sequencing technology）
6. nanoball sequencing测序技术（nanoball sequencing technology）
7. ion torrent测序技术（ion torrent sequencing technology）
8. overlap-layout-consensus策略（overlap-layout-consensus strategy）
9. De-Bruijn-graph策略（De-Bruijn-graph strategy）
10. contigN50
11. scaffoldN50

本章小结 · Summary

基因组测序技术是测定DNA片段中碱基的序列，即分析A、T、C、G的排列方式，其中主要包括第一代 Sanger 测序技术、第二代高通量测序技术和第三代单分子测序技术等。基因组组装是将长度较短的 reads 通过计算机拼接成较长序列的过程，其组装策略主要有 overlap-layout-consensus 策略和 De-Bruijn-graph 策略。同时不同类型的基因组的 *de novo* 组装需要相对应的基因组组装软件，经组装好的基因组再进行质量评估。对于不同的水产生物，基因组的大小不同，目的不同，所使用的组装技术也不同，需要视情况而定。从目前的研究结果来看，基因组组装技术正处于快速发展的阶段。充分利用不同组装技术有不同适应性的特点，将几项技术串联使用。因此未来的基因组组装技术将会更加快速、高效和成熟，并且应用也将越来越广泛。

Genome sequencing technology is to determine the sequence of base in DNA fragments, that is, to analyze the arrangement of A, T, C and G, including the first generation Sanger sequencing technology, the second generation high-throughput sequencing technology and the third generation single molecular sequencing technology. Genome assembly is a process of splicing short-length reads into long sequences by computer. The assembly strategies include the overlap-layout-consensus strategy and de-bruijn-graph strategy. At the same time, the corresponding software of genome assembly is needed for de novo assembly of different types of genomes, and the quality of the assembled genome is evaluated. For different aquatic organisms, the genome size and purpose are different, and the assembly technology used is different, which needs to be determined according to the situation. From the current research results, genome assembly technology is in a rapid development stage. The paper makes full use of the characteristics of different assembly technologies with different adaptability, and uses several technologies in series. Therefore, the future genome assembly technology will be more rapid, efficient and mature, and will be more and more widely used.

思考题 · Thinking Questions

1. 第一代、第二代和第三代测序法的区别在哪里？各有何突破？
2. 基因组主流组装策略有哪些？
3. 请思考进行基因组组装评估的意义。

参考文献 · References

Acinas S G, Sarnm R R, Klepac-Ceraj V, et al. 2005. PCR induced sequence artifacts and bias: insights from comparison of two 16S rRNA clone libraries constructed from the same sample. Appl Environ Microbiol, 71 (12): 8966-8969.

Boothby T C, Tenlen J R, Smith F W, et al. 2015. Evidence for extensive horizontal gene transfer from the draft genome of a tardigrade. Proc Natl Acad Sci USA, 112 (52): 15976-15981.

Brawand D, Wagner C E, Li Y I, et al. 2014. The genomic substrate for adaptive radiation in African cichlid fish. Nature, 513 (7518): 375-381.

Chen S L, Zhang G J, Shao C W, et al. 2014. Whole-genome sequence of a flatfish provides insights into ZW sex chromosome evolution and adaptation to a benthic lifestyle. Nature Genetics, 46 (3): 253-260.

Derrington I M, Butler T Z, Collins M D, et al. 2010. Nanopore DNA sequencing with Msp A Proc Natl Acad Sci USA, 107: 6060-6065.

Figueras A, Robledo D, Corvelo A, et al. 2016. Whole genome sequencing of turbot (*Scophthalmus maximus*; Pleuronectiformes): a fish adapted to demersal life. DNA Research, 23 (3): 181-192.

Li R, Fan W, Tian G, et al. 2010. The sequence and de novo assembly of the giant panda genome. Nature, 463: 311-317.

Li Y, Wang R, Xun X, et al. 2018. Sea cucumber genome provides insights into saponin biosynthesis and aestivation regulation. Cell Discovery, 4: 29.

Liu Z J, Liu S K, Yao J, et al. 2016. The channel catfish genome sequence provides insights into the evolution of scale formation in teleosts. Nature Communications, 7: 11757.

Luo Y J, Takeuchi T, Koyanagi R, et al. 2015. The lingula genome provides insights into brachiopod evolution and the origin of phosphate biomineralization. Nat Commun, 6: 8301.

Mardis E R. 2008. Next-generation DNA sequencing methods. Annual Review of Genomics and Human Genetics, 9: 387-402.

Pop M, Salzburg S L. 2008. Bioinformatics challenges of new sequencing technology. Trends Genet, 24 (3):142-149.

Shao C W, Bao B L, Xie Z Y, et al. 2017. The genome and transcriptome of Japanese flounder provide insights into flatfish asymmetry. Nature Genetics, 49 (1): 119-124.

Shin S, Ahn D, Kim S, et al. 2014. The genome sequence of the Antarctic bullhead notothen reveals evolutionary adaptations to a cold environment. Genome Biol, 15 (9): 468.

Star B, Nederbragt A J, Jentoft S, et al. 2011. The genome sequence of Atlantic cod reveals a unique immune system. Nature, 477 (7363): 207-210.

Tine M, Kuhl H, Gagnaire P A, et al.2014. European sea bass genome and its variation provide insights into adaptation to euryhalinity and speciation. Nature Communications, 5: 5770.

Tortes T T, Metta M, Ottenwlder B, et al. 2008. Gene expression profiling by massively parallel sequencing. Genome Res, 18 (1): 172-177.

Vij S, Kuhl H, Kuznetsova I S, et al. 2016. Chromosomallevel assembly of the Asian seabass genome using long sequence reads and multi-layered scaffolding. PLOS Genetics, 12 (4): e1005954.

Wang S, Zhang J B, Jiao W Q, et al. 2017. Scallop genome provides insights into evolution of bilaterian karyotype and development. Nature Ecology & Evolution, 1 (5): 120.

Xu P, Zhang X F, Wang X M, et al. 2014. Genome sequence and genetic diversity of the common carp, *Cyprinus carpio*. Nature Genetics, 46 (11): 1212-1219.

Ye N H, Zhang X W, Miao M, et al. 2015. Saccharina genomes provide novel insight into kelp biology. Nature Communications, 6: 6986.

Zhou Y, Xiao S, Lin G, et al. 2019. Chromosome genome assembly and annotation of the yellowbelly pufferfish with PacBio and Hi-C sequencing data. Sci Data , 6 (1): 267.

第七章 基因组结构和功能注释

学习目标 · Learning Objectives

1. 掌握基因组结构与功能注释和分析的相关流程。
   Master the process of annotation and analysis of genome structure and function.
2. 了解基因组结构与功能注释和分析的基本概念、原理和方法。
   Understand the basic concepts, principles and methods of genome structure and function annotation and analysis.
3. 掌握基因组注释和分析相关软件的具体操作。
   Master the specific operations of genome annotation and analysis related software.

第一节 引 言

随着第三代测序技术的迅速发展、测序能力的不断提升、越来越多的生物基因组测序计划的实施、海量生物数据不断产生，后基因组时代生物信息学的研究核心问题之一也从阐明基因组所有遗传信息转移到对整体分子水平功能进行研究上。我们知道，仅了解 DNA 序列本身并没有太大的实际意义，更重要的是需要对这些基因进行注释，从中找出具有重要功能的基因 / 蛋白质，确定其在机体中的作用以及与疾病间的关系，以最终调节生物的机能与提高生物的抗病能力等。

因此，准确有效的基因组注释对于依赖于基因组信息的研究工作是至关重要的。而本章内容主要是介绍：①重复序列的识别；②基因组注释；③基因组功能注释；④基因家族聚类分析等。

第二节 重复序列识别

一、重复序列的概念

随着各种测序技术的发展和改进，生物基因组测序工作加速完成。基因组中的大部分序列是由不同类型的重复序列（repetitive sequence）和基因间序列（intergenic sequence）所组成。而所谓的重复序列是指在基因组序列的不同位置上出现了对称性或者相同的基因片段，如 ATGATGATG。其中对称性主要是指同向重复（direct repeat）和反向重复（inverted repeat），而相同是指物种间或物种内基因组中的相似片段。重复序列在病毒和原核生物基因组中较少，在真核生物基因组中较多。例如，在人类基因组序列中重复序列所占比例约有 50%，病毒基因组序列中包含的重复序列不到 1%，拟南芥基因组中的重复序列为 13%～14%，秀丽线虫基因组的重复序列为 16.5%，小鼠基因组的重复序列为 38%，玉米基因组的重复序列大约为 77%。

二、重复序列的分类

重复序列有许多类型，并有几种分类方法。

1. *根据重复序列的结构和位置分布分类* 最常用也是最直观的分类方法就是根据重复序列在基因组中的结构和位置分布来区分，这种分类方法主要分为两大类：串联重复序列（tandem repeat sequence，TRS）和散在重复序列（interspersed repeat sequence，IRS）。串联重复序列是含有几十到几百个碱基的重复单元呈串状，依次首尾相连排列在一起形成具有重复几十到几百万次的聚集区。位于编码区的串联重复序列主要是编码 rRNA 和 tRNA 的基因和组蛋白基因。位于非编码区的串联重复序列是卫星 DNA（satellite DNA）、小卫星 DNA（minisatellite DNA）和微卫星 DNA（microsatellite DNA）。散在重复序列是指重复单元并不相连，而是均匀分布在整个基因组中的重复序列。这种序列最常见的是转座子（transposon）和逆转座子（retransposon）。据此可大致把散在重复序列分为四类：LTR 元件（长末端重复序列，long terminal repeat，LTR）、长散在核元件（LINE）、短散在核元件（SINE）和 DNA 转座子（表 7-1）。

表 7-1 重复序列分类

重复序列类型			长度（bp）	分布区域
散在重复序列	RNA 转座子	长末端重复序列（LTR）	100～5000	反转录病毒两端
		长散在核元件（LINE）	500～4000	散在分布
		短散在核元件（SINE）	＜500	散在分布
	DNA 转座子	微型反向重复转座元件（MITE）	＜500	细菌、植物和动物基因
		旋束管等	＜500	散在分布
串联重复序列	卫星（satellite）		150～500	异染色质
	小卫星（minisatellite）		10～100	常染色质
	微卫星（microsaetellite）		2～10	非编码区，内含子

2. *根据热力学性质分类* 在 DNA 复制的过程中根据热力学性质的不同可以把 DNA 序列分为四种：单一序列（single-copy sequence）、低度重复序列（low repetitive sequence）、中度重复序列（moderately repetitive sequence）和高度重复序列（highly repetitive sequence）。所谓单拷贝基因是指在某个基因家族中，我们所分析的所有物种，它们的同源基因只有一个；或者说单拷贝基因家族，在每一个物种中它们都只有一个基因与其他的物种是同源基因（ortholog）。而低度重复序列、中度重复序列和高度重复序列的区别主要在于重复次数的不同。

重复序列中富含了大量的遗传信息，在基因表达和调控方面起着重要作用，特别是串联重复序列，是基因组序列分析的重要研究内容，也是从根本上破译遗传密码的关键。

三、重复序列识别的方法

1. *散在重复序列的查找*

（1）基于库的方法：通过序列相似性搜索。基于库识别重复序列的方法是通过将输入数据（如基因组）与某个数据库中包含的一组参考序列来比较以进行同源搜索，找出重复序列并掩盖相同的序列。该库可以是用户自制的，并且可以根据需求和所提出的问题进行定制，也可以是利用如REPBASE数据库等包含各种真核生物的重复序列的综合数据库来进行搜索。其中，使用最广泛的参考库是RepeatMasker。RepeatMasker原理是掩盖序列中的重复序列，以促进对装配和基因检测等方面的进一步研究，它已经成为寻找基因组中的重复序列和TEs的金标准。其搜索引擎可以用AB-BLAST、RM-BLAST、Cross_Match或Decypher。RepeatMasker既可单独用于识别各种基因组测序项目如人类、河豚鱼、小鼠、粳稻的重复序列，也可以结合其他工具进行使用。其具有高速有效和易于使用的优点。此外，类似的基于序列相似性搜索的工具，还有CENSOR、MASKERAID、TESeeker、T-lex和Greedier等。基于库的方法的主要缺点在于方法本身，由于它完全基于同源性，那就意味着这种方法只能检测已知存在的序列，而不能检测完全新颖的元素。基于库的方法常见的重复序列检测与分类软件如表7-2所示。

表7-2 基于库的方法常见的重复序列检测与分类软件

分类	工具名称	网址
基于库的方法	RepeatMasker	http://www.repeatmasker.org
	Censor	http://www.girinst.org/censor
	TESeeker	http://repository.library.nd.edu/view/16/index.html
	MaskerAid；Greedier	无
	T-lex	http://petrov.stanford.edu/cgi-bin/Tlex_manual.html
	RTclassl	http://www.girinst.org/RTphylogeny/RTclassl
	RetroSeq	http://github.com/tk2/RetroSeq
	WindowMasker	http://ftp.ncbi.nlm.nih.gov/toolbox/ncbi_tools++/CURRENT
	SINEBase	http://sines.eimb.ru/
	TinT	http://www.bioinformatics.uni-muenster.de/tools/tint

（2）基于特征的方法。基于特征的方法原理是在查询序列中搜索特定的结构或者结构域来识别重复序列。部分方法也会参照上一种方法（基于库的方法）来进行处理。基于特征的方法可以用于寻找新的重复元素，但不可以用于寻找新的重复类型。这种方法的局限完全取决于我们对属于特定类别的元素结构的了解程度和特征结构的存在。如某些重复元素子类的结构比其他重复元素的结构更高级，这将导致结果会更倾向于检测具明显结构特征的子类，而不是具有很少或者没有保守结构的子类。例如，利用LTR_STRUC、MASiVE和MGEScan-LTR等软件根据LTR结构特征等设计相关参数来搜索识别重复序列；利用SINEDR软件检测位于目标位点重复（target site duplication，TSD）两侧的已知SINE来进行识别；或者利用RTAnalyzer软件对目标位点重复、5' 端的酶切位点以及3' 端的ploy（A）尾部进行查找从而识别长散在核元件。基于特征的方法常见的重复序列检测与分类软件如表7-3所示。

表 7-3 基于特征的方法常见的重复序列检测与分类软件

分类	工具名称	网址
基于特征的方法	LTR_STRUC	https://mcdonaldlab.biology.gatech.edu/ltr_struc
	LTR_FINDER	http://tlife.fudan.edu.cn/ltr_finder
	LTRharvest	http://genometools.org
	MGEScan-LTR	https://mgescan.readthedocs.io/en/latest
	MASiVE	http://tools.bat.infspire.org/masive
	RTAnalyzer	http://biotools.riboclub.org/cgi-bin/RTAnalyzer/index.pl
	TSDfinder	http://www.ncbi.nlm.nih.gov/CBBresearech/Landsman/TSDfinder
	SINEDR，FINDMITE	无
	P-MITE	http://pmite.hzau.edu.cn
	MITE-Hunter	http://target.iplantcollaborative.org/mite_hunter.html
	IRF	http:// tandem.bu.edu/irf/irf.download.html

（3）从头预测的方法：可以搜索任何一种重复序列。从头预测的方法是利用从头序列、转录组自身序列或结构特征构建从头预测的算法或软件来进行识别。从头预测的优点在于可以根据转录组自身的结构特征进行预测，不依赖已有的数据库，用于发现新的重复序列，并随着测序基因组数量的增加，这种方法将具有重大意义。在从头计算的方法中又分为两大类型：第一种为将序列与自身进行比较，称为序列自身对比法；第二种是搜索重复出现的短序列（*k*-mer），又称为短序列重复出现搜索法。从头预测方法常见的重复序列检测与分类软件如表 7-4 所示。

表 7-4 从头预测方法常见的重复序列检测与分类软件

分类		工具名称	网址
从头预测的方法	自身比较法	Repeat Pattem Toolkit	无
		RECON	http://eddylab.org/software/recon/
		PILER	http://www.drive5.com/piler/
		LTRdigest	http://genometools.org/
		Popoolationte	http://popoolationte.sourceforge.net/
		Adplot	无
		BLASTER suite	http://urgi.versailles.inra.fr/Tools/Blaster
	k-mer 和空位种子法	RepeatScout	https://bix.ucsd.edu/repeatscout/
		ReAS	ftp://ftp.genomics.org.cn/pub/ReAS/software/
		REPuter	https://bibiserv.cebitec.uni-bielefeld.de/reputer/
		RepSeek	https://bioinfo.mnhn.fr/abi/public/RepSeek/
		Repeat-match	http://mummer.sourceforge.net/
		SMaRTFinder	http://services.appliedgenomics.org/software/smartfinder/
		Tallymer	http://genometools.org/

续表

分类		工具名称	网址
从头预测的方法	*k*-mer 和空位种子法	Vmatch	http://www.vmatch.de/
		mer-engine	无
		P-Clouds	http://www.evolutionarygenomics.com/ProgramsData/PClouds/PClouds.html

序列自身对比法常用的工具有 REPEAT PATTERN TOOLKIT、RECON、PILER 和 BLASTER suite 等。REPEAT PATTERN TOOLKIT 软件是基于序列相似性评估系统通过 BLAST 来进行自我评估，然后通过聚类形成重复序列的分组。RECON 可用于解决嵌套重复问题，它是基于无向图表示单链聚类，用 BLAST 进行非组装多序列段比对。

另外，还有基于短序列重复出现搜索法（*k*-mer 法）或其派生方法（空位种子法）的识别重复序列的工具。在 *k*-mer 法中，重复序列出现的次数类似于长度为 *k* 的子串在序列中出现多次，因此可计算其出现的频率。而空位种子法是 *k*-mer 法的衍生，是指在 *k*-mer 法的基础上允许出现一定的变异，如改变一定的相似性和长度。常用的工具有 REPUTER、VMATCH、MER-ENGINE、FORREPEATS、REAS、RAP、PEPSEEK、TALLYMER 和 P-CLOUDS 等。

（4）管道程序。由于单一地使用各种识别工具不利于综合分析，各种综合使用工具的管道程序出现了（表 7-5）。例如，RepeatModeler 结合了 RECON 和 REPEATSCOUT 软件，用于识别重复序列边界和家族关系。REPEATRUUNNER 用 BLASTX 搜索编码蛋白数据库查找存在分叉的重复，弥补了 RepeatMasker 的缺陷，同时结合 PILER-DF 进行重复识别。RepeatExplorer 从头开始查找重复序列，基于图形化的 Louvain 方法聚类，用 RepeatMasker、BLAST 等软件进行物种间重复序列比对。

表 7-5　管道程序常见的重复序列检测与分类软件

分类	工具名称	网址
管道程序	RepeatModeler	http://www.repeatmasker.org/RepeatModeler
	RepeatRuner	http://www.yandell-lab.org/software/repeatrunner.html
	RepeatExplorer	http://repeatexplorer.org/
	REannotate	http://www.bioinformatics.org/reannotate/index.html
	ReRep，RetroPred	无
	RISCI	http://e-portal.ccmb.res.in/e-space/rakeshmishra/risci-tool.html
	Tea-TE analyzer	http://compbio.med.harvard.edu/Tea/
	DAWG-PAWS	http://dawgpaws.sourceforge.net/

除上述方法外，还有其他类型的散在重复序列方法，如分类方法等。

2. 串联重复序列的查找　目前最常见的是查找简单重复序列工具（表 7-6）。例如，可以使用从头计算的 Mreps 工具识别串联重复序列，但其会造成插入删除重复序列的丢失；也可以使用 TRAP 工具，它主要用于标识和分析微卫星位点以及注释重复区。常用的工具是 TRF 软件，它可以利用伯努利试验来进行串联重复序列间的对比，通过确定模式长度、匹配成功率、变异率和 K 元组匹配这 4 个参数，找出候选序列位置，然后用动态规划法确定串联重复序列。但它会产生重复序列报告多次的情况。

表 7-6 查找简单重复序列常见的检测与分类软件

分类	工具名称	网址
非转座元件检测	Mreps	https://mreps.univ-mlv.fr/
	OMWSA	http://www.hy8.com/~tec/sw01/omwsa01.zip
	TRAP	http://www.coccidia.icb.usp.br/trap/
	TRF	http://tandem.bu.edu/trf/trf.html
	TROLL	http://finder.sourceforge.net

四、软件的操作

本小节将会举例一些软件的具体使用方法。

1. RepeatMasker　RepeatMasker 是由 Arian Smit 和 Robert Hubley 在 1998 年创建的主要用于屏蔽 DNA 序列中转座子重复序列和低复杂度序列的应用程序，特别用于基因注释和研究多种可转座因子家族。RepeatMasker 主要用 Perl 编写，使用 cross_match 或 wublast 等的引擎在可转座元件的库中查询，将输入序列作为数据库。在运行过程中它将输入序列中已知的重复序列都屏蔽为 N 或 x，并给出相应的重复序列统计列表。RepeatMasker 可在 http://www.repeatmasker.org/RMDownload.html 上下载安装最新版本并解压运行。RepeatMasker 仅在 Unix 和 Linux 系统上运行。下面举例介绍 RepeatMasker 的操作过程。

RepeatMasker 运行命令行：RepeatMasker <options>［FASTA 格式的序列文件］。

当不带任何参数时，缺省设置是屏蔽灵长类所有类型的重复序列。

输入的 FASTA 格式的核酸序列如图 7-1 所示。

```
>Chr01
AATATCACCAGTGTCTTATAAGCAATTACACCAATTTTATTGGGGGTGTTCCTCAATAGT
AACACGATTTTACAATGCCCCTTAACCAATTACATAAAATTTGAATATTCTATAACAAAT
TTTGCATTTTAGGGTTCCGTAGGTCTTCTAGATACACTAAAGCATCTGCGTAAGATGAGC
TCGACGATCATGATGTCATGTCACCGAGGAATGAAAACGGAGCAGATAATTCTCTAATAG
TTCAGATACGGATATGATTATGGATATTTGCTCTCGGATACGAATACAGGTATGATGTCA
TGGTTTCCACTGGATACGGATATCCGATGAGCAGTGCTGTTCGGATATCCGCTGCGAACA
......
AAGCCCAAGATACTTGAAAAGAACAGAAAAACAGAAG
```

图 7-1　核酸序列

结果输出：输出多个文件（图 7-2）。

```
-rw-r--r--   1 soft  bgi    19262  Jan  4 05:54  seq.fa.masked
-rw-r--r--   1 soft  bgi      786  Jan  4 05:54  seq.fa.out
-rw-r--r--   1 soft  bgi      546  Jan  4 05:54  seq.fa.cat
-rw-r--r--   1 soft  bgi      561  Jan  4 05:54  setdb.log
```

图 7-2　在 Lunix 系统上输出的 4 个结果文件

（1）重复序列被屏蔽后的序列文件——seq.da.masked（图 7-3）。

```
>mvnj_0109.y1 CHROMAT_FILE: mvnj_0109.y1 PHD_FILE: mvnj_0109.y1.phd.1 TIME: Fri
 Apr 19 10:06:32 2002
CTCTTTTCTTGCCCCTTTTGGTGACTCTTGCAGTGGATGACAGCTAATTT
TGCAGGAAGTTTGACTGCCTCCAGGAGCCTGAGAATGAGCTCTTTGTGTT
TAATAGCAGAGCTTCGGGCACTGAGCATCCCTCTTTCTTTCCAAATTGCT
GCATGGGCATGCAGAATGAGGAAAGCATACTTAGAGTCCATACACACATT
AATCCNNNNNNNNNNNNNNNNNNNNNNNNNNNNNNNNNNNNNNNNNNNNN
NNNNNNNNNNNNNNNNNNNNNNNNNNNNNNNNNNNNNNNNNNNTTGCTTAGTT
TCTTCCAGGCTCGCTACAGCATATCCTGCTTTCCTCTCTCCCTTTGCTAC
AAAACTGCTGCCATCTGTGTGCCAGTTTTCCTCTGGGTCAGATAAAGGTG
TCTCTGATAGGTCCCGGCGAGAAGAGTATAACTCGTCTGTGATTTGTATG
CATTGGTGATCCAGAGGGGAGGTAGGGGGATCTGGCAGTAAGGT
```

图 7-3 seq.da.masked 文件

（2）被比上重复序列的说明文件——seq.fa.out（图 7-4）。

```
 1306 15.6 6.2 0.0 HSU08988 6563 6781 (22462) C MER7A     DNA/MER2_type    (0)  336  103
12204 10.0 2.4 1.8 HSU08988 6782 7714 (21529) C TIGGER1   DNA/MER2_type    (0) 2418 1493
  279  3.0 0.0 0.0 HSU08988 7719 7751 (21492) + (TTTTA)n  Simple_repeat      1   33  (0)
 1765 13.4 6.5 1.8 HSU08988 7752 8022 (21221) C AluSx     SINE/Alu        (23)  289    1
12204 10.0 2.4 1.8 HSU08988 8023 8694 (20549) C TIGGER1   DNA/MER2_type  (925) 1493  827
 1984 11.1 0.3 0.7 HSU08988 8695 9000 (20243) C AluSg     SINE/Alu         (5)  305    1
12204 10.0 2.4 1.8 HSU08988 9001 9695 (19548) C TIGGER1   DNA/MER2_type (1591)  827    2
  711 21.2 1.4 0.0 HSU08988 9696 9816 (19427) C MER7A     DNA/MER2_type  (224)  122    2
```

图 7-4 seq.fa.out 文件

（3）重复序列的统计文件——seq.fa.tbl（图 7-5）。此文件在使用自动逸的重复序列库时不产生。

```
==================================================
file name: A-355G7.fasta
sequences:          1
total length:  139958 bp
GC level:       41.03 %
bases masked    91491 bp ( 65.37 %)
==================================================
               number of    length   percentage
               elements*    occupied  of sequence
--------------------------------------------------
SINEs:              46      12182 bp    8.70 %
     ALUs           41      11603 bp    8.29 %
     MIRs            5        579 bp    0.41 %

LINEs:              42      52641 bp   37.61 %
     LINE1          38      52296 bp   37.37 %

     LINE2           4        345 bp    0.25 %

LTR elements:       20      13441 bp    9.60 %
     MaLRs          10       5618 bp    4.01 %
     Retrov.         4       5131 bp    3.67 %
     MER4_group      3       1439 bp    1.03 %

DNA elements:        8       1741 bp    1.24 %
     MER1_type       7       1114 bp    0.80 %
     MER2_type       1        627 bp    0.45 %
     Mariners        0          0 bp    0.00 %

Unclassified:        5       9215 bp    6.58 %
Total interspersed repeats:  89220 bp   63.75 %
Small RNA:           0          0 bp    0.00 %
Satellites:          0          0 bp    0.00 %
Simple repeats:     20       1647 bp    1.18 %
Low complexity:      9        437 bp    0.31 %
==================================================
* most repeats fragmented by insertions or deletions
  have been counted as one element
The sequence(s) were assumed to be of primate origin.
RepeatMasker version 11/06/98          default
ProcessRepeats version 06/16/98
```

图 7-5 seq.fa.tbl 文件

（4）如果运行时加 -a 参数，则产生文件 *.align（图 7-6），此参数使用 wu-blast（-w or-wublast）作为搜索引擎时无效。

```
665  28.4  2.9  5.0  g5120  7350  7882  (1924)  C  MIR#SINE/MIR  (1)  261  28  3
  g5129s420        7350 ATCATAACAAACATTTAT--GGTGCCTCCTATGGAGCAGGGATTTTGCTT 7397
                        v    v        i i i v     viv   v i v v v
C MIR#SINE/MIR      261 ATAATAACCAACATTTATTGAGCGCTTACTATGTGCCAGGCACTGTTCTA 212

  g5129s420        7398 AGGACTCTGAACTATAT---CTTACTT-GTCTTCATTAAAAACCTTATGA 7443
                        vi i iv  i      i i  i  i   i  v   i
C MIR#SINE/MIR      211 AGCGCTTTACA-TGTATTAACTCATTTAATCCTCA-CAACAACCCTATGA 164

  g5129s420        7444 AAAAGGTACTATTATTAACTGGGGXTGGGTTGTTTAACAGATAAGAAAGC 7787
                      iiv           v i       iii  v     i i  i
C MIR#SINE/MIR      163 GGTAGGTACTATTATTATCC---------CCATTTTACAGATGAGGAAAC 123

  g5129s420        7788 TTAAGAATTAGAGAGATAAATTATCTTGCTTAAGGTAACACAGTTAACAA 7837
                       v i v i     i v v  v    ii    v     i ii
C MIR#SINE/MIR      122 TGAGGCA-CAGAGAGGTTAAGTAACTTGCCCAAGGTCACACAGCTAGTAA 74

  g5129s420        7838 GCATTAG-GTCAAAGTTTGAACTCGGGCAGTCTGACTACAGAGCCC 7882
                       iivi   i iiii i   i i       i  v    i
C MIR#SINE/MIR       73 GTGGCAGAGCCGGGATTCGAACCCAGGCAGTCTGGCTCCAGAGTCC 28

Transitions / transversions = 1.96 (45 / 23)
Gap_init rate = 0.03 (8 / 234), avg. gap size = 2.38 (19 / 8)
```

图 7-6　*.align

其中各符号代表的意思分别为：- 表示空区的插入；i 表示碱基置换（G－A、C－T 间的取代）；v 表示碱基颠换（G－C、A－T 间的取代）；x 表示待分析的 Alu 序列。

（5）文件 *.cat（图 7-7），此文件内容基本同 *.out。

```
1399 0.00 0.00 0.00 Chr03 1 150 (4500) fanw2 1 150 (0) 5
1396 0.00 0.00 0.00 Chr02 2651 2800 (0) fanw1 1 150 (0) 5
1407 0.00 0.00 0.00 Chr05 4151 4300 (0) fanw3 1 150 (0) 5
24 67.31 0.00 0.00 Chr01 1382 1433 (267) AT_rich#Low_complexity 118 169 (131) 5
237 6.45 0.00 0.00 Chr02 609 639 (2161) C (CAAAT)n#Simple_repeat (2) 178 148 0
374 0.00 0.00 11.63 Chr01 18 113 (1587) (CCCTAA)n#Simple_repeat 11 96 (84) 5
```

图 7-7　*.cat 文件

2. TRF　TRF（tandem repeat finder）用来识别 DNA 序列中的串联重复序列（相邻的重复两次或者多次特定核酸序列模式的重复序列）。重复单元可以从 1 bp 到 500 bp，DNA 查询序列大小可以超过 5 Mb。此软件由波士顿大学的 Gary Benson 开发。可在 https://tandem.bu.edu/trf/trf.html 下载。下面将举例介绍 TRF 的使用方法。

TRF 运行的命令行：trf File Match Mismatch Delta PM PI Minscore MaxPeriod [options]。

例如，trf yoursequence.txt 2 7 7 80 10 50 500-f-d-m

File：fasta 格式的 DNA 输入序列。

Match，Mismatch，Delta：匹配上，没匹配上，插入的权重值。低的权重值将允许更多的“没匹配上”“插入”的情况。匹配上的权重值“2”已被证明对“没匹配上”“插入”的罚分权重值在 3～7 都是有效的。“没匹配上”“插入”的罚分权重值将被自动解释为负值。“3”就比较宽松，“7”就比较严格。对 Match，Mismatch，Delta 的推荐缺省值分别为 2，7，7。

PM 和 PI：PM 是指比上的概率，PI 是插入的概率。可选择的 PM 数值为 80 和 75，可选择的 PI 数值为 10 和 20。最好效果的参数是 PM＝80 和 PI＝10。参数 PM＝75 和 PI＝20 给出的结果与 PM＝80 和 PI＝10 的结果相似，但运行时间几乎慢了 10 倍。

Minscore：被匹配上的串联重复序列的最小分值。例如，我们设定了 Match＝2，Minscore＝50，那么就要求最少有 25 bp 被完全比上（如 5 bp 的重复单元，重复 5 次）。

Maxperiod：最大的重复单元 bp 数。

-m：该参数将产生一个将串联重复序列屏蔽为 N 的序列文件。

-f：该参数将输出每一串联重复序列两侧 200 bp 的侧翼序列，输出到比对文件中。

-d：该参数将产生一个屏蔽文件，记录了与列表文件一样的信息，以及比对信息，可用于后续程序的处理。

输入的文件为 FASTA 格式，如图 7-8 所示。

```
>HC2667A   cosmid   clone from human chromosome 5q22
GGATCCCAGCCTTTCCCCAGCCCGTAGCCCCGGGACCTCCGCGGTGGGCGGCGC
CGCGCT
GCCGGCGCAGGGAGGGCCTCTGGTGCACCGGCACCGCTGAGTCGGGTTCTCTCG
CCGGCC
TGTTCCCGGGAGAGCCCGGGGCCCTGCTCGGAGATGCCGCCCCGGGCCCCCAGA
CACCGG
```

图 7-8 核酸序列

输出结果文件共有 4 个：

*.dat “-d” 参数产生屏蔽的串联重复序列信息文件。

*.mask “-m” 参数产生的串联重复序列被屏蔽为 N 的序列文件。

*.html 记录串联重复序列信息的文件。

*.txt.html 记录相关串联重复序列比对信息的文件。

（1）*.dat 文件如图 7-9 所示。

```
Tandem Repeats Finder Program writen by:
Gary Benson
Department of Biomathematical Sciences
Mount Sinai School of Medicine
Version 3.21
Sequence: pND6-1.seq
Parameters: 2 7 7 80 10 50 500
42821 42918 38 2.6 38 85 8 128 21 29 22 26 1.99 GTGGTGCTCCGAGCACCACTCATATTCTCAATTCATAA
GTGGTGCTCCGAGCACCACTCATATTCTCAAGTTATAAGTGGTGCTCCGAGCACCACCATTTTCTGAATTCGCTGAGTGGT
GCTCCGAGCACCACTCA
45036  45142  21  5.0  21  78  8  110  24  26  24  25  2.00  CTATGCGACTACAGATTCCGG
CTATCGACTACAAATTACGGCATTGCGACTACAGATTCCGGCTTTGCGACTATGGATTACGGCTGATGCGACTACAGATTC
CGGCTGTGACGACTACAGATTCCGGC
45040  45142  22  4.8  21  83  5  118  24  26  25  24  2.00  CGACTACAGATTCCGGCTGTG
CGACTACAAATTACGGCATTGCGACTACAGATTCCGGCTTTGCGACTATGGATTACGGCTGATGCGACTACAGATTCCGGC
TGTGACGACTACAGATTCCGGC
79814  79848  13  2.7  13  95  0  61  17  2  54  25  1.57  AAGGGGTGTCGTG
AAGGGGTGTCGTGAAGGGGTGTTGTGAAGGGGTGT
79946  79977  13  2.5  13  94  0  55  15  6  53  25  1.65  GGGTGTCGTGAAG
GGGTGTCGTGAAGGGGTGTCGTGAAGAGGTGT
```

图 7-9 *.dat 文件

（2）*.mask 文件如图 7-10 所示。

```
>pND6-1.seq
CCGAGCATGAGATTTACTCCCTCTCAATCCTGGCTGCTTACTCCAGCCCGCAAATTTGCG
TTCGCGACACAGGTTCAGGAAAACCACCCTCACACCACCTCGCTTGCTTATGGGAGTCTG
ACGGTTCACCTCACATAGAGAGAAAATCGCATTGGGGCTAGTTTCATGCGCGCCGCTCTG
AAAGGCCCGCGCAACGGGGCGTGTAGCGATATCCACGTCAGATGGTTGCCGTGAAGGGGT
GTCGTCATCGCCANNNNNNNNNNNNNNNNNNNNNNNNNNNNNNNNNNNTGCTGGACTGAA
ACGCCCGCCCGCTAAGGCGTCGCGGCTATTCAGCCGGGTCAGTTTGCAGCAAACGGTACT
GTGAAGAGGTGTCGTCATCGTCGAANNNNNNNNNNNNNNNNNNNNNNNNNNNNNNNNTGT
AGGTCGGAGCCCTTGATTTTGTTGGGCTCCACCATTTTTCGGCACAGTTCCCAGGCGACT
CGCTTAGTCGGACGTTGCGGGGTAGTCGAGGCGTGGACGCAAGCTCTGGATCGTTGCAAC
CTGGATGGGTTTTCGGTAGTCCGTGCAGGGATGGTCTGACTGAATTGCACCGGCGACCAA
```

图 7-10 *.mask 文件

（3）*.html 文件如图 7-11 所示。

Sequence: pND6-1.seq

Parameters: 2 7 7 80 10 50 500

Length: 101858

Tables: 1

This is table 1 of 1 (5 repeats found)

Click on indices to view alignment

Table Explanation

Indices	Period Size	Copy Number	Consensus Size	Percent Matches	Percent Indels	Score	A	C	G	T	Entropy (0-2)
42821--42918	38	2.6	38	85	8	128	21	29	22	26	1.99
45036--45142	21	5.0	21	78	8	110	24	26	24	25	2.00
45040--45142	22	4.8	21	83	5	118	24	26	25	24	2.00
79814--79848	13	2.7	13	95	0	61	17	2	54	25	1.57
79946--79977	13	2.5	13	94	0	55	15	6	53	25	1.65

Tables: 1

The End!

图 7-11 *.html 文件

（4）*.txt.html 文件如图 7-12 所示。

```
Tandem Repeats Finder Program written by:
       Gary Benson
Department of Biomathematical Sciences
Mount Sinai School of Medicine

Version 3.21

Sequence: pND6-1.seq

Parameters: 2 7 7 80 10 50 500

Pmatch=0.80,Pindel=0.10
tuple sizes 0,4,5,7
tuple distances 0, 29, 159, MAXDISTANCE

Length: 101858
ACGTcount: A:0.21, C:0.29, G:0.28, T:0.22
Found at i:42872 original size:38 final size:38
Alignment explanation

   Indices: 42821--42918  Score: 128
Period size: 38  Copynumber: 2.6  Consensus size: 38

     42811 AAACCTAGTG

     42821 GTGGTGCTCCGAGCACCACTCATATTCTCAAGTT-ATAA
         1 GTGGTGCTCCGAGCACCACTCATATTCTCAA-TTCATAA
                                     *    *      * *
     42859 GTGGTGCTCCGAGCACCAC-CATTTTCTGAATTCGCTGA
         1 GTGGTGCTCCGAGCACCACTCATATTCTCAATTC-ATAA

     42897 GTGGTGCTCCGAGCACCACTCA
         1 GTGGTGCTCCGAGCACCACTCA

     42919 AATCTAACGG
Statistics
Matches: 53,  Mismatches: 4, Indels: 5
       0.85           0.06        0.08
Matches are distributed among these distances:
  36    2  0.04
  37    9  0.17
  38   40  0.75
  39    2  0.04
ACGTcount: A:0.21, C:0.30, G:0.22, T:0.27
Consensus pattern (38 bp):
GTGGTGCTCCGAGCACCACTCATATTCTCAATTCATAA

Left flanking sequence: Indices 42321 -- 42820
CTTCGCCATTGCATCCGTAACGGAGCGAACATAGGCGGTGACGGTTTCTCTGCCCAGCAGCTTGTGAGCACGCCAACGACG
CTCGCCGCCGATCAGCTCATACGCTCCTTCCCCTATAGGACGAACCGTCAACGGCTTTACCAGCCCAACAGAGGCGATTGA
GTTCGCCAGATCCTCAATAGCAGCCTCGCTGAAGGTCAGGCGAGGCTGAAAGGGAGATACCCGAATCGACTCGACCTTTAC
TTCAGCGAGGACGCCGCTGTCACTTGCGGCAAGAGATTCATCGTTATGGCCTGGCGTTGGAGCTGCAACCGGGGTTGGAAC
TGGAGCGCTGTCCTCCTGTTCCGCCCGTTGCGCTGCGAGCATGTCTGCAACGGAAACCCTGAGATTCGGCTCAGCAATTTC
CGCTGGCGGGCGAACCCCGGTGACCCAAAGAGGGGGGGTCTTTTTTTGACCTGGGTAATCCTCCGACTTGGCCATACTTCC
TCCGAAACCTAGTG

Right flanking sequence: Indices 42919 -- 43418
AATCTAACGGCTCTGGTGCTCCGAGCACCACCTCAAATCACTGAGCGGCCAGATCGCGTATTCGTTTCAACGCCTCACCGA
AAACACTGCGCATCGAGTCAATAGTCTTGGAAGAGGCACCTTTCCAGACCAGCAGGGGAACGCCTTGATCAAGCGCTTTAC
CGTAATCCTCGGAGTAATAGAGTTTTTCTTCAGATACCCGACCAGGGAAAAGATCGTTCAGGACGACCAGGTTGTTGAGGA
TGCGTTTGCGGTTGCGGATGAACATCGTAGGGATAGCGAGCACTCCTGGAGAGCGGCGATATGCTTTCGCAAATCGAACCA
TCCAGTCGTTTAGCCGCATCAGCGCCCTGAATGAAAACTTATCCATCCGTACAGGGCAGAGCACAAAGTCGCTGGCAACAA
TGGAGTTCTTGGTGAGCCTGGAGGCGGTAGGCGCATTGTCGAACAGAATCACATCATAAGAGGAGATATCGACACCTGGGA
TTTCTCCGCTACGC
```

图 7-12　*.txt.html 文件

第三节　基因组注释

在基因组组装完成后，都少不了一项重要的任务，就是对基因组进行注释。基因组注释指从组装的基因组序列中预测基因与其他功能元件的结构和功能。在进行注释之前，需要对基因组中的重复序列进行鉴定和屏蔽，这在上一部分已经介绍。基因结构注释是基因功能注释的先决条件，需要对基因结构进行预测，主要预测序列中基因的位置、编码蛋白质的区域（CDS）、翻译起始和终止位点、外显子、内含子、可变剪切位点等。与原核生物的基因组相比，真核生物基因组非常复杂，表现在基因密度低、内含子多、存在大量可变剪切和假基因等，这使得我们在高等生物基因组中查找基因非常困难。生物信息学的发展极大地提高了基因预测的效率，通过一些软件挖掘测序数据来识别基因，但受限于技术和数据质量等原因，目前仍不能达到 100% 的准确度。

那么这些软件是如何将基因和其他 DNA 序列区分出来的呢？软件算法基于基因结构和内容特征展开分析：①序列中 GC 含量的统计，基因编码区和非编码区 GC 含量不同；②剪切位点的识别，外显子 - 内含子连接区高度保守，绝大部分满足 GT-AG 法则；③密码子信号，起始密码子和终止密码子；④ CpG 岛的识别，也可以作为查找基因的一种依据；⑤核苷酸频率和核苷酸依赖性，外显子和内含子或基因间的核苷酸频率和核苷酸依赖性是不同的。

一、基因注释的策略

目前，基因注释有 3 种策略：①同源预测（homology prediction）。同源预测是利用近缘物种已知基因进行比对，发现同源序列，并结合基因信号（启动子、剪切供体和受体位点、终止密码子等）进行基因结构预测。也可以将同源物种的转录组序列或其他基因表达序列（cDNA 序列和 EST 序列）定位到基因组上，结合基因信号辅助基因编码区的预测。②从头预测（*de novo* predicton）。从头预测是应用预测算法和相应程序的基因预测方法，主要是通过挖掘基因组序列以及各类证据数据信息中蕴含的基因结构特征，并建立数据模型进行基因结构预测。③基于转录组预测（transcriptome-based prediction）。通过物种的转录组序列数据辅助注释，能够较为准确地定位剪切位点和外显子区域。从头预测软件的算法大致分两类：一类是统计基础（如贝叶斯方法和马尔可夫模型），另一类是计算（如进化算法和神经网络）。目前从头预测软件大多是基于隐马尔可夫模型（hidden Markov model，HMM）和贝叶斯理论，通过已有物种的注释信息对软件进行训练，从训练结果中去推断一段基因序列中可能的结构。通过训练可以正确预测很大一部分基因，但如果要提高预测的准确性，还需要额外的基因信息。使用目标物种的转录组数据或基因表达序列（cDNA 序列和 EST 序列）进行模型训练，基于转录组数据训练的模型进行注释是准确度最高的。

二、基因组注释流程

目前全基因组水平的基因注释是从头预测、同源比对、基于目标物种转录组数据预测三种预测方法整合而出的结果。同源比对方法的效果取决于数据库中是否存在与待分析序列同源的序列，若存在，则有较高的预测精度，否则预测精度会很低。因此，仅依靠同源比对进行预测存在一定的局限性。从头预测最大的优势在于不需要该物种的其他信息，而是利用各种概率模型和已知基因的统计特征预测基因模型。但是也存在一些问题，如大部分基因预测软件无法预测非编码区域（UTR）和可变剪切体；预测基因结构的准确性较低，内含子－外显子结构的预测准确率为60%～70%；很多从头预测软件都带有模式生物基因组的参数文件，物种特异性较低，如内含子长度、密码子使用偏好和GC含量与待测物种基因组存在一定差异。在三种基因预测的结果中，转录组数据对基因注释的准确性提升有很大的帮助，这种方法的优势在于能较准确地定位剪切位点和外显子边界。

利用上述三种预测方法完成注释后，会获得很多不完整或者相矛盾的预测结果，通过对不同来源的证据进行整合可以得到一个完整且较为准确的注释结果。传统的整合方法是手动整合，通过人工方式对每个基因的证据逐个浏览，从而确定基因内含子－外显子结构。这种方法的优点在于可以获得高质量的注释结果，尽管人工注释精确有效，但由于任务量大会提高成本，目前大多数基因预测的信息整合都采用自动整合的方法。自动整合工具是利用一些算法，如证据权重和动态规划自动整合不同证据的注释系统。目前使用较多的整合工具有EVidenceModeler（EVM）和GLEAN。EVM通过使用一个非概率模型的权重整合证据系统将同源预测、从头预测和转录组比对证据以所选的权重值灵活整合入一个自动的基因结构注释系统。GLEAN使用的是潜在类别模型（latent class model，LCM）估计准确性和错误率，然后使用动态规划（dynamic programming，DP）构建一致基因模型。

在获得多个预测证据后，如何评估所有基因预测证据的准确度？准确度的判断基于基因预测的敏感度和特异性。敏感度是程序正确预测出真阳性的值，计算方法是SN＝TP /（TP＋FN）（SN是敏感度，TP为真阳性，FN为假阴性）；特异性是程序减少假阳性的特征，计算方法是SP＝TP /（TP＋FP）（SP是特异性，FP为假阳性）。这两种计算方法都可以计算基因和外显子的预测准确度。准确度的计算方法是AC＝（SN＋SP）/ 2（AC为准确度）。注释编辑距离（annotation edit distance，AED）是衡量注释质量的指标，计算注释和支持它的预测证据的一致性，也可以自动识别有问题的注释。识别出不准确的注释后要进行纠正。可使用基因组浏览器Apollo和Artemis，手动编辑内含子－外显子坐标进行错误注释纠正。

三、从头预测

对复杂的真核生物基因组结构预测需要精密的统计分析，一个有效概率模型是保障真核生物基因预测准确度的基础。在从头预测中主要应用的概率统计模型是隐马尔可夫模型和神经网络。下面主要介绍隐马尔可夫模型和一些从头基因预测软件。

1. 隐马尔可夫模型　隐马尔可夫模型是由马尔可夫模型发展而来的。马尔可夫模型是一种描述状态转移的模型，在该模型中，下一相邻时刻状态转移的概率只由当前的状态所决定。假设存在一个随机变量序列，序列中将来的随机变量与过去的随机变量无关，只依赖当前的随机变量，这样的随机变量序列通常称为马尔可夫链（图7-13）。马尔可夫链由一个个状态构成，状态之间的转换具有一定概率，这样的概率称为转移概率。

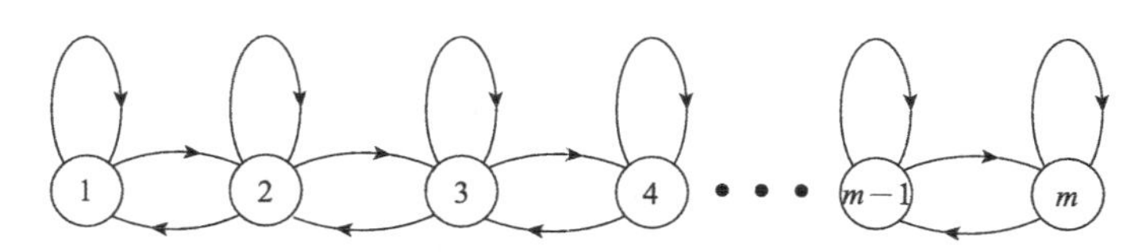

图7-13　马尔可夫链

在隐马尔可夫模型中，状态变成不可观测的，能观测的只是它表现出的一些观测值。隐马尔可夫模型在实际应用中涉及 3 个问题：①如何通过给定观察序列和特定模型确定产生此观察序列的概率？②如何通过给定观察序列和特定模型确定最可能的隐含状态序列，即如何选择最佳的隐含状态序列？③通过观察序列建立隐马尔可夫模型，应如何确定模型参数使观察序列的概率最大？

隐马尔可夫模型在 20 世纪 90 年代最早在原核生物上用于基因预测。以考虑蛋白质序列的隐马尔可夫模型为例（图 7-14），该模型包括删除状态（圆圈）、插入状态（菱形）和匹配状态（数字），箭头代表状态间可能的转移，最终的蛋白质序列随箭头在模型中的移动产生。真实情况远不止这几种状态，因此需要构建更完备的模型才能涵盖不同的基因结构。AUGUSTUS 是真核生物基因预测程序，使用的是隐马尔可夫模型（图 7-15），该模型考虑了正负链、单个或多个外显子基因、不同长度的内含子等，并把它们分别作为“状态”建模，状态之间的转换概率由该物种的注释序列训练集得出。实际比较证明，AUGUSTUS 的这种隐马尔可夫模型在预测较长序列时拥有更高的准确性和特异性。

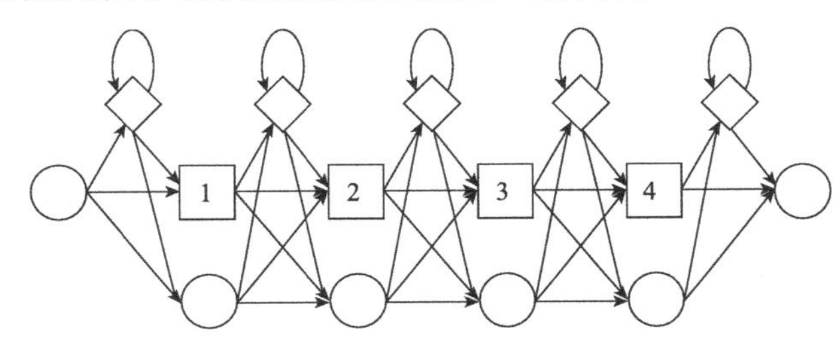

图 7-14　代表蛋白质序列的隐马尔可夫模型示例

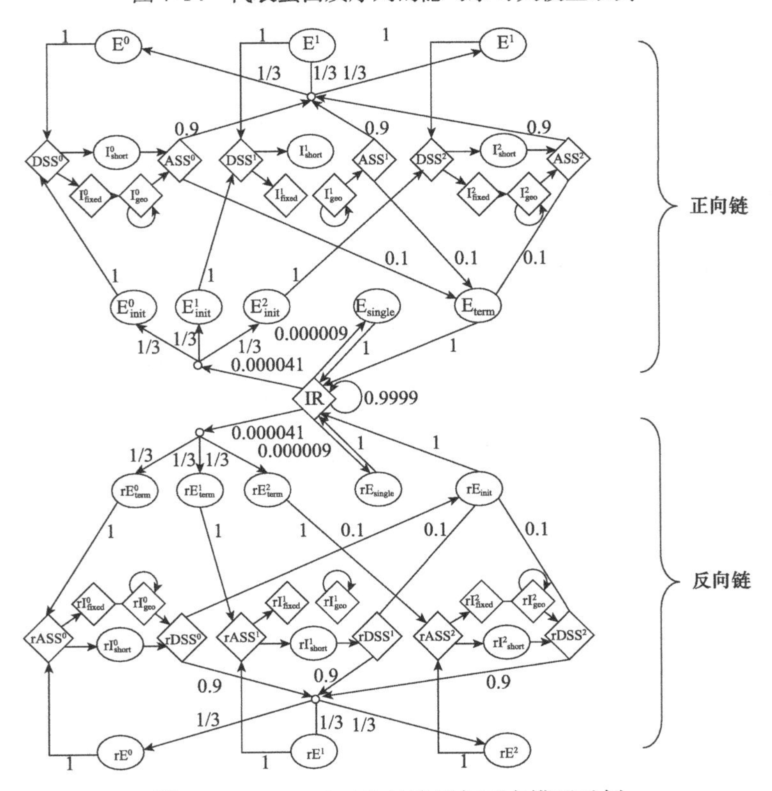

图 7-15　AUGUSTUS 的隐马尔可夫模型示例

2. 从头基因预测软件　预测真核生物基因结构常用的从头预测软件有 AUGUSTUS、SNAP、FGENESH、GeneMark、GENSCAN、GlimmerHMM 等（表 7-7）。AUGUSTUS、SNAP、GlimmerHMM 都可以通过外部证据训练提升预测的准确性，FGENESH 为商业软件，由 SoftBerry 公司负责维护和发布。GeneMark 是唯一能进行基因组自我训练并且训练集可用于基因预测的从头预测软件。GENSCAN 是最早使用隐马尔可夫模型的真核生物基因预测程序，早期的 GENSCAN 模型使用的训练集是人的基因序列，使用范围为人类的基因预测，后来又相继开发出了适用于果蝇、拟南芥等基因组专用版本，对于非版本专用的物种，预测准确率会下降。

表 7-7　常用的从头基因预测软件

软件名称	参考文献	软件下载网址
AUGUSTUS	Stanke et al., 2003	http://bioinf.uni-greifswald.de/augustus/
SNAP	Korf, 2004	https://github.com/KorfLab/SNAP
FGENESH	Salamov et al., 2000	http://www.softberry.com/berry.phtml?topic=products&no_menu=on
GeneMark	Ter-Hovhannisyan et al., 2008	http://topaz.gatech.edu/GeneMark/
GENSCAN	Burge et al., 1997	http://hollywood.mit.edu/GENSCAN.html
GlimmerHMM	Majoros et al., 2004	http://ccb.jhu.edu/software/glimmerhmm/

四、基于转录组数据的基因预测

将转录组数据比对到基因组上可以较大程度提高预测的准确性。根据 mRNA 测序（RNA-seq）数据在基因组上的比对情况能够推测出内含子位置，根据覆盖度可以推测出外显子和非编码区的边界。在进行转录组数据比对时，需要用到许多不同功能软件，如 BLAST、BLAT、Cufflinks、Trinity、TopHat、HISAT、StringTie、PASA、MAKER 等。将 cDNA 和 EST 序列与基因组比对，使用 BLAST 和 BLAT 可以快速鉴定出高度相似的序列，这些序列会被重新定位到目标基因组中，为了获得更精确的外显子边界。BLAST 和 BLAT 也可用于同源物种的蛋白质序列比对。TopHat、HISAT 软件用于将 RNA-seq 数据比对到参考基因组上。TopHat 可以识别可变剪切，比对准确。HISAT 是 TopHat 的继承，运行速度更快。目前常使用 HISAT2 进行比对，HISAT2 经过了算法改进，与 HISAT 系统相比精度更高。Cufflinks、Trinity 和 StringTie 是转录组组装软件。Cufflinks 由 Cufflinks、Cuffcompare、Cuffmerge 和 Cuffdiff 等多个软件包组成，不同模块的功能不同。它可以利用 TopHat 输出的数据创建一个新的转录组模型，通常将 TopHat 和 Cufflinks 搭配使用。Trinity 是转录组从头组装软件，由 Inchworm、Chrysalis 和 Butterfly 三个独立的软件模块组成，三个软件依次来处理大规模的 RNA-seq 的片段数据。StringTie 利用网络流算法和从头组装，对已经定位到基因组上的 RNA-seq 片段进行组装，可以同时进行内含子－外显子结构和丰度的计算。PASA 和 MAKER 是基因自动注释流程软件，可以进行基因组结构注释的一整套流程，包括同源比对和从头预测。MAKER 使用 BLAST 和 Exonerate 进行比对，也接受 RNA-seq 比对软件（TopHat）。MAKER 可以直接对 Cufflinks 的输出结果进行操作。

第四节 基因功能注释

在完成基因结构预测后，为了获得更多的基因功能信息，需要将基因序列翻译为蛋白质序列与数据库进行比对，完成基因的功能注释。基因功能注释主要包括预测基因中的结构域、蛋白质功能和生物学功能、分子通道等。

一、主流数据库

1. 同源注释　同源注释是采用相似性比对的方法注释，利用蛋白质序列和结构域数据库进行比对。常用的序列比对数据库有 NR（Non-Redundant Protein Sequence Database）、Swiss-Prot 和 TrEMBL。NR 是非冗余蛋白库，包含了 GenPept、Swiss-Prot、PIR、蛋白质结构数据库（PDB）等中的非冗余蛋白序列。NR 可以通过 NCBI 进行在线 BLAST（https://blast.ncbi.nlm.nih.gov/Blast.cgi），图 7-16 为 BLAST 在线进行蛋白序列比对的网页界面，可以从 Database 中选取要比对的数据库。

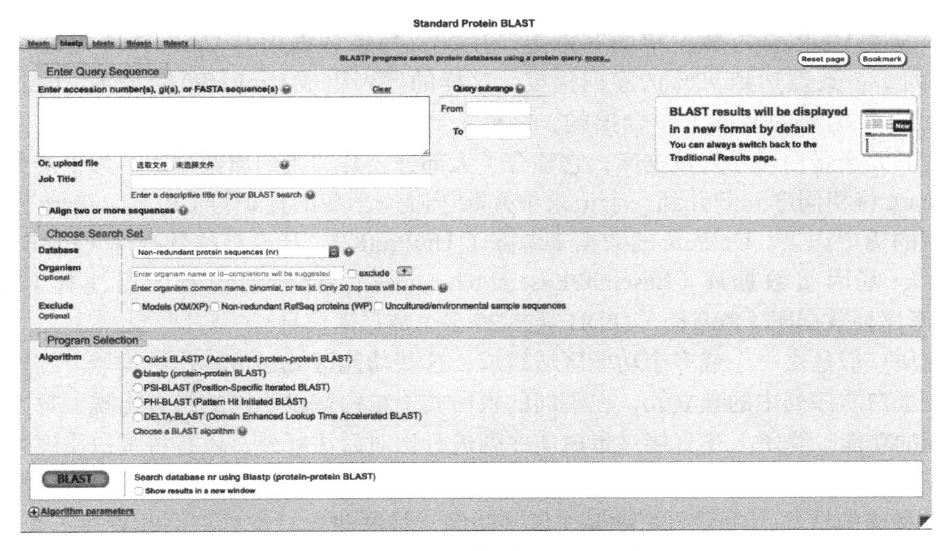

图 7-16　BLAST 在线蛋白序列比对页面

Swiss-Prot 是人工注释的蛋白质序列数据库，由欧洲生物信息学研究所（EBI）和瑞士生物信息学研究所（SIB）共同管理的。Swiss-Prot 的优点是数据库中的所有注释都是由专家整理和注释的，注释仔细且广泛。TrEMBL 也是由 EBI 和 SIB 共同管理的数据库，与 Swiss-Prot 不同的是，TrEMBL 的数据来源是 EMBL 核酸数据库中所有编码序列的翻译。Swiss-Prot、TrEMBL 和 PIR 现在已经合并为 UniProt（https://www.uniprot.org）（图 7-17）。从 UniProt 主页上可以看到 5 个模块：UniProtKB、UniRef、UniParc、Proteomes 和 Supporting data。UniProtKB 分为人工注释的 Swiss-Prot 和计算机分析的 TrEMBL。UniRef 将 UniProtKB 和 UniParc 中的相似序列进行聚类整合为一条序列，分为 3 个数据集：UniRef100、UniRef90、UniRef50。UniRef100 是首先按照长度不少于 11 个氨基酸的相似序列片段整合出的数据集，

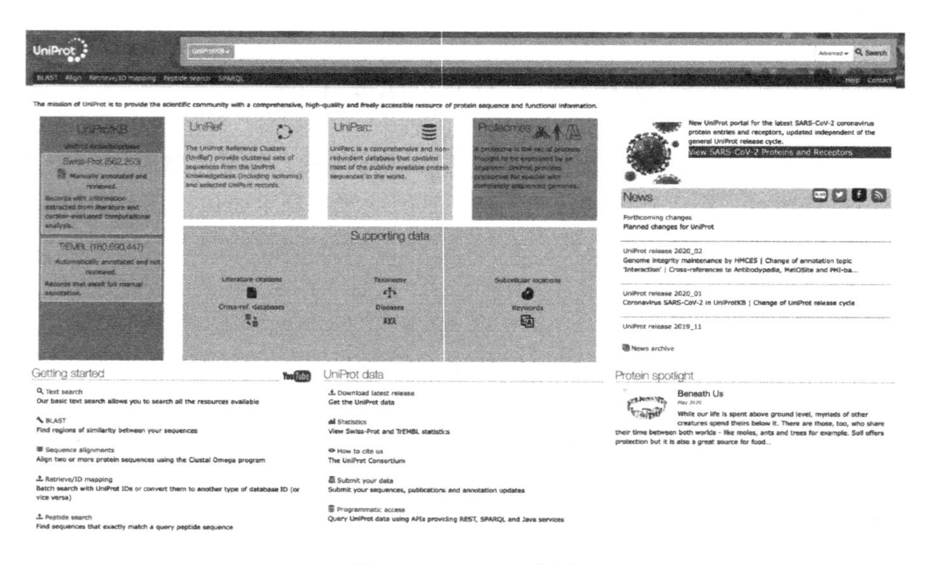

图 7-17 UniProt 主页

UniRef90 是在 UniRef100 数据集的基础上产生的，每条数据由与 UniRef100 中最长的序列（种子序列）一致性达到 90% 的序列构成，这样的序列组成 UniRef90 数据集。UniRef50 是在 UniRef90 数据集的基础上整合出的，序列一致性要求不低于 50%。UniParc 是目前数据最齐全的非冗余蛋白质序列数据库，它整合了大部分公开的蛋白质数据库。为了避免冗余问题，UniParc 将相同序列归并到一个记录中并赋予唯一不变的标识符 UPI。UniParc 还会保留一条序列的历史记录。UniParc 的数据来源除了 UniProtKB，还有核酸数据库（EMBL/DDBJ/GenBank）、基因组数据库（Ensembl/EnsemblGenomes）、脊椎动物基因组注释（VEGA）、NCBI 参考序列数据库（RefSeq）、PDB 等共 20 多个数据库信息。

蛋白质一般是由一个或多个功能区域组成，这些功能区域通常称作结构域。结构域是存在于很多蛋白质序列中的独立元，在不同的蛋白质中结构域以不同的组合出现，每个结构域行使不同的功能。除了上述直接对蛋白质序列进行比对后注释外，还有将蛋白质序列分配到蛋白质家族中来预测蛋白质功能的方法。利用同一个蛋白质家族的多序列比对可以推断出这个蛋白质家族的结构、功能和关键保守氨基酸等，将这些比对结果汇总起来放入数据库中，就产生了许多二级蛋白质结构数据库。常用的蛋白质结构数据库有 Pfam、InterPro 等。

Pfam 数据库（http://pfam.xfam.org/）是一个蛋白结构域家族的集合，收集了许多蛋白结构家族的序列和 HMM。在 Pfam 主页中有几个快速链接（图 7-18），SEQUENCE SEARCH 用于在已经有蛋白质序列的情况下，查询该蛋白上有哪些结构域或其他信息；VIEW A PFAM ENTRY/CLAN/STRUCTURE 用于查询目标登录号的注释信息、相关家族的注释信息、该结构域在 PDB 数据库中的结果；KEYWORD SEARCH 输入蛋白家族相关功能或名称等关键字即可查询是否收录该家族的登录号；当知道某个家族的登录号时，在 JUMP TO 可以快速找到该家族的信息。以 Toll 受体蛋白序列为例，在 Pfam 上查询的结果见图 7-19，结果显示，共有 4 个结构域与 Pfam 上结构域匹配，根据描述可以看到前 3 个结构域为富含亮氨酸重复序列，最后一个为 TIR 结构域。

InterPro 数据库（http://www.ebi.ac.uk/interpro/）集成了蛋白家族、结构域和功能位点的非冗余蛋白特征序列数据库。它整合了 PROSITE、PRINTS、Pfam、Prodom 和 SMART 等

QUICK LINKS	YOU CAN FIND DATA IN PFAM IN VARIOUS WAYS...
SEQUENCE SEARCH	Analyze your protein sequence for Pfam matches
VIEW A PFAM ENTRY	View Pfam annotation and alignments
VIEW A CLAN	See groups of related entries
VIEW A SEQUENCE	Look at the domain organisation of a protein sequence
VIEW A STRUCTURE	Find the domains on a PDB structure
KEYWORD SEARCH	Query Pfam by keywords
JUMP TO	enter any accession or ID　Go　Example Enter any type of accession or ID to jump to the page for a Pfam entry or clan, UniProt sequence, PDB structure, etc.

Or view the help pages for more information

图 7-18　Pfam 主页的快速链接

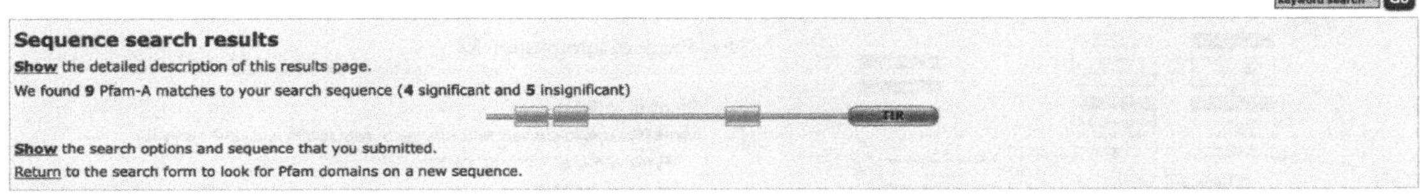

EMBL-EBI
HOME | SEARCH | BROWSE | FTP | HELP | ABOUT
Pfam
keyword search
Go
Sequence search results
Show the detailed description of this results page.
We found 9 Pfam-A matches to your search sequence (4 significant and 5 insignificant)
TIR
Show the search options and sequence that you submitted.
Return to the search form to look for Pfam domains on a new sequence.

Significant Pfam-A Matches

Show or hide all alignments.

Family	Description	Entry type	Clan	Envelope		Alignment		HMM		HMM length	Bit score	E-value	Predicted active sites	Show/hide alignment
				Start	End	Start	End	From	To					
LRR_8	Leucine rich repeat	Repeat	CL0022	55	114	57	114	4	61	61	42.9	3.0e-11	n/a	Show
LRR_8	Leucine rich repeat	Repeat	CL0022	126	187	127	187	2	61	61	29.1	6.0e-07	n/a	Show
LRR_8	Leucine rich repeat	Repeat	CL0022	447	508	447	508	1	61	61	32.6	5.0e-08	n/a	Show
TIR	TIR domain	Family	CL0173	674	839	676	839	1	176	176	124.4	4.3e-36	n/a	Show

图 7-19　Toll 受体蛋白的结构域信息

功能域数据库和 PIRSF、SUPERFAMILY、CATH-Genes3D 等其他不同类型数据库。网页版的 InterProScan 可以快速查询单条蛋白序列的信息。还是以 Toll 受体蛋白为例（图 7-20），可以看到序列查询结果分为 6 个部分，“F”代表的是家族种类（family type），后面的符号为 InterPro 登录号。在总览中可以获取家族关系、蛋白描述、GO 术语和参考文献。InterProScan 除了可以在线查询，还有本地化的版本可以从 http://www.ebi.ac.uk/interpro/about/interproscan/ 上下载，InterProScan 软件只支持 Linux（64-bit）系统。使用本地化数据库可以在计算机资源充足的情况下加快注释速度，另外还可以查询 DNA 序列的位点注释信息。

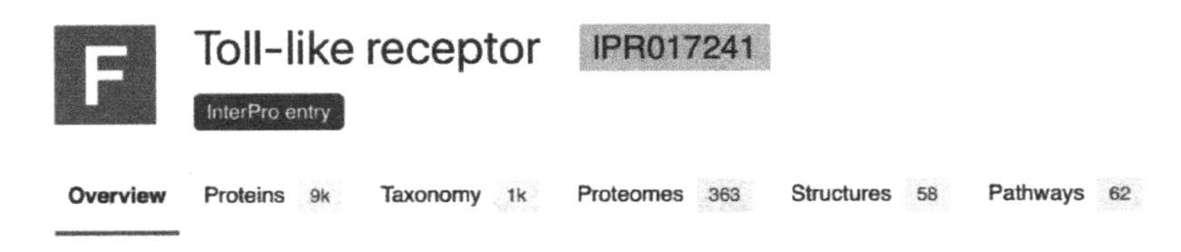

图 7-20　Toll 受体蛋白的 InterProScan 查询结果

2. 功能分类和代谢途径注释　进行基因注释的目的是理解生物体内的复杂功能，包括生化代谢途径、代谢网络等是如何发生的，以及其如何影响生物体的生命活动。功能分类和代谢途径注释使用到的数据库有 GO（Gene Ontology）和 KEGG（Kyoto Encyclopedia of Genes and Genomes）。

GO 数据库（http://geneontology.org）是由 Gene Ontology Consortium 建立的，对不同数据库中关于基因和基因产物的生物学术语进行标准化，用一整套统一的词汇来描述基因和蛋白质功能，即基因本体。目前，GO 已经得到广泛的认可，作为标准功能术语集为蛋白功能预测提供便利。GO 有三个独立的基因本体来分别描述蛋白功能：分子功能（molecular function，MF）、细胞组分（cellular component，CC）、生物过程（biological process，BP）。它们分别描述的是基因产物在分子水平上的活动如催化、运输；基因产物能够发挥作用的细胞位置；基因或基因产物促成的生物学目的。一组相关基因本体可形成有向无环图（directed acyclic graph，DAG）。在 GO 主页搜索 GO 术语或基因产物，进入 AmiGO 2 浏览器中，获得的 DAG 图（图 7-21A）、基因产物信息（图 7-21B）和术语信息（图 7-21C）。此外，可以直接从 InterProScan 的注释结果中提取相关基因的 GO 注释。一些在线分析平台可以对 GO 注释信息进行统计和展示，如 WEGO（http://wego.genomics.org.cn/）、AgriGO（http://systemsbiology.cau.edu.cn/agriGOv2/）和 GOEAST（http://omicslab.genetics.ac.cn/ GOEAST/index.php）等。

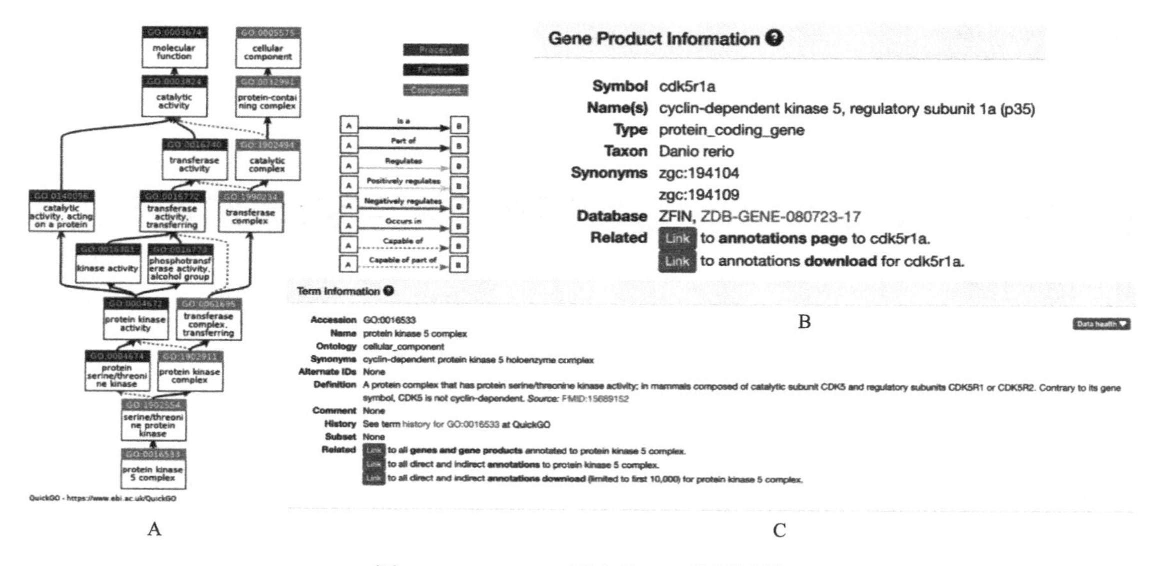

图 7-21　CDK5R1 蛋白的 GO 分析结果

KEGG 数据库（https://www.genome.jp/kegg/）是一个整合了基因组、化学和系统功能信息的数据库。把从已经完整测序的基因组中得到的基因目录与更高级别的细胞、物种和生态系统水平的系统功能关联起来是 KEGG 数据库的特色之一。它由多个子库构成，它们被分类成系统信息、基因组信息、化学信息和健康信息（图 7-22）。

KEGG 通过 KO（KEGG orthology）对基因进行注释，每个 KO 标识代表一组来自不同物种的功能直系同源物。序列高度相似并且在一条通路上具有相似功能的蛋白质被归为一组，然后打上 KO 标签。KEGG Pathway 是人工绘制的关于分子相互作用、关系网络的通路图。通路图分为七大类（图 7-23）。

点击碳水化合物代谢中的柠檬酸循环（TCA cycle），进入该通路的相应界面（图 7-24）。每个长方形表示的是 KO 标识；小圆圈表示代谢产物，将鼠标移到小圆圈上会出现 C 开头的 5 位数编号、该代谢物名称、结构式等；图中最左边的圆角矩形框表示的是另一个代谢图。如果对其中一个反应过程的酶感兴趣，点击小方框，可以获得该反应过程 KO 信息、酶的信息

KEGG - Table of Contents

Menu　PATHWAY　BRITE　MODULE　KO　GENES　LIGAND　NETWORK　DISEASE　DRUG　DBGET

Search KEGG for Go

Data-oriented entry points

Category	Entry Point	Content	DBGET Search
Systems information	**KEGG PATHWAY** **KEGG BRITE** **KEGG MODULE**	KEGG pathway maps BRITE hierarchies and tables KEGG modules	PATHWAY BRITE MODULE
Genomic information	**KO** (KEGG Orthology)	Functional orthologs	ORTHOLOGY
	KEGG GENOME **KEGG GENES** **KEGG SSDB**	KEGG organisms (complete genomes) Genes and proteins GENES sequence similarity	GENOME GENES
Chemical information (KEGG LIGAND)	**KEGG COMPOUND** **KEGG GLYCAN** **KEGG REACTION** **KEGG ENZYME**	Small molecules Glycans Reactions and reaction classes Enzyme nomenclature	COMPOUND GLYCAN REACTION　RCLASS ENZYME
Health information	**KEGG NETWORK** **KEGG DISEASE** **KEGG DRUG** **KEGG ENVIRON** **KEGG MEDICUS**	Disease-related network elements Human diseases Drugs and drug groups Health related substances Japanese drug labels (JAPIC) FDA drug labels (DailyMed)	NETWORK　VARIANT DISEASE DRUG　DGROUP ENVIRON

图 7-22　KEGG 子库列表

Pathway Maps

KEGG PATHWAY is a collection of manually drawn pathway maps representing our knowledge on the molecular interaction, reaction and relation networks for:

1. **Metabolism**
   Global/overview　Carbohydrate　Energy　Lipid　Nucleotide　Amino acid　Other amino　Glycan
   Cofactor/vitamin　Terpenoid/PK　Other secondary metabolite　Xenobiotics　Chemical structure
2. **Genetic Information Processing**
3. **Environmental Information Processing**
4. **Cellular Processes**
5. **Organismal Systems**
6. **Human Diseases**
7. **Drug Development**

图 7-23　通路图分类

和反应信息。

通常使用 KEGG 自动注释服务 KAAS（http://www.genome.jp/tools/kaas/）完成 KEGG 注释。输入 FASTA 格式的基因或蛋白质序列，自动进行比对找到最相似的基因并注释。注释的结果包括对应的 KO 标识、KEGG 通路，注释结果在完成后会发送到邮箱中。

二、比对软件

在进行大量蛋白序列注释时，多采用本地注释的方法。常用的比对软件有 BLAST+（ftp：//ftp.ncbi.nlm.nih.gov/blast/executables/blast+/LATEST/）。BLAST+是一个集成的程序包，通过不同的比对模块：BLASTP、BLASTX、BLASTN、TBLASTN、TBLASTX，实现 5 种可能序列的比对（表 7-8）。常使用 BLASTP 进行蛋白质序列比对和注释，BLASTP 可将查询序列与 8 个数据库进行比对，包括 NR、RefSeq、PDB、Swiss-Prot 等。BLASTP 使用的基本流

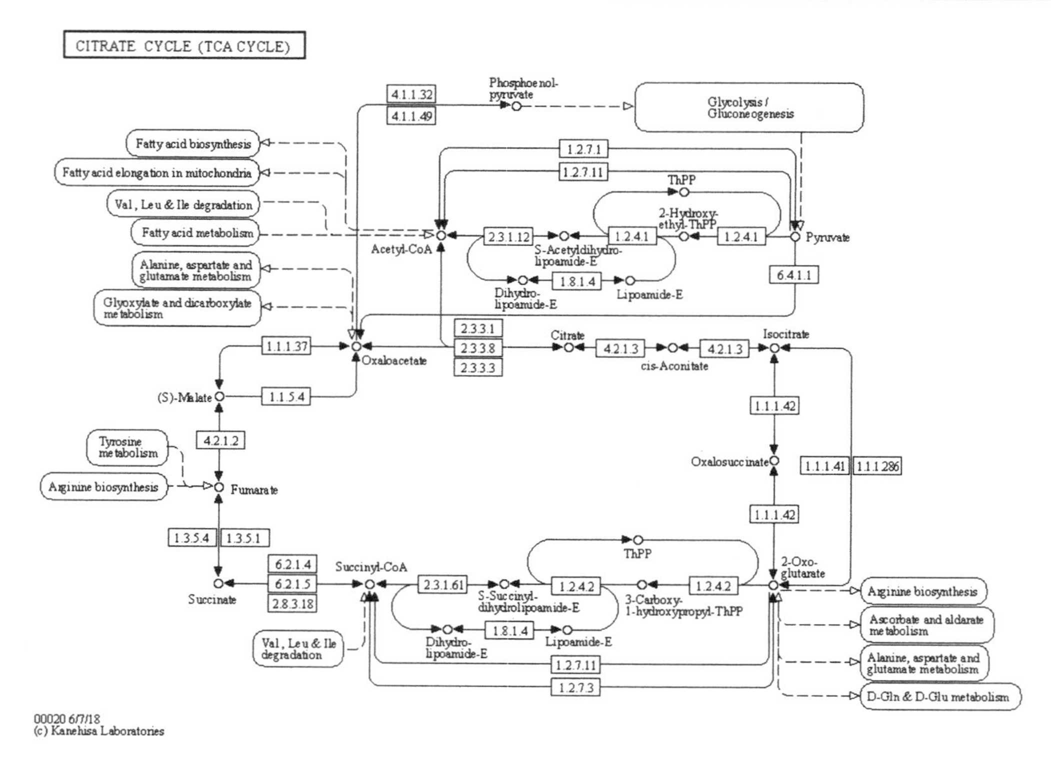

图 7-24 柠檬酸循环通路图

程为：下载数据库，构建 BLASTP 索引，数据库检索，结果整理。BLAST 程序常用的两个评价指标为 Score 和 E-value。Score 使用打分矩阵对匹配的片段进行打分，一般来说，匹配片段越长、相似性越高，则 Score 值越大，结果越可信。E-value 是对 Score 值可靠性的评价。它表明在随机情况下，其他序列与目标序列相似度大于这条显示序列的可能性，因此 E-value 越高，代表结果越不可信。

表 7-8 BLAST＋软件的比对模块

软件	查询序列类型	比对数据库类型	描述
BLASTP	蛋白质	蛋白质	蛋白质序列与蛋白质数据库的比对
BLASTX	翻译后的核酸	蛋白质	识别核酸编码的可能蛋白质产物
BLASTN	核酸	核酸	核酸序列与核酸数据库的比对
TBLASTN	蛋白质	翻译后的核酸	与 BLASTX 相反，它将库中的核酸序列翻译成蛋白质后再和蛋白质序列比对。识别与查询序列相似的核酸编码序列
TBLASTX	翻译后的核酸	翻译后的核酸	查询序列和数据库都翻译成蛋白质后比对

HMMER 是一个提供蛋白质结构域和 DNA 序列域概率模型制作的软件，这些模型被称为 profile HMM，还被用来注释新序列，搜索序列数据库中的其他同系物，并进行深度多序列比对。HMMER 包含了已知蛋白质结构域、DNA 序列域家族和 Pfam 数据库中的比对信息及 profile HMM。HMMER 通常与已构建好的 HMM 数据集一起使用，如 Pfam 以及 Interpro 收纳的一些数据库。同时 HMMER 也可以像 BLAST 一样使用查询序列，对序列数据库（非 HMM 数据库）进行检索。例如，可以使用 phmmer 在蛋白质数据库中查询蛋白质序列，或使用

jackhmmer 进行蛋白质序列迭代搜索。HMMER 与 BLAST 一样，也有在线版本（http://www.ebi.ac.uk/Tools/hmmer/）和本地版本（http://hmmer.org/）。使用 HMMER 进行注释的方法是训练给定多序列比对结果，使用 hmmbuild 构建 HMM 数据集，或者从 Pfam 等网站下载现成的 HMM，用于所测序列的结构域注释。如果要在 HMMER 上搜索序列数据库，先下载本地化的数据库，然后使用 hmmsearch 将所测序列按结构域分类比对到数据库中。

目前基因功能注释工作存在的问题主要有两个方面。一方面，基因组中绝大多数基因功能的描述是根据与其他生物来源的基因产物序列某种程度的相似性推测出来的，因此这种缺乏实验证据支持的基因功能注释可信度不高。基于相似性比对时需要界定一个已知功能的基因，维持正常功能所需核心组成部分的大小和两个具有相同或相似功能的基因需要何种程度的等同性、相似性。另外，序列相似并不代表两个基因的生物学功能相似，还需要考虑序列比对以外的方法，进一步完善功能注释工作。另一方面，基因组中还存在很多未知功能的基因。在这些未知功能的基因中，种属特有的基因占一小部分，即所谓的“推定的”基因。而绝大多数是那些在多种生物中都有分布、通常称为保守假定的（conserved hypothetical）基因。通过基因组注释获得的信息可进一步用于后续比较基因组分析，反过来也可以利用比较基因组学的方法来预测未知基因的生物学功能。

第五节　基因家族聚类分析

一、基因家族的概念

基因家族（gene family）是来源于同一个祖先，由一个基因通过基因重复而产生两个或更多拷贝而构成的一组基因，它们在结构和功能上具有明显的相似性，编码相似的蛋白质产物，同一家族基因可以紧密排列在一起，形成一个基因簇，但多数时候，它们是分散在同一染色体的不同位置，或者存在于不同染色体上的，各自具有不同的表达调控模式。

基因家族分析的目的和作用如下。

（1）由于基因家族的保守性，分析基因家族可以得到与某物种特异性相关的特有的家族基因。

（2）通过对基因家族的分析，对多物种进行系统发育树的构建，可以得到物种起源进化或亲缘关系方面的信息，并为后续遗传操作提供参考。

（3）通过对基因家族的分析可以得到单拷贝基因家族，从而可估算出物种间的分歧时间。

（4）通过对基因家族的分析可以挖掘某物种中发生了明显的扩增 / 收缩的相关基因，从而了解该物种某些强 / 弱化的生物学分子功能。

（5）通过对基因家族的分析可以了解在进化过程中受到的正向选择，确定与该物种环境适应性相关的基因。

二、基因家族聚类分析前数据处理和准备

所谓的基因家族聚类分析，就是在获取某个物种的全部基因组后，将其基因组中的编码序列（coding sequence，CDS）翻译成蛋白质序列，然后根据已知基因组同源注释，进行蛋白质序列聚类，即功能和结构相似的蛋白质序列聚集在一起，形成同源基因，因此基因家族聚类也就是指寻找同源基因。而同源基因又分为直系同源基因（orthologous gene）和旁系同源

基因（paralogous gene）。直系同源基因是指不同物种间的同源基因，即在同一个祖先形成不同物种的过程中，该基因保存下来而形成的同源基因。旁系同源基因是指在同一个物种内的基因，即因在同一个物种内基因的复制而形成的同源基因，该基因在基因组的不同位置上可以看到的一个或者多个序列相似、功能相同的基因。

基因家族聚类分析前数据处理和准备的主要流程如下。

（1）将所选择的物种基因组进行二代或三代测序。

（2）把测序后的整个基因组进行基因组预测和注释，其中基因组注释包括基因结构注释、基因功能注释、非编码 RNA 注释和重复序列注释等。

（3）将注释后的基因序列提取出来形成该物种的基因集，一般一个物种总共的基因数量为 2 万～3 万，通过基因结构注释了解基因的结构、外显子和内含子等的位置。

（4）将基因上具有功能的 CDS 序列翻译成蛋白质序列以及准备 12 个左右近缘物种和外群物种的所有 CDS 序列和氨基酸序列，即为分析所需的数据。

近缘物种是指起源关系相近、基因组序列相似度较高的两种或多种物种，近缘物种间的基因结构和序列比较分析可以为研究物种基因功能和进化提供参考。在基因注释中，通常选取 3～5 个近缘物种用于同源注释；而在比较基因组分析中，通常需要选取 10～15 个近缘物种用于相关分析。此外，目前可通过 NCBI 和 Ensembl 来下载近缘物种的基因组 FASTA 文件和注释 gff 文件。其中植物近缘物种的网址为：http://plabipd.de/plant_genomes_pa.ep。该网站收录了目前已经发表的植物基因组。动物近缘物种的网址为：http://www.genomesize.com/search.php。该网站中收录了较多的已发表的动物基因组。选取外群物种，主要基于两个原则：①外群物种要比研究物种先从祖先物种中分化出去；②外群物种与研究物种的亲缘关系不宜太远。目前，外群物种的选取可从文献调研、分类系统查找和项目经验等三种途径进行获取。

三、基因家族聚类的几种软件

TreeFam（http://www.treefam.org）是动物基因家族的系统发育树的数据库，该数据库收集了大量的动物基因家族并构建了基因家族的系统发育树。在 TreeFam 可以搜索到某个基因在这个系统发育树的位置，或某个基因在哪个基因家族或有什么功能等。

OrthoFinder（http://github.com/davidemms/Orthofinder）主要用于直系同源基因和物种系统发育树的推断和分析，将基因树上的基因重复时间映射到物种树的分支上，还能提供一些比较基因组学中的统计结果。OrthoFinder 的安装和使用都非常简单，并且运行只需一组 FASTA 格式的蛋白质序列文件。

OrthoMCL（http://orthomcl.org/orthomcl/）是现在用得最多的一款找直系同源基因以及旁系同源基因的软件。它可以提供两个或者两个以上基因组或物种共享的群体，还可以提供代表物种特有的基因家族的群体。因此，它是真核生物基因组自动注释的重要工具。基于序列的相似性，OrthoMCL 可以将一组蛋白序列归类到 ortholog groups、in-paralogs groups 和 co-orthologs。

OrthoMCL 工具的使用过程主要分为以下步骤。

（1）创建 OrthoMCL 的 FASTS 格式输入文件。OrthoMCL 的输入文件为 FASTA 格式，该文件的序列名称要满足以下的要求（图 7-25）。

第一列和第二列分别是物种的代码与蛋白质序列的 id，一般是 3 到 4 个字母；中间使用

```
>taxoncode|unique_protein_id
MHDR...
>hsa|sequence_1
MHDR...
>led|scaffold_1.1
MHDR...
```

图 7-25　FASTA 格式要求

“|” 符号隔开。一般使用 orthoMCL AdjustFasta 工具可将 FASTA 文件转换出兼容 orthoMCL 软件的 FASTA 文件。

上述命令行目的是去除可变剪切的蛋白质序列、创建 compliantFasta 文件夹、使用 orthoMCL AdjustFasta 命令选取蛋白质 FASTA 序列名的第一列作为输出的 FASTA 文件的序列 id、将输出的文件为 led.fasta.（图 7-26）。

```
$ redun_remove protein.fasta > non_dun_protein.fasta
$ mkdir compliantFasta; cd compliantFasta
$ orthomclAdjustFasta led ../non_dun_protein.fasta 1
```

图 7-26　创建 compliantFasta 文件夹命令行

（2）过滤序列。对 compliantFasta 文件夹中的序列进行过滤，允许的最短的 protein 长度是 10，stop codons 最大比例为 20%；生成了 goodProteins.fasta 和 poorProteins.fasta 两个文件（图 7-27）。

```
$ orthomclFilterFasta compliantFasta/ 10 20
```

图 7-27　过滤 compliantFasta 文件命令行

（3）对 goodProteins.fasta 中的序列进行 BLAST。将 OrthoMCL DB 的蛋白质序列加上 goodProtein.fasta 中的序列合到一起做成一个 BLAST＋的数据库。然后对基因组的蛋白质序列进行比对（图 7-28）。

```
$ /opt/biosoft/ncbi-blast-2.2.28+/bin/makeblastdb -in orthomcl.fasta -dbtype prot -title orthomcl -parse_seqids -out
orthomcl -logfile orthomcl.log

$ /opt/biosoft/ncbi-blast-2.2.28+/bin/blastp -db orthomcl -query goodProteins.fasta -seg yes -out orthomcl.blastout
-evalue 1e-5 -outfmt 7 -num_threads 24
```

图 7-28　对 goodProteins.fasta 中的序列进行 BLAST 命令行

（4）处理 BLAST 结果。对上一步 BLAST 的结果进行处理，从而得到序列的相似性结果，以用于导入 orthomcl 数据库中。compliantFasta 文件夹中包含下载下来的 OrthoMCL DB 的所有蛋白质数据的文件 orthomcl.fasta。

（5）将 similarSequences.txt 载入数据库中（图 7-29）。

```
$ orthomclLoadBlast orthomcl.config.template similarSequences.txt
```

图 7-29　载入 similarSequences.txt 命令行

（6）寻找成对的蛋白质（图 7-30）。

```
$ orthomclPairs orthomcl.config.template orthomcl_pairs.log cleanup=no
```

图 7-30　寻找成对的蛋白质命令行

（7）将数据从数据库中导出（图 7-31）。

```
$ orthomclDumpPairsFiles orthomcl.config.template
```

图 7-31　导出数据命令行

（8）使用 MCL 进行对 pairs 进行聚类（图 7-32）。

```
$ mcl mclInput --abc -I 1.5 -o mclOutput
```

图 7-32　聚类命令行

（9）对 MCL 的聚类结果进行编号（图 7-33）。

```
$ orthomclMclToGroups led 1 < mclOutput > groups.txt
```

图 7-33　编号命令行

知识拓展 · Expand Knowledge

长末端重复序列（long terminal repeat，LTR）：是指在反转录病毒的基因组两端的 5'-LTR 和 3'-LTR，它们含有启动子等调控元件，不编码蛋白质。反转录病毒基因组内的长末端重复序列可转移到细胞原癌基因邻近处，使这些原癌基因在长末端重复序列强启动子和增强子的作用下被激活，将正常细胞癌化。

重点词汇 · Keywords

1. 重复序列（repetitive sequence）
2. 串联重复序列（tandem repeat sequence，TRS）
3. 散在重复序列（interspersed repeat sequence，IRS）
4. 同源预测（homology prediction）
5. 从头预测（*de novo* predicton）
6. 基于转录组预测（transcpritome-based prediction）
7. 基因家族（gene family）
8. 直系同源基因（orthologous gene）
9. 旁系同源基因（paralogous gene）

本章小结 · Summary

本章节的基因组结构、功能注释和后续分析的主要内容为重复序列的注释、基因组的预测和功能注释以及基因家族聚类分析。重复序列是指在基因组序列的不同位置上出现了对称性或者相同的基因片段，它主要分为串联重复序列和散在重复序列。串联重复序列注释常用的是 TRF 工具，散在重复序列如转座子常用的是 RepeatMasker 工具。基因组的预测主要有三种：同源预测、从头预测和基于转录组预测；而基因功能注释主要包括预测基因中的结构域、蛋白质功能和生物学功能、分子通道等，以及介绍了各种主流数据库和对比工具。基因家族是指具有相似序列和相同功能的一类基因，也就是同源基因。同源基因的聚类分析软件主要有 TreeFam、OrthoFinder 和 OrthoMCL 工具等。

思考题 · Thinking Questions

1. 学习 RepeatMasker 软件和 TRF 软件的实际运用。
2. 简述基因组注释的基本流程。
3. 学习各种基因组注释软件的基本运用。
4. 学习基因家族聚类分析 TreeFam、OrthoFinder 和 OrthoMCL 软件的实际运用。

参考文献 · References

艾对元. 2008. 基因组中重复序列的意义. 生命的化学，28（3）：343-345.

葛瑞泉，王普，李烨，等. 2017. 大规模基因组重复序列识别与分类研究进展. 集成技术，6（5）：55-68.

霍奇曼. 2013. 生物信息学. 2 版. 陈铭，包家立，黄炳顶，译. 北京：科学出版社.

王行国. 2007. 基因功能注释——后基因组时代面临的挑战. 世界科技研究与发展，（1）：9-12.

Apweiler R, Attwood T K, Bairoch A, et al. 2000. InterPro—an integrated documentation resource for protein families, domains and functional sites. Bioinformatics, 16 (12): 1145-1150.

Burge C, Karlin S. 1997. Prediction of complete gene structures in human genomic DNA. Journal of Molecular Biology, 268 (1): 78-94.

Hoff K J, Lange S, Lomsadze A, et al. 2016. BRAKER1: unsupervised RNA-seq-based genome annotation with GeneMark-ET and AUGUSTUS. Bioinformatics, 32 (5): 767-769.

Hoff K J, Stanke M. 2015. Current methods for automated annotation of protein-coding genes. Current Opinion in Insect Science, 7: 8-14.

Hu G, Kurgan L. 2019. Sequence similarity searching. Current Protocols in Protein Science, 95 (1): e71.

Korf I. 2004. Gene finding in novel genomes. BMC Bioinformatics, 5: 59.

Krogh A, Brown M, Mian I S, et al. 1994. Hidden Markov models in computational biology. Applications to Protein Modeling. J Mol Biol, 235 (5): 1501-1531.

Lerat E. 2010. Identifying repeats and transposable elements in sequenced genomes: how to find your way through the dense forest of programs. Heredity (Edinb), 104 (6): 520-533.

Majoros W H, Pertea M, Salzberg S L. 2004. TigrScan and GlimmerHMM: two open source ab initio eukaryotic gene-finders. Bioinformatics, 20 (16): 2878-2879.

Mario S, Stephan W. 2003. Gene prediction with a hidden Markov model and a new intron submodel. Bioinformatics, 19 (2): ii215-ii225.

Pertea M, Kim D, Pertea G M, et al. 2016. Transcript-level expression analysis of RNA-seq experiments with HISAT, StringTie and Ballgown. Nature Protocols, 11 (9): 1650-1667.

Pertea M, Pertea G M, Antonescu C M, et al. 2015. StringTie enables improved reconstruction of a transcriptome from RNA-seq reads. Nature Biotechnology, 33 (3): 290-295.

Salamov A A, Solovyev V V. 2000. Ab initio gene finding in DROSOPHILA genomic DNA. Genome Research, 10 (4): 516-522.

Tempel S. 2012. Using and understanding RepeatMasker. Mobile Genetic Elements, 859 (2): 29-51.

Ter-Hovhannisyan V, Lomsadze A, Chernoff Y O, et al. 2008. Gene prediction in novel fungal genomes using an ab initio algorithm with unsupervised training. Genome Research, 18 (12): 1979-1990.

Yandell M, Ence D. 2012. A beginner's guide to eukaryotic genome annotation. Nature Reviews Genetics, 13(5): 329-342.

第八章 系统发育与基因组快速进化

学习目标 · Learning Objectives

1. 掌握分子进化与系统发育的基本概念。
   Master the basic definitions of molecular evolution and phylogeny.
2. 掌握系统进化树构建的原理及基本方法。
   Master the principles and basic methods of phylogenetic tree construction.
3. 熟悉和了解水产生物系统进化树的应用。
   Know the applications of phylogenetic analysis in aquatic research field.

第一节 分子进化与系统发育的理论基础

进化“evolution”起源于拉丁文“evolvere”，在生物学上是指生物与环境相互作用的结果，也是生命的本质特征之一。早在古希腊时代，就已经出现了生物起源于共同祖先等类似进化的观点和思想。1895年，查尔斯·罗伯特·达尔文（Charles Robert Darwin，1809～1882）在《物种起源》（*The Origin of Species*）一书中首次提出了进化论的观点，强调所有生物物种是由少数共同祖先经过长时间与自然环境相互作用演化而成的产物。根据研究范围的不同，物种进化研究可以大致分为经典的物种进化研究和以基因等生物大分子为核心的物种进化研究两个阶段。其中，20世纪60年代以前属经典的物种进化研究阶段，主要通过古生物学、形态学、胚胎发育学、解剖学、生理学和遗传学等方面的知识从生物物种的表型特征或化石资料来判断物种之间的亲缘关系，然而，由于远缘物种间可比较的表型特征有限，通过表型特征推断远缘物种间的进化关系往往不甚准确。20世纪60年代以后，随着分子生物学的蓬勃发展和研究的不断深入，科学家发现，在长期的进化过程中，生物大分子（如核酸和蛋白质）在分子水平上的变异信息会被积累起来，蕴藏在核酸和蛋白质的序列和结构中。而且，核酸和蛋白质序列和结构具有信息量丰富、无偏向性和覆盖面广等特点，既适合分析近缘物种之间的进化关系，也可以较为准确地推断远缘物种间的进化关系，因此，以生物大分子为核心的生物进化研究应运而生。

分子进化（molecular evolution）是指在生物进化过程中前生命物质、核酸分子、蛋白质分子、细胞器以及遗传密码等在不同世代之间的演化，是生物进化的基础和前提。按照分子进化方式的不同，分子进化过程可分为两种类型，一种是由突变引起的可遗传性变异，另一种是由自然选择、遗传漂变和基因流等引起的世代间差异变化。总体而言，分子进化的本质是由于插入（insertion）、缺失（deletion）、倒位（inversion）和替换（substitution）等而导致的DNA序列改变，而这些DNA序列改变又可能进一步导致其编码的蛋白质氨基酸序列的变化，因此，也有观点认为，分子进化的实质是基因频率的演化，即某种基因在某个种群不同世代中出现比例的变化过程。

一、分子进化的理论基础

（一）遗传漂变

遗传漂变（genetic drift）又称为随机遗传漂变（radom genetic drift），是指由于某种随机因素，某一等位基因的频率在群体（尤其是小群体）中出现世代传递的波动现象，是分子进化的基本动力之一。遗传漂变最初由美国遗传学家西沃尔·赖特（Sewall Wright）于20世纪30年代提出。他认为，遗传漂变仅发生在小群体中，它对生物进化的贡献是有限的。随后，日本遗传学家木村资生（Motoo Kimura）通过研究证实，遗传漂变并不仅局限于小群体中，对任何一个大小一定的生物群体，都能通过遗传漂变引起基因的频率变化，其结果是导致该生物种群的进化性变化。一般认为，遗传漂变的强度与种群大小有关，种群数量越大，遗传漂变的效应越弱；种群越小，遗传漂变的效应则越强。

目前，遗传漂变的表现形式主要有三种，分别是岛屿效应（island effect）、瓶颈效应（bottleneck effect）和奠基者效应（founder effect）。其中，岛屿效应是指在进化中起作用的个别被删除的突变而不是联合的有利突变，在某些小群体中，有利基因的联合是由随机取样固定的。整个大群体构成种群基因库，对于每个小群体而言，每一世代迁移的效果好比从整个基因库中随机取样。瓶颈效应是指由于环境的激烈变化，群体的个体数急剧减少，甚至面临灭绝，此时群体的等位基因频率发生急剧改变，类似于群体通过瓶颈，这种群体数量的消长对遗传组成所造成的影响称为瓶颈效应。例如，北方象海豹在19世纪90年代仅剩下20头，随着保护力度的不断加大，目前北方象海豹群体已经增至3万头左右，但是，研究发现该群体的遗传变异水平很低。奠基者效应是指一个大群体中的少数个体由于某种原因与原来的种群相隔离，不管是否在选择上有利，这些少数个体的基因频率决定了它们后代中的基因频率，并通过世代繁殖使这种遗传漂变效应逐渐达到较高的水平，进而建立起与原来种群有所差别的新群体。例如，太平洋的卡罗琳岛中有5%的人患先天性心脏病。据调查，19世纪末，由于飓风侵袭，岛上只剩30人，由他们繁衍成今天1600余人的小群体，这5%的先天性心脏病，可能是最初的30个建立者中的某一个人是携带者，其基因频率$q=1/60\approx0.016$，经若干世代的隔离繁殖，q很快上升。

（二）分子钟与中性学说

1962年，祖卡坎德尔（Zuckerkandl）和鲍林（Pauling）通过对比来源于不同生物系统的同一血红蛋白分子的氨基酸排列顺序之后，发现该蛋白分子中的氨基酸随着时间的推移几乎以一定的比例相互置换，即氨基酸在单位时间以同样的速度进行置换。随后，许多科学家也通过分析一些代表性蛋白质以及直接对比基因的碱基排列顺序，证实了分子进化速度的恒定性这一假说。因此，人们将这种分子水平的恒速演变称为“分子钟”（molecular clock）。

1968年，日本遗传学家木村资生（Motoo Kimura）根据生物大分子（核酸和蛋白质）中基本单元（核苷酸和氨基酸）的置换速率以及这些置换改变并不影响生物大分子生物功能等资料，首次提出了分子进化的中性学说（the neutral theory of molecular evolution），简称“中性学说”（the neutral theory）或“中性突变—遗传漂变假说”。1969年，美国学者金（King）和朱克斯（Jukes）又用大量分子生物学的资料进一步丰富和充实了这一学说。

中性学说认为在分子水平上，大多数进化和物种内的大多数变异，不是由自然选择引起的，而是通过那些对选择呈中性或近中性的突变等位基因的遗传漂变引起的。其主要内容包括三个方面：第一，突变大多是“中性”的，它不改变生物大分子的功能，对生物个体的生存也没有影响；第二，“中性突变”是通过遗传漂变在生物群体里固定下来，而不是通过自然选择；第三，进化的速率由中性突变的速率决定，即由核苷酸和氨基酸的置换速率所决定。

二、分子系统发育分析

系统发育（又称种系发生或系统发生，phylogeny），是指生物形成或进化的历史。分子系统发育分析（molecular phylogenetic analysis）是从生物大分子序列或结构信息层面研究和分析各种生物的进化关系，其中 DNA 和蛋白质的序列比对是分子系统发育分析的前提和基础。

与传统的系统发育分析相同，分子系统发育分析的结果也以系统发生树（简称“进化树”，phylogenetic tree）的形式来描述物种或生物大分子之间的进化关系。根据具体表达形式的不同，进化树可分为物种（或种群）树（species or population tree）和基因（或蛋白）树（gene or protein tree）（图 8-1）；根据有无共同祖先，进化树可分为有根树（rooted tree）和无根树（unrooted tree），其中，有根树具有明确的进化方向，无根树没有明确的进化方向，将无根树转化为有根树可以通过引入外群（outgroup）的方法（图 8-2）；根据核苷酸或蛋白质替代数值设置的不同，进化树可分为期望树（expectation tree）和现实树（real tree）；根据实际观察到的序列数据重建的进化树称为重建树（reconstruction tree）。

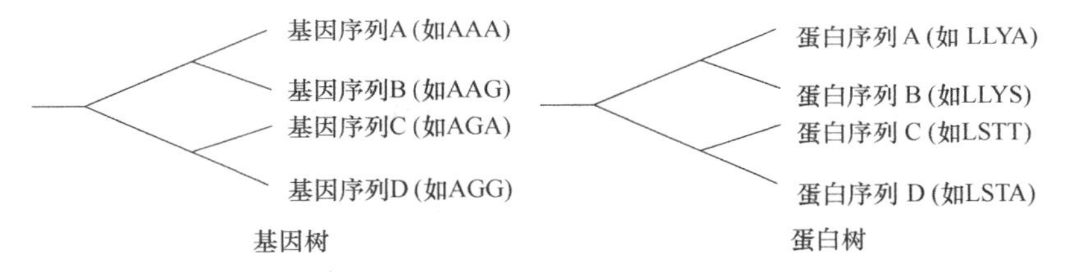

图 8-1　基因树与蛋白树

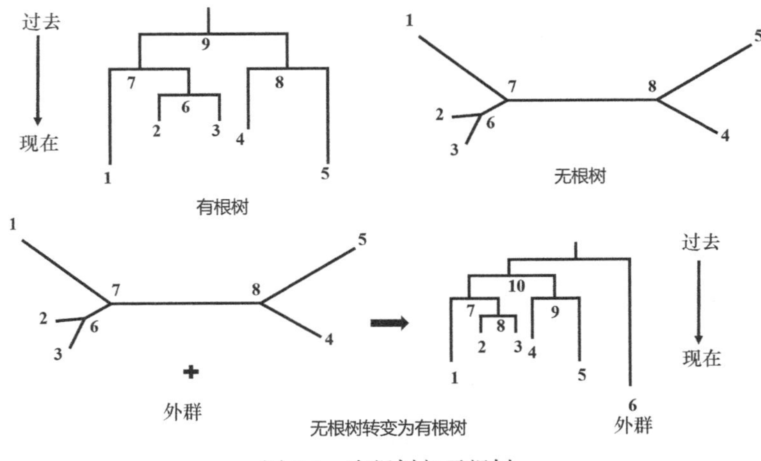

图 8-2　有根树与无根树

系统进化树是一种类似树状分枝的拓扑结构，一般包括树根（root）、内结（internal node）、枝条（branch）和顶结（terminal node）。其中，树根表示共同祖先（the common ancestor）；内结表示树内的分枝点，代表分类群；枝条是两个内结或内结与顶结之间的部分，也可称为连接（link），枝条的长度表示两个结之间在进化上的变异程度，如果枝条长度为进化时间则构建的系统树称为系统发生图（phylogram）；顶结又称末端（tip）或运算分类单元（operational taxonomic unit），表示的是现存物种或单个的同源基因（蛋白）序列（图 8-3）。

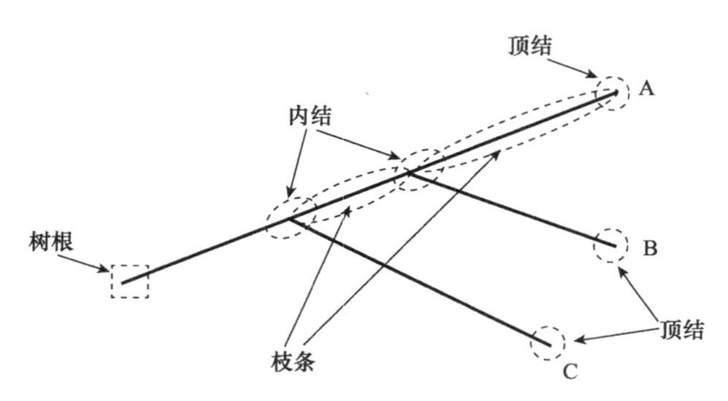

图 8-3　系统进化树的结构

第二节　系统进化树的构建

目前，各大生物信息网站都提供了许多用于系统进化树构建及系统进化树可靠性检验的软件，使用时可根据实际的情况（如运行平台、算法要求等）采用不同的系统进化树构建软件。本节将重点介绍目前比较常见的系统进化树构建软件（包括 PHYLIP、MrBayes、PAUP* 等），这些软件的下载网址及运行平台如表 8-1 所示。

表 8-1　常用的系统进化树构建软件信息

软件名称	下载网址	运行平台
PHYLIP	http://evolution.genetics.washington.edu/phylip.html	Windows，Intel Linux，UNIX，Macs
MrBayes	http://nbisweden.github.io/MrBayes/download.html	Windows，Macintosh，Mac OS，Linux
PAUP*	http://phylosolutions.com/paup-test/	Windows，Macintosh，Linux，Portable
RAxML	https://cme.h-its.org/exelixis/web/software/raxml/index.html	Linux，Mac OS，DOS
PhyML	http://www.atgc-montpellier.fr/phyml/	Windows，Intel Linux，Mac OS
TREE-PUZZLE	http://www.tree-puzzle.de/	Windows，Linux，Macs
IQ-TREE	http://www.iqtree.org/	Windows，Linux，Macs
MEGA	https://www.megasoftware.net/	Windows，Debian/Ubuntu，RedHat，Mac OS

一、PHYLIP

PHYLIP（the phylogeny inference package）是最早被广泛应用的免费的综合的系统发育

分析软件包，由美国遗传学家约瑟夫（Joseph）于1980年首次发布，现已包含在Windows（64/32位）、Intel Linux（64/32位）、UNIX以及Macs在内的等多个平台下安装并运行的版本，注册用户已超过3万人。该软件由32个独立的程序组成（表8-2），可以处理的数据类型主要包括分子序列、基因频率、限制性位点和二进制离散字符等，基本上可以完成所有方面的系统发育分析。

表8-2　PHYLIP软件所包含的程序

程序组	程序
核苷酸序列组	dnapars，dnapenny，dnamove，dnacomp，dnaml，dnamlk，dnainvarm，dnadist
蛋白质序列组	protpars，proml，promlk，protdist
距离矩阵组	fitch，kitsch，neighbor
基因频率与连续性状组	ontml，contrast，gendist
离散字符组	pars，mix，penny，move，dollop，dolpenny，dolmove，clique，factor
进化树绘制编辑组	drawgram，drawtree，consense，treedist，retree

PHYLIP软件包中系统进化树构建部分所采用的算法主要包括简约法（parsimony method）、距离矩阵（distance matrix）和似然法（likelihood method），用于评价系统进化树拓扑结构稳定性及可靠性的方法有自举（bootstrap）和一致性检测（consistency check）。在用户界面，PHYLIP软件通过一个菜单进行控制，用户通过该菜单设置选项。数据从一个文本文件读取到程序中，用户可以使用任何文字处理器或文本编辑器来准备（需注意，该文本文件不能是具有特殊格式的文字处理器，而是ASC Ⅱ或纯文本格式）。一些序列分析程序，如ClustalW，可以以PHYLIP格式写入数据文件，而大多数程序都自动在名为"infile"的文件中查找数据，如果找不到该文件，则要求用户手动键入数据文件的文件名。对于不同类型的数据文件，选择适合的程序及参数进行分析，输出的内容将被写到特定的outfile和outtree等文件中。记录文件outfile可以直接用普通的文本编辑器（如写字板）打开查看。写在outtree上的进化树采用newick格式，这是1986年许多主要系统发育软件包的作者所同意的一种非正式标准，可以用PHYLIP自带的进化树绘制程序或TreeView等其他绘树程序打开查看，用以分析结果。

二、MrBayes

MrBayes软件使用马尔可夫链蒙特卡罗（Markov chain Monte Carlo，MCMC）算法估计汇总模型参数的后验分布，包括系统进化树的分布、各分支的长度和估计树的位点进化速率，支持并行虚拟机（parallel virtual machine，PVM）分析，是一种操作简单且功能强大的基于贝叶斯方法构建系统进化树的软件。需要注意的是，MrBayes的最新版本中并未包括预编译的可执行文件，因此，用户可以下载以前Windows（64/32位）和Macintosh（64位）的可执行版本。Mac OS安装程序包括程序的串行和MPI（message passing interface）并行版本，而Windows安装程序仅包括串行版本，两者都包括Beagle库（V2.1）。串行版本适用于较小规模数据集的分析，但如果计划使用多个并行链运行大型分析，则应改用MPI版本。

利用MrBayes构建系统发育树，所要求的数据文件输入格式默认为NEXUS文件（ASC Ⅱ，一种格式化的文本文件，是系统进化分析的标准格式之一），支持输入的数据文件类型包括普通核酸序列、含编码区域的 DNA 序列、普通蛋白质序列、限制性位点（二进制）序列、形态（标准）数据以及混合型数据文件，混合型数据文件是指由 DNA、RNA、蛋白质序列和形态特征观察结果之中两种以上的数据组成的文件。

三、PAUP*

PAUP*［phylogenetic analysis using parsimony（*and other methods）］最初由美国学者戴维·斯沃福德（David Swofford）于 1991 年编写发布，最早的版本为 PAUP（phylogenetic analysis using parsimony），主要采用简约法（parsimony method）进行系统发育分析，2001 年推出的 PAUP* 4.0 版本中，研发者又整合了最大似然法（maximum likelihood，ML）和距离法（distance-based method）等系统发育分析算法，使其成为了包含众多分子进化模型和方法的应用广泛的系统发育分析软件。在构建系统发育树及进行相关检验的同类软件中，PAUP* 几乎拥有最快的运行速度以及卓越的性能，且适用于 Windows、Macintosh、Linux 及 Portable 等不同操作平台。

利用 PAUP* 软件构建系统发育树要求数据文件的输入格式必须为 NEXUS 文件（.nex），从 GenBank 下载的数据或测序所得的数据大多为 FASTA 格式，利用 ClustalX 进行比对后，即可选择生成 NEXUS 文件。此外，在进行其他系统进化分析时，PAUP* 也可以输入 PHYLIP、NBRF-PIR、HENNIG86 及 GCG-MSF 等其他格式的数据文件。利用该软件进行系统发育树的构建时，程序提供不同方法的选项，如采用最大简约法（maximum parsimony，MP）时，该选项可提供任意特征权重方案的说明；采用距离法时，在该选项中可以根据不同需求选择非加权组内平均法（UPGMA）、最小进化法（minimum evolution，ME）、邻接法（neighbor-joining，NJ）等不同的模式。建树完成后，PAUP* 还支持对所获得的系统发育树结果进行分析评估，如可利用 KH（Kishino-Hasegawa）检验和 SH（Shimodaira-Hasegawa）检验来比较各系统发育树之间的差异是否显著。

四、RAxML

RAxML（randomized axelerated maximum likelihood）由德国学者亚历山德罗斯·斯塔玛塔基斯（Alexandros Stamatakis）开发，最初起源于 PHYLIP 软件包中的一部分程序 dnaml，是采用最大似然法（ML）构建系统发育树的系统发育分析和后期分析工具软件。RAxML 的优势在于可以处理超大规模的序列数据，包括上千至上万个物种，几百至上万个已经比对好的碱基序列，并且可以评估所构建的进化树的节点支持率，可在 Linux、MacOS 和 DOS 下运行并支持在大型服务器上多线程运行。

RAxML 软件对序列格式和序列内容要求非常严格，不能出现相同名称的序列、不同名称但序列内容相同的序列以及不确定的序列，利用 RAxML 构建系统发育树前应先检查序列格式及序列内容是否错误。由于 RAxML 是为大型数据集设计的，因此核苷酸序列替代模型的选择仅限于 GTR 系列的参数模型，如 GTR＋Gamma、GTR＋Gamma＋I、GTRCAT 及 GTRCAT＋I。建树完成后，为了能够在 TreeView、FigTree 等树查看器中打开结果，需要将所获结果文件名中的扩展名“. out”替换为“. tre”。

五、PhyML

PhyML（phylogenetic inference using maximumu likelihood）是一个基于最大似然法（ML）

原理的系统发育分析软件，最初由斯特凡纳·甘东（Stéphane Guindon）等开发，早期的PhyML版本使用简便快速的爬山算法来执行最近邻交换（nearest neighbor interchanges，NNIs）来提高树的拓扑结构估计的合理性，同时支持估计树各分支的长度。自2003年发布以来，PhyML由于其简单性和在保证准确性的前提下提高速度的优越性而被广泛使用。PhyML主要根据核苷酸序列或氨基酸序列利用最大似然法（ML）构建系统发育树，该软件的输入数据文件为PHYLIP格式，它的主要优势在于拥有大量的替代模型，以及提供搜索系统发育树拓扑空间的各种选择，使建树更加简便、快速、有效，提供Mac OS、Windows（32位）及Intel Linux(64/32位）等多个平台的不同版本。PhyML实现了很多新的算法和进化模型的有效应用，如支持以用户定义的强度搜索树拓扑的空间，提供一种非参数的类似SH检验的分支测试等。

六、TREE-PUZZLE

TREE-PUZZLE是对分子序列数据利用最大似然法（ML）构建系统发育树的计算机程序，提供包括Windows（64/32位）、Linux（64/32位）以及Macs在内的多平台不同版本。它实现了一种快速的最大似然估计方法，Quartet-Puzzling允许对大型数据集进行分析，并支持自动为每个内部分支进行计算评估，并且支持对数据集进行数个统计测试，包括基础成分均匀性的卡方检验、分子钟假设的似然比检验、单向和双向的KH检验、SH检验、似然权重预期等。TREE-PUZZLE还可以为用户指定的树计算成对的最大似然距离和分支长度，是一种支持所有常见的核苷酸序列、蛋白质序列相似性分析及进化树构建的工具。

七、IQ-TREE

IQ-TREE是基于最大似然法（ML）来构建系统发育树的软件，其名字来源于它是IQPNNI和TREE-PUZZLE软件的继承者。该软件于2014年由越南学者裴广明（Bùi Quang Minh）等开发，提供包括Windows（64/32位）、Linux（64/32位）以及Macs在内的多平台不同版本。IQ-TREE实现了广泛使用的最大似然分析，包含多种新的系统基因组学模型和序列数据类型，并提出了比现有方法更好的新计算方法，允许对大数据集进行快速分析，提高了通用性、灵活性及准确度。在计算时间相似的情况下，IQ-TREE与RAxML和PhyML相比更为准确、快速、灵活，且特别适用于大数据的系统发育分析，作为近几年来悄然兴起的建树软件，IQ-TREE自2014年发布以来，以其高效建树、超快自展、适用于大型数据的特点，发展势头迅猛，受到越来越多学者的青睐。

IQ-TREE软件可以识别并处理包括PHYLIP、FASTA、NEXUS、ClustalW在内的多种序列比对格式，该软件首选的序列数据格式为PHYLIP，当输入数据为其他格式如FASTA时，程序会自动转换为PHYLIP格式，省去了格式转换的步骤。使用IQ-TREE建树完成后，会在序列目录下生成多个文件，主要包括程序运行日志xx.log、ML树文件（含有UFBoot或BP/SH-aLRT评估分支置信度）和一致树文件xx.contree，可以用FigTree进行查看。

八、MEGA

MEGA（molecular evolutionary genetics analysis）是一个功能非常强大的免费的分子进化遗传分析软件，由苏蒂尔·库马尔（Sudhir Kumar）教授编写开发，具有搜索数据、进行核苷酸序列及氨基酸序列比对、进化树构建、遗传距离及分子进化速度估计、进化假说验证等功能。从1993年的第一版到2018年发布的MEGA X，MEGA的下载次数近200万，有10万多次的引用。毫无疑问，MEGA 是目前科研人员使用最多、体验最好的进化树构建软件。

MEGA 的用户界面提供菜单化的操作方式，使用非常简单方便，是推荐初学者进行核苷酸序列、氨基酸序列和遗传距离系统发育树构建的首选。MEGA 支持 FASTA、PHYLIP、PAUP 以及 TXT 等序列文件格式，并支持使用 ClustalW 和 MUSCLE 程序进行序列比对，可以使用的建树方法有非加权组内平均法（UPGMA）、最小进化法（ME）、邻接法（NJ）等常用的距离法，还有最大简约法（MP）、最大似然法（ML）以满足不同的建树需求，此外 MEGA 还可以对所获得的进化树进行自展检验、内部分支检验、分子钟检验及标准误估计可靠性检验来评估树的准确性和可靠性。

鉴于 MEGA 是目前在进行系统发育树的构建中被广泛使用的操作简便的系统发育分析软件，本节就以 MEGA X 示例水产生物大分子系统发育树的构建。

【实例分析】利用 MEGA X 构建系统发育树。

由于线粒体 DNA（mitochondrial DNA，mtDNA）中的细胞色素 b 基因被认为是确定科和属之间关系、研究种群遗传变异和分化、近缘种及种下分类单元鉴定等方面最有用的分子序列之一，因此，本例选择 17 种水产动物物种线粒体基因组中细胞色素 b（*cytochrome b*，*Cytb*）基因的氨基酸序列用于构建系统进化树。

1. 准备序列文件　以 Entrez 检索方法从 NCBI 中分别获取 17 种水产动物的线粒体基因组细胞色素 b 基因所编码的氨基酸序列，将各物种的氨基酸序列以 FASTA 格式保存到新建的文本文件中，并将其命名为“cytb.fasta”，各物种序列的详细信息见表 8-3。

表 8-3　构建进化树所选取的 17 种水产动物细胞色素 b 基因编码的氨基酸序列信息

种类	物种名称	拉丁学名	NCBI 登录号
鱼类	澳洲鲭	*Scomber australasicus*	BAA92843.1
	日本鲭	*Scomber japonicus*	YP_003377659.1
	大西洋鲭	*Scomber colias*	ABW97058.1
	短鳍无齿鲳	*Ariomma brevimanus*	BAE91961.1
	虹鳟	*Oncorhynchus mykiss*	NP_008302.1
	鲤	*Cyprinus carpio*	NP_007094.1
棘皮动物	仿刺参	*Apostichopus japonicus*	ABX59373.1
	加州刺参	*Apostichopus californicus*	YP_009128912.1
	虾夷马粪海胆	*Strongylocentrotus intermedius*	YP_009019283.1
	绿海胆	*Strongylocentrotus droebachiensis*	AXY87961.1
甲壳类	南美白对虾	*Penaeus vannamei*	ABQ84188.1
	中国对虾	*Penaeus chinensis*	YP_001382118.1
	中华绒螯蟹	*Eriocheir sinensis*	AKA67048.1
	合浦绒螯蟹	*Eriocheir hepuensis*	ABW98665.1
软体动物	香港巨牡蛎	*Crassostrea hongkongensis*	ABY26708.1
	熊本牡蛎	*Crassostrea sikamea*	AIM52411.1
	太平洋牡蛎	*Crassostrea gigas*	NP_037545.1

2. 利用 MEGA X 进行多序列比对　从 https://www.megasoftware.net/ 下载适配于使用者设备的版本，软件首页如图 8-4 所示。

根据软件安装包提示安装后，打开用户界面（图 8-5）。

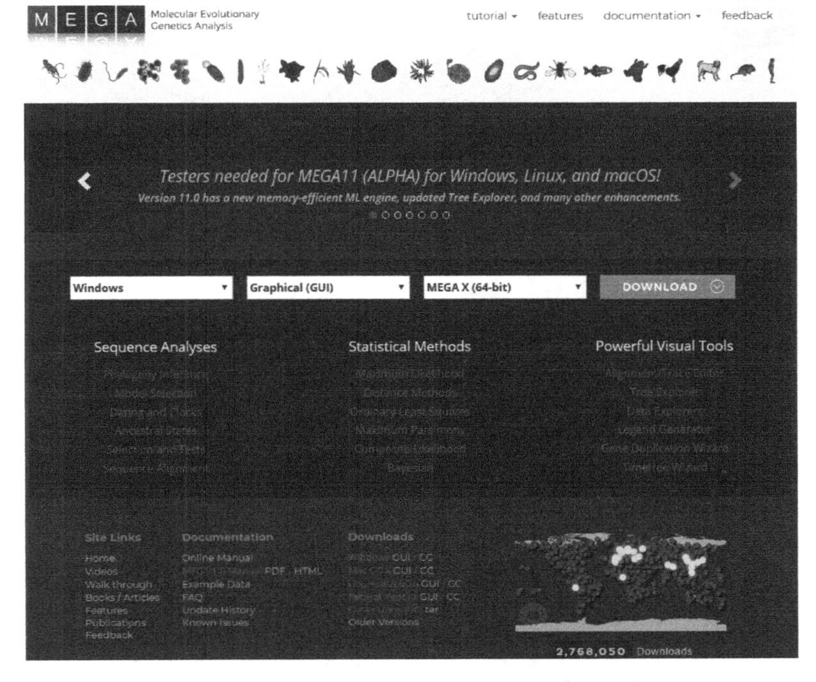

图 8-4 MEGA X 的下载界面（2021 年 5 月）

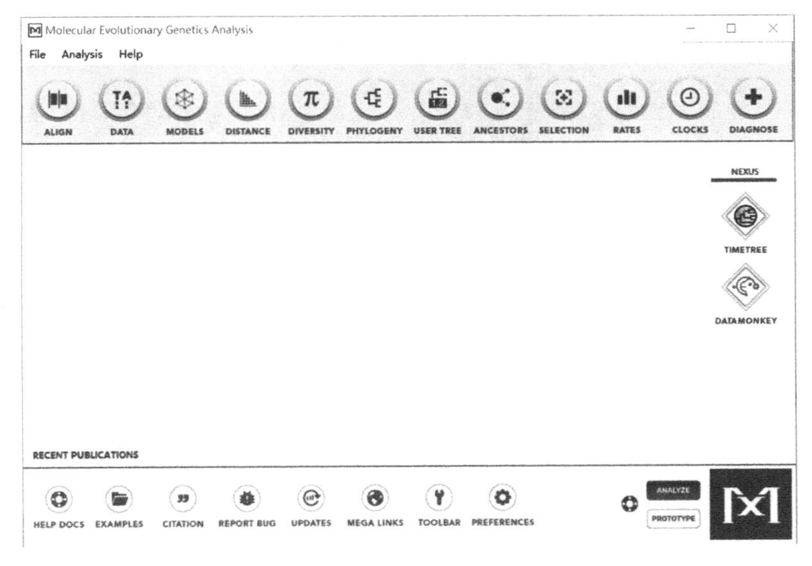

图 8-5 MEGA X 的用户界面

在“File”模块中点击“Open A File/Session”选项打开序列文件“cytb.fasta”，如图 8-6 所示。

在弹出的“Analyze or Align File”对话框中选择“Align”选项，随即便弹出 MEGA X 软件的“Alignment Explorer”模块对话框，如图 8-7 所示。

MEGA X 软件的“Alignment Explorer”模块中集成了“ClustalW”和“MUSCLE”程序进行多序列比对，在示例中，利用“ClustalW”程序进行多序列比对。

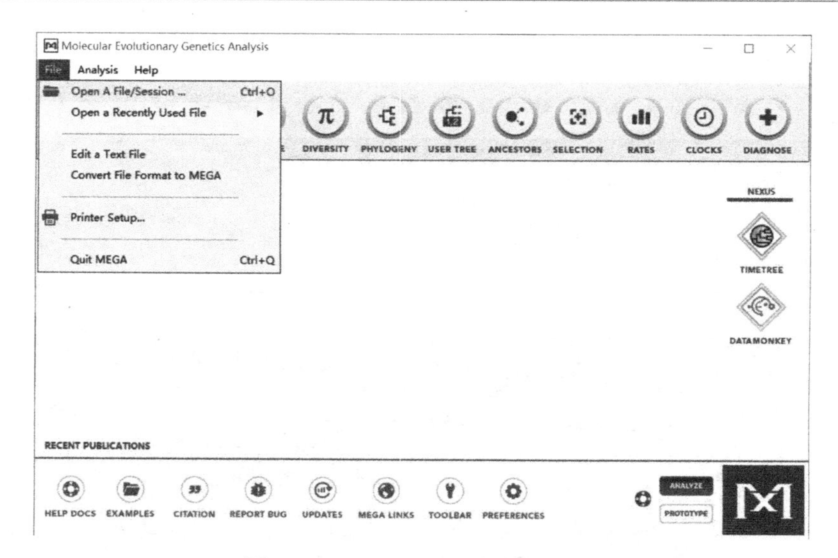

图 8-6　MEGA X 的文件打开界面

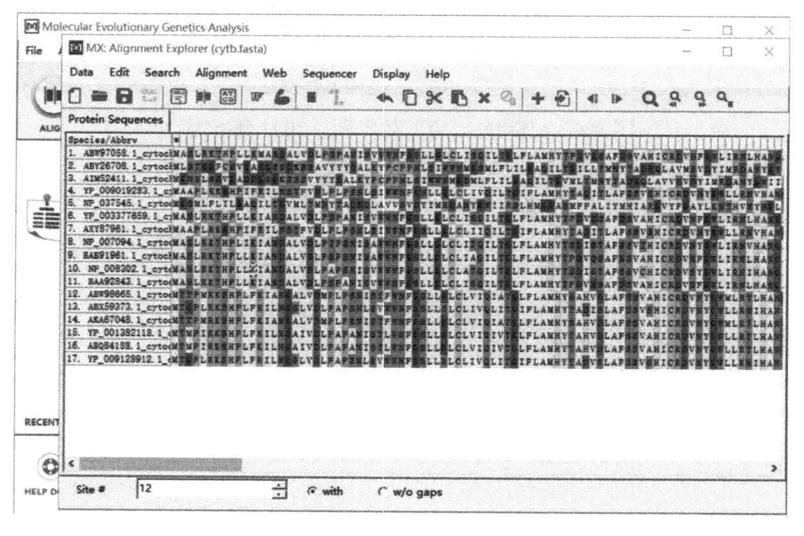

图 8-7　MEGA X 的“Alignment Explorer”模块对话框

全部选中所打开的序列文件后，在“Alignment Explorer”模块对话框中依次点击“Alignment”→“Align by Clustal W”命令，随即弹出“ClustalW Options”对话框，如图 8-8 所示，用来设置多序列比对的各种参数，一般采用默认参数即可，点击“OK”选项进行多序列比对。

比对结束后，将多序列比对的结果输出为 MEGA 格式，如图 8-9 所示，在“Alignment Explorer”模块对话框中依次点击“Data”→“Export Alignment”→“MEGA Format”命令，将输出的文件名命名为“cytb.meg”。

3. 利用 MEGA X 构建系统发育树　将多序列比对结果保存为 cytb.meg 文件后，关闭“Alignment Explorer”模块对话框，将 cytb.meg 文件拖入 MEGA X 中，如图 8-10 所示，弹出“Sequence Data Explorer”模块对话框。

ClustalW Options

Alignment

Pairwise Alignment

Gap Opening Penalty 10.00

Gap Extension Penalty 0.10

Multiple Alignment

Gap Opening Penalty 10.00

Gap Extension Penalty 0.20

Weight

Use Negative Matrix OFF

Delay Divergent Cutoff (%) 30

Keep Predefined Gap

Specify Guide Tree

Help Cancel OK

Done Loading

图 8-8 MEGA X 的“ClustalW Options”对话框

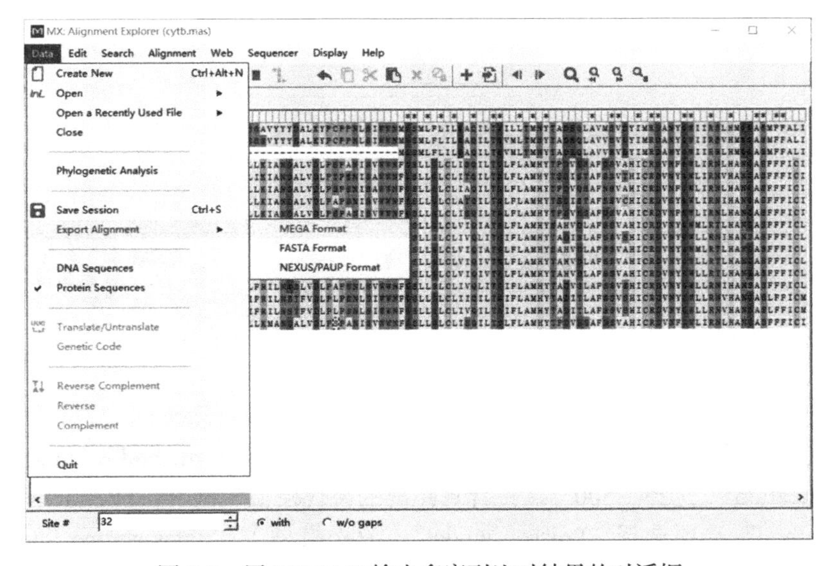

图 8-9 用 MEGA X 输出多序列比对结果的对话框

在 MEGA X 主界面的菜单中选择“Phylogeny”模块，开始系统发育树的构建，在示例中选择的建树方法为邻接法（NJ），依次点击“Phylogeny”→“Construct/Test Neighbor-Joining Tree”选项，如图 8-11 所示。

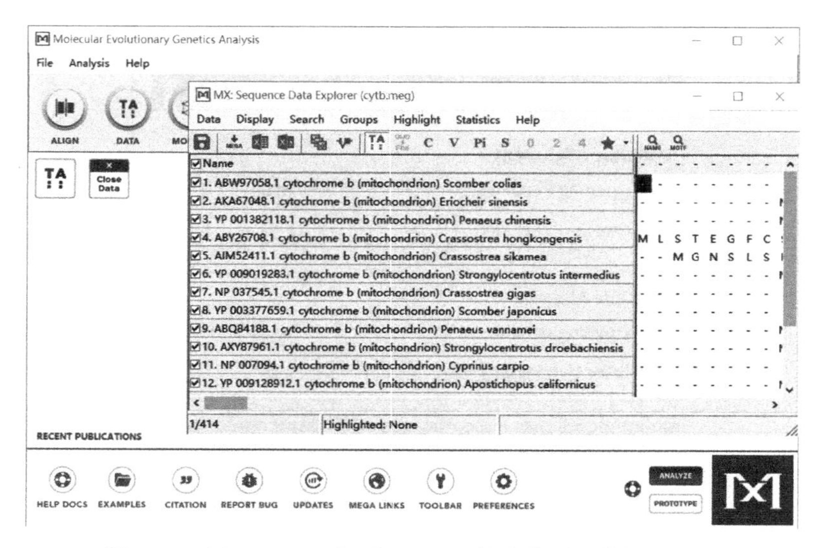

图 8-10 用 MEGA X 打开“.meg”格式序列文件的对话框

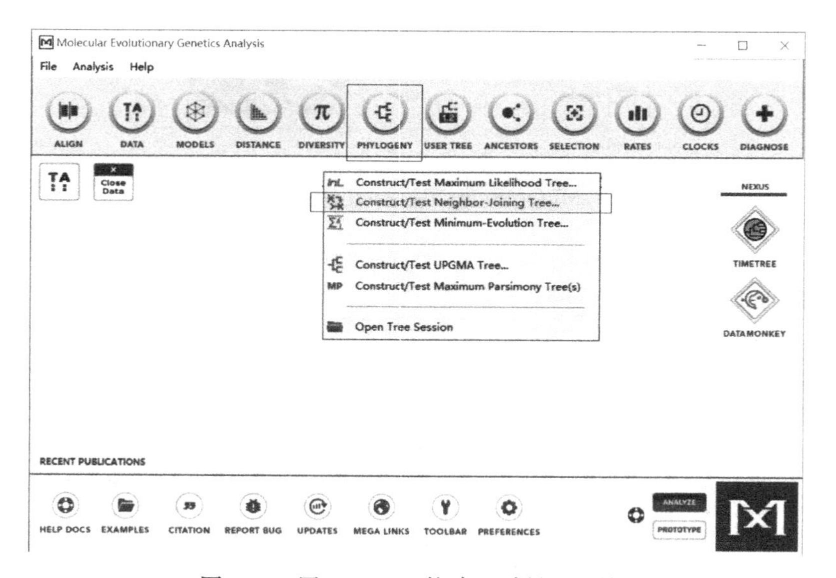

图 8-11 用 MEGA X 构建 NJ 树的对话框

随后将弹出用于设置系统发育树构建中参数的“Analysis Preferences”对话框，如图 8-12 所示，在示例中检验方法“Test of Phylogeny”选择“Bootstrap method”，重复次数“No. of Bootstrap Replications”选择“500”次；计算距离的替代模型“SUBSTITUTION MODEL”中的“Model/Method”选项选择“Poisson model”（泊松模型）；“Rates among Sites”选项选择程序默认的“Uniform Rates”；“Gaps/Missing Data Treatment”选项同样选择默认的“Pairwise deletion”。所有选项设置完成后，点击“OK”按钮开始计算。

计算完成后，弹出“Tree Explorer”对话框，计算过程中所耗用的时间取决于序列文件所包含的序列数目以及各序列中所包含的信息位点含量，如图 8-13 所示，“Tree Explorer”包括“Original Tree”（原始树）以及“Bootstrap consensus tree”（bootstrap 验证过的一致树）两个结果，各分支上的数字代表经 bootstrap 检验后该分支的支持率。

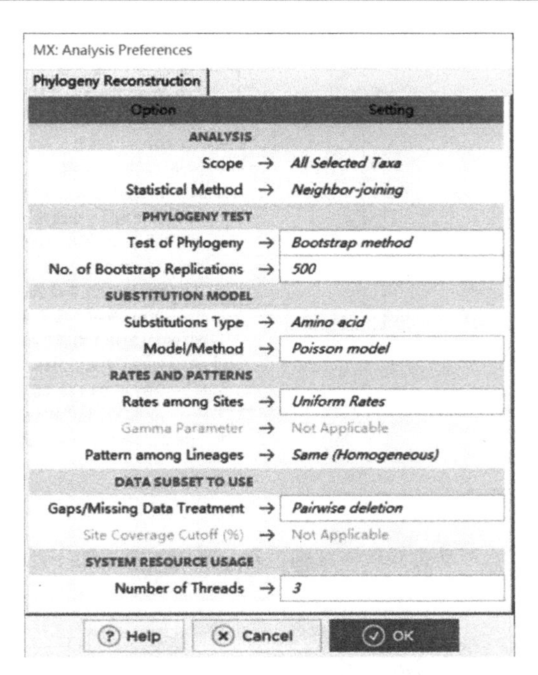

图 8-12 MEGA X 的“Analysis Preferences”对话框

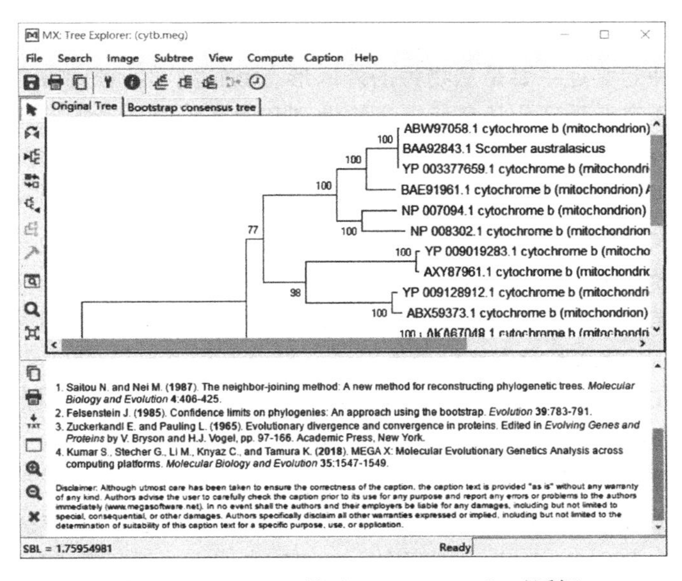

图 8-13 MEGA X 的“Tree Explorer”对话框

在“Tree Explorer”对话框中可以对所获得的系统发育树进行修饰，如利用对话框右侧的各项按钮更改树上各分支的顺序以及双击序列名以更改各分支上序列的名称等，最后可以将修改好的进化树通过图 8-13 中的“File”选项输出结果，也可以通过“Image”选项复制结果到剪贴板或保存为 PDF、TIFF、PNG 等格式的文件。最终得到的系统发育树如图 8-14 所示。

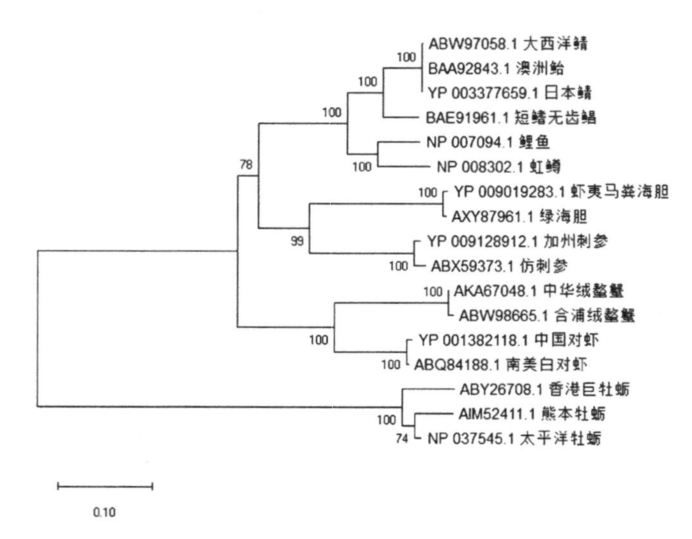

图 8-14　17 种水产动物线粒体细胞色素 b 基因的氨基酸序列的系统发育树

第三节　水产动物的系统发育与基因组快速进化

一、水产物种鉴定

传统的水产物种的鉴定主要是从物种的外部形态和解剖学特征两方面着手，但是，水产动物的外部形态特征容易受到生长环境、生物性别和发育阶段的影响，且隶属于同一种属乃至同一科（如对虾科）的种类在形态上的差别非常细微，因此，仅从外部形态和解剖学特征角度对水产动物种类（尤其是水产动物隐存分类单元）进行准确鉴别的难度较大。近年来，利用分子生物学手段进行水产物种鉴定的方法作为形态学分类系统的必要补充和佐证，逐渐发展了起来。水产物种分子鉴定（molecular identification of aquatic species）指利用分子生物学手段，对水产物种样本（尤其是形态学特征相似不易区分、模糊或损坏丢失的样本）的遗传分子标记进行分析，以此来鉴定生物种类的方法，目前最常用的是 DNA 条形码技术。

DNA 条形码（DNA barcode）是指生物体内能够代表该物种的、标准的、有足够变异的、易扩增且相对较短的 DNA 片段。DNA 条形码技术（DNA barcoding）是一种通过对一个标准目的基因的 DNA 序列进行分析从而进行物种鉴定的 DNA 分子标记技术。加拿大学者保罗·赫伯特（Paul Hebert）首先倡导将 DNA 条形码技术应用到生物物种鉴定中，2007 年 5 月 10 日，世界上第一个 DNA barcoding 鉴定中心在加拿大成立。近年来，DNA 条形码已经成为生态学研究的重要工具，不仅用于物种鉴定用以弥补传统形态学鉴别的不足与缺陷，也在深入了解生态系统演化方面发挥重要作用。目前，可以作为 DNA 条形码的 DNA 片段主要包括细胞色素 c 氧化酶亚基 Ⅰ 基因（*cytochrome c oxidase subunit Ⅰ*，*CO Ⅰ*）、16S 核糖体 RNA 基因（*16S ribosomal RNA*，*16S rRNA*）、18S 核糖体 RNA 基因（*18S rRNA*）、*ATP6* 基因、12S 核糖体 RNA 基因（*12S rRNA*）以及内部转录间隔区（internal transcribed spacer，ITS）序列等（表 8-4）。值得注意的是，使用单一 DNA 片段作为 DNA 条形码进行物种的鉴定往往不甚准确，因此，在实际的应用中，往往使用 2 个甚至 2 个以上的 DNA 片段作为 DNA 条形码用于水产物种的准确鉴定。

表 8-4 应用于水产动物物种鉴定的 DNA 条形码

DNA 片段	鉴定物种	参考文献
CO Ⅰ	鱼类 鲽形目（Pleuronectiformes）	杨凡，2010
	石首鱼科（Sciaenidae）	柳淑芳等，2010
	虾虎鱼科（Gobiidae）	于亚男等，2014
	棘皮动物 楯手目（Aspidochirotida）	胡冉冉等，2019
	海参纲（Holothuroidea）	律迎春等，2011
	甲壳类 磷虾目（Euphausiids）	安·布克林（Ann Bucklin）等，2007
	对虾科（Penaeidae）	易啸等，2018
	软体动物 头足类（Cephalopods）	周光东等，2018
	帘蛤目（Veneroida）	王琳楠等，2013
	贻贝科（Mytilidae）	刘君等，2011
16S rRNA	鱼类 虾虎鱼科（Gobiidae）	吕杨等，2016
	鲀科（Tetraodontidae）	陈文炳等，2015
	石斑鱼亚科（Epinephelinae）	陈双雅等，2012
	棘皮动物 楯手目（Aspidochirotida）	胡冉冉等，2019
	甲壳类 梭子蟹科（Portunidae）	张姝等，2008
	软体动物 蜑螺科（Neritidae）	张晓洁等，2018
18S rRNA	软体动物 帘蛤科（Veneridae）	程汉良等，2008
	石磺科（Oncidiidae）	吴文健等，2010
12S rRNA	鱼类 塘鳢科（Eleotridae）	李春枝等，2006
	罗非鱼属（*Tilapia*）	李娴等，2008
	甲壳类 青蟹属（*Scylla*）	高天翔等，2005
ITS	鱼类 鳎科（Soleidae）	龚理等，2017
	软体动物 珠母贝属（*Pinctada*）	喻达辉等，2005

二、水产生物的分子进化分析

在水产生物的分子系统学研究中，DNA 条形码等 DNA 分子标记技术除了在物种鉴定方面已经成功应用外，在种群结构分析、新种的发现、系统进化和生物多样性研究等许多领域都得到了较为广泛的应用。对于某一物种而言，除了要鉴定其分类地位以外，还要分析该物种的系统进化地位，以此来系统了解该物种的亲缘关系和进化特点等。线粒体 *CO Ⅰ* 基因、*16S rRNA*、*12S rRNA* 和 *18S rRNA* 等，由于这些基因片段含有丰富的遗传信息且较保守，系统解析能力较强，因此常被应用于不同阶段物种的系统进化和分类研究，在水产生物分子进化分析中的应用都较为广泛。近年来，贝叶斯（Bayes）联合模型分析多基因片段的方法广泛应用于系统发育研究中。联合多基因片段分析能有效地增加系统发生分析的信号强度和置信度，并为不同进化速率的片段选择最适的进化模型和分组方法。

CO Ⅰ 基因作为分子标记在水产生物分子进化的研究中应用最为广泛。例如，在鱼类进化研究中，*CO Ⅰ* 基因已经用于长江口舌鳎科（Soleidae）、沙鳅亚科（Botiinae）、鲱形目（Clupeiformes）、石首鱼科（Sciaenidae）和鲶形目（Siluriformes）等鱼类以及帘蛤科（Veneridae）等贝类的系统进化和遗传资源分析。除 *CO Ⅰ* 基因外，*16S rRNA* 基因也在水产生物分子进化分析中具有广泛的应用。例如，郭奕惠等通过对我国主要养殖的 5 种罗非鱼种类的 *16S rRNA* 序列进行聚类分析探讨了罗非鱼种间的亲缘关系和遗传多样性，为罗非鱼的分子标记辅助选育和分子进化等研究提供了基础资料。郑文娟等基于 *16S rRNA* 部分序列

探讨了12种鲹科（Carangidae）鱼类的分子系统进化关系。此外，基于*16S rRNA*基因的海参科（Holothuriidae）物种的亲缘关系及系统进化关系分析，不仅为海参科种类的传统形态学分类结果提供了有力支持，并为推演海参骨片的进化过程提供了新的线索。还有研究者对光棘球海胆（*Mesocentrotus nudus*）、中间球海胆（*Strongylocentrotus intermedius*）、马粪海胆（*Hemicentrotus pulcherrimus*）、海刺猬（*Glyptocidaris crenularis*）和紫海胆（*Anthocidaris crassispina*）5种经济海胆的线粒体*16S rRNA*基因片段的序列进行了分析，得到了较为可信的种间遗传距离和系统进化关系。

为了弥补单个基因标记对系统进化分析的局限性，现在多用*16S rRNA*与*CO Ⅰ*基因序列结合分析的方法来进行水产动物的系统进化分析。例如，艾伦·阿恩特（Allan Arndt）等利用*16S rRNA*和*CO Ⅰ*基因序列片段对瓜参科（Cucumariidae）的科、属系统水平进化进行了研究。李颖等基于*16S rRNA*和*CO Ⅰ*基因序列片段对仿刺参（*Apostichopus japonicus*）的系统发育和遗传多样性进行了研究。曾晓起等基于线粒体*16S rRNA*与*CO Ⅰ*基因序列利用NJ、MP和ML法分别构建系统进化树，对刻肋海胆属（*Temnopleurus*）的5种海胆进行了系统发育学研究，探讨了刻肋海胆属海胆的种间遗传分化程度以及种间系统进化关系。刘帅等利用线粒体*16S rRNA*基因片段及*CO Ⅰ*基因片段序列分析的方法，对对虾属（*Penaeus*）的6亚属23种对虾进行了分子系统学研究，利用MP法构建了系统发育树并得到了种间序列的遗传距离。吉鹏宇等基于*16S rRNA*和*CO Ⅰ*基因序列，利用NJ法进行聚类分析，对中国东山等地6个青蟹群体进行了分子遗传差异的研究，结果说明这6个青蟹群体的分子遗传背景基本相似。若林敏江（Toshie Wakabayashi）等利用*16S rRNA*和*CO Ⅰ*基因条码片段探讨了柔鱼科（Ommastrephidae）的系统进化关系，进一步完善了柔鱼科的分类地位。

除了线粒体*16S rRNA*与*CO Ⅰ*基因序列以外，线粒体*12S rRNA*与*18S rRNA*基因序列在水产生物进化分析的研究中也有所应用。例如，高天翔等基于线粒体*12S rRNA*序列探讨了4种青蟹的系统发育关系，阐明了分布于中国沿海的青蟹的分类地位。徐敬明基于*12S rRNA*基因片段序列采用NJ法构建系统进化树，探究了中国沿海10种方蟹的系统发育关系。孟学平等的研究利用*18S rRNA*基因分析了双壳纲（Bivalvia）3个亚纲，帘蛤目、海螂目（Myoida）、贻贝目（Mytiloida）、胡桃蛤目（Nuculoida）、蚶目（Arcoida）、珍珠贝目（Pterioida）6个目94个种类的系统发育关系，计算种内及种间遗传距离并构建系统发育树，为研究双壳类贝类的系统进化规律奠定了基石。

三、正选择和快速进化

适应性进化（adaptive evolution）是指生物在进化过程中，为了能够在逐渐变化的外界环境中生存，经自然选择而产生的局部结构和功能的变化。当一个群体中出现能够提高个体生存力或育性的突变时，具有该基因的个体将比其他个体留下更多的子代，而突变基因最终在整个群体中扩散。这种选择被称为正选择（positive selection），目前的观点认为，适应性进化是正选择传播有利突变的结果。水产动物种类繁多且其生存环境比较复杂，自然地貌、光照、气温、湿度、降雨量、径流量等水文或气候条件变化都会对水产动物的构成和演变产生影响。

近年来，随着高通量测序技术（high-throughput sequencing，HTS）的不断发展，基于基因组学和转录组学分析的水产动物的正选择基因大规模筛选和水产动物快速进化分子机制研究正逐渐成为水产动物研究领域的热点和焦点。例如，在利用基因组学进行鱼类的适应性进化机制的研究中，通过将石首鱼科的小黄鱼（*Pseudosciaena polyatis*）与大黄鱼

（*Pseudosciaena crocea*）进行基因组比较分析，发现小黄鱼中与骨骼形成、鱼鳍形态发生、生长发育等相关的大量基因受到了正选择，如淋巴增强因子 1（*lymphoid enhancer-binding factor 1*，*LEF1*）基因及膜联蛋白（*Annexin*）基因等，从而推测大黄鱼和小黄鱼的表型分化主要是小黄鱼的生长性状受到强烈的自然选择造成的。又如，在利用转录组学进行鱼类适应性进化机制的研究中，通过比较软刺裸鲤（*Gymnocypris dobula*）、怒江裂腹鱼（*Schizothorax nukiangensis*）及斑马鱼（*Danio rerio*）这三种分布在高、中、低三个海拔的鲤科鱼类的转录组，筛选出了鲤科鱼类适应高海拔及低氧等极端环境的正选择基因，如促红细胞生成素（*erythropoietin*，*EPO*）基因等，同时，通过比较发现裂腹鱼类（schizothoracids）的进化速率明显较斑马鱼等平原鱼类快，提示裂腹鱼类为了适应改变的生存环境，经历了一个快速进化的过程。对不同海拔的鲇形目鮡科（Sisoridae）鱼类进行了转录组的比较分析，发现高海拔的黑斑原鮡（*Glyptosternon maculatum*）与低海拔的黄颡鱼（*Pelteobagrus fulvidraco*）相比，在低氧应答、氧化压力应答、线粒体和 DNA 修复等方面，进化速率明显加快，并在高海拔的黑斑原鮡中找到了包括甘油醛 -3- 磷酸脱氢酶（*glyceraldehyde-3-phosphate dehydrogenase*，*GAPDH*）基因及精氨酸甲基转移酶 5（*protein arginine methyltransferase 5*，*PRMT5*）基因在内的多个与低氧应答和能量代谢相关的受到选择压力的正选择基因，初步揭示了鱼类逐步适应高海拔地区的分子进化机制。

知识拓展 · Expand Knowledge

基因倍增（gene duplication）是指 DNA 片段在基因组中复制出一个或更多的拷贝，这种 DNA 片段可以是一小段基因组序列、整条染色体，甚至是整个基因组。基因倍增是基因组进化最主要的驱动力之一，是产生具有新功能的基因和进化出新物种的主要原因之一。例如，章鱼（*Octopus bimaculoides*）的基因组测序结果显示，章鱼的基因组非常巨大，是其他无脊椎动物基因组的 5～6 倍。值得注意的是，章鱼基因组中与神经系统发育相关的基因家族发生了显著的基因倍增现象，这一结果为进一步阐明为什么章鱼具有无脊椎动物中较为少见的高度发达的神经系统提供了更多的理论数据和资料。

重点词汇 · Keywords

1. 分子进化（molecular evolution）
2. 遗传漂变（genetic drift）
3. 分子钟（molecular clock）
4. 分子系统发育（molecular phylogeny）
5. 系统进化树（phylogenetic tree）
6. 自举（boot strapping）
7. 适应性进化（adaptive evolution）
8. 正选择（positive selection）
9. 正选择基因（positive selection gene）
10. DNA 条形码（DNA barcoding）

本章小结 · Summary

分子进化是生物进化的基础和前提，其主要理论包括遗传漂变、中性学说和分子钟等。系统发育分析是分子进化分析的有效手段，是从生物大分子序列或结构信息层面研究和分析各种生物的进化关系，一般用系统进化树来描述。系统进化树包括树根（root）、内结（internal node）、枝条（branch）和顶结（terminal node）等结构，是一种类似树状分枝的拓扑结构。构建系统进化树的算法主要包括距离法、最大简约法和最大似然法等，用于系统进化树构建的软件主要有PHYLIP、MrBayes、PAUP*、RAxML、PhyML、TREE-PUZZLE、IQ-TREE和MEGA。对于系统进化树拓扑结构的评价可采用自举法或一致性检验。在水产研究领域，系统进化分析已被广泛应用于水产物种鉴定、物种分类、正选择基因挖掘与分析以及解析适应性进化机制等诸多方面。

Molecular evolution is the basis and premise of biological evolution. The main theories include genetic drift, neutral theory and molecular clock, etc.. Phylogenetic analysis is an effective approach to analyze molecular evolutionary from the level of sequence or structural information of biological macromolecules. Phylogenetic trees are generally way to describe phylogeny relationships among biological macromolecules. Phylogenetic tree is a topological structure similar to a tree, including root, internal nodes, branches and terminal nodes. Algorithms for constructing phylogenetic tree mainly include distance method, maximum parsimony method and maximum likelihood method. Softwares for phylogenetic tree construction mainly include PHYLIP, MrBayes, PAUP*, RAxML, PhyML, TREE-PUZZLE, IQ-TREE and MEGA. The robustness of the topological structure of phylogenetic tree can be evaluated by bootstrapping or consistency test. In terms of aquatic field, phylogenetic analysis has been widely used in aquatic species identification, species classification, positive selection gene mining and analysis, and adaptive evolutionary mechanism clarification.

思考题 · Thinking Questions

1. 遗传漂变的主要表现形式有哪些？遗传漂变与自然选择的区别是什么？
2. 简述系统进化树的种类和拓扑结构。
3. 思考挖掘水产动物正选择基因的生物学意义。

参考文献 · References

陈海港，朱新平，李伟，等. 2018. 基于线粒体 *CO Ⅰ* 基因的部分鲇形目鱼类系统发育研究. 中国水产科学，4：762-771.

陈铭. 2018. 生物信息学. 3版. 北京：科学出版社.

陈双雅，王嘉鹤，陈伟玲，等. 2012. *16S rRNA* 基因和 *CO Ⅰ* 基因序列分析在石斑鱼物种鉴定中的应用. 生物技术通报，10：130-136.

陈文炳，翁国柱，陈融斌，等. 2015. 河豚鱼 *16S rRNA* 基因部分DNA序列分析及应用. 食品科学，514（21）：164-168.

程汉良，彭永兴，董志国，等. 2013. 基于线粒体细胞色素c氧化酶亚基I基因序列的帘蛤科贝类分子系统发育研究. 生态学报，33（9）：2744-2753.

程汉良，彭永兴，王芳，等. 6种帘蛤科贝类 *18S rRNA* 基因全序列比较分析. 中国水产科学，15（4）：559-567.

高天翔，王玉江，刘进贤，等. 2005. 13种青蟹线粒体 *12S rRNA* 基因序列分析. 水产学报，（3）：28-32.

高天翔，王玉江，刘进贤，等. 2007. 基于线粒体 *12S rRNA* 序列探讨4种青蟹系统发育关系及中国沿海青蟹的分类地位. 中国海洋大学学报（自然科学版），37（1）：57-60.

龚理，时伟，杨敏，等. 2017. 5种鳎科鱼类核糖体 *ITS1* 序列比较. 水产学报，（3）：4-12.

郭奕惠，黄桂菊，喻达辉，等. 2007. 我国主要养殖罗非鱼的 *16S rRNA* 序列特征分析. 上海水产大学学报，16（5）：490-494.

胡冉冉，邢冉冉，王楠，等．2019．基于DNA条形码技术的海参物种鉴定．食品工业科技，40（10）：151-157．
吉鹏宇，沈琪，唐小林，等．2015．六个青蟹群体的线粒体 *16S rRNA* 和 *CO Ⅰ* 基因部分序列差异．海洋湖沼通报，4：69-77．
李春枝，张邦杰，李本旺，等．2006．尖塘鳢属鱼类线粒体 *12S rRNA* 基因序列分析．生态科学，25（5）：433-436．
李娴，杨玲，王成武，等．2008．5个品种（系）罗非鱼线粒体 *12S rRNA* 基因序列及其RFLP分析．长江大学学报（自然科学版），5（4）：57-60．
李献儒，柳淑芳，李达，等．2015．DNA条形码在鲱形目鱼类物种鉴定和系统进化分析中的应用．中国水产科学，22（6）：51-59．
李颖，刘萍，孙慧玲，等．2006．仿刺参（*Apostichopus japonicus*）mtDNA三个基因片段的序列分析．海洋与湖沼，37（2）：143-153．
刘君，李琪，孔令锋，等．2011．基于线粒体 *CO Ⅰ* 的DNA条形码技术在贻贝科种类鉴定中的应用．水生生物学报，35（5）：874-881．
刘军，赵良杰，刘其根，等．2015．不同水系银鲴自然群体线粒体 *CO Ⅰ* 基因遗传变异研究．淡水渔业，6：3-8．
刘帅，李墨非，叶嘉，等．2012．基于线粒体16Sr RNA和 *CO Ⅰ* 基因序列探讨对虾属（Penaeus）物种系统发生关系．生物学杂志，29（5）：37-42．
刘晓慧，黄佳琪，周遵春，等．2007．5种经济海胆线粒体 *16S rRNA* 基因片段的序列分析．水产科学，26（6）：331-334．
柳淑芳，陈亮亮，戴芳群，等．2010．基于线粒体 *CO Ⅰ* 基因的DNA条形码在石首鱼科（Sciaenidae）鱼类系统分类中的应用．海洋与湖沼，41（2）：223-232．
吕杨，宋超，刘媛媛．2016．基于 *16S rRNA* 基因部分序列的长江口虾虎鱼科鱼类系统分类．海洋渔业，38（1）：17-25．
律迎春，左涛，唐庆娟，等．2011．海参DNA条形码的构建及应用．中国水产科学，18（4）：72-79．
马秀慧．中国鲱科鱼类系统发育、生物地理及高原适应进化研究．重庆：西南大学硕士学位论文．
毛云涛，甘小妮，王绪祯，等．2014．基于线粒体 *CO Ⅰ* 基因的沙鳅亚科鱼类DNA条形码及其分子系统发育研究．水生生物学报，38（4）：737-744．
孟学平，申欣，程汉良，等．2010．双壳纲贝类 *18S rRNA* 基因序列变异及系统发生．生态学报，31（5）：1393-1403．
任轶，侯荣，冯慧．2015．物种鉴定中的DNA分析方法．陕西农业科学，10：61-64．
宋超，于亚男，张涛，等．2014．基于线粒体 *CO Ⅰ* 基因部分序列的长江口舌鳎科鱼类系统分类研究．动物学杂志，49（5）：716-726．
王琳楠，闫喜武，秦艳杰，等．2013．中国帘蛤目16种经济贝类DNA条形码及分子系统发育的研究．大连海洋大学学报，28（5）：431-437．
王一凡．2018．小黄鱼与大黄鱼比较基因组及生长相关性状研究．舟山：浙江海洋大学硕士学位论文．
文菁，胡超群，范嗣刚，等．2011．中国15种海参的分子系统发育和骨片演化的分析．海洋科学，5：66-72．
吴文健，沈斌，陈诚，等．2010．基于 *18S rRNA* 的中国大陆沿海石磺科贝类分类的初步分析．动物学研究，4：52-57．

吴祖建，高芳銮，沈建国．2010．生物信息学分析实践．北京：科学出版社．

谢平．2014．生命的起源－进化理论之扬弃与革新．北京：科学出版社．

徐敬明．2010．10种方蟹线粒体 *12S rRNA* 基因的序列特征和系统发育关系．水生态学杂志，31（6）：69-73．

杨凡．2010．中国鲽形目鱼类的DNA分子条形码及褐牙鲆的遗传多样性研究．广州：暨南大学硕士学位论文．

易啸，王攀攀，王军，等．2018．基于线粒体 *CO Ⅰ* 的DNA条形码在对虾科种类鉴定中的研究．水产学报，42（1）：1-9．

俞梦超．2017．通过裂腹鱼类的转录组比较分析揭示青藏高原鱼类的适应性进化．上海：上海海洋大学硕士学位论文．

于亚男，宋超，侯俊利，等．2014．基于线粒体 *CO Ⅰ* 基因部分序列的长江口虾虎鱼科鱼类系统分类．淡水渔业，5：3-8．

喻达辉，朱嘉濠．2005．珠母贝属的系统发育：核rDNA ITS序列证据．生物多样性，13（4）：315-323．

曾晓起，张文峰，高天翔．2012．基于线粒体 *16S rRNA* 与 *CO Ⅰ* 基因序列的刻肋海胆属系统发育研究．中国海洋大学学报（自然科学版），42（6）：47-51．

张姝，李喜莲，崔朝霞，等．2008．线粒体基因片段在梭子蟹系统发育及物种鉴定中的应用．海洋科学，32（4）：11-20．

张晓洁，孔令锋，李琪．2018．中国沿海常见蜑螺科贝类的DNA条形码．海洋与湖沼，49（3）：614-623．

郑文娟，朱世华，邹记兴，等．2008．基于 *16S rRNA* 部分序列探讨12种鲹科鱼类的分子系统进化关系．水产学报，32（6）：847-854．

周光东，邓尚贵，霍健聪．2018．基于 *CO Ⅰ* 基因的主要经济头足类及其制品DNA条形码鉴定．安徽农业科学，46（28）：98-101．

Albertin C B, Simakov O, Mitros T, et al. 2015. The octopus genome and the evolution of cephalopod neural and morphological novelties. Nature, 524 (7564): 220-224.

Arndt A, Marquez C, Lambert P, et al. 1996. Molecular phylogeny of eastern Pacific sea cucumbers (Echinodermata: Holothuroidea) based on mitochondrial DNA sequence. Molecular Phylogenetics & Evolution, 6 (3): 425-437.

Brandley M C, Schmitz A, Reeder T W. 2005. Partitioned Bayesian analyses, partition choice, and the phylogenetic relationships of scincid lizards. Systematic Biology, 54 (3): 373-390.

Bucklin A, Wiebe P H, Smolenack S B. 2007. DNA barcodes for species identification of euphausiids (Euphausiacea, Crustacea) . Journal of Plankton Research, 29 (6): 483-493.

Hebert P D, Ratnasingham S, Dewaard J R. 2003. Barcoding animal life: cytochrome c oxidase subunit 1 divergences among closely related species. Proc Biol Sci, 270: 96-99.

Kerr A M, Janies D A, Clouse R M, et al. 2005. Molecular phylogeny of coral-reef sea cucumbers (Holothuriidae: Aspidochirotida) based on 16S mitochondrial ribosomal DNA sequence. Marine Biotechnology, 7 (1): 53-60.

Nylander J A A, Ronquist F, Huelsenbeck J P. Bayesian phylogenetic analysis of combined data. Systematic Biology, 53 (1): 47-67.

Wakabayashi T, Suzuki N, Sakai M, et al. 2012. Phylogenetic relationships among the family Ommastrephidae (Mollusca: Cephalopoda) inferred from two mitochondrial DNA gene sequences. Marine Genomics, 7 (3): 11-16.

Witt J D, Threloff D L, Hebert P D. 2006. DNA barcoding reveals extraordinary cryptic diversity in an amphipod genus: implications for desert spring conservation. Molecular Ecology, 15 (10): 3073-3082.

第九章 水产转录组学及其研究进展

学习目标 · Learning Objectives

1. 掌握转录组学的基本概念。
   Master the basic definition of transcriptome.
2. 熟悉水产生物转录组分析思路及软件的使用方法。
   Know the process of transcriptome analysis and instructions for analytic software.
3. 了解水产生物转录组学的研究进展。
   Understand the present research progress of transcriptome in aquatic animals.

第一节 转录组测序技术概况

RNA 是生物体中不可缺少的重要分子，在遗传信息传递中发挥重要作用。在 20 世纪 40 年代以前，蛋白质被认为既承载着遗传信息，又具有酶的催化功能。1958 年，Crick 提出中心法则，揭示了 RNA 是遗传信息传递中 DNA 与蛋白质合成之间的信使。在中心法则确立后，RNA 分子被认为共有三种类型，包括核糖体 RNA（rRNA）、转运 RNA（tRNA）以及信使 RNA（mRNA），并且在细胞中主要参与蛋白质合成的过程。直到 1993 年，Ambros 等揭示了秀丽隐杆线虫发育过程中 RNA（microRNA 或 miRNA）所介导的调控作用，并重新定义了 RNA 的三个主要功能：①遗传物质；②核酶；③调控其他大分子生物进程。由此，mRNA（蛋白质编码 RNA）和非编码 RNA（不编码蛋白质）因其在生命活动中重要的功能体现而备受关注。

一、转录组的基本概念

转录组是指特定组织或细胞在某一发育阶段或功能状态下转录出来的所有 RNA 的集合，包括 mRNA、rRNA、tRNA 及其他非编码 RNA（non-coding RNA）。转录组研究能够从整体水平研究转录本功能以及结构，揭示特定生物学过程中的分子机制。因此，在人类基因组计划完成后，转录组学研究很快受到科学家的关注。目前，转录组学已经成为基因表达调控研究的重要手段，从一个细胞或组织基因组的全部 mRNA 水平研究基因表达情况，它能够提供全部基因的表达调节系统和蛋白质的功能、相互作用的信息。基因转录水平上的调控是生物最重要的调控形式，也是现在研究最多的基因表达调控形式。转录组学研究的不断深入，必将为生命科学更多新领域的探索研究提供高效的方法。

二、转录组研究技术的发展

转录组学研究是基于高通量的、大规模的数据研究生命过程中一系列基因的整体水平的转录机制。因此需要先获取大量已知的基因序列信息和转录本序列，并且对所研究对象的基因组有一个全局性的了解。

第一个得到描述的转录组是酿酒酵母细胞，共分析了 60 633 个转录本，揭示了 4665 个基因，其中，1981 个基因有已知的功能，而 2684 个基因从未被鉴定过。随着科技的进步以及转录组研究的不断加深，科学家已经建立起一系列的技术方法，转录组的研究方法主要有以下几种：①基于杂交的转录组学方法——基因芯片（DNA microarray）；②基于测序的转录组学方法——表达序列标签（expressed sequence tag，EST）、基因表达系列分析（serrial analysis of gene expression，SAGE）等；③基于新一代高通量测序技术（next-generation sequencing）的转录组测序等。

DNA 微阵列的基本制作原理为大规模集成电路所控制的机器人在尼龙膜或硅片固相支持物表面，有规律地合成成千上万个代表不同基因的寡核苷酸“探针”，或液相合成探针后由阵列器（arrayer）或机器人点样于固相支持物表面。这些“探针”可与用放射标记物 ^{32}P 或荧光物如荧光素、丽丝胺等标记的目的材中的 DNA 或 cDNA 互补核酸序列相结合，通过放射自显影或激光共聚焦显微镜扫描后，对杂交结果进行计算机软件处理分析，获得杂交信号的强度及分布模式图，以此反映目的材料中有关基因表达强弱的表达谱。以尼龙膜为固相支持物的 DNA 微阵列和以硅片为固相支持物的 DNA 芯片，二者在原理上相同，仅在支持物及检测手段等方面略有不同。

基因表达序列标签为长 200～800 bp 的 cDNA 部分序列。EST 的数目可以反映某个基因的表达情况，一个基因的拷贝数越多，其表达越丰富，测得的相应 EST 就越多。所以，通过对生物体 EST 的分析可以获得生物体内基因的表达情况和表达丰度。要获得生物体 EST 信息，通常应先构建其某个代表性组织的 cDNA 文库，然后从中随机挑取大量克隆，用载体的通用引物进行测序，一般可以得到其 5′ 或 3′ 端的 200～500 bp 的碱基序列，可对生物体基因的表达丰度进行分析。

新一代高通量测序技术具有高通量、高检测灵敏度以及低运行成本等优点，堪称测序技术发展历程的一个里程碑，该技术可以对数百万个 DNA 分子进行同时测序。这使得对一个物种的转录组进行细致全貌的分析成为可能。mRNA 测序（RNA-seq）是指利用第二代高通量测序技术进行 cDNA 测序，全面快速地获取某一物种特定器官或组织在某一状态下的几乎所有转录本。相对于传统的芯片杂交平台，RNA-seq 无须预先针对已知序列设计探针，即可对任意物种的整体转录活动进行检测，提供更精确的数字化信号、更高的检测通量以及更广泛的检测范围，是目前深入研究转录组复杂性的强大工具。由于早年研究技术及手段的限制，科学家曾认为只有编码蛋白质的基因才能够被转录生成转录本。在一个经典的真核细胞中，成百上千个编码基因在特定的生理条件、发育阶段或环境条件下得以表达。转录组会随着生理条件、发育阶段或环境条件的改变而发生波动，任何小的改变都会影响其表达。例如，温度升高或降低能够使一部分基因发生显著改变。理论上来说，通过测序能够测到每一个表达的转录本，但是实际上，部分转录本表达量极高，占据了整个细胞 mRNA 的 1%～2%，而另一部分转录本表达量极低，几乎每个细胞中只有几个拷贝。由于极化的表达特征，传统的实验方法仅能捕获到表达量相对较高的转录本。高通量测序技术的快速发展，能一次并行对几十万到几百万条短序列进行测定，使得转录产物的全貌得以揭示。另外，第二代高通量测序技术赋予了 RNA-seq 超强的覆盖度和灵敏性，可以检出许多不曾被预测到的由可变剪接或可变 3' 多聚腺苷化位点选择导致的 mRNA 亚型（mRNA isoform），以及新的 ncRNA 和反义 RNA（antisense RNA）。它在研究真核生物的基因表达调控、癌症等疾病的发生机制和新治疗方案确定、遗传育种等方面具有不可估量的潜力，是后基因组时代改变人们的生命认知和生活质量的一股强劲力量。

第二节　转录组分析流程

RNA-seq 是通过结合实验和计算方法来鉴定生物样品中 RNA 序列种类和丰度的一种技术。通过 RNA-seq，我们就能够确定单链 RNA 分子中 ATCG 的顺序。整个过程主要包括：从细胞或组织中提取 RNA 分子、文库的构建以及后继的生物信息学数据分析。本节内容将对转录组分析流程进行详细解析。

一、RNA-seq 试验设计

一个成功的转录组研究，起决定性因素的是一个好的试验设计。RNA-seq 实验最终的目的是为需要解决的生物学问题提供思路和证据。缜密的试验设计和规范的实验操作是研究取得成功的首要条件。在进行 RNA-seq 实验前需要考虑以下几个问题。

1. *生物学重复*　试验设计时，可以只进行一个样本的测序，从而检测特定生理状况下 RNA 的表达特征。但是，绝大多数的转录组测序包含了多个样本，从而对不同生理状况下的 RNA 表达情况进行比较。没有生物学重复难以排除随机误差影响，并且会给测序后的数据分析带来困难，使得统计推断的可靠性大大降低。而过多的生物学重复则会增加实验成本，造成不必要的浪费，选择合适的生物学重复需要结合具体问题，为了保证统计学分析，不同生理状况下的样本至少需要三个生物学重复，如果对结果的假阳性控制要求较高，则可以在经费允许范围内适当增加重复个数。

2. *样本提取*　样本提取的原则是控制干扰变量及避免人为误差。由于基因表达的时空特异性，在样本提取时要注意提取时间和组织细胞的控制，以及提取后样本的妥善保存（及时冷冻等）。

3. *测序深度*　测序深度应该根据实验的具体要求而定，对于有参考基因组的情况，如果不进行可变剪切或新转录本的分析和检测，那么一般每个样本只需要 5 M 的有效 reads 就可以满足 ENCODE 推荐的要求；如果需要鉴定新转录本或者没有参考基因组，那么就需要适当增加测序深度，对于 small RNA 同样要适当提高测序深度，一般需要 30 M 以上的有效匹配 reads。

4. *文库构建*　构建文库分为链特异性文库和非链特异性文库。非链特异性文库无法区分打碎的片段转录自正义链还是反义链；而链特异性文库在建库时保留了转录本的方向信息用以区分转录本来源，避免互补链干扰，链特异性文库相较于非链特异性文库有诸多优势，如基因表达定量和可变剪切鉴别更准确等，但价格相对也会更高一些。

5. *测序策略*　测序策略包括单末端（single-end）或双末端（pair-end）测序，单末端测序只在 cDNA 一侧末端加上接头，引物序列连接到另一端，扩增并测序。而双末端测序则会在 cDNA 片段两端都加上接头和测序引物结合位点，第一轮测序完成后，去掉模板链，然后引导互补链在原位置重新产生并扩增，以获得第二轮测序所需模板，并进行第二轮合成测序，单末端测序通常更快一些，价格比双末端测序低，一般情况下足够对基因表达水平进行定量。双末端测序则会产生成对的 reads，有利于基因注释和转录本异构体的发现。

6. *测序平台*　测序平台的选择往往依赖于实验及后续分析的需要，考虑如测序读长、最大测序通量、测序准确率等指标。

二、RNA-seq 文库制备

RNA 测序简单流程：选择感兴趣的样本提取 RNA，采用合适的策略［poly（A）富集或者 rRNA 移除］分离纯化 RNA，然后随机打碎成短片段并反转录为 cDNA，选择合适长度的片段添加接头构建文库，扩增并测序，其中 cDNA 文库制备的 3 个关键步骤如下。

1. 总 RNA 提取　将 RNA 从特定组织中分离并与脱氧核糖核酸酶混合，降解样本中的 DNA。然后用凝胶和毛细管电泳检测 RNA 降解量，评估 RNA 样本质量，提取的 RNA 品质会影响随后的文库制备、测序和分析步骤。

2. RNA 分离纯化　进行 mRNA 研究，首先需要对样本进行总 RNA 抽提，抽提得到的 RNA 除含有 mRNA 外，还含有 rRNA 和 tRNA，为防止这两类 RNA 对转录组研究的影响，我们需要对 mRNA 进行分离纯化。真核细胞的 mRNA 分子最显著的结构特征是具有 5′端帽子结构（m7G）和 3′端的 poly（A）尾巴。绝大多数哺乳类动物细胞 mRNA 的 3′端存在 200～300 个腺苷酸组成的 poly（A）尾，通常用 poly（A^+）表示。这种结构为真核 mRNA 的提取提供了极为方便的选择性标志，寡聚（dT）纤维素或寡聚（U）琼脂糖亲合层析分离纯化 mRNA 的理论基础就在于此。mRNA 的分离方法较多，其中以寡聚（dT）- 纤维素柱层析法最为有效，已成为常规方法。此法利用 mRNA 3′端含有 poly（A^+）的特点，在 RNA 流经寡聚（dT）纤维素柱时，在高盐缓冲液的作用下，mRNA 被特异地结合在柱上，当逐渐降低盐的浓度时或在低盐溶液和蒸馏水的情况下，mRNA 被洗脱，经过两次寡聚（dT）纤维柱后，即可得到较高纯度的 mRNA。然而，由于水产生物的特殊性，当样本难以获取、保存时，poly（A）尾可能已部分降解，无法精确获取大部分基因的表达情况，则可以使用 rRNA 移除策略避免这些问题。rRNA 移除的原理是 rRNA 占细胞中总 RNA 的比例超过 90%，故移除 RNA 可以将大部分无关的转录本去除，留下大部分基因表达的目标序列。

3. cDNA 合成　RNA 无法直接测序，因此分离纯化后的 RNA 需要打碎成片段并反转录为 cDNA。其中打碎过程可以采用酶、超声波处理或喷雾器等方式来进行。RNA 的片段化降低了随机引物反转录的 5′偏倚和引物结合位点的影响，缺点是 5′端和 3′端转化为 DNA 的效率降低，反转录过程会导致方向性缺失，但通过化学标记可以保留原转录本的方向信息（链特异性文库）。对产生的短片段进行末端修复、加接头，然后按照长度排序分类，选择适当长度的序列进行 PCR 扩增纯化检测文库质量后上机测序。

cDNA 文库制备是 RNA-seq 的前置关键步骤，高质量的 mRNA 是构建 cDNA 文库的首要条件，而 mRNA 极易被 RNA 酶降解，故在进行总 RNA 提取时应注意防止样品引入 RNA 酶污染，许多测序公司都开发了大量专业的试剂盒用于总 RNA 提取，且提供 cDNA 文库制备的详细策略方案，文库制备方式和测序策略会影响 RNA-seq 数据质量和分析结果，是 RNA-seq 实验能否成功的关键。

三、测序数据存储格式

第二代测序得到的是长度为 50～250 bp 的短片段，称为 reads，通常测序仪输出的原始测序结果以 FASTQ 文件进行存储，FASTQ 格式是一种用于存储生物序列（通常是核苷酸序列）及其相应测序质量得分的文本文件。为了简洁起见，序列字母和质量得分都用单个 ASC Ⅱ字符表示，该格式最初由 Wellcome Trust Sanger 研究所开发，用于捆绑 FASTA 序列及其质量数据，但最近已成为存储高通量测序仪输出的实际标准，FASTQ 文件中，一个 read 通常由四行组成：第一行以 @ 开头，之后为序列的标识符及描述信息（与 FASTA 格式的描述行类似）；第二行为 read 的序列信息；第三行以"＋"开头，可以再次添加序列描述信息（可选）；第四行为质量得分信息，与第二行的序列相对应，长度必须与第二行相同。

四、测序数据质量控制

高通量测序仪完成一次测序会生成数千万条序列，在分析测序序列、探索生物学机制之前，需要通过一些指标对这些数据进行简单的质量控制检查，以确保原始数据的可靠性，并且数据中不存在问题或偏见。大多数测序仪会在其分析流程中生成一份质量控制报告（QC report），但这通常只会展示由测序仪本身产生的问题。测序的原始数据（raw data）中不仅会有低质量的序列，还含有接头序列等，通过软件去除这些低质量的序列，以获得有效数据（clean data）。评估测序数据的常用工具有 FastQC 和 Trimmomatic 等。

1. *FastQC 用法*　FastQC 提供了一种对高通量测序原始数据进行质量控制的简单的方法。它提供了一组模块化的分析，可以快速多线程地对测序数据进行质量评估。最终生成一份评估报告，包含多项内容，如测序 reads 碱基质量、GC 含量、reads 长度、*k*-mer 分布等信息，以便快速得知测序数据质量，可以在进行下一步分析之前快速了解测序数据是否存在问题。

FastQC 官网：http://www.bioinformatics.babraham.ac.uk/projects/fastqc/。

FastQC 可在多系统操作，Windows、MacOSX、Linux 均可。

Windows 安装：双击 run_fastqc.bat 文件安装即可。

MacOSX 操作：双击 FastQC 安装图表即可。

Linux 安装：①解压安装包，unzip fastqc_v0.11.x.zip；②增加可执行权限，chmod 755 fastqc。

程序运行：可以直接运行命令，fastqc[-o output dir] [--(no)extract] [-f fastq|bam|sam] [-c contaminant file] seqfile1 .. seqfileN。

其中，-o，指定结果输出路径；--extract，输出文件默认自动压缩生成一个 zip 文件，该参数存在时将解压缩；-f，用来指定输入文件格式；-c，指定一个污染序列文件，用来比对程序预测出的 overrepresented 序列，FastQC 会根据该文件中的序列信息评估测序数据的污染程度，文件格式为 name [tab] sequence。

其他常用参数选项有：-t，设置程序运行的线程数；-a，指定一个接头文件，用来比对测序序列的接头信息，评估接头的残留情况，文件格式为 name [tab] sequence；-q，设置安静运行模式，程序默认会实时报告运行的状况，该参数存在时仅报告错误信息。

程序运行完成后会生成两个文件，包括一个 .html 的网页评估报告和 .zip 的结果压缩文件。报告文件解读如下所示。

（1）summary。该图简要展示出哪些指标评估质量良好（PASS，绿色√），哪些指标评估质量一般（WARN，橙色！），哪些指标评估质量较差（FAIL，红色 ×）。绿色√越多表明测序数据质量越佳。对于红色 × 部分，需重点关注并探其原因。

（2）basic statics。该图中统计了测序数据类型、测序平台、测序数据中包含的总 reads 数、测序 reads 长度范围及测序 reads 的平均 GC 含量等信息。

（3）per base sequence quality。该图以箱线图的形式展示了测序 reads 沿 5′ 到 3′ 方向所有碱基的测序质量值的分布。图中，横坐标为碱基在 reads 中的位置，纵坐标为单碱基错误率

Q，其中 $Q=-10*\log10(\text{error } P)$ 即 20 表示 1% 的错误率，30 表示 0.1% 的错误率。根据测序技术的特点，测序片段末端的碱基质量一般会比前端的低，属正常现象。若 reads 末端测序质量明显较差，可考虑将末端碱基统一裁剪去除。

若任一位置的下四分位数低于 10 或中位数低于 25，报“WARN”；若任一位置的下四分位数低于 5 或中位数低于 20，报“FAIL”。

在本示例中，我们可见测序数据“Bacillus_subtilis.clean_R1.fastq.gz”中的碱基质量几乎全部集中在高质量区域（绿色区域），表明该数据测序质量良好。

（4）per tail sequence quality。该图为每个 tail 测序情况，横轴表示碱基位置，纵轴表示 tail 的 index 编号。这个图主要是为了防止在测序过程中某些 tail 受到不可控因素的影响而出现测序质量偏低的现象，蓝色表示测序质量很高，暖色表示测序质量不高。当某些 tail 出现暖色，在后续的分析中把该 tail 测序结果全部去除。

在本示例中，我们可知测序数据“Bacillus_subtilis.clean_R1.fastq.gz”的测序质量良好。

（5）per sequence quality scores。该图的横轴为 reads 碱基平均质量值，纵轴是 reads 数目。测序质量越高，则绝大多数 reads 分布在高质量值区域，即曲线峰值的横坐标对应在高分区。当峰值横坐标小于 27（错误率 0.2%）时报“WARN”，当峰值横坐标小于 20（错误率 1%）时报“FAIL”。

在本示例中，我们可见测序数据“Bacillus_subtilis.clean_R1.fastq.gz”中，reads 碱基平均质量值集中分布在高质量区域，即峰值的横坐标在 36 的位置，表明该测序数据质量良好。

（6）per base sequence content。该图统计了测序碱基 A、T、C、G 的含量分布，可以一定程度上反映测序是否正常。图中横坐标为碱基在 reads 中的位置，纵坐标为该位置处各碱基含量百分比，根据碱基互补原则，A 和 T 的比例应该接近，C 和 G 的比例也应该是接近的。

实验过程所用的随机引物会引起前几个位置的碱基组成出现波动，这属于正常情况，或者可考虑将 5' 端前几个位置处的碱基统一裁剪去除。当任一位置的 A/T 与 G/C 相差超过 10% 时，报“WARN”；当任一位置的 A/T 与 G/C 相差超过 20% 时，报“FAIL”。

在本示例中，我们可见测序数据“Bacillus_subtilis.clean_R1.fastq.gz”中，A、T、C、G 四种碱基的含量稳定（报“WARN”是起始位置的碱基出现波动所致），表明该测序数据质量良好。

（7）per sequence GC content。该图展示了测序 reads 的 GC 含量分布。图中横坐标为 reads GC 含量，纵坐标为 reads 数量；蓝色曲线为理想状态下的 GC 含量曲线（显著单峰），红色曲线为实际的 GC 含量曲线。若红色曲线与蓝色曲线的拟合程度越高，则测序质量越好。曲线形状的偏差往往是由于文库的污染或是部分 reads 构成的子集过表达（overrepresented reads），形状接近正态但偏离理论分布的情况提示我们可能有系统偏差，当红色出现双峰表示混入了其他 DNA 序列。偏离理论分布的 reads 超过 15% 时，报“WARN”；偏离理论分布的 reads 超过 30% 时，报“FAIL”。

在本示例中，我们可见测序数据“Bacillus_subtilis.clean_R1.fastq.gz”的 GC 曲线有显著单峰，且几乎完全与理论曲线相吻合，表明该测序数据质量良好。

（8）per base N content。当出现测序仪不能分辨的碱基时会产生 N，该图统计了 N 碱基的含量分布。图中横坐标为碱基在 reads 中的位置，纵坐标为该位置处 N 碱基含量百分比，N 碱基含量越低越好。当任一位置 N 的比率超过 5% 时报“WARN”，超过 20% 时报“FAIL”。

在本示例中，我们可见测序数据“Bacillus_subtilis.clean_R1.fastq.gz”中几乎不含有 N 碱

基，即测序质量良好。

（9）sequence length distribution。该图统计了测序 reads 的长度分布，图中横坐标为 reads 长度，纵坐标是 reads 数目。

对于测序原始 raw reads，每次测序仪测出来的长度在理论上应该是完全相等的；对于质控后的 clean reads，由于切除测序接头、低质量碱基等后会导致长度出现波动，但就“好的测序数据”来讲，reads 长度分布仍然集中在最长区域。当 reads 长度不一致时报“WARN”；当有长度为 0 的 read 时报“FAIL”。

在本示例中，“Bacillus_subtilis.clean_R1.fastq.gz”为 clean reads 数据，其 reads 长度集中分布在 147～150 nt 的位置，几乎与测序读长一致（Illumina PE150 测序，raw reads 全长 150 nt），且未见明显的小片段 reads，表明测序数据质量良好。此处报“WARN”是由于 reads 长度不一致（clean reads 长度不一，完全属正常现象）。

（10）sequence duplication levels。统计序列完全一致的 reads 的频率，判定为重复序列（duplication reads），由二代测序过程中 PCR 的偏好性扩增导致。一般测序深度越高，越容易产生一定程度的 duplication reads，属于正常现象。图中，横坐标表示 duplication 的次数，纵坐标表示 duplication reads 的数目。理论上，duplication reads 的比例越低越好。

当测序数据量很大时，使用全部数据计算 duplication reads 将相当费时，此时 FastQC 会选取数据中前 200 000 条 reads 并统计其在全部数据中的 duplication reads 情况，同时重复数目大于等于 10 的 reads 被合并统计。由于 reads 越长越不容易完全相同（由测序错误导致），其重复程度仍有可能被低估。当 duplication reads 占总数的比例大于 20% 时，报“WARN”；当 duplication reads 占总数的比例大于 50% 时，报“FAIL”。

在本示例中，我们可见测序数据“Bacillus_subtilis.clean_R1.fastq.gz”中，duplication reads 占总数的比例低于 20%，表明测序数据质量良好。

（11）overrepresented sequences。如果有某个序列大量出现，就称其为 overrepresented read，该值越低越好。同上述 duplication reads，当测序数据量很大时，使用全部数据计算 overrepresented read 将相当费时，此时 FastQC 会选取数据中前 200 000 条 reads 并统计其在全部数据中的 overrepresented read 情况，因此可能会存在有的 overrepresented read 被忽略。当 overrepresented read 超过总 reads 数的 0.1% 时报“WARN”，超过 1% 时报“FAIL”。

在本示例中，对于测序数据“Bacillus_subtilis.clean_R1.fastq.gz”而言，未检测到 overrepresented read，表明该数据测序质量良好。

（12）adapter content。统计测序 reads 两端接头序列（adapter sequence）长度所占比例，图中横坐标为碱基在 reads 中的位置，纵坐标表示该位置的碱基为测序接头序列碱基的百分比。对于 raw reads 来讲，会存在一定比例的测序接头序列，需要过滤去除；而对于 clean reads 来讲，理论上测序接头序列应当已经被过滤干净。

在本示例中，“Bacillus_subtilis.clean_R1.fastq.gz”为 clean reads 数据，我们可见其接头序列已被完全过滤干净。

（13）*k*-mer content。出现频率总体上 3 倍于期望或是在某位置上 5 倍于期望的 *k*-mer 被认为是 overrepresented *k*-mer。fastqc 除了列出所有 overrepresented *k*-mer，还会把前 6 个的 per base distribution 画出来。当出现频率总体上 3 倍于期望或是在某位置上 5 倍于期望的 *k*-mer 时，报“WARN”；当有出现频率在某位置上 10 倍于期望的 *k*-mer 时报“FAIL”。

在本示例中，对于测序数据“Bacillus_subtilis.clean_R1.fastq.gz”而言，未检测到

overrepresented *k*-mer，表明该数据测序质量良好。

2. Trimmomatic 用法　Trimmomatic 发表的文章至今已被引用了 2810 次，是一个广受欢迎的 Illumina 平台数据过滤工具。其他平台的数据如 Iron torrent，PGM 测序数据可以用 fastx_toolkit、NGSQC toolkit 来过滤。

Trimmomatic 支持多线程，处理数据速度快，主要用来去除 Illumina 平台的 Fastq 序列中的接头，并根据碱基质量值对 Fastq 进行修剪。软件有两种过滤模式，分别对应 SE 和 PE 测序数据，同时支持 gzip 和 bzip2 压缩文件。

另外也支持 phred-33 和 phred-64 格式互相转化，现在之所以会出现 phred-33 和 phred-64 格式的困惑，源于 Illumina 公司，不过现在绝大部分 Illumina 平台的产出数据也都转为使用 phred-33 格式了。

（1）Trimmomatic 过滤的步骤。Trimmomatic 过滤数据的步骤与命令行中过滤参数的顺序有关，通常的过滤步骤如下。

ILLUMINACLIP：过滤 reads 中的 Illumina 测序接头和引物序列，并决定是否去除反向互补的 R1/R2 中的 R2。

SLIDINGWINDOW：从 reads 的 5' 端开始，进行滑窗质量过滤，切掉碱基质量平均值低于阈值的滑窗。

MAXINFO：一个自动调整的过滤选项，在保证 reads 长度的情况下尽量降低测序错误率，最大化 reads 的使用价值。

LEADING：从 reads 的开头切除质量值低于阈值的碱基。

TRAILING：从 reads 的末尾开始切除质量值低于阈值的碱基。

CROP：从 reads 的末尾切掉部分碱基使得 reads 达到指定长度。

HEADCROP：从 reads 的开头切掉指定数量的碱基。

MINLEN：如果经过剪切后 reads 的长度低于阈值则丢弃这条 reads。

AVGQUAL：如果 reads 的平均碱基质量值低于阈值则丢弃这条 reads。

TOPHRED33：将 reads 的碱基质量值体系转为 phred-33。

TOPHRED64：将 reads 的碱基质量值体系转为 phred-64。

（2）Trimmomatic 简单的用法。由于 Trimmomatic 过滤数据的步骤与命令行中过滤参数的顺序有关，因此，如果需要去接头，建议第一步就去接头，否则接头序列被其他的过滤参数剪切掉部分之后就更难匹配、更难去除干净了。

1）单末端测序模式。在 SE 模式下，只有一个输入文件和一个过滤之后的输出文件。-trimlog 参数指定了过滤日志文件名，日志中包含以下四列内容：① read ID；②过滤之后剩余序列长度；③过滤之后的序列起始碱基位置（序列开头处被切掉的碱基数）；④过滤之后的序列末端碱基位置（序列末端处被剪切掉的碱基数）。

由于生成的 trimlog 文件中包含了每一条 reads 的处理记录，因此文件体积巨大（GB 级别），如果后面不会用到 trim 日志，建议不要使用这个参数。

2）双末端测序模式。在 PE 模式下，有两个输入文件，即正向测序序列和反向测序序列，但是过滤之后输出文件有四个，过滤之后双端序列都保留的就是 paired，反之如果其中一端序列过滤之后被丢弃了另一端序列保留下来了就是 unpaired。其中 -phred33 和 -phred64 参数指定 fastq 的质量值编码格式，如果不设置这个参数，软件会自动判断输入文件是哪种格式（v0.32 之后的版本都支持），虽然软件默认的参数是 phred64，如果不确定序列是哪种质量编码格式，可以不设置这个参数。

3）输入输出文件。PE 模式的两个输入文件 sample_R1.fastq、sample_R2.fastq 以及四个输出文件 sample_paired_R1.clean.fastq、sample_unpaired_R1.clean.fastq、sample_paired_R1.clean.fastq 、sample_unpaired_R1.clean.fastq。通常 PE 测序的两个文件，R_1 和 R_2 的文件名是类似的，因此可以使用 -basein 参数指定其中 R_1 文件名即可，软件会推测出 R_2 的文件名，但是这个功能实测并不好用，因为软件只能自动识别推测三种格式的 -basein：Sample_Name_R1_001.fq.gz-＞ Sample_Name_R2_001.fq.gz；Sample_Name.f.fastq-＞ Sample_Name.r.fastq；Sample_Name.1.sequence.txt-＞ Sample_Name.2.sequence.txt。

建议不用 -basein 参数，直接指定两个文件名（R1 和 R2）作为输入。输出文件有四个，当然也可以像上文一样指定四个文件名，但是参数太长有点麻烦，有个省心的方法，使用 -baseout 参数指定输出文件的 basename，软件会自动为四个输出文件命名。例如，-baseout mySampleFiltered.fq.gz，文件名中添加 .gz 后缀，软件会自动将输出结果进行 gzip 压缩。输出的四个文件分别会自动命名为：mySampleFiltered_1P.fq.gz-for paired forward reads；mySampleFiltered_1U.fq.gz-for unpaired forward reads；mySampleFiltered_2P.fq.gz-for paired reverse reads；mySampleFiltered_2U.fq.gz-for unpaired reverse reads。

此外，如果直接指定输入输出文件名，文件名后添加 .gz 后缀就是告诉软件输入文件是 .gz 压缩文件，输出文件需要用 gzip 压缩。

五、转录组拼接

根据实验需求不同，往往需要选择不同的转录组分析策略，根据有无参考基因组分为有参分析和无参分析，其中有参分析又分为参考基因组分析和参考转录组分析。下面介绍不同分析策略的适用情境和分析流程。

（一）有参转录组组装

若研究的物种已有组装较好的参考基因组，建议直接使用参考基因组进行 reads 的比对（mapping），从而完成转录本的定量。如果实验设计中需要发掘新转录本或进行可变剪切事件研究，则需要比对参考基因组并进行新转录本的组装和鉴定。

序列比对是将质控后的 clean reads 比对到基因组上的过程，这样就能知道序列原来是在基因组的什么地方。比对一般基于两种快速索引算法，一种算法是哈希，MOSAIK、SOAP、SHRiMP 等软件用的就是这种算法，在将参照基因组建好哈希表之后，可以在常数次的运算里查找到给定序列的位置，非常高效，但是由于基因组有些区段重复性很高，所以次数虽然是常数，但有时会变得非常大，从而降低效率。另一种算法为 Burrows-Wheeler 变换，BWA、Bowtie 和 SOAP2 等软件使用的就是这种算法，Burrows-Wheeler 变换的设计比哈希更加巧妙，它最开始是一种文本压缩算法，文本重复性越高，它的压缩比就越大，这正好克服了基因组重复性高的问题，而且对于一个精确的序列查找，最多在给定序列的长度的次数里就能找到匹配，所以说基于 Burrows-Wheeler 变换的软件在序列比对里用得更加广泛。另外，RNA-seq 的比对还有一个问题，那就是要允许可变剪接的存在，因为一条 RNA 不一定是一个外显子表达出来的，也有可能是几个外显子结合在一起，原来基因里的内含子被剪切，这些内含子的长度为 10~50 个碱基，如果直接用 DNA 测序的方法在基因组里寻找，有些正好在两个外显子连接处的序列就会有错配，而且有些在进化过程中遗漏下来的假基因是没有内含子的，这样就导致有些序列会被比对到假基因上，使假基因的表达率变得很高，所以传统的BWA和Bowtie软件在RNA-seq里都不是最好的选择。更加适合RNA比对的软件需要克服上面的两个问题，TopHat、subread、STAR、GSNAP、RUM、MapSplice都是为RNA测序而开发的。其中，TopHat是目前最为常用的识别剪接位点的软件之一。TopHat的算法中以两个阶段的匹配来实现剪接位点的识别。第一个阶段是利用Bowtie将所有的读段匹配到基因组上，未匹配到基因组上的片段记为初始未匹配读段集（initially unmapped reads或IUM读段集）。接着，TopHat应用Maq中的组装模块将匹配到基因组上的片段组装起来，提取稀疏且不相连的匹配读段中共同的序列，构成片段簇，记为初始的候选外显子群。为了将读段匹配到剪接位点上，TopHat首先枚举所有片段簇中常规的供体和受体的位点，然后考察在相邻片段簇间所有这些供体和受体对是否可以形成常规（GT-AG）的内含子。这样，相邻的外显子群中的序列边界部分联合起来形成潜在剪接位点。同时，从IUM读段集建立种子索引表格，通过种子延伸的策略逐一检查上述内含子，最终识别剪接位点。

1. 比对软件TopHat的用法

（1）TopHat简介。TopHat使用RNA-seq的reads数据来寻找基因的剪切点（splice junction）。该软件调用Bowtie或Bowtie2来将reads比对到参考基因组上，分析比对结果，从而寻找出外显子之间的结合位点。

（2）TopHat安装。直接下载适合于Linux x86_64的二进制文件，解压即可使用。

前提条件当然要安装Bowtie，Bowtie2，SAM tools，Boost C＋＋libraries等。

（3）TopHat的使用参数。使用TopHat时，bowtie2（或bowtie，下同），bowtie2-align，bowtie2-inspect，bowtie2-build和samtools必须要在系统路径中。

① 用法。$ Tophat [options] * 可以看出，TopHat必须要的条件是比对的index数据库，以及要比对的reads。可以为多个paired-end reads数据以逗号分开。index数据文件，需要给出目录以及目录文件的共同前缀。例如，index文件存放在当前目录下的index文件夹，文件的名字是hg19.*.*，index数据的文件应该是：./index/hg19。值得注意的，TopHat能比对的最大reads为1024 bp；能比对paired-end reads；不能将多种不同类型的reads混合起来进行比对，这样会给出不好的结果。如果有多种不同类型的reads进行比对，则可以按下列步骤进行。

首先，对一种类型的reads使用合适的参数运行TopHat；接着，使用bed_to_juncs将前一次的运行结果junctions.bed转换成下一次运行TopHat所需的junction文件；最后，再一次使用-j参数运行TopHat。

② 常用一般参数。-h |--help-v |--version-N |--read-mismatches default：2 丢弃不匹配碱基数超过该数目的比对结果 --read-gap-length default：2 丢弃gap总长度超过该数目的比对结果 --read-edit-dist default：2 丢弃read的编辑距离（edit distance）大于该值的比对结果 --read-realign-edit-dist default：“read-edit-dist”＋1 一些跨越多个外显子的reads可能会被错误地比对到geneome上。TopHat有多个比对步骤，每个比对步骤过后，比对结果中包含了edit distance的值。该参数能让TopHat对那些edit distance的值＞＝该参数的reads重新进行比对。若设置该参数值为0，则每个read在多个比对步骤中每次都要进行比对。这样会大大地增加比对精确性和运行时间。默认下该参数比上一个参数的值大，则表示对reads进行重新比对。--bowtie1 default：bowtie2 使用Bowtie1来代替Bowtie2进行比对。特别是使用colorspace reads时，因为只有Bowtie1支持，而Bowtie2不支持。-o |--output default：./

tophat_out 输出的文件夹路径 -r |--mate-inner-dist default：50 成对的 reads 之间的平均 inner 距离。例如，fragments 长度为 300 bp，reads 长度为 50 bp，则其 inner 距离为 200 bp，该值设为 200。--mate-std-dev default：20 inner 距离的标准偏差。-a |--min-anchor-length default：8 read 的锚定长度，该参数能设定的最小值为 3；锚定在 junction 两边的 reads 长度只有都大于此值，才能用于 junction 的验证。-m |--splice-mismatches default：0 对于一个剪切比对，其在锚定区能出现的最大的不匹配碱基数。-i |--min-intron-length default：70 最小的内含子长度。TopHat 会忽略比该长度要小的 donor/acceptor pairs，认为该区属于外显子。--I |--max-intron-length default：500 000 最大的内含子长度。TopHat 会忽略长度大于该值的 donor/acceptor pairs，除非有 long read 支持。--max-insertion-length defautl：最大的插入长度。--max-deletion-length default： 最大的缺失长度。--solexa-quals fastq 文件使用 Solexa 的碱基质量格式。--solexa1.3-quals |--phred64-quals 使用 Illumina GA pipeline version 1.3 的碱基质量格式，即 Phred64.-Q |--quals 说明是使用单独的碱基质量文件。--inter-quals 有空格隔开的整数值来代表碱基质量。当使用 -C 参数时，该参数为默认参数，-C |--color Colorspace reads。使用这一种 reads 的时候命令如下：$ tophat--color--quals--bowtie1［other options］*-p |--num-threads default：1 比对 reads 的线程数 -g |--max-multihits default：20 对于一个 reads，可能会有多个比对结果，但 TopHat 根据比对得分，最多保留的比对结果数目。如果没有 --report-secondary-alignments 参数，则只会报告出最佳的比对结果。若最佳比对结果数目超过该参数值，则只随机报告出该数目的最佳比对结果；若有 --report-secondary-alignments 参数，则按得分顺序报告出比对结果，直至达到默认的数目为止。--report-secondary-alignments 是否报告 additional or secondary alignments 是基于比对分值 AS 来确定的。--no-discordant 对于 paired reads，仅仅报告 concordant mappings。--no-mixed 对于 paired reads，只报告 concordant mappings 和 discordant mappings。默认是所有的比对结果都报告。--no-coverage-search 取消以覆盖度为基础来搜寻 junctions，和下一个参数对立，该参数为默认参数。--coverage-search 确定以覆盖度为基础来搜寻 junctions（此参数会占用大量的内存和时间）。该参数能增大敏感性。--microexon-search 使用该参数，pipeline 会尝试寻找 micro-exons。仅仅在 reads 长度＞＝50 bp 时有效。--library-type Tophat 处理的 reads 具有链特异性。比对结果中将会有 XS 标签。一般 Illumina 数据的 library-type 为 fr-unstranded。

完成比对后，可以使用 cufflinks 或 stringtie 等软件把比对到基因组里的序列组装成一个转录组，与基因组注释 GFF 文件进行比较鉴定新转录本。

2. 组装软件 cufflinks 的用法　cufflinks 下主要包含 cufflinks、cuffmerge、cuffcompare 和 cuffdiff 等几支主要的程序，主要用于基因表达量的计算和差异表达基因的寻找。

cufflinks 程序主要根据 TopHat 的比对结果，依托或不依托于参考基因组的 GTF 注释文件，计算出（各个 gene 的）isoform 的 FPKM 值，并给出 trascripts.gtf 注释结果（组装出转录组）。

相关参数如下。

（1）普通参数。

-h |--help

-o |--output-dir default：./　设置输出的文件夹名称。

-p |--num-threads default：1　用于比对 reads 的 CPU 线程数。

-G |--GTF　提供一个 GFF 文件，以此来计算 isoform 的表达。此时，将不会组装新的

transcripts，程序会忽略和 reference transcript 不兼容的比对结果。

-g |--GTF-guide　提供 GFF 文件，以此来指导转录子组装（RABT assembly）。此时，输出结果会包含 reference transcripts 和 novel genes and isforms。

-M |--mask-file　提供 GFF 文件。cufflinks 将忽略比对到该 GTF 文件的 transcripts 中的 reads。该文件中常常是 rRNA 的注释，也可以包含线粒体和其他希望忽略的 transcripts 的注释。将这些不需要的 RNA 去除后，对计算 mRNA 的表达量是有利的。

-b |--frag-bias-correct　提供一个 FASTA 文件来指导 cufflinks 运行新的 bias detection and correction algorithm。这样能明显提高转录子丰度计算的精确性。

-u |--multi-read-correct　让 cufflinks 来做 initial estimation 步骤，从而更精确衡量比对到基因组（genome）多个位点的 reads。

--library-type default：fr-unstranded　处理的 reads 具有链特异性。比对结果中将会有 XS 标签。一般 Illumina 数据的 library-type 为 fr-unstranded。

--library-norm-method　具体参考官网，三种方式中，classic-fpkm 为默认的方式。geometric 针对 DESeq。quartile 计算时，fragments 和 map 的总数取 75%。

（2）丰度评估参数。

-m |--frag-len-mean default：200　插入片段的平均长度。不过现在 cufflinks 能学习插入片段的平均长度，因此不推荐自主设置此值。

-s |--frag-len-std-dev default：80　插入片段长度的标准差。不过现在 cufflinks 能学习插入片段的平均长度，因此不推荐自主设置此值。

-N |--upper-quartile-form　使用 75% 的值来代替总的值（比对到单一位点的 fragments 的数值），作 normalize。这样有利于在低丰度基因和转录子中寻找差异基因。

--total-hits-norm default：TRUE　cufflinks 在计算 FPKM 时，算入所有的 fragments 和比对上的 reads。和下一个参数对立。默认激活该参数。

--compatible-hits-norm　cufflinks 在计算 FPKM 时，只针对和 reference transcripts 兼容的 fragments 以及比对上的 reads。该参数默认不激活，只能在有 --GTF 参数下有效，并且作 RABT 或 ab initio 的时候无效。

--max-mle-iterations　进行极大似然法时选择的迭代次数，默认为 5000。

--max-bundle-frags　一个 skipped locus/loci 在被 skipped 前可以拥有的最大的 fragment 片段，默认为 1 000 000。

--no-effective-length-correction　cufflinks 将不会使用它的“effective”长度标准化去计算转录的 FPKM。

--no-length-correction　cufflinks 将根本不会使用转录本的长度去标准化 fragment 的数目。当 fragment 的数目和 the features being quantified 的 size 是独立的，可以使用。

（3）组装常用参数。

-L |--label default：CUFF　cufflink 以 GTF 格式来报告转录子片段（transfrags），该参数是 GTF 文件的前缀。

-F/--min-isoform-fraction ＜0.0-1.0＞　在计算一个基因的 isoform 丰度后，过滤了丰度极低的转录本，因为这些转录本不可以信任。也可以过滤一些 read 匹配度极低的外显子。默认为 0.1 或者一个基因的主要 isoform 的丰度的 10%。

-j/--pre-mrna-fraction ＜0.0-1.0＞　内含子被 aligment 覆盖的最低深度。若小于这个值则那

些内含子的 alignments 被忽略掉。默认为 15%。

-I/--max-intron-length　内含子的最大长度。若大于该值的内含子，cufflinks 不会报告。默认为 300 000。

-a/--junc-alpha ＜0.0-1.0＞　剪接比对过滤中假阳性的二项检验中的 alpha value。默认为 0.001。

-A/--small-anchor-fraction ＜0.0-1.0＞　在 junction 中一个 reads 小于自身长度的这个百分比，会被怀疑，可能会在拼接前被过滤掉。默认为 0.09。

--min-frags-per-transfrag default：10　组装出的 transfrags 被支持的 RNA-seq 的 fragments 数少于该值则不被报告。

--overhang-tolerance　当决定一个 reads 或转录本与某个转录本兼容或匹配的时候，允许的能加入该转录本的外显子的延伸长度。默认是 8 bp，和 bowtie/tophat 默认的一致。

--max-bundle-length　给定束的最大基因组长度，默认是 3 500 000 bp。

--min-intron-length default：50　最小的内含子大小。

--trim-3-avgcov-thresh　最小的 3′ 端的平均覆盖程度。小于该值，则删除其 3′ 端序列。默认 10。

--trim-3-dropoff-frac　最低百分比的拼接的转录本的 3′ 端的平均覆盖程度。默认 0.1。

--max-multiread-fraction ＜0.0-1.0＞　若一个转录本 Transfrags 的 reads 能匹配到基因组的多个位置，其中该转录本的 reads 有超过该百分比是 multireads，则不会报告这个转录本。默认为 75% 。

--overlap-radius default：50　Transfrags 之间的距离少于该值，则将其连到一起。

Advanced reference annotation based transcript（RABT）assembly options　当你使用 -g/--GTF-guide 这个参数时，需要考虑的选项。

--3-overhang-tolerance　当决定一个拼接的转录本（这个转录本可能不是新的转录本）和一个参考转录本是否合并时，参考转录本的 3′ 端允许延伸的长度。默认 600 bp 。

--intron-overhang-tolerance　当决定一个拼接的转录本（这个转录本可能不是新的转录本）和一个参考转录本是否合并时，参考转录本的外显子允许延伸的长度。默认 50 bp。

--no-faux-reads　这一项将不能掩盖参考转录组中的假 reads。当你只想在拼接中使用测序的 reads 而不想输出 lay within reference transcripts 的拼接的转录组。输入时注释的所有的参考转录组也将会输入到输出中。

（二）无参转录组组装

在没有参考基因组的情况下，可以使用从头组装（*de novo*）的方法处理 RNA-seq 数据，常用的从头组装工具有 SOPAdenovo-Trans、Trans ABySS 及 Trinity 等。其中较为常用的 Trinity 由 3 个模块组成：Inchworm、Chrysalis 和 Butterfly。其主要工作原理为：利用 Inchworm 将 RNA-seq 的原始 reads 切割为 *k*-mer，利用重叠进行延伸组装成 contigs 序列然后通过 Chrysalis 将生成的 contigs 聚类，并对每个类构建 de Bruijn 图；最后通过 Butterfly 拆分 de Bruijn 图为线性序列，依据图中的 reads 和成对的 reads 来寻找最佳路径，从而得到具有可变剪接的全长转录本。由于第二代测序的读长限制，从头组装转录本可能出现许多问题，所以组装完成后需要对组装质量进行评估。可以从组装完整性、准确性及冗余度等方面进行评估。

1. 组装软件 Trinity 的用法　Trinity 是由 the Broad Institute 开发的转录组 *de novo* 组装

软件，由三个独立的软件模块组成：Inchworm、Chrysalis 和 Butterfly。三个软件依次处理大规模的 RNA-seq 的 reads 数据。

Trinity 的简要工作流程为：Inchworm，将 RNA-seq 的原始 reads 数据组装成 Unique 序列；Chrysalis，将上一步生成的 contigs 聚类，然后对每个类构建 Bruijn 图；Butterfly，处理这些 Bruijn 图，依据图中 reads 和成对的 reads 来寻找路径，从而得到具有可变剪接的全长转录子，同时将旁系同源基因的转录子分开。Trinity 发表在 *Nature Biotechnology*。

2. Trinity 的安装

（1）直接运行安装目录下的程序 Trinity.pl 来使用该软件，不带参数则给出使用帮助。其典型用法为：

1

Trinity.pl--seqType fq--JM 50G--left reads_1.fq--right reads_2.fq--CPU 8

（2）Trinity 参数。

1）必需的参数。--seqType reads 的类型为 cfa，cfq，fa，or fq；--JM jellyfish 使用多少 G 内存用来进行 *k*-mer 的计算，包含‘G’这个字符；--left 左边的 reads 的文件名；--rigth 右边的 reads 的文件名；--single 不成对的 reads 的文件名。

2）可选参数。Misc：--SS_lib_type reads 的方向。成对的 reads：RF or FR；不成对的 reads：F or R。在数据具有链特异性时，设置此参数，则正义和反义转录子能得到区分。默认情况下，不设置此参数，reads 被当作非链特异性处理。FR：匹配时，read1 在 5' 端上游，和前导链一致，read2 在 3' 下游，和前导链反向互补，或者 read2 在上游，read1 在下游反向互补；RF：read1 在 5' 端上游，和前导链反向互补，read2 在 3' 端下游，和前导链一致。

--output 输出结果文件夹。默认情况下生成 trinity_out_dir 文件夹并将输出结果保存到此文件夹中。

--CPU 使用的 CPU 线程数，默认为 2；--min_contig_length 报告出的最短的 contig 长度，默认为 200；--jaccard_clip 如果两个转录子之间有 UTR 区重叠，则这两个转录子很有可能在 *de novo* 组装时被拼接成一条序列，称为融合转录子（fusion transcript）。如果有 fastq 格式的 paired reads，并尽可能减少此类组装错误，则选用此参数。值得说明的是：①适合于基因在基因组比较稠密、转录子经常在 UTR 区域重叠的物种，如真菌基因组。而对于脊椎动物和植物，则不推荐使用此参数。②要求 fastq 格式的 paired reads 文件（文件中 reads 名分别以 /1 和 /2 结尾，以利于软件识别），同时还需要安装 bowtie 软件用于 reads 的比对。

（3）Trinity 生成的结果文件。运行程序结束后，转录组结果为 trinity_out_dir/Trinity.fasta。可以使用软件所带的一个程序分析转录组统计信息。

$ $TRINITY_HOME/util/TrinityStats.pl trinity_out_dir/Trinity.fasta Total trinity transcripts：30706 Total trinity components：26628 Contig N50：554。

六、差异表达分析

大多数情况下，生物学实验不仅关注转录本的表达丰度，同时还关注在不同条件下不同样本之间的差异表达。差异表达分析指的是基于一些统计学模型，对不同样本处理下的基因表达差异进行分析，区分这种差异源于处理效应还是随机误差，样本的选取对差异表达分析结果影响较大，故当样本齐次性较差或者样本数量较大时，需要先对样本进行相关性分析，剔除异常样本，也可以使用主成分分析（principal component analysis，PCA）选取样本，对选定的样本进行归一化、建模和统计检验是差异表达分析的主要过程。差异表达分析的结果一般用差异倍数（fold change）和统计检验显著性值来描述。

reads 数受到基因长度、测序深度和测序误差等影响，需要归一化处理之后才能用于差异表达分析。常用的标准化策略有 RPKM、FPKM 和 TPM 等。RPKM（reads per kilobase of exon model per milion mappedreads）即每 100 万 reads 比对到每 1 kb 碱基外显子的 reads 数目。FPKM（fragments per kilobase of exon model per million mapped reads）和 TPM（transcripts per million）为 RPKM 的衍生方法。对于单末端测序，RPKM 和 FPKM 是一致的，在双末端测序中，FPKM 更为可靠，TPM 值可以通过 FPKM 换算得到，三者都可以通过软件进行计算。RPKM 方法校准了基因长度引起的偏差，同时使用样本中总的 reads 数来校正测序深度差异，使用总 reads 数校正的好处是不同处理组得到的表达量值恒定，可以合并分析，缺点是容易受到表达异常值的影响。另一类来自差异表达分析软件 DESeq 和 edgeR 的归一化算法考虑了可能出现的异常高表达值的情况，这两种方法的核心思想是表达量居中的基因或者转录本在所有样本中的表达量值都应该是相似的，DESeq 对每个基因计算在样本观测到的 reads 数与所有样本中 reads 数的几何平均数之比，取中位数作为校正因子，保证了大部分表达量居中的基因在样本间的表达值类似。edgeR 采用的 TMM 校正方法，在去除高表达和高差异基因后计算加权系数，使得余下的基因在校正后差异倍数尽可能小，这类算法的校正结果较为稳定，使得差异表达分析的结果更为可靠，缺陷是没有校正基因长度的影响，且选取不同样本比较会得到不同表达值，不利于整合分析。

研究人员已经提出了许多用于分析基因或转录本水平差异表达的统计学方法和工具。有参转录本拼接后，可以直接使用 cufflinks 套件中的 cuffquant 和 cuffdiff 软件进行表达分析。cuffdiff 软件可以直接用来分析差异表达，但这一步会耗费大量计算资源，所以推荐使用 cuffquant 先计算 RNA-seq 不同样本中转录本的表达谱，再用 cuffdiff 来比较不同样本表达谱的差异。

对于无参拼接获取的新转录本，可将 clean reads 通过 Bowtie 重新比对到组装成的转录本上，然后利用 HTSeq-count 或 RSEM 等进行 reads 计数估算表达量。

差异表达分析可以初步筛选出由处理条件引起表达差异的基因。根据设置的显著性值和差异倍数阈值不同，得到的差异表达基因也差之甚远，同时考虑到多重检验的问题，差异表达分析得到的显著性 P 值需要通过 BH（Benjamini-Hochberg）方法校正为 q 值，一般以 P 值校正后的 FDR 取 0.05、差异倍数绝对值取 2 为界限，但是如果产生的结果过多或过少，则可以调整这两个间值来得到期望的结果，差异表达分析得到的结果为相互独立的基因，直接对这些基因单独分析称为单基因分析，这种方法具有许多弊端。单基因分析在差异表达基因较多时工作量会非常大，且由于忽略了基因之间的相互作用关系，揭示具体生物学过程的结果将变得不可靠。

七、富集分析

富集分析即利用已知的基因功能注释信息作为先验知识，对目标基因集进行功能富集。富集分析相较于单基因分析具有许多优势：基因集结合基因功能作为先验知识，使得功能分析更加可靠；将海量的基因表达信息映射到关键的富集功能基因集合，有利于系统性揭示生物学问题。常用的基因注释信息数据库有 Gene Ontology（GO）、Kyoto Encyclopedia of Gene and Genomesorthology（KEGG）等，GO 即基因本体，是于 2000 年构建的结构化的标准生物学模型，旨在建立基因及其产物知识的标准体系，涵盖了细胞组分、分子功能和生物学过程三个方面，其中每个基因或基因产物都有与之相关的 GO 术语。KEGG 数据库是一个手工绘制的代谢通路数据库，包含多种分子相互作用和反应网络：新陈代谢、遗传信息加工、环境信息加工、细胞过程、生物体系统、人类疾病和药物开发等，常用的策略有基因富集分析和 Fisher 精确检验等。

RNA-seq 技术的到来使人们认识到，无论是单细胞模式生物还是人类，我们对其转录组的认知异常匮乏。而 RNA-seq 产生的新数据，则可以帮助我们发现基因结构上的巨大差异，鉴定出新的转录本。而且随着测序花费的降低，RNA-seq 的优势体现得更加明显。

重点词汇 · Keywords

1. 转录组（transcriptome）
2. 转录组测序（RNA sequencing，RNA-Seq）
3. 测序读长（read）
4. 二代测序（next generation sequencing）
5. 差异表达分析（differential expression analysis）
6. 质量控制（quality control，QC）
7. 转录组组装（transcriptome assembly）
8. 富集分析（enrichment analysis）

本章小结 · Summary

转录组学近年来在水产生物中得到了广泛关注，尤其是二代测序技术的出现使得水产生物的转录组学研究达到了前所未有的热度。本章从基础概念、研究进展、转录组分析思路及具体软件使用方法等方面全面介绍了水产生物转录组学研究方法。转录组分析基于高通量测序，用大规模的数据研究生命过程中一系列基因或转录本的整体水平的转录机制。一个完整的水产生物转录组分析主要包括原始数据的质量控制、序列比对、差异表达分析和功能富集分析等过程，筛选出相关差异表达基因，映射关键富集功能基因集合，最终揭示生物学问题的机制。

Transcriptome is a popular research area in aquatic animals in recent years, especially the emergence of the next generation sequencing technology makes aquatic transcriptomic analyses to reach an unprecedented heat. This chapter introduces the research methods of transcriptome from the aspects of basic concepts, research progress, transcriptome analysis protocols and the usage of the related software. Transcriptome analysis is based on high-throughput sequencing, which uses large-scale data to study the transcriptional mechanisms at the whole level of a series of genes or transcripts during certain time point. A complete aquatic transcriptomic analysis mainly includes quality control of the raw data, sequence alignment, differential expression analysis and functional enrichment analysis, etc. These steps will screen out the relevant differentially expressed genes, enrich functional genes, and finally reveal the mechanism of biological questions.

思考题 · Thinking Questions

1. 若目标研究物种已有基因组，进行从头组装是否还有意义？
2. 三代测序对转录组分析是否有帮助？具体表现在哪些方面？

参考文献 · References

陈铭. 2021. 生物信息学. 3 版. 北京：科学出版社.
冯世鹏. 2018. 实用生物信息学. 北京：电子工业出版社.
沈百荣. 2021. 深度测序数据的生物信息学分析及实例. 北京：科学出版社.

第十章 水产生物基因组研究进展

学习目标 · Learning Objectives

1. 了解主要水产动物的基因组特征。
Understand the genomic characteristics of major aquatic animals.
2. 掌握水产动物基因组的研究内容和基因组研究的意义。
Master the research content and significance of aquatic animal genome research.

第一节 水产生物基因组研究概述

我国有辽阔的淡水水域和海域，多样的水域环境孕育了种类丰富的水产生物，有淡水鱼类 1000 多种、海洋鱼类 3000 多种、虾蟹类 1700 多种、头足类 90 多种、贝类约 3700 种。据统计，2018 年全国水产养殖，包括鱼类、甲壳类、贝类、藻类等共计 4991.06 万 t，渔业经济总产值达 25 864.57 亿元。水产养殖业作为我国农业经济的重要组成部分，水产品提供了优质蛋白质，满足了人们对物质营养的需求，已成为人们生活中不可或缺的食物来源。水产生物的基因组中蕴藏大量的遗传信息，如基因组大小、重要的功能基因序列等，水产生物基因组研究的最终目的是获得经济性状的决定基因或标记以用于培育性状优异的新品种，或是利用基因组知识进行疾病防治和营养生理调控，最终提高水产业的经济效益和生态效益。

一、水产生物基因组研究主要进展

我国水产资源丰富，种类多、分布广。养殖种类包括鱼类、甲壳类（虾、蟹）、贝类、藻类和其他类，主要海产经济动植物有 700 多种，淡水水产以鱼类为主，有 40 余种。鱼类基因组研究相比于甲壳类和贝类较多，目前，在公共数据库发表的鱼类基因组超过 280 个，已有基因组信息文章发表的鱼类物种数超过 70 个。鱼类基因组的研究热点有：①鱼类的系统发育，如鲤鱼基因组（Xu et al.，2014）和大西洋鲑基因组（Lien et al.，2016），研究了发生在鱼类进化过程中的全基因组复制事件；②水生到陆生的转变，如矛尾鱼基因组（Amemiya et al.，2013）的研究者认为矛尾鱼兼具鱼类和四足动物的特征；③对各种水域的适应，如革首南极鱼基因组（Shin et al.，2014）研究南极鱼对寒冷水体的适应、欧洲鲈能够适应不同盐度水环境的基因组研究（Tine et al.，2014）、三刺鱼从海洋到淡水基因组的演化（Jones et al.，2012）；④鱼类的免疫系统，如与弹涂鱼先天免疫系统相关的基因数量的扩增提高了对陆地病原的防御能力（You et al.，2014），大黄鱼基因组研究显示了大黄鱼具独特的免疫模式（Wu et al.，2014），对鮸鱼基因组进行研究，通过分析发现其具有发育良好的先天免疫系统（Xu et al.，2016）；⑤鱼类的性别决定机制，如对半滑舌鳎基因组的研究揭示了 ZW 染色体的进化机制（Chen et al.，2014），非洲齿鲤基因组显示了 XY 染色体的进化特征（Kathrin et al.，2015）；⑥鱼类的变态发育分子机制，如牙鲆基因组揭示牙鲆发育过程中眼睛移动和体色不对称的形成机制（Shao et al.，2017）。甲壳动物中的十足目包含了大量重要的水产经济物种，如虾、蟹，占我国水产养殖总产量的10%以上，虾、蟹的遗传育种工作受到重视，但受限于虾蟹基因组的高复杂性和没有良好的参考基因组，虾、蟹的基因组研究进展缓慢。生长和育种研究是虾蟹的重点研究方向，对生长机制的基因组学研究如虾蟹的蜕皮现象，通过部分基因组测序或全基因组测序获得大量的SSR和SNP标记，构建遗传连锁图谱，为虾、蟹的遗传育种提供了宝贵的资源。贝类在生态系统和水产养殖方面都具有重要的价值，研究方向主要是生态系统、生物进化、遗传育种等。贝类对生态系统的作用表现在能够调节栖息环境，并且具有很强的环境适应能力，如通过分析长牡蛎的基因组发现长牡蛎能通过调节抗逆性相关基因复制扩张去适应潮间带环境（Zhang et al.，2012）。生物进化方面的研究如两侧对称动物的进化、贝壳的形成。针对养殖过程中存在的产量下降和病害频发问题，应用遗传学进行良种培育也成为贝类研究的主要方向。藻类分为大型藻和微藻，都具有很高的经济价值，其中作为水产养殖种类的大部分是大型藻，藻类基因组的研究热点主要在藻类的进化史、环境适应性、生物物质积累、经济价值和生态环境等方面。其他类主要包括棘皮动物（海参、海胆）、爬行类（龟、鳖）等，海参处于无脊椎动物进化的特殊地位，因具有强大的再生能力，是再生医学研究的理想实验动物，海参基因组的破译证实了海参再生相关基因的显著扩张（Zhang et al.，2017）。水生爬行类的基因组研究远落后于陆地爬行类，目前获得全基因组测序的有绿海龟和中华鳖，绿海龟和中华鳖的基因组研究揭示了龟鳖的躯体发育和进化关系（Wang et al.，2013）。

二、水产生物基因组的特征

1. *基因组大小多样性*　水产生物种类繁多，有真核生物和原核生物、脊椎动物和无脊椎动物，这使基因组大小呈现很大的差别，不仅不同门中基因组大小相差很大，鱼类等水产生物之间基因组大小也各不相同。例如，鱼类的基因组存在明显差异，红鳍东方鲀的基因组大小为365 Mb，三刺鱼基因组为463 Mb，牙鲆基因组为546 Mb，欧洲鲈基因组为675 Mb，青鳉基因组为700 Mb，大西洋鳕基因组为830Mb，墨西哥脂鲤基因组为964 Mb，尼罗罗非鱼基因组为1 Gb，虹鳟基因组为1.9 Gb，大西洋鲑基因组为2.97 Gb，点纹斑竹鲨基因组为4.7 Gb，虎纹猫鲨基因组为6.7 Gb。无脊椎动物和藻类本身物种数量多，基因组更复杂，基因组大小相差也较大。

2. *基因组转座元件及重复序列含量多样性*　转座元件是真核生物基因组的重要组成部分，在基因组进化、基因表达调控方面具有重要作用。基因组的大小与转座元件的含量有关。例如，红鳍东方鲀的基因组小而紧凑，转座元件含量为2.7%；鲤鱼基因组为1.69 Gb，转座元件含量为31.23%。凡纳滨对虾基因组中含有大量重复的简单串联序列（SSR），占基因组大小的23.93%以上，导致对虾基因组的高复杂性。根据现有的双壳类基因组研究，发现重复序列在双壳类基因组中普遍存在，在长牡蛎的基因组也发现了大量重复序列，占基因组的36%。总的来说，在基因组较小的鱼类中，转座元件和重复序列含量较低，基因组较大的鱼类、贝类、虾蟹类中转座元件和重复序列含量较高。

3. *DNA转座子数量较多*　DNA转座子是一类能在基因组中变更插入位置的可移动遗传因子，在原核生物中比较常见，在真核生物除植物和低等无脊椎动物中，DNA转座子绝大多数都没有活性。在人的基因组中，DNA转座子含量约为3.7%，鲤鱼基因组中DNA转座子含量约为17.53%，凡纳滨对虾基因组中DNA转座子含量约为9.33%，水产生物基因组的

DNA 转座子与人类和高等脊椎动物相比数量较多。目前在植物、低等无脊椎动物和鱼类中发现了有活性的 DNA 转座子，被应用于基因组插入诱变等。

4. GC 含量多样性　GC 含量是指在基因组中鸟嘌呤和胞嘧啶所占的比例。不同类群的水产生物 GC 含量各不相同，藻类基因组的 GC 含量最高（50%～62%）；无脊椎动物 GC 含量较低（34%～39%）；鱼类 GC 含量在 40%～43%，GC 含量可用来评估基因组的组装质量。

5. 编码基因数目多　与人的基因组编码基因（20 441）和鸡的编码基因（15 508）相比，水产动物基因组中的编码基因数目较多。斑马鱼的编码基因有 26 206 个，鲤鱼的编码基因为 52 610 个，牡蛎含编码基因 28 027 个，这说明编码基因数目的多少并不能代表物种的复杂程度。

第二节　典型水产生物基因组研究

一、鱼类基因组

鱼类是最古老的脊椎动物，占已命名脊椎动物的一半以上，且分布极为广泛。对鱼类基因组的研究主要表现在两个方面：一是鱼类具有特殊的进化地位，产生了许多关于鱼类适应性进化的研究，如陆生适应性、极端环境适应性等；二是经济效益对鱼类重要性状的研究有促进作用，如对生长、发育、生殖、性别决定及代谢过程相关基因的研究和形成这些性状的遗传基础的研究，此外还通过构建遗传图谱和全基因组测序发掘重要的经济性状如抗病、抗逆、性别相关分子标记，建立分子标记辅助育种。随着测序技术的发展及相应组装算法的改进，极大推动了基因组学研究的发展，目前，国内外已有 70 多种鱼类的全基因组被报道（表 10-1），测序的鱼类集中在鲈形目、鲽形目、鲑形目、鲤形目上，对鱼类基因组的解析从模式生物逐渐过渡到经济物种。就已发表的鱼类基因组来看，鱼类基因组大小大部分在 620～990 Mb。国外的鱼类基因组研究开展较早，例如，在 2002 年，日本科学家 Aparicio 等通过全基因组鸟枪法完成了红鳍东方鲀的首个基因组图谱的绘制，随后黑青斑河鲀、模式生物青鳉的基因组测序与精细图谱绘制也已完成。在二代测序技术的推动下，鱼类基因组研究产生较大突破，大西洋鳕、日本鳗鲡、三刺鱼、七鳃鳗、斑马鱼、矛尾鱼、尼罗罗非鱼、虹鳟、大西洋鲑等硬骨鱼类的基因组信息被发表，软骨鱼类的基因组学研究较少，目前有叶吻银鲛、鲸鲨等。我国的鱼类基因组研究较国外开展较晚，但发展迅猛，自 2014 年第一种鱼类——半滑舌鳎的全基因组精细图谱绘制完成开始，弹涂鱼、鲤、菊黄东方鲀、大黄鱼、草鱼等 28 种鱼类的全基因组测序和图谱绘制也陆续完成。下面将对 5 种经济鱼类基因组展开详细介绍。

表 10-1　国内外已报道的全基因组测序的鱼类

序号	物种名称	基因组大小	发表期刊和年份	作者
1	红鳍东方鲀 *Takifugu rubripes*	365 Mb	*Science*，2002	Aparicio et al.
2	黑青斑河鲀 *Tetraodon nigroviridis*	342 Mb	*Nature*，2004	Jaillon et al.
3	青鳉 *Oryzias latipes*	700.4 M	*Nature*，2007	Kasahara et al.
4	大西洋鳕 *Gadus morhua*	830 Mb	*Nature*，2011	Star et al.
5	日本鳗鲡 *Anguilla japonica*	1.15 Gb	*Gene*，2012	Henkel et al.
6	三刺鱼 *Gasterosteus aculeatus*	463 Mb	*Nature*，2012	Jones et al.

续表

序号	物种名称	基因组大小	发表期刊和年份	作者
7	七鳃鳗 *Petromyzon marinus*	816 Mb	*Nature Genetics*，2013	Smith et al.
8	斑马鱼 *Danio rerio*	1.412 Gb	*Nature*，2013	Howe et al.
9	矛尾鱼 *Latimeria chalumnae*	2.86 Gb	*Nature*，2013	Amemiya et al.
10	花斑剑尾鱼 *Xiphophorus maculatus*	669 Mb	*Nature Genetics*，2013	Schartl et al.
11	大鳍弹涂鱼 *Periophthalmus magnuspinnatus*	739 Mb	*Nature Communications*，2014	You et al.
	齿弹涂鱼属 *Periophthalmodon schlosseri*	780 Mb		
	青弹涂鱼属 *Scartelaos histophorus*	806 Mb		
	大弹涂鱼属 *Boleophthalmus pectinirostris*	983 Mb		
12	伯氏妊丽鱼 *Astatotilapia burtoni*	923 Mb	*Nature*，2014	Brawand et al.
13	布氏新灿鲷 *Neolamprologus brichardi*	980 Mb		
14	尼罗罗非鱼 *Oreochromis niloticus*	1.01 Gb		
15	斑马宫丽鱼 *Maylandia zebra*	946 Mb		
16	红丽鱼 *Pundamilia nyererei*	993 Mb		
17	叶吻银鲛 *Callorhinchus milii*	937 Mb	*Nature*，2014	Venkatesh et al.
18	鲤 *Cyprinus carpio*	1.69 Gb	*Nature Genetics*，2014	Xu et al.
19	虹鳟 *Oncorhynchus mykiss*	1.9 Gb	*Nature Communications*，2014	Berthelot et al.
20	菊黄东方鲀 *Takifugu flflavidus*	390 Mb	*DNA Research*，2014	Gao et al.
21	半滑舌鳎 *Cynoglossus semilaevis*	477 Mb	*Nature Genetics*，2014	Chen et al.
22	电鳗 *Electrophorus electricus*	560.2 Mb	*Science*，2014	Gallant et al.
23	革首南极鱼 *Notothenia coriiceps*	637 Mb	*Genome Biology*，2014	Shin et al.
24	欧洲鲈 *Dicentrarchus labrax*	675 Mb	*Nature Communications*，2014	Tine et al.
25	白斑狗鱼 *Esox lucius*	878 Mb	*PLoS One*，2014	Rondeau et al.
26	墨西哥脂鲤 *Astyanax mexicanus*	964 Mb	*Nature Communications*，2014	McGaugh et al.
27	大黄鱼 *Larimichthys crocea*	728 Mb	*Nature Communications*，2014	Wu et al.
	大黄鱼 *Larimichthys crocea*	679 Mb	*PLoS Genetics*，2015	Ao et al.
28	非洲齿鲤 *Nothobranchius furzeri*	1.24 Gb	*Cell*，2015	Kathrin et al.
29	草鱼 *Ctenopharyngodon Idellus*	♀ 0.90 Gb ♂ 1.07 Gb	*Nature Genetics*，2015	Wang et al.
30	大西洋鲑 *Salmo salar*	2.97 Gb	*Nature*，2016	Lien et al.
31	鮸 *Miichthys miiuy*	636.22 Mb	*Scientific Reports*，2016	Xu et al.
32	尖吻鲈 *Lates calcarifer*	670 Mb	*PLoS Genetics*，2016	Vij et al.
33	翻车鱼 *Mola mola*	730 Mb	*GigaScience*，2016	Pan et al.
34	孔雀鱼 *Poecilia reticulata*	731.6 Mb	*PLoS One*，2016	Künstner et al.
35	斑点叉尾鮰 *Ictalurus punctatus*	783 Mb	*Nature Communications*，2016	Liu et al.
36	红树林鳉 *Kryptolebias marmoratus*	830 Mb	*Genome Biology and Evolution*，2016	Kelley et al.
37	亚洲龙鱼 *Scleropages formosus*	779 Mb（金）	*Scientific Reports*，2016	Bian et al.
		753 Mb（红）		
		759 Mb（绿）		
38	斑点雀鳝 *Lepisosteus oculatus*	945 Mb	*Nature Genetics*，2016	Braasch et al.

续表

序号	物种名称	基因组大小	发表期刊和年份	作者
39	大西洋鲱 *Clupea harengus*	808 Mb	*eLIFE*，2016	Martinez et al.
40	安水金线鲃 *Sinocyclocheilus anshuiensis*	1.68 Gb	*BMC Biology*，2016	Yang et al.
	犀角金线鲃 *S.rhinocerous*	1.73 Gb		
	滇池金线鲃 *S.grahami*	1.75 Gb		
41	团头鲂 *Megalobrama amblycephala*	1.11 Gb	*GigaScience*，2017	Liu et al.
42	鲸鲨 *Rhincodon typus*	3.44 Gb	*BMC Genomics*，2017	Read et al.
43	银鱼 *Protosalanx Hyalocranius*	525 Mb	*GigaScience*，2017	Liu et al.
44	牙鲆 *Paralichthys olivaceus*	546 Mb	*Nature Genetics*，2017	Shao et al.
45	乌鳢 *Channa argus*	615.3 Mb	*GigaScience*，2017	Xu et al.
46	雅罗鱼 *Leuciscus waleckii*	752.3 Mb	*Molecular Biology and Evolution*，2017	Xu et al.
47	非洲电鱼 *Paramormyrops kingsleyae*	880 Mb	*Genome Biology and Evolution*，2017	Gallant et al.
48	海马 *Hippocampus Erectus*	458 Mb	*GigaScience*，2017	Lin et al.
49	花鲈 *Lateolabrax maculatus*	0.67 Gb	*GigaScience*，2018	Shao et al.
50	河鲈 *Perca fluviatilis*	1.0 Gb	*G3*，2018	Ozerov et al.
51	大鳞大马哈鱼 *Oncorhynchus tshawytscha*	2.4 Gb	*PLoS One*，2018	Christensen et al.
52	点纹斑竹鲨 *Chiloscyllium punctatum*	4.7 Gb	*Nature Ecology and Evolution*，2018	Hara et al.
53	虎纹猫鲨 *Scyliorhinus torazame*	6.7 Gb		
54	暹罗斗鱼 *Betta splendens*	465.24 Mb	*GigaScience*，2018	Fan et al.
55	鱚 *Sillago sinica*	534 Mb	*GigaScience*，2018	Xu et al.
56	食蚊鱼 *Gambusia affinis*	598.7 Mb	*G3*，2018	Hoffberg et al.
57	隆头鱼 *Symphodus melops*	614.2 Mb	*Genomics*，2018	Mattingsdal et al.
58	高体鰤 *Seriola dumerili*	622.8 Mb	*International Journal of Genomics*，2018	Araki et al.
59	五条鰤 *Seriola quinqueradiata*	627.3 Mb	*DNA Research*，2018	Yasuike et al.
60	沙丁鱼 *Sardina pilchardus*	655-850 Mb	*Genes*，2018	Machado et al.
61	黑斑原鮡 *Glyptosternum maculatum*	662.34 Mb	*GigaScience*，2018	Liu et al.
62	黑鲷 *Acanthopagrus schlegelii*	688.1 Mb	*GigaScience*，2018	Zhang et al.
63	黄鳝 *Monopterus albus*	689.5 Mb	*GigaScience*，2018	Zhao et al.
64	巴丁鱼 *Pangasianodon hypophthalmus*	700 Mb	*BMC Genomics*，2018	Kim et al.
65	黄颡鱼 *Pelteobagrus fulvidraco*	732.8 Mb	*GigaScience*，2018	Gong et al.
66	黑点青鳉 *Oryzias melastigma*	779.4 Mb	*Molecular Ecology Resources*，2018	Kim et al.
67	胡子鲇 *Clarias batrachus*	821 Mb	*BMC Genomics*，2018	Li et al.
68	金头鲷 *Sparus aurata*	830 Mb	*Communications Biology*，2018	Pauletto et al.
69	黄姑鱼 *Nibea albiflora*	565.3 Mb	*Ecology and Evolution*，2018	Han et al.
70	龙嘴雪冰鱼 *Chionodraco myersi*	1.12 Gb	*Communications Biology*，2019	Bargelloni et al.
71	茴鱼 *Thymallus thymallus*	1.56 Gb	*G3*，2019	Sävilammi et al.
72	巨魾 *Bagarius yarrelli*	571 Mb	*Genome Biology and Evolution*，2019	Jiang et al.
73	西藏高原鳅 *Triplophysa tibetana*	652.8 Mb	*Molecular Ecology Resources*，2019	Yang et al.

续表

序号	物种名称	基因组大小	发表期刊和年份	作者
74	鮟鱇 *Lophius piscatorius*	724 Mb	*Biology Letters*，2019	Dubin et al.
75	巨骨舌鱼 *Arapaima gigas*	664 Mb	*Scientific Reports*，2019	Du et al.
76	东方蓝鳍鲔 *Thunnus orientalis*	787 Mb	*Scientific Reports*，2019	Suda et al.
77	白梭吻鲈 *Sander lucioperca*	900 Mb	*Genes*，2019	Nguinkal et al.
78	哥斯达黎加若花鳉 *Poeciliopsis turrubarensis*	597 Mb	*Molecular Biology and Evolution*，2020	Van et al.
79	弯鳍若花鳉 *Poeciliopsis retropinna*	621.8 Mb		

1\. 半滑舌鳎基因组　半滑舌鳎隶属于鲽形目（Pleuronectiformes）、鳎亚目（Soleoidei）、舌鳎科（Cynoglossidae）、舌鳎属（*Cynoglossus*），是一种近海冷温性鱼类。在中国、朝鲜、日本近海和苏联远东海区均有分布。近似种有14种，中国均有分布，其中焦氏舌鳎和半滑舌鳎数量最多，其次是短吻舌鳎、窄体舌鳎和紫斑舌鳎，其他种类数量很少。中国沿海的半滑舌鳎多分布于渤海，黄海次之，东海和南海较少，是我国重要的海水养殖鱼类。

2014年，由中国水产科学研究院黄海水产研究所主导完成了半滑舌鳎全基因组测序和精细图谱绘制工作，这是我国第一种发表全基因组信息的鱼类。半滑舌鳎基因组大小为477 Mb，测序了约占基因组大小212倍的原始数据，contig N50为26.5 kb，scaffold N50为867 kb，最长的scaffold达到4.69 Mb，利用半滑舌鳎高密度SSR和SNP遗传图谱将scaffold锚定到22条染色体上，对应基因组全长为445 Mb，约占组装全长的93.3%。全部转座元件仅占基因组大小的5.85%，注释同源基因21 516个，通过与硬骨鱼类祖先的家族大小进行比较，确定了1439个扩张基因家族和2743个收缩基因家族，同时，结合高密度遗传连锁图谱，构建了Z染色体精细图谱和W染色体序列图谱，W染色体上存在大量的DNA重复序列和转座元件，Z染色体、W染色体和常染色体的转座元件与假基因含量分别为13.13%和3.54%、29.94%和19.74%、4.33%和2.48%。通过与鸡的基因组比较发现，半滑舌鳎的Z染色体与鸡的Z染色体有共同起源（图10-1），并且发现*dmrt1*基因与Z染色体连锁，是雄性特异表达、精巢发育必不可少的关键基因。半滑舌鳎基因组的解析为研究其他脊椎动物性染色体进化和性别决定机制提供了借鉴，同时也为半滑舌鳎性别控制、全基因组选择育种提供了重要的基因资源和技术手段。

2\. 牙鲆基因组　牙鲆隶属于鲽形目（Pleuronectiformes）、鲆科（Bothidae）、牙鲆亚科（Paralichthyinae）、牙鲆属（*Paralichthys*），是冷温性底层鱼类，分布于中国、朝鲜半岛和日本沿海，中国以黄海、渤海区产量较高，是中国、韩国和日本的主要经济鱼类，也是我国南北方工厂化、池塘和网箱养殖的主要优良品种，在渔业产量中占有很大的比重。

2017年，中国水产科学研究院联合上海海洋大学、德国维尔茨堡大学、葡萄牙阿尔加夫大学等多个科研院所完成了牙鲆全基因组测序及精细图谱的绘制工作。牙鲆的基因组大小为546 Mb，测序的有效数据达52.6 G，contig N50为30.5 kb，scaffold N50为3.9 Mb，最长scaffold达到13.3 Mb，基于高密度遗传图谱，约98%的scaffold锚定在24条染色体上。转座元件合计约占基因组大小的10.37%。其中DNA转座元件最多，占基因组大小的8.37%，简单重复序列约占基因组大小的2.07%，注释牙鲆基因21 787个。利用3793个单拷贝基因家族构建了物种进化树，进而利用291个保守蛋白估算了物种分化时间，结果表

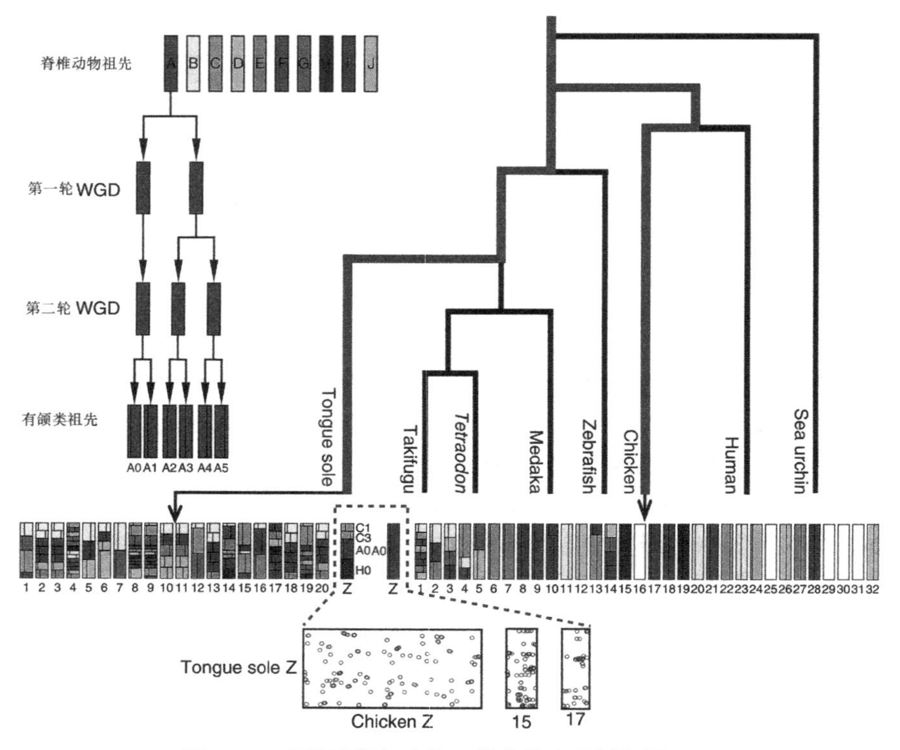

图 10-1 半滑舌鳎与鸡的 Z 染色体有共同起源

明牙鲆和半滑舌鳎分化时间为 7200 万年前，在牙鲆和半滑舌鳎有共同祖先的状态下，发现 15 个扩张基因家族（蓝色）和 164 个收缩基因家族（粉色）（图 10-2），其中一个扩张基因家族 homeodomain-interacting protein kinase（HIPK）与鲽形目鱼类眼睛变态发育密切相关。通过比较基因组学分析，筛选到与鲽形目鱼类变态发育相关的一些基因，如体轴发育、神经形成、骨骼肌重建相关基因，说明了牙鲆眼睛的移动受到甲状腺激素和视黄酸信号通路的拮抗调控，首次揭示了比目鱼体色左右不对称的形成机制。

3. 鲤基因组　鲤是鲤形目（Cypriniformes）、鲤科（Cyprinidae）、鲤属（*Cyprinus*）鱼类。多栖息于底质松软、水草丛生的水体，以食底栖动物为主。适应性强，可在各种水域中生活；个体大，生长较快，为淡水鱼中总产量最高的一种，年产量占我国淡水养殖总产量的 70% 以上。鲤养殖历史悠久，被认为是世界上最早出现的家鱼。由中国水产科学研究院、深圳华大基因研究院等单位以鲤雌核发育纯系单个个体作为测序对象，启动了我国鱼类第一个全基因组测序计划，也是世界上第一个鲤科经济鱼类基因组计划，并于 2014 年完成了鲤全基因组测序工作。鲤的基因组大小为 1.69 Gb，contig N50 为 68.4 kb，scaffold N50 为 1.0 Mb，scaffold 对基因组覆盖率约达到 92.3%，共有 50 对染色体，数目几乎是其他鲤科鱼类的两倍。注释的非编码 RNA：rRNA、miRNA、tRNA 数量分别为 1012 个、914 个、3622 个。转座元件共占基因组大小的 31.23%，其中 DNA 转座元件最多，占基因组大小的 17.53%。含有功能基因 52 610 个，鉴定了 8002 个同源基因，将鲤与斑马鱼的同源基因配对发现两物种之间明显的 2 对 1 同源关系（图 10-3）。平均每个基因中有 7.48 个外显子，鲤基因组中的 GC 含量远低于除斑马鱼外的其他已测序硬骨鱼类。鲤全基因组序列图谱的完成，标志着鲤科鱼类重要经济性状的遗传解析和遗传选育研究全面进入基因组时代。对于解析鲤科鱼类生长、品质、抗

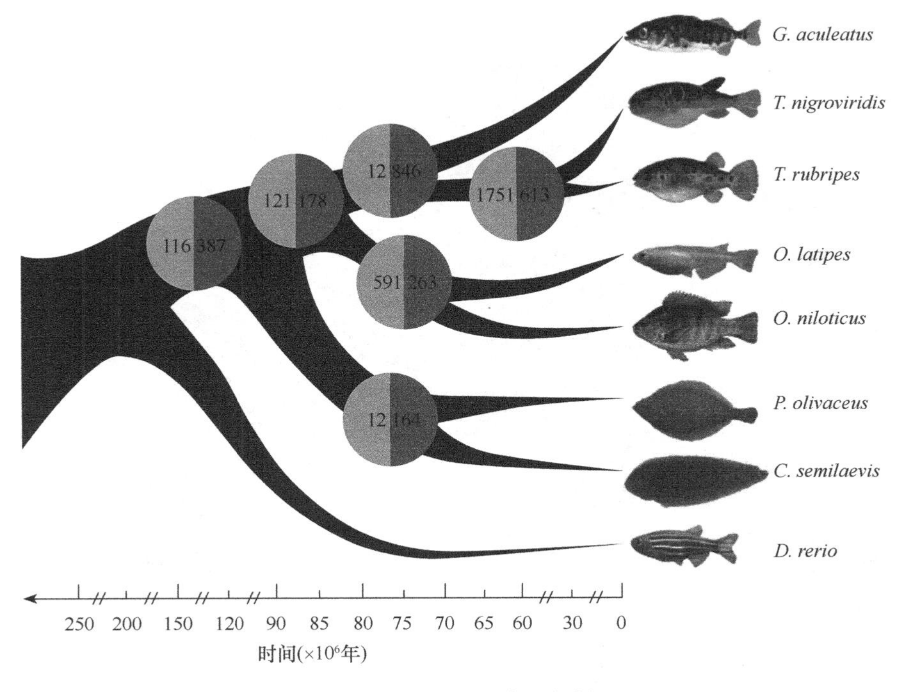

图 10-2　8 种鱼类进化树

病、抗逆等重要经济性状的分子机制具有重要意义，同时也为研究脊椎动物基因组进化和基因衍化机制提供了宝贵的数据和模型，为开展全基因组选择育种、培育品质优良的鲤新品种奠定了坚实基础，具有重要的理论意义和应用价值。

4. 草鱼基因组　草鱼也属于鲤形目、鲤科鱼类，是典型的草食性鱼类，栖息于平原地区的江河湖泊，一般喜居于水的中下层和近岸多水草区域。分布广，肉质佳，产量高，长江、鄱阳湖、华南至东北地区都产此鱼，为我国重要的经济鱼类，产量约占全球淡水养殖总量的 16%，是优良的四大家鱼之一。2015 年，中国科学院水生生物研究所、中国科学院国家基因研究中心、中山大学等机构的研究人员合作完成了草鱼基因组序列草图的绘制，相关研究成果在《自然·遗传学》杂志上在线发表。该研究采用鸟枪法测序策略，分别对一尾雌核发育雌性和一尾野生雄性草鱼进行了全基因组测序，雌鱼、雄鱼基因组大小分别为 0.9 Gb 和 1.07 Gb，雌雄鱼 contig N50 分别为 40.78 kb 和 18.25 kb，scaffold N50 分别为 6.46 Mb 和 2.28 Mb，最长的 scaffold 分别达 19.6 Mb 和 16.3 Mb。雌鱼基因组注释功能基因 27 263 个，非编码 RNA 基因 1579 个，转座元件占基因组大小的 38.06%。利用草鱼遗传连锁图谱，将 scaffold 锚定到 24 个连锁群上，scaffold 对基因组覆盖率为 64%，定位 17 456 个基因到草鱼染色体。通过与其他 12 种脊椎动物的基因组的比较，并构建系统进化树后发现，草鱼和斑马鱼进化关系最接近，估计两者分化时间在 5400 万年～4900 万年前。将雌雄草鱼的基因组进行比较，发现 206 个雄性特有的长度为 2.38 Mb 的 contig，这些特异性片段主要分布于草鱼的第 24 号染色体上，草鱼的第 24 号染色体对应于斑马鱼的第 10 号和第 22 号染色体（图 10-4），草鱼基因组在演化过程中发生了一次染色体融合。草鱼全基因组序列的解析将为植食性鱼类重要经济性状相关基因的发掘和养殖新品种的遗传改良提供关键技术支撑。

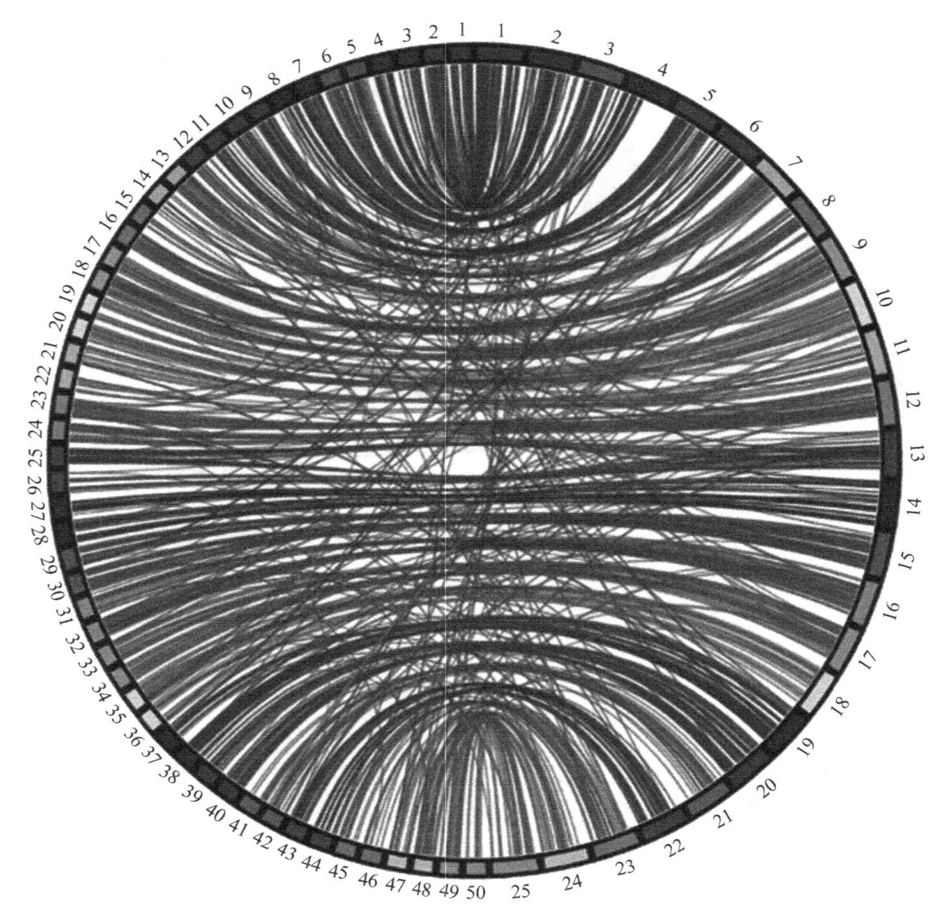

图 10-3　鲤和斑马鱼的染色体图谱

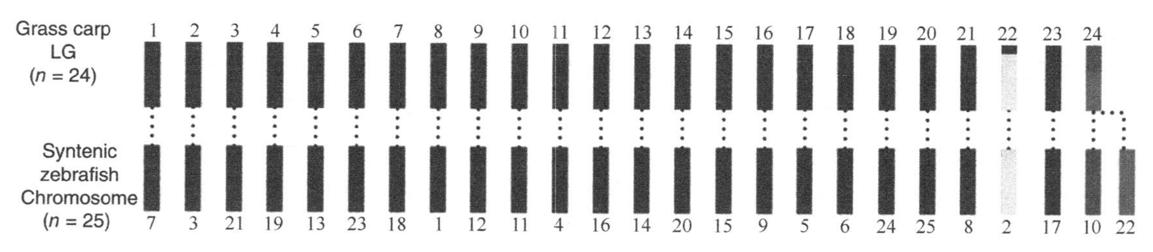

图 10-4　草鱼与斑马鱼染色体的共线关系

5. 大西洋鲑鱼基因组　大西洋鲑，又名安大略鲑，是鲑形目（Salmoniformes）、鲑科（Salmonidae）、鲑属（*Salmo*）鱼类。是一种非常有名的溯河洄游鱼类，因其营养价值高，也是世界性养殖鱼类，挪威、智利、加拿大、英国、法罗群岛、俄罗斯及塔斯曼尼亚都是大西洋鲑的主要养殖地。2016 年，挪威生命科学大学、西蒙弗雷泽大学、卑尔根大学等 20 多家机构的研究人员，绘制出了大西洋鲑的全基因组图谱。通过 Sanger 和二代测序技术对孤雄发育的大西洋鲑鱼个体进行测序，大西洋鲑的基因组大小为 2.97 Gb，contig/scaffold N50 分别为 57.6 kb 和 2.97 Mb，重复序列的含量为 58%～60%，是目前已发现的脊椎动物基因组中重复序列含量最高的，其中TE家族*Tc1-mariner*占比最高（12.89%）。注释编码基因37 206个，其中98.3%的基因都可定位到29条染色体上。鲑形目中以鲑科鱼类为代表，发生了特异性第四轮全基因组加倍事件（图10-5），图中黄色圆圈表示硬骨鱼特异性全基因组复制事件，红色圆圈表示鲑科鱼类特异性全基因组复制事件，使该分支物种基因组大小明显增加。除鲑科鱼类外，约在820万年前鲤鱼的基因组也发生了全基因组加倍事件，是迄今在脊椎动物中发现的最近的全基因组倍增事件。全基因组复制事件的发生是鱼类基因组复杂性的原因之一。大西洋鲑基因组精细图谱的绘制促进了对其他鲑科鱼类基因组在生态环境、进化问题、生产实践上的研究，此外，还为研究脊椎动物全基因组复制事件的发生机制和脊椎动物基因组演化奠定了基础。

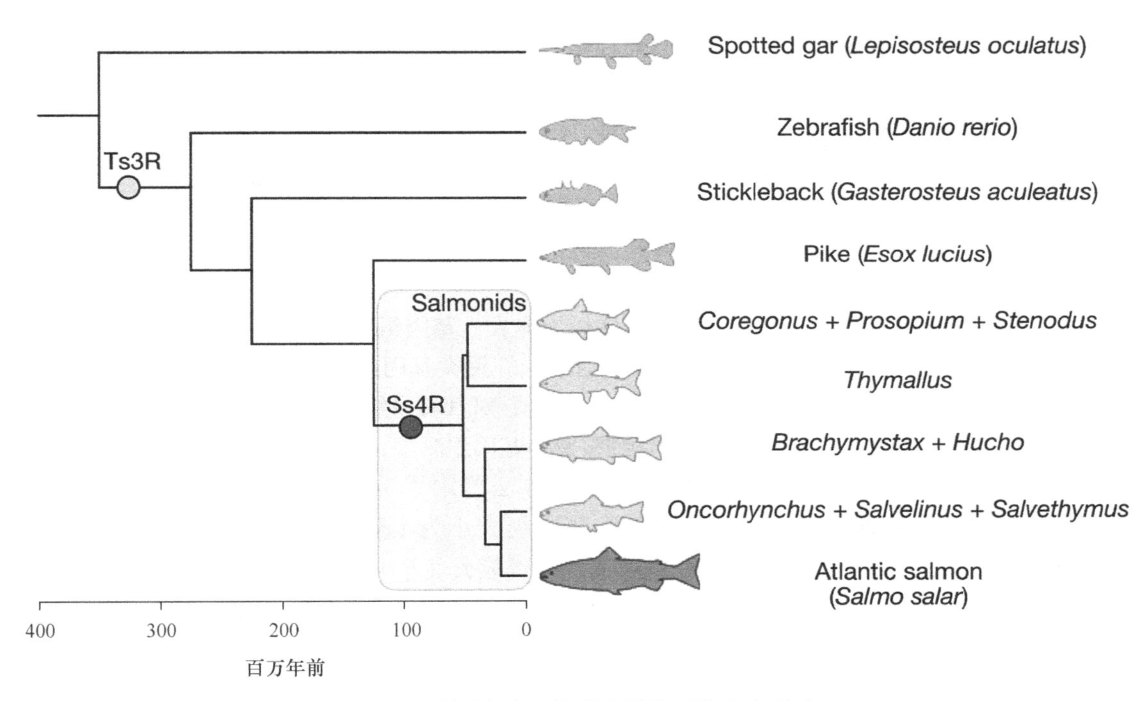

图10-5　硬骨鱼类和鲑科鱼类的系统发育关系

二、虾蟹类基因组

我国地域广阔，临海水产养殖高效多利，且水产资源丰富，我国属于水产养殖大国，主要养殖种类包括鱼类、甲壳类（虾、蟹）、贝类和藻类4种，据统计2018年中国甲壳类养殖总产量高达514万t左右，带来巨大的社会价值和经济价值。相对鱼类和贝类，甲壳类基因组较大，测序方面较为困难，目前已发表的甲壳类基因组大小仅仅数十种，因此对甲壳类基因组的后续测序工作依然重要。近年来对甲壳类基因组的研究得到很大的进展。例如，克隆的*PtDAMT*基因在三疣梭子蟹各组织和盐度胁迫性的表达情况，推测DNA甲基化在低盐环境中发挥着重要作用（环朋朋等，2019）；提取三疣梭子蟹的眼肌cDNA并鉴定了精胺酸激酶（AK）的cDNA，表达分析结果表明精胺酸激酶在三疣梭子蟹的免疫应答反应中起关键性作用（Song et al.，2012）。甲壳类水生生物的蜕皮对自身的生长发育有重要的生理意义，蜕皮抑制激素（MIH）对甲壳类生物的蜕皮机制起调控作用，如在对从东河对虾、日本沼虾眼肌克隆的蜕皮抑制激素的研究中发现，在日本沼虾体内，蜕皮抑制激素对蜕皮甾体生成具有负调控作用（Qiao et al., 2018）。在对中华绒螯蟹蜕皮抑制激素的研究中发现，激素分布水平不均匀，在眼肌中表达丰富，而在卵巢和腹神经节中的表达量较低（Chen et al.，1998）。对白斑综合征病毒（white spot syndrome virus，WSSV）相关基因进行研究后发现，凡纳滨对虾 *CTNNBL1* 基因可能参与免疫反应（史黎黎等，2016），Wnt 信号通路相关基因在感染 WSSV 前后表达量存在较大差异（Chen et al.，2013），将 *VP28* 基因的转基因蓝藻注射到子虾可以有效的防止 WSSV 的感染（上海海洋大学，2013）。而除了 WSSV，类似的病毒性疾病、细菌性疾病以及寄生虫性疾病对虾蟹类的养殖也造成了不小的影响，因此一系列虾蟹类疾病相关基因的研究进展可为虾蟹类养殖提供疾病预防参考。

1. 虾蟹线粒体基因组研究　目前对虾蟹线粒体（mt）基因组研究的报道十分有限，在 GenBank 的存档中也仅仅涵盖了十来个完整的有丝分裂体，对线粒体基因组的研究可以提高对虾蟹类系统发育关系的了解，如中华小长臂虾（*Palaemonetes sinensis*）有丝分裂体全长 15 955 bp，由 13 个编码基因以及 2 个核糖体 RNA 基因（Zhao et al.,2019）组成。从深海热液喷口虾体内获得了完整的 mt 基因组，与其他虾类不同的是深海热液喷口虾的 ND1 和 tRNA-CUN 基因之间有 86 bp 左右的基因间隔区，且进一步证明了 mt 基因序列在虾类中高度保守（Yang et al.，2012）。

2. 虾蟹基因组测序　甲壳类生物个体较为庞大，基因组间大小不一，且虾蟹类中转座子元件及重复序列含量较高，测序相对较为困难。虾蟹类基因组大小之间也存在差异，斑节对虾（*Penaeus monodon*）基因组组装大小为 1.45 Gb，对其转录组分析时，Busco 结果表明转录组高度完整，重复水平高达 51.3%。对中华绒螯蟹全基因组测序，最终得到组装基因组 1.12 Gb，约占全基因组大小的 67.5%，利用 AUGUSTUS 方法鉴定了 14 436 个基因，注释完整性高达 66.9%。如日本对虾（*Penaeus japonicus*）基因组大小为 1.66 Gb，三疣梭子蟹（*Portunus trituberculatus*）基因组大小为 0.99 Gb 以及美洲龙纹螯虾（*Procambarus virginalis*）基因组大小为 3.29 Gb，它们各不相同（表 10-2）。

表 10-2　国内外已发表的全基因组测序的虾蟹

物种名称	基因组大小（Gb）	参考文献
中华绒螯蟹 *Eriocheir sinensis*	1.55	Tang et al.，2019
凡纳滨对虾 *Litopenaeus vannamei*	1.66	Andriantahina et al.，2013
拟穴青蟹 *Scylla paramamosain*	1.21	Ma et al.，2016
斑节对虾 *Penaeus monodon*	1.45	Huerlimann et al.，2018
日本对虾 *Penaeus japonicus*	1.66	Swathi et al.，2108
三疣梭子蟹 *Portunus trituberculatus*	0.99	Tang et al.，2020
美洲龙纹螯虾 *Procambarus virginalis*	3.29	Gutekunst et al.，2018

3. 凡纳滨对虾基因组　凡纳滨对虾（*Litopenaeus vannamei*）又名南美白对虾、白脚虾，属于十足目（Decapoda）、枝鳃亚目（Dendrobranchiata）、对虾科（Peaneidae）、滨对虾属（*Litop enaeus*），产自中南美太平洋海岸水域，分布在太平洋海岸至墨西哥湾的热带亚

热带等海域。凡纳滨对虾在全球海产养殖中占据极其重要的地位，从其引入至2010年，凡纳滨对虾已成为我国水产养殖的主要对虾品种，占据全国对虾总产量的80%左右，其年产量达到416万t，具有很高的经济价值，且在北非和南部非洲都有广泛的养殖。目前凡纳滨对虾的养殖还存在着许多问题，其中种质资源极为缺乏，因此我国每年需要从国外引进大量的对虾亲种，对虾养殖过程若感染病毒，则会致死，大大降低对虾的存活率，而且限于没有良好的参考基因组，我国自主的对虾遗传分子育种工作进展缓慢。

近年来，对凡纳滨对虾繁殖性状、选育、基因组调查、高密度遗传图谱以及连锁图谱的构建和易感病毒等方面的研究都取得了显著的效果。对虾的选育及养殖过程中，除了考虑其生活习性外，在制订育种计划时还要考虑生长相关的综合病毒以及致死白斑综合征病毒，对基因序列的研究有助于解决病毒的遗传多样性等（Argue et al.，2002；Arcos et al.，2004）。而遗传连锁图谱为构建高分辨率遗传图谱、数量性状位点（QTL）检测和比较基因组定位奠定了基础，以此基础上构建的高密度连锁图谱揭示了基本的基因组结构，有助于进一步对比较基因组学、基因组组装和遗传改良的研究。中国科学院海洋研究所研究团队与国内外多家单位共同合作成功破译了凡纳滨对虾基因组，并且获得国际首个高质量对虾基因组参考图谱（图10-6），这项研究的发表为甲壳动物底栖适应和蜕皮等研究提供了重要的理论基础和数据支撑，同时也为对虾基因组育种和分子改良工作提供了重要平台（Alcivar-Warren et al.，2020；Zhang et al.，2006；Yu et al.，2015）。

4. 中华绒螯蟹基因组　中华绒螯蟹（*Eriocheir sinensis*）又有河蟹、大闸蟹之称，属十足目（Decapoda）、方蟹科（Grapsidae）、绒螯蟹属（*Eriocheir*），因其爪子上长有浓密的黑色刚毛而得名。中华绒螯蟹原产自东亚的河流、河口和其他沿海等地，分布于朝鲜半岛西海岸和我国多处海域，且多穴居在江河湖泊的泥岸内。被引入欧洲与北美后，因与当地物种存在竞争，所以被认为是一种入侵物种（Herborg et al.，2005）。中华绒螯蟹具有独特的生理特性，既可以生活在淡水中，也可以在海水中存活，但大部分时间都生活在淡水中，繁殖期时便迁移到较浅的海滩，除此之外还可以在内河的稻田中进行养殖，而该物种的这种独特性质为研究人员研究渗透调节提供了便利。

中华绒螯蟹肉质鲜美、营养丰富，具有很高的经济价值和营养价值。自2000年，我国对中华绒螯蟹的需求量日益增多，养殖总量达到23万t，产值多达100亿元，在2015年时，总产量约82万t，占据水产养殖中甲壳类产量的30%。已发表的中华绒螯蟹基因组大小为1.55 Gb，Scaffolid N50为490 K，GC含量高达43%左右，略高于多数近缘种的GC含量（28%～142%）（图10-7）。

对于中华绒螯蟹的饮食习惯、生活发展以及繁殖和免疫系统都有相关的研究报告。甲壳类蜕皮在其生命周期中会出现数次，对生长、发育及繁殖都至关重要（Tian and Jiao，2019），利用高通量测序技术获得中华绒螯蟹下肌肉组织中的第一个转录源（Ruiz et al.，2006），有助于描述蟹类肌肉在蜕皮中生长发育的关键分子过程，在对蟹类鳃进行转录分析的基础上同时获得了新的蜕皮分子机制和中华绒螯蟹的基础遗传数据（Li et al.，2019）。而对中华绒螯蟹全基因组的组装为研究其重要发育过程和重要性状的遗传决定提供了宝贵资源，也为研究甲壳类动物的进化做出了贡献。

5. 拟穴青蟹基因组　拟穴青蟹（*Scylla paramamosian*）又名青蟹，属十足目（Decapoda）、梭子蟹科（Portunidae）、青蟹属（*Scylla*）的甲壳类动物，常栖息于江河海口、红树林等盐度较低的泥沼中，环境适应能力强，主要分布于太平洋和印度洋的温带、亚热带等海域，在中

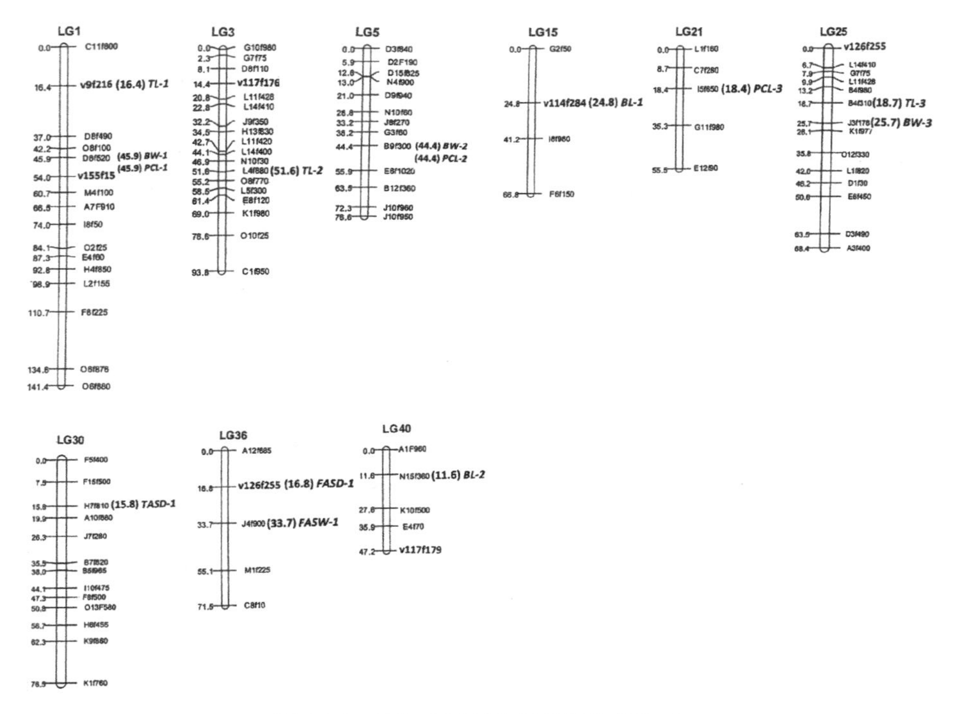

图 10-6 凡纳滨对虾生长相关性状位点

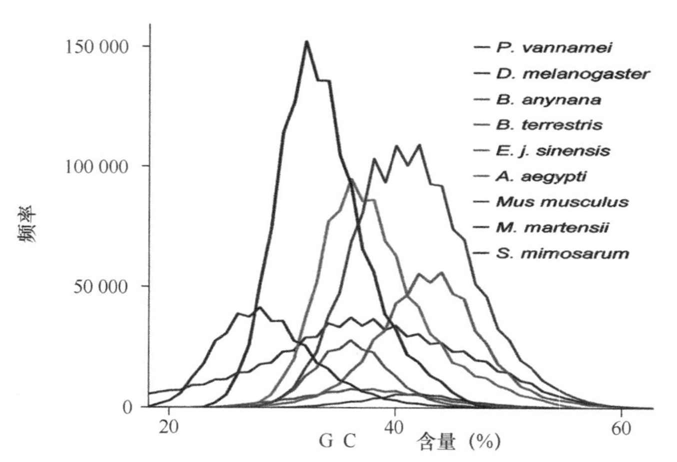

图 10-7 中华绒螯蟹及其他基因组中鸟嘌呤－胞嘧啶（GC）的含量（Tang et al.，2019）

国分布极广，而国外主要集中分布在美国、日本和泰国等地区。拟穴青蟹在梭子蟹科中体型最大，生长和繁殖都比较快，是我国主要出口和养殖品种，且具有抗病强和耐干露等特性，肉味鲜美、营养价值高，被誉为“海上人参”，有很高的经济效益和食用价值。

在对各类青蟹的研究中发现，中国青蟹属中拟穴青蟹属于优势种，利用 RAPD、AFLP 标记得到的结果表明拟穴青蟹野生群体间遗传分化程度较低（Ma et al.，2016）。Zhao 等（2019）对拟穴青蟹做了详细的基因组测序工作，获得其基因组大小为 1.21 Gb，杂合度高达 1.3%，利用 RAD 技术获得的高分辨率连锁图又会极大促进青蟹的遗传改良和基因组测序分析（图 10-8）。

因青蟹的独特经济和商业价值，研究人员对青蟹的遗传育种、水产养殖和基本生物学内容进行了充分的研究，但随着青蟹养殖规模的扩大，养殖过程中呈现的问题也日益明显，且主要的病害为纤毛虫病及丝状藻综合征和蜕壳不遂症等，除此之外，青蟹种间的竞争互食也是造成青蟹养殖中死亡的主要原因之一。青蟹的蜕壳分子机制、生长相关和免疫相关基因需要更进一步的研究，才能为了解青蟹打下坚实基础。

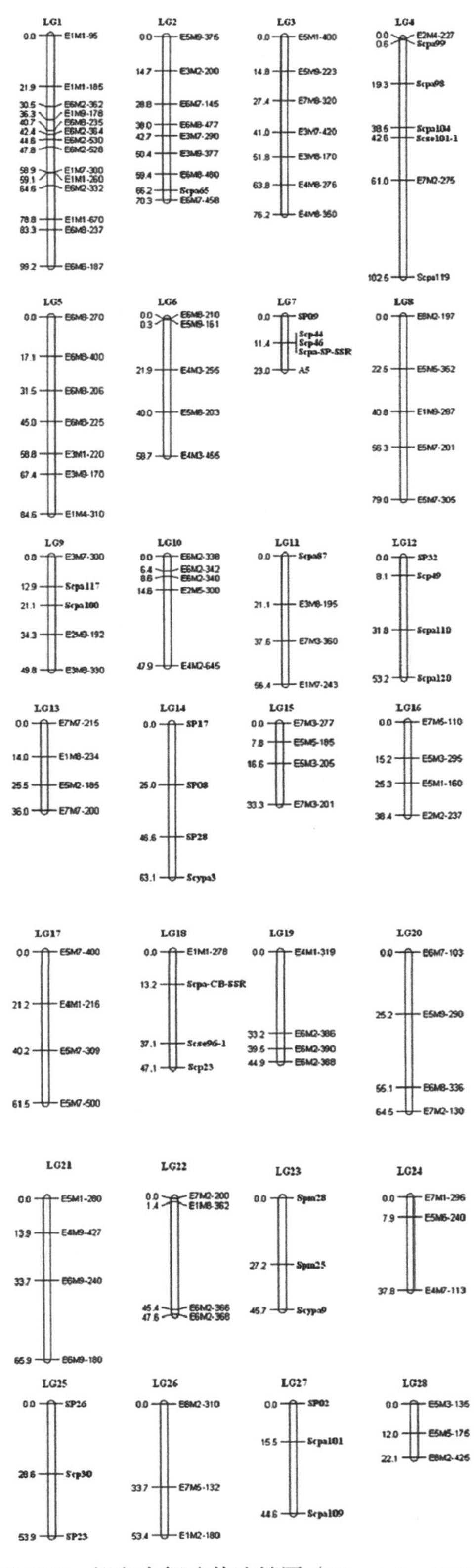

图 10-8 拟穴青蟹遗传连锁图（Ma et al.，2016）

三、贝类基因组

我国辽阔的海域及丰富的淡水资源造就了我国养殖业的蓬勃发展，其中发现的贝类生物达到3700余种，贝类的养殖能够带来社会效益和经济价值，主要的养殖贝类为扇贝、牡蛎、贻贝及文蛤等，对贝类生活习性、繁殖育种、遗传多样性等都有相关研究。利用鲍的免疫相关组织构建cDNA文库，有助于了解免疫相关基因，进而利用各类生物技术研究免疫相关基因功能，从而解释贝类抗感染免疫分子机制。在遗传育种方面，秘鲁扇贝与海湾扇贝成功杂交，并利用核基因和mtDNA序列原位杂交技术对基因组结构进行分析，以此了解杂种优势的遗传基础，同时对线粒体rDNA基因进行分析，证明了扇贝的线粒体基因属于母系遗传（Hu et al.，2013）。珍珠牡蛎基因组的研究为鉴定钙化的选择标记和基因进化提供了平台，同时也提高了对珍珠生物的合成分子机制以及双壳类软体动物的生物学认识（Takeuchi et al.，2012）。贝类遗传图谱的构建是在对贝类全基因组测序的基础上实施的，而遗传图谱的构建可以对某些抗病基因进行定位，然后以分子标记辅助育种，进而促进养殖业的发展（姚韩韩等，2010）。全基因组分析对了解贝类生长发育和遗传分子机制至关重要，但贝类基因组杂合度较高，测序和组装较为困难，所以对基因组研究工作仍需加强。相比较于贝类的庞大种类数量，目前已经测序的物种实在是太少。虽然贝类基因组有着杂合度高、重复序列多等特点，给测序和拼接技术带来很大的挑战，但随着测序技术快速发展和新的组装软件算法优化，相信贝类相关基因组文章慢慢地会越来越多。

1. 贝类基因组测序　在水产学中，贝类主要是指双壳纲动物，常见的种类有牡蛎、扇贝、蛤和蛏等。在我国海水养殖中，贝类产量占大部分，是重要的水产经济动物。据记录，贝类现存种类为11万多种。已经测序贝类物种40多种，基因组大小为几百Mb到几Gb（表10-3）。例如，紫扇贝（*Argopecten purpuratus*）基因组组装大小为724.78 Mb，占据全基因组的81.78%，重复序列高达33.74%（Li et al.，2018），栉孔扇贝（*Chlamys farreri*）基因组组装大小为779.9 Mb，scaffold N50为602 kb（Li et al.，2017），此高等质量基因组的发表为进一步的遗传育种和重要经济贝类的进化提供了有力支撑。多数贝类基因组仍在测序中，珍珠牡蛎（*Pinctada fucata*）的基因组大小为1.1 Gb左右，scaffolds N50为14.5 kb；海湾扇贝基因组大小为835.56Mb，scaffold N50为1.533 Mb；蛤蛏基因组为1.28 Gb，scaffold N50为65.93 Mb。

表10-3　国内外已报道的全基因组测序的贝类

物种名称	基因组大小（Mb）	参考资料
海湾扇贝 *Argopecten irradians*	835.56	Du et al.，2017
淡水峨螺 *Anentome helena/Clea helena*	1720.19	GenBank GCA_009936545.1
泡蛾螺 *Limacina bulimoides*	2901.94	Choo et al.，2020
欧洲大扇贝 *Pecten maximus*	459.38	Diéguez and Romalde，2017
加州双斑蛸 *Octopus bimaculoides*	2331.19	Albertin et al.，2015
斑驴贻贝 *Dreissena rostriformis bugensis*	1241.7	Ran et al.，2019
苹果螺科 *Lanistes nyassanus*	507.38	Sun et al.，2019
合浦珠母贝 *Pinctada mbricata*	990.98	Du et al.，2017
团聚牡蛎 *Saccostrea glomerata*	788.1	Ertl et al.，2016
耳萝卜螺 *Radix auricularia*	909.76	Schell et al.，2017
菲律宾偏顶蛤 *Modiolus philippinarum*	2629.56	Sun et al.，2019
深海偏顶蛤 *Bathymodiolus platifrons*	1658.19	Sun et al.，2017

续表

物种名称	基因组大小（Mb）	参考资料
沼蛤 *Limnoperna fortunei*	1673.22	Uliano-Silva et al.，2018
爱猫芋螺 *Conus tribblei*	2160.49	Barghi et al.，2016
苹果螺科 *Pomacea maculata*	432.26	Sun et al.，2019
苹果螺科 *Marisa cornuarietis*	535.28	Sun et al.，2019
绿唇鲍 *Haliotis laevigata*	1762.66	Botwright et al.，2019
耸肩芋螺 *Conus consors*	2049.32	Brauer et al.，2012
弓獭蛤 *Lutraria rhynchaena*	543.903	Gan et al.，2016
红鲍螺 *Haliotis rufescens*	1498.7	Masonbrink et al.，2019
囊螺 *Physella acuta*	764.48	GenBank GCA_004329575.1
河蚬 *Corbicula fluminea*	0.66	Zhang et al.，2019
猫头鹰帽贝 *Lottia gigantea*	359.506	Simakov et al.，2013
缢蛏 *Sinonovacula constricta*	1276.54	Ran et al.，2019
静水椎实螺 *Lymnaea stagnalis*	833.23	Davison et al.，2016
夏威夷短尾乌贼 *Euprymna scolopes*	5280.01	Collins and Nyholm，2011
斑马纹贻贝 *Dreissena polymorpha*	0.91	GenBank GCA_00806325.1
福寿螺 *Pomacea canaliculata*	443.6	Liu et al.，2018
虾夷扇贝 *Mizuhopecten yessoensis*	987.59	Wang et al.，2017
地中海贻贝 *Mytilus galloprovincialis*	1561.41	Murgarella et al.，2016
真蛸 *Octopus vulgaris*	1772.96	Zarrella et al.，2019
菲律宾蛤仔 *Ruditapes philippinarum*	1123.16	Yan et al.，2019
背瘤丽蚌 *Venustaconcha ellipsiformis*	1590.01	Renaut et al.，2018
长牡蛎 *Crassostrea gigas*	586.857	Zhang et al.，2012
黑唇鲍 *Haliotis rubra*	1378.27	Gan et al.，2019
巨乌贼 *Architeuthis dux*	2693.62	da Fonseca et al.，2020
加州海兔 *Aplysia californica*	927.31	GenBank GCA_000002075
大西洋牡蛎 *Crassostrea virginica*	684.74	Eierman and Hare，2014
光滑双脐螺 *Biomphalaria glabrata*	916.39	Adema et al.，2017
叶冬青 *Patinopecten yessoensis*	987.6	Wang et al.，2017
浅水贻贝 *Modiolus philippinarum*	2629.6	Sun et al.，2017

2. 长牡蛎基因组　长牡蛎（*Crassostrea gigas*）又称太平洋牡蛎，是我国最重要的海水养殖对象之一，也是世界主要海水养殖贝类。2010年长牡蛎基因组序列图谱绘制完成，是世界上第一张养殖贝类的全基因组序列图谱。基因组组装结果为559 Mb，Contig N50为19.4 kb，Scaffold N50为401 kb，预测大约28 000个基因（图10-9）。

通过牡蛎基因组和人、海胆等7个物种的基因组进行比较分析，发现了8654个牡蛎特异的基因，通过功能注释发现这些基因的功能多与抗性防御相关，涉及蛋白质折叠、氧化和抗氧化、凋亡和免疫反应等。这些功能都是牡蛎抵抗逆境不可或缺的。

研究者对基因组进行分析后同样发现许多和牡蛎抗逆能力相关的基因明显发生了扩张。例如，热激蛋白70（HSP70）在生物抵抗高温等各种逆境中发挥着重要作用，研究人员在牡蛎基因组中鉴定出88个*HSP70*基因，数量远远高于人类中的17个和海胆中的39个。这很可能是牡蛎能够在潮间带高达49℃甚至更高的温度下仍能维持细胞内稳态平衡，从而保持生存的主要原因。凋亡抑制蛋白（inhibitor of apoptosis protein，IAP）基因的数目为48个，接近海葵等其他各类物种均值的9倍，这表明牡蛎可能具有复杂的抗凋亡系统，从而使其能够在离水、露空等复杂多变的环境下长期生存。

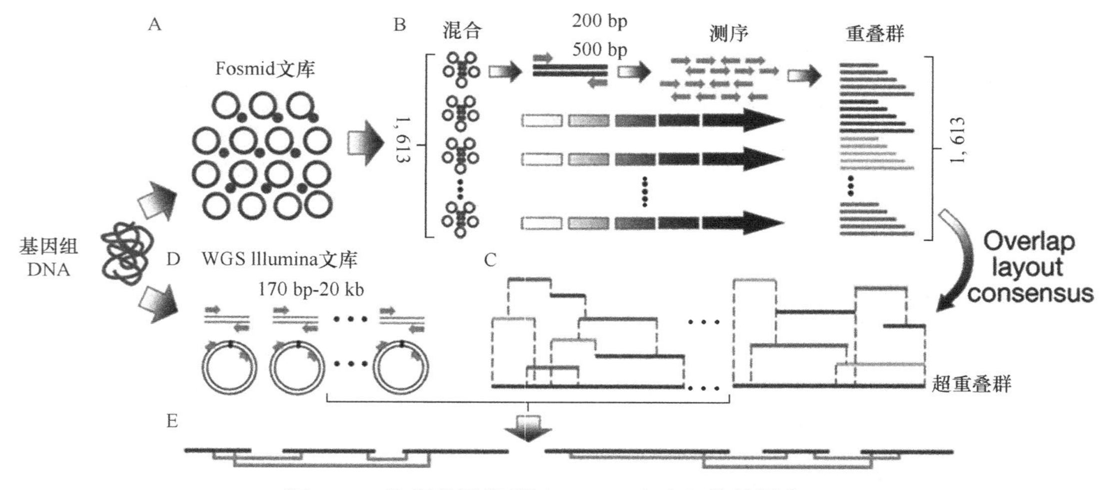

图 10-9 牡蛎基因组利用 Fosmid 文库组装的测序

3. 虾夷扇贝基因组　扇贝作为研究双侧动物进化的一种很好的研究对象，在 2017 年我国科学家对虾夷扇贝（*Patinopecten yessoensis*）进行了全基因组测序组装，首次完成了扇贝基因组精细图谱的绘制。虾夷扇贝基因组组装大小为 988 Mb，Contig N50 为 38 kb，Scaffold N50 为 804 kb，重复序列占 39%（389 Mb），预测注释 26 415 个蛋白编码基因。

通过分析扇贝和两个其他双壳类动物的基因家族确定了 9365 个共享基因家族。在轮冠动物中，双壳类与后口动物、蜕皮动物和非对称动物都有更多的共享基因家族。基因家族分析确定了 830 个扇贝特有基因家族和 349 个扩张基因家族，保留了最多数目的古老基因家族。这些基因家族参与各种生物学过程，可能对扇贝家系特异的适应性有重要作用。共线型分析表明扇贝的核型与两侧对称动物祖先核型高度相似（图 10-10）。

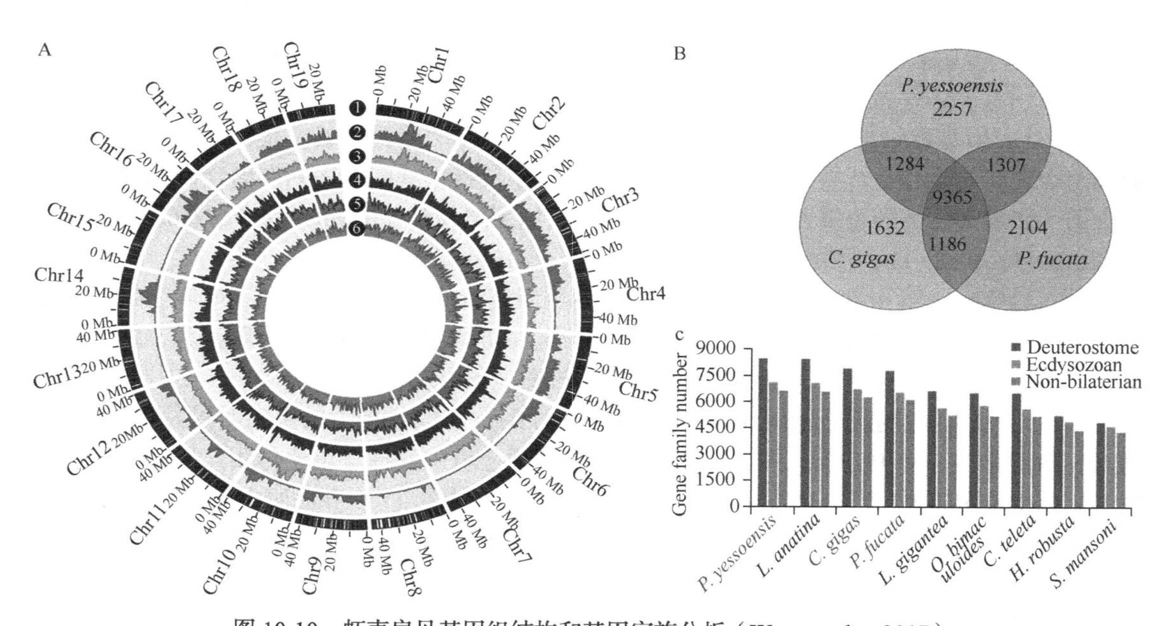

图 10-10 虾夷扇贝基因组结构和基因家族分析（Wang et al.，2017）

对基因组的分析结果同样表明虾夷扇贝中保留了最完整的 *Hox*、*ParaHox*、*NK* 基因簇，其中 *Hox* 基因簇包括 11 个基因。扇贝 *Hox* 基因控制扇贝躯体模式（body plan）发育。与其他动物中基因不同，在扇贝中，*ParaHox*、*Hox* 基因簇完整保存下来，这可能对推测这些基因簇在冠轮动物和原肢类后口动物祖先中的存在状态有帮助，揭示了许多原始动物祖先基因组特征。关于眼睛起源，由研究分析中发现扇贝眼睛发生由 *pax2/5/8* 基因而非 *pax6* 基因主导，对国际主流的眼睛单源起源假说（*pax6* 控制）提出了挑战，为动物体侧眼独立于头眼起源进化的新假说提供了关键证据。

4. 菲律宾帘蛤基因组　菲律宾帘蛤（*Ruditapes philippinarum*）是我国四大养殖贝类之一，也是我国单种产量最高的养殖贝类。2019 年，完成高质量菲律宾帘蛤基因组图谱绘制工作，其基因组组装大小为 1.12 Gb，Contig N50 为 28.1 kb，Scaffold N50 为 345 kb，BUSCO（C）完整性评估为 92.2%，预测和注释 27 652 个蛋白质编码基因（图 10-11）。

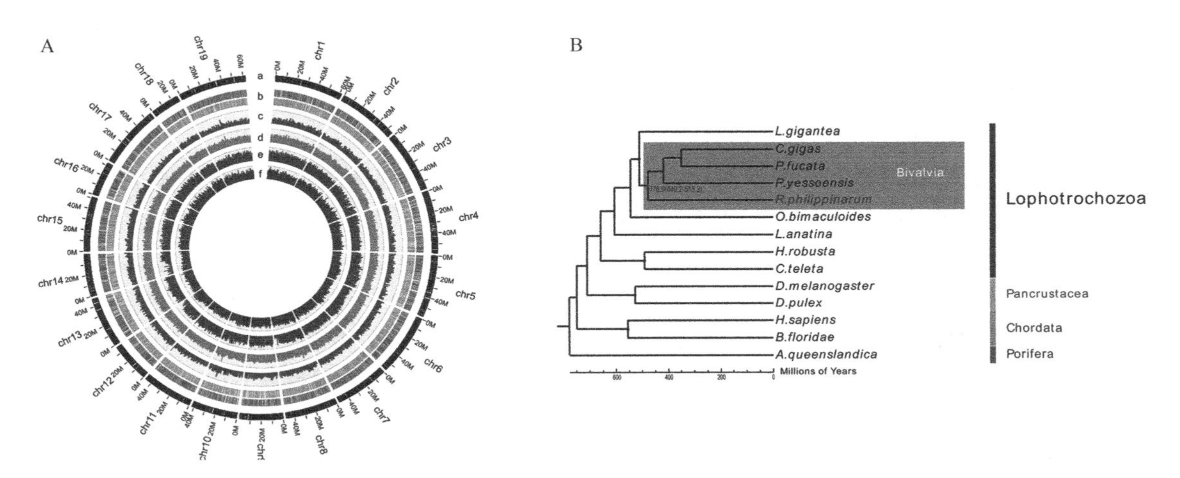

图 10-11　菲律宾帘蛤基因组格局与系统发育分析（Yan et al.，2019）

此版本基因组数据质量远高于之前公布的菲律宾帘蛤基因组版本，之前版本基因组 Contig N50 为 6.5 kb，BUSCO（C）完整性评估为 69.5%。对基因家族进行分析，基因从之前版本的 108 034 过滤到现在的 19 776。与其他长牡蛎、虾夷扇贝等 6 个物种基因组共享 1266 个直系同源基因，相比较以前的 56 个，有了极大提高。同样相比较于之前版本基因组，通过 Fisher 检验得到了 7 个扩张和 78 个收缩的基因家族。

通过比较基因组分析，此版本基因组数据相较于其他 4 种软体动物基因组，包括长牡蛎、虾夷扇贝、马氏珠母贝和猫头鹰帽贝，鉴定到 1582 个独特基因。同时相较于其他 4 种软体动物基因组，2197 个基因家族发生扩张，3943 个基因家族发生收缩，鉴定到 29 个正选择基因。对扩张的基因家族进行功能分析后发现，许多都与免疫、抗应激相关。这表明免疫和抗应激相关基因的扩张可能在对不利环境抵抗中发挥重要的作用，可能与蛤仔适应底泥中的埋栖生活有关。

四、藻类基因组

藻类的生物进化和生物学特征极其复杂，在生态系统中具有重要地位，并且有独特的基因和相应的生物过程。利用高通量测序技术在藻类研究中的应用，极大地促进了藻类基因组的发展以及丰富了藻类基因信息（赖晓娟等，2013）。目前对藻类基因组的研究仍在进行中，对藻类基因组的研究主要集中在藻类进化史、环境适应性、生物物质积累以及生态环境等方面。例如，对雷氏衣藻（*Chlamydomonas reinhardtii*）的基因组分析，提高了对真核细胞祖先的认识，并揭示了先前未知的与光合作用有关的鞭毛的相关基因。同时作为藻类中绿色植物的代表，雷氏衣藻也被用于研究真核生物的光合作用（Harris，2001）。藻类的种类繁多，其生活环境各不相同，对红藻在缺铁环境下的研究表明，在红藻质体基因组漫长的进化史中，对于铁的需求可能会阻止某种基因的丢失（Cho et al.，2108），而在红藻和绿藻的主要谱系中发现其质体基因组的结构具有高度保守性（Lee et al.，2016）。为了充分了解有害藻华的分子机制（Ogura et al.，2018），获得了硅藻氧化应激反应和细胞分裂反应相关的拷贝基因加以分析。藻类基因组编码的功能广度决定了其表型和生态位的多样性。藻类包括至少三个独立的基因组，核基因组又包含大部分的遗传物质和编码能力。红藻含有最丰富的细胞器基因组，如台湾蜈蚣藻（*Grateloupia taiwanensis*），编码了 233 个蛋白质（DePriest et al.，2013）；红色微藻的核基因组最不丰富，如红藻（*Cyanidioschyzon merolae*），编码了 4775 种蛋白质（Nozaki et al.，2007）。

1. *藻类基因组测序*　藻类基因组大小变动较大，根据预估和组装的基因组数据，藻类基因组小至几百 kb，大到 1 Gb 以上。有些藻类基因组具有 GC 含量不均匀、重复序列高、杂合度高等特点，这些都严重影响其基因组组装。藻类种类繁多，但各藻类基因组的大小存在着不小的差异，如微单胞藻 RCC299 基因组大小为 21.209 Mb，小球藻 NC64A 基因组为 46.159 Mb，原鞘藻基因组为 22.924 Mb，绿藻 UTEX 3007 基因组为 52.5 Mb，雷氏衣藻 CC-503 基因组为 111.1 Mb，盐藻 CCAP 19/18 基因组为 343.704 Mb，胸状盘藻 NIES-2863 基因组为 148.806 Mb，小菜球藻基因组为 72.7 Mb 等。目前已发表的藻类基因组文章研究热点主要集中在藻类进化史、环境适应性、藻类经济价值和生态环境等方面。本章将对常见的几种具有代表性的藻类基因组情况进行介绍（表 10-4）。

表 10-4　国内外已发表的部分全基因组测序的藻类

物种名称	基因组大小（Mb）	参考文献
越微藻 *bathycoccus prasinos* RCC1105	15.07	Nakamura et al.，2103
微单胞藻 *micromonas* sp. RCC299	21.109	Worden et al.，2009
微单胞藻 *micromonas* sp. CCMP1545	21.958	Worden et al.，2009
微单胞藻 *micromonas* sp. ASP10-01a	19.582	Delmont et al.，2015
鞭毛藻 *ostreococcus lucimarinus* CCE9901	13.205	Palenik et al.，2007
绿藻 *ostreococcus tauri* RCC4221	13.033	Blanc-Mathieu et al.，2014
绿藻 *ostreococcus tauri* RCC1115	14.763	Blanc-Mathieu et al.，2017
小球藻 *Chlorella variabilis* NC64A	46.159	Blanc-Mathieu et al.，2010
原鞘藻 *Auxenochlorella protothecoides*	22.924	Gao et al.，2014
小球藻 *Chlorella sorokiniana* UTEX 1602	59.568	Arriola et al.，2018
微芒藻 *Micractinium conductrix* SAG 241.80	61.02	Arriola et al.，2018
绿藻 *Chloroidium* sp. UTEX 3007	52.5	Nelson et al.，2017
亚椭圆形藻 *Coccomyxa subellipsoidea* C-169 NIES	48.827	Blanc et al.，2012
旋孢藻 *Helicosporidium* sp. ATCC 50920	12.374	Pombert et al.，2014
绿藻 *Picochlorum* SENEW3（SE3）	13.39	Foflonker et al.，2015
绿藻 *Picochlorum soloecismus* DOE101	15.252	Gonzalez-Esquer et al.，2018

续表

物种名称	基因组大小（Mb）	参考文献
雷氏衣藻 *Chlamydomonas reinhardtii* CC-503	111.1	Merchant et al.，2007
团藻 *Volvox carteri* f. *nagariensis*	131.2	Prochnik et al.，2010
绿藻 *Chlamydomonas eustigma* NIES-2499	66.63	Hirooka et al.，2017
杜氏盐藻 *Dunaliella salina* CCAP 19/18	343.704	Polle et al.，2017
胸状盘藻 *Gonium pectorale* NIES-2863	148.806	Hanschen et al.，2016
单针藻 *Monoraphidium neglectum* SAG 48.87	69.712	Bogen et al.，2013
简单四豆藻 *Tetrabaena socialis* NIES-571	135.78	Featherston et al.，2017
佐夫色绿藻 *Chromochloris zofingiensis* SAG 211-14	60.12	Roth et al.，2017
近头状尖胞藻 *Raphidocelis subcapitata* NIES-35	51.163	Suzuki et al.，2018
轮藻 *Klebsormidium nitens* NIES-2285	104.21	Hori et al.，2014
角叉菜 *Chondrus crispus stackhouse*	104.98	Collén et al.，2013
温泉红藻 *Cyanidioschyzon merolae* 10D	16.547	Matsuzaki et al.，2004
微藻 *Galdieria phlegrea* DBV009	11.4	Qiu et al.，2013
单细胞性红藻 *Galdieria sulphuraria*	13.712	Schönknecht et al.，2013
脐形紫菜 *Porphyra umbilicalis*	87.7	Brawley et al.，2017
条斑紫藻 *Pyropia yezoensis* U-51	43.484	Nakamura et al.，2013
紫球藻 *Porphyridium purpureum* CCMP1328	19.452	Bhattacharya et al.，2013
蓝载藻 *Cyanophora paradoxa*	70.2	Price et al.，2012
鞭毛藻 *Symbiodinium minutum*	609.476	Shoguchi et al.，2013
鞭毛藻 *Symbiodinium kawagutii*	935	Lin et al.，2015
鞭毛藻 *Symbiodinium microadriaticum* CCMP2467	808.227	Aranda et al.，2016
Chromera velia CCAP 1602/1	193.6	Woo et al.，2015
小菜球藻 *Vitrella brassicaformis*	72.7	Woo et al.，2015
比奇洛藻 *Bigelowiella natans* CCMP2755	91.406	Curtis et al.，2012
嗜酸性棘球藻 *Aureococcus anophagefferens*	56.66	Gobler et al.，2011
冈村枝管藻 *Cladosiphon okamuranu*	169.731	Nishitsuji et al.，2016
硅藻 *Ectocarpus siliculosus*	195.811	Cock et al.，2010
隐环藻 *Cyclotella cryptica*	161.7	Traller et al.，2016
大洋海链藻 *Thalassiosira oceanica* CCMP1005	92.186	Lommer et al.，2012
假链藻 *Thalassiosira pseudonana* CCMP1335	32.437	Armbrust et al.，2004
圆柱形扇贝藻 *Fragilariopsis cylindrus* CCMP1102	80.54	Mock et al.，2017
硅藻 *Fistulifera solaris*	49.74	Tanaka et al.，2015
三角藻 *Phaeodactylum tricornutum* CCAP 1055/1	27.451	Bowler et al.，2008
南绿藻 *Nannochloropsis gaditana* CCMP526	33.987	Radakovits et al.，2012
南绿藻 *Nannochloropsis gaditana* B-31	27.589	Corteggiani et al.，2014
海洋南绿藻 *Nannochloropsis oceanica* CCMP1779	28.7	Carpinelli et al.，2016
触藻 *Chrysochromulina tobin* CCMP291	59.073	Vieler et al.，2012
海洋球石藻 *Emiliania huxleyi* CCMP1516	167.676	Hovde et al.，2015
黄曲藻 *Tisochrysis lutea*	54.38	Read et al.，2013
蓝隐藻 *Guillardia theta* CCMP2712	87.145	Carrier et al.，2018

2. 海带基因组　2015 年，我国科学家公布了海带（*Saccharina japonica*）的基因组数据和相关研究成果，这是首例对大型褐藻群体基因组的研究。研究者组装出了海带预估基因组 98.5% 的序列，大小为 537 Mb，同时预测和注释了 18 733 个蛋白质编码基因（图 10-12）。

通过比较基因组学分析，鉴定了 41 个单拷贝或物种特异性基因复制的直系同源物。海带基因组扩增主要源于基因家族的扩增，海带与丝状褐藻水云的祖先获得 1240 个基因家族，其

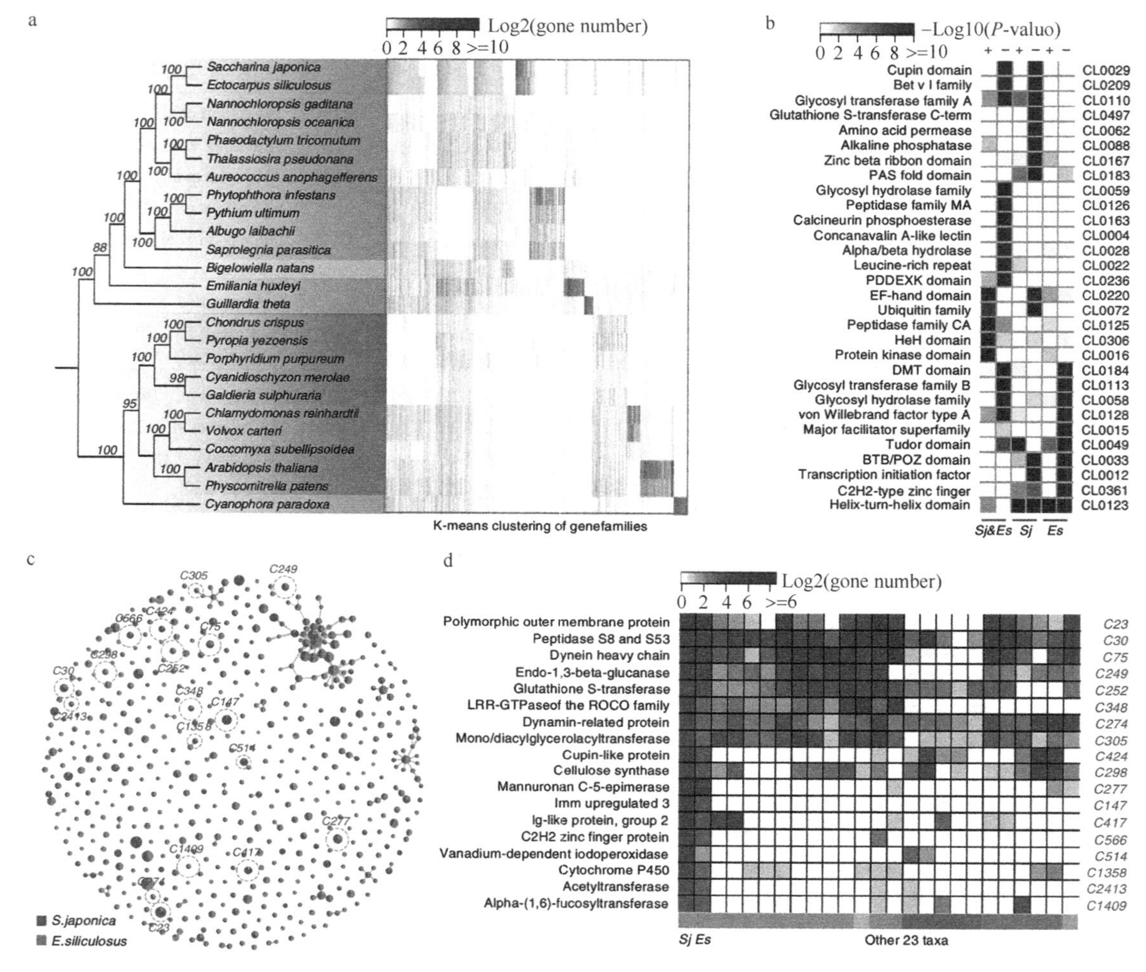

图 10-12 海带与其他 24 种藻类植物的比较基因组（Ye et al.，2015）

中与细胞壁合成、卤素代谢、发育与防御有关的基因家族出现明显扩增。通过进一步的功能分析发现，褐藻胶合成关键酶、甘露糖醛酸 C-5 差向异构酶、卤素代谢关键酶及卤素过氧化物酶通过基因大量复制实现其功能分化。

研究人员也获得了有代表性的 7 份养殖海带和 9 份野生海带的高覆盖度基因组草图，通过比较分析，在全基因组水平上全面解析了栽培和野生海带种间遗传变异，从养殖群体中平均识别了约 0.94 M SNVs 和 96 K 的小 INDELs，从野生群体中平均识别了约 2.27 M SNVs 和 274 K 的小 INDELs。这揭示了海带栽培种和野生种之间的遗传多样性。

3. 紫菜基因组　紫菜作为红藻代表物种，在相对较为恶劣的潮间带环境下生长。2017 年，科学家公布了脐形紫菜（*Porphyra umbilicalis*）的基因组及其相关研究成果。

由于藻类共生生物较多、提取 DNA 困难和脐形紫菜 GC 含量高等原因，通过 PacBio 全基因组测序、Illumina 数据纠错和转录组数据验证，研究者最终只得到了单倍体脐形紫菜 87.7 Mb 的高质量核基因组近完成图（图 10-13）。

组装的基因组中 GC 含量为 65.8%，其中编码区 GC 平均含量达 72.9%，部分区域 GC 含量高达 94%。分析得到基因组中含有大量重复序列（43.9%），经 *de novo* 预测及验证，得到 13 125 个基因。

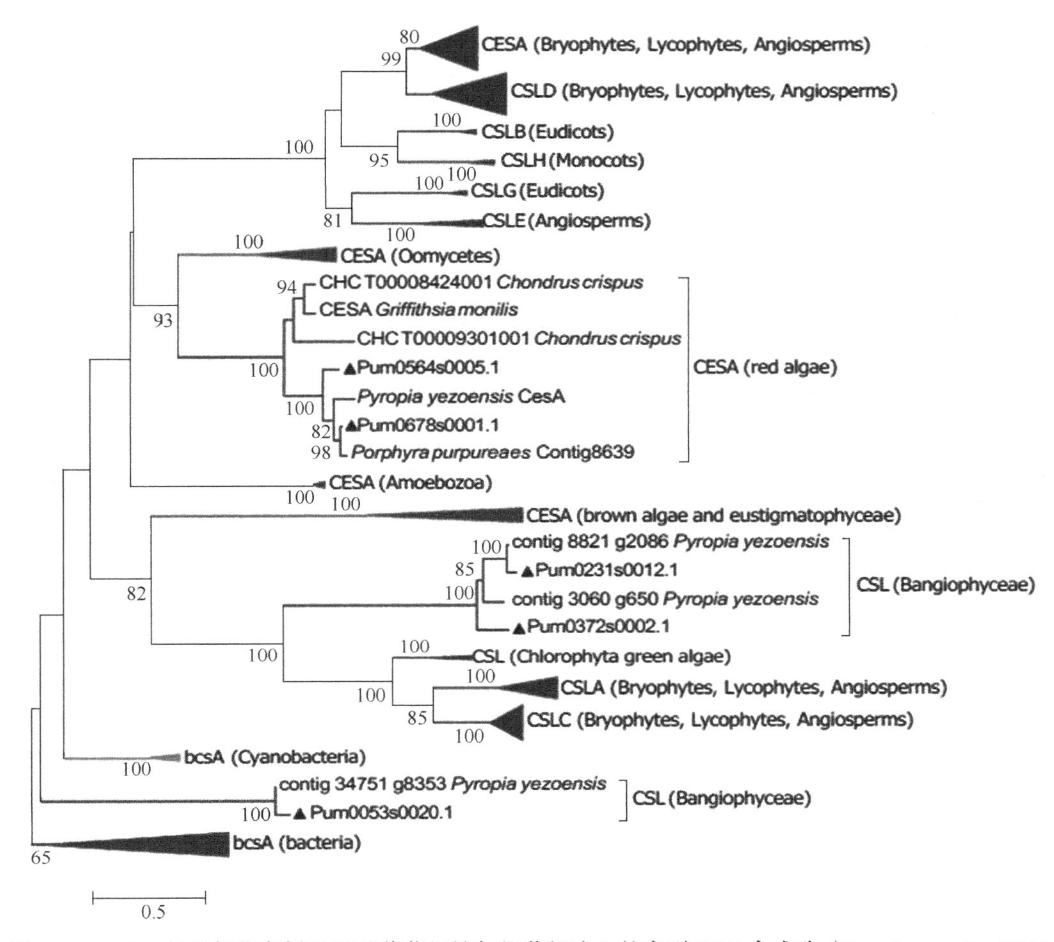

图 10-13　GT_2 的近邻发育树显示了紫菜根植与细菌细胞上的序列 OSE 合成酶（Brawley et al.，2017）

研究者对紫菜和其他红藻基因组进行了比较分析，发现红藻细胞骨架成分相关基因家族缺乏多样性和复杂性，尤以紫菜为甚，仅只有驱动蛋白（kinesin）存在。这解释了红藻形态演化及大多红藻物种中缺乏实质组织的问题，与其他多细胞藻类相比，红藻中较少的细胞骨架成分可能揭示了红藻中更大更复杂的细胞及多细胞结构发育降低的原因。

紫菜在潮间带生活，频繁被暴露于紫外线下，主要是通过类菌胞素氨基酸（MAA）及 UV 敏感时间生物钟控制来避免 UV 对自身的损伤。porphyra-334 是 MAA 的主要成分，在念珠藻中，主要是经 MysA、MysB、MysC 和 MysD 4 种蛋白逐步合成 MAA shinorine。研究者发现，紫菜基因组中含有一个编码 MysA-MysB 融合蛋白的基因及一个编码 MysC-MysD 融合蛋白的基因，这两个基因相邻，但转录在 5′ 端相反的 DNA 链上。从紫菜和相似的角叉菜（*Chondrus ocellatus* Holmes）基因组中 MAA 基因簇的保守及 2 个融合基因事件可以看出，基因重组为经历高 UV 辐射的红藻提供优势及有效的 MAA 合成途径。这可能部分解释了为什么紫菜能在恶劣环境下生长的抗压能力较强。

4. 圆柱拟脆杆藻基因组　圆柱拟脆杆藻（*Fragilariopsis cylindrus*）是一种生活在寒冷的南冰洋的一种微型硅藻。2017 年，科学家通过分析其基因组，发现了这种硅藻在极地水域中存活的秘密。

研究者构建圆柱拟脆杆藻的全基因组序列图谱，组装出了61.1 Mb的基因组序列，其Contig N50为78.2 kb；Scaffold N50为1.3 Mb。预测和注释了21 066个蛋白质编码基因，6071个趋异等位基因。

研究者发现，圆柱拟脆杆藻基因组上趋异等位基因可能与适应南大洋的环境波动有关。它的二倍体基因组上约有24.7%的等位基因存在较大分化，分化区域等位基因的功能涉及催化活性、转运活性、膜结合活性，并且基因数量远高于非分化区域。这些高度分化的等位基因在不同条件的环境中也存在基因型差异。

与温带海洋的藻类基因组比对分析发现，圆柱拟脆杆藻基因组中两种保守的金属结合蛋白家族富集。铜离子结合蛋白（这种铜离子结合蛋白包含的质体蓝素能够促进光合电子的传递）；锌结合结构域（MYND）蛋白能够促进蛋白－蛋白间的互作，参与调控过程，在最近的3000万年里发生了扩增。南冰洋水面相对高浓度的锌离子可能促进了MYND功能域的扩张与功能多样型。叶绿素a/c光捕获复合蛋白基因富集，其中11个成员与抗逆反应相关。这些基因家族的富集保证了硅藻在海水里也能够顺利地进行光合作用，提高了在这种极端环境中的适应性（图10-14）。

五、棘皮动物基因组

棘皮动物（echinoderm）广泛分布在海洋中，与半索动物（hemichordate）和脊索动物（chordate）构成后口动物群，是研究后口动物演化的一个关键节点。沿海常见的海星、海胆、海参、海蛇尾等都是棘皮动物。现存的棘皮动物大约有7000种，灭绝的物种大约有13 000种。目前对棘皮动物基因组的研究涉及海洋生态学、细胞生物学及发育生物学等多个领域，而对棘皮动物基因组测序有助于分析棘皮动物在分子基础上的遗传发育过程。目前棘皮动物已发表测序的物种不多，基本上处于刚起步阶段。但棘皮动物在动物演化史上的重要地位，通过对其基因组的研究分析肯定也将越来越突显。同时，对棘皮动物中一些特殊的物种，如再生能力强的海参、造型奇特的海胆和危害物种棘冠海星等进行深入基因组分析研究，肯定也将有许多有趣的发现。

海胆早期胚胎学的研究主要揭示了海胆胚胎的显著调节性（Driesch，1892），近年来对海胆早期胚胎研究则主要集中在转录基因调控（GRN）上（Ettensohn et al.，2007）。从对棘皮动物基因组的研究中发现了与生物矿质骨架发育相关的高度保守基因，同时不同棘皮动物中*msp130*基因和针状基质（*sm*）基因也有报道，高度的基因调控网络重组和*clade*基因的复制研究支持了棘皮动物幼虫骨骼发育趋同进化的假说（Dylus et al.，2018）。为了解释转录调控如何随着时间的推移而改变（McCauley et al.，2009），比较了不同生物同源发育基因调控网络，利用现有技术构建了海星中胚层GRN与海胆皮肤中胚层GRN，通过比较发现，两种生物体中都存在一个高度保守亚回路。棘皮动物基因组的研究仍在进行中，将测序得到的基因组信息与各类实验数据联合，能够促进分子生物学、发育生物学及基因调控网络等生物领域的研究。目前已发表的棘皮动物基因组文章研究热点主要集中在动物演化、生物防治和再生能力等方面。

1．*棘皮动物转录因子*　海星和海胆可以作为模式生物对基因调控网络进行深入研究，Hinman等（2007）对海胆和海星两个类群的扰动分析发现，OTX对转录因子gatae和KROX/blimp 1有调节作用，同时这两种转录因子也会起到反馈和调节作用；Cary等（2017）发现顺势调控DNA的进化可能是改变的主要机制，但TBrain是一种转录因子蛋白，它改变了对低

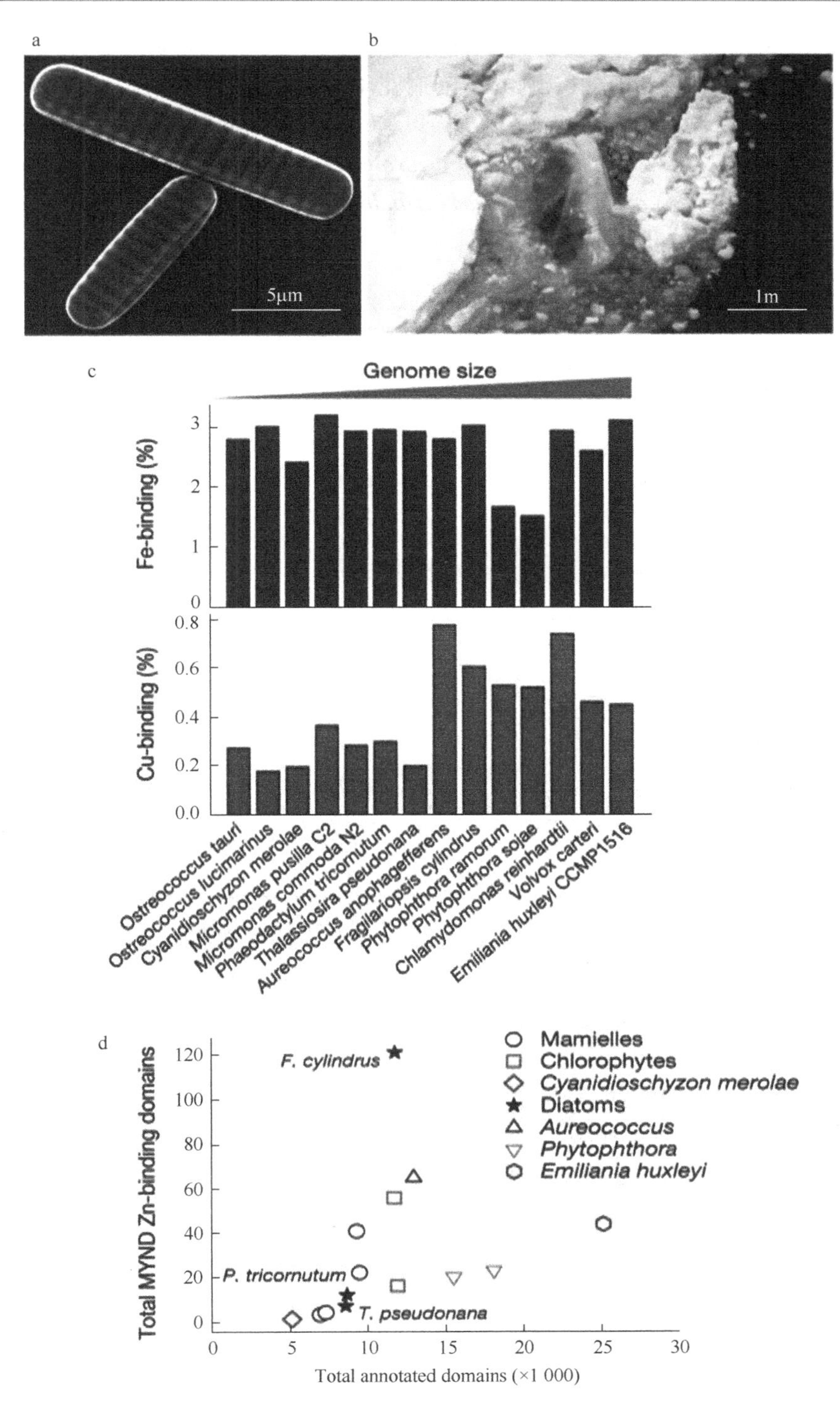

图 10-14　圆柱拟脆杆藻及其基因组中编码的重要金属结合蛋白（Mock et al.，2017）

亲和力二级结合基序的偏好。目前，棘皮动物类群之间的基因调控网络在基因组范围内还未开展，转录因子结合基序进化与基因调控网络拓扑之间的相互作用也未见报道，这可能会作为后续棘皮动物基因组研究中的重点（Cary et al.，2017）。

2. *棘皮动物基因组测序* 目前已经测序公布全基因组数据的棘皮动物在20种左右，基因组大小为几百Mb到几Gb。例如，紫荆花（海参）（*Actinopyga echinites*）基因组为899.12 Mb，Scaffold N50为128.17 kb；平底海星（*Asterias rubens*）基因组为417.62 Mb，Scaffold N50高达20.56 Mb；马粪海胆（*Hemicentrotus pulcherrimus*）基因组为568.91 Mb，Scaffold N50为142.56 kb；石笔海胆（*Eucidaris tribuloides*）基因组为2.19 Gb，Scaffold N50仅有39.19 kb等（表10-5）。

表10-5 国内外已报道的全基因组测序的棘皮动物

物种名称	基因组大小（Mb）	参考资料
紫荆花 *Actinopyga echinites*	899.12	Zhong et al.，2020
仿刺参属 *Apostichopus leukothele*	480.52	GenBankGCA_010014835.1
红星海星 *Asterias rubens*（*European starfish*）	417.62	GenBankGCA_902459465.3
海蛇尾属 *Ophionereis fasciata*	1184.53	Long et al.，2016
新西兰普通垫星 *Patiriella regularis*	949.33	Long et al.，2016
沃蒂海参 *Apostichopus parvimensis*	873.09	GenBankGCA_000934455.1
马粪海胆 *Hemicentrotus pulcherrimus*	568.91	Kinjo et al.，2018
海蛇尾属 *Ophiothrix spiculata*	2764.32	GenBankGCA_000969725.1
海参 *Holothuria glaberrima*	1127.81	GenBankGCA_009936505.1
刺参 *Apostichopus japonicus*	734.5	Jo et al.，2017
紫海胆 *Strongylocentrotus purpuratus*	921.86	GenBankGCF_000002235.5
蝙蝠星 *Patiria miniata*	811.03	GenBankGCA_000285935.1
绿海胆 *Lytechinus variegatus*	1061.2	Sergiev et al.，2016
石笔海胆 *Eucidaris tribuloides*	2187.26	GenBankGCA_001188425.1
紫色海星 *Pisaster ochraceus*	401.95	GenBankGCA_010994315.1
棘冠海星 *Acanthaster planci*	383.7	Roberts et al.，2017
糙刺参 *Stichopus horrens*	689.13	Fan et al.，2011

3. *海星基因组* 棘冠海星（*Acanthaster planci*）是一种对珊瑚礁生态系统危害极大的海星。其以珊瑚为食，会爬上珊瑚，把胃从口中翻出来分泌消化酶，将珊瑚虫的组织液化并吸收，只留下白色的珊瑚骨架，严重威胁珊瑚礁生态系统的完整性和恢复能力。其生殖能力也很强，在印度洋至太平洋区域已泛滥成灾。

2017年，科学家为控制棘冠海星的过度繁殖生长，通过相关措施进行生物防治，对来自澳大利亚大堡礁（GBR）和日本冲绳（OKI）的两只棘冠海星进行基因组测序发现，GBR棘冠海星预估基因组大小为441 Mb，组装出基因组大小为383 Mb，Contig N50为55 kb，重复序列为41%，杂合度0.87%；OKI棘冠海星预估基因组大小为421 Mb，组装出基因组大小为383 Mb，Contig N50为55 kb，重复序列为41%，杂合度0.92%。在晚更新世时期，两个海星群体有着类似的衰减和恢复方式，同时两个海星的基因组几乎完全相同。这说明两个海星虽然生活在不同的地理位置，但还是同一物种（图10-15）。

研究者先通过蛋白组学分析，鉴定了一种可能与海星聚集相关的物种特异的分泌因子，如海星特异性室管膜蛋白相关蛋白质（ERPD）。继续通过基因组分析发现棘冠海星中的15个EPDR可能与同物种的交流有关。另外11个EPDR的基因也在海星中高表达。这26个EPDR序列相似度很低且特异性扩张。这表明这些ERPD快速进化，形成各物种特异的交流因子。

4. *海参基因组* 海参属于棘皮动物中体型与形态最为特殊的种类，且处于从无脊

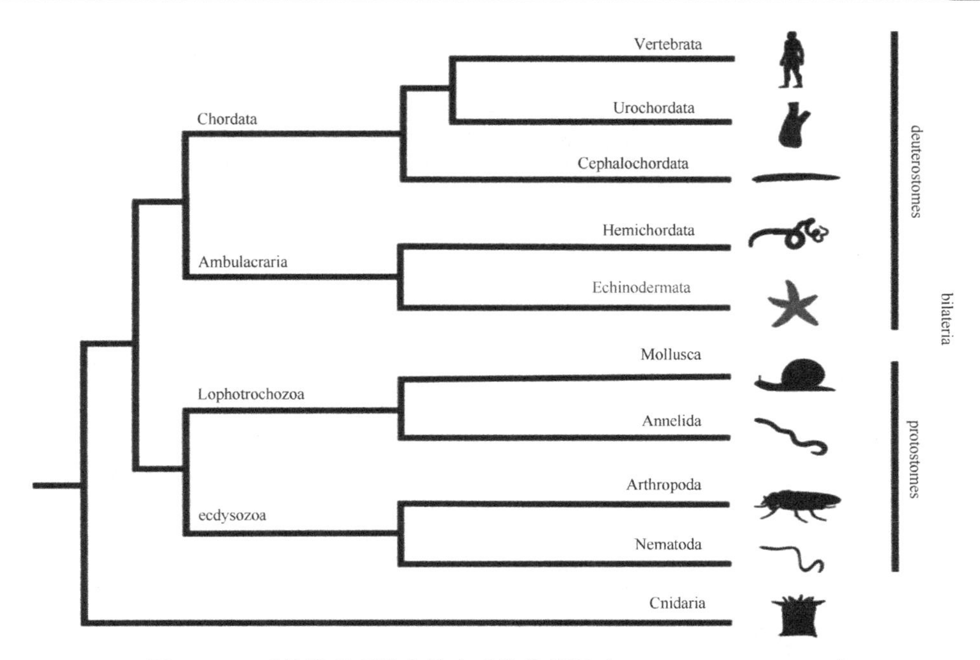

图 10-15 动物发育系统中棘皮动物发育图（Semmens et al.，2016）

椎向脊椎动物分化的独特进化地位。海参也有很强的再生能力，该物种在强烈环境胁迫下可将体内内脏几乎全部排出体外，当环境适宜后，可在 2～3 周重新长出功能完善的内脏器官。

2017 年，科学家首次完成了仿刺参（*Apostichopus japonicus*）（俗称海参）的全基因组精细参考图谱的绘制，揭示了海参的特殊形态进化与再生潜能的分子基础。研究者通过 PacBio 全基因组测序、Illumina 数据纠错和转录组数据验证，得到约 805 Mb 的基因组序列，Contig N50 为 190 kb，Scaffold N50 为 486 kb，预测和注释得到 30 350 个蛋白编码基因，其中 93% 受到转录组数据支持。

对基因组进行分析后发现，*Brachyury* 基因和 *FGF* 基因在棘皮动物中显著收缩，这是调控动物关键进化过程中脊索形成的关键转录因子，可能揭示了棘皮动物在长期的进化过程中脊索、咽鳃裂消失的潜在原因。通过比较基因组分析结果发现，即使海参不像其他棘皮动物一样有着坚硬的骨骼，但是其与其他棘皮动物也共享着部分骨骼形成调控系统。例如，在紫海胆（*Anthocidaris crassispina*）中有 31 个生物矿化基因，而海参缩减到 7 个。同时转录组数据也同样表明，这些生物矿化基因在紫海胆的各个发育阶段高度表达，而在海参中并非如此。这可能是海参骨骼退化的根本原因（图 10-16）。

知识拓展 · Expand Knowledge

第二代 DNA 测序技术（Next-generation sequencing）主要技术平台包括 Helicos BioSciences 公司的 HeliScope Single Molecule Sequencer、Illumina/Sol-exa GenomeAnalyzer 以及 Roche/454 GS FLX、Solexa 等。第二代测序技术极大地推进了基因组学的发展，更多物种的基因组组装、重测序、甲基化和宏基因组等研究得以开展，也是目前已完成水产生物全基因组测序所采用的主要方法。大熊猫是首个采用 Solexa 测序技术完成基因组测序的物种。

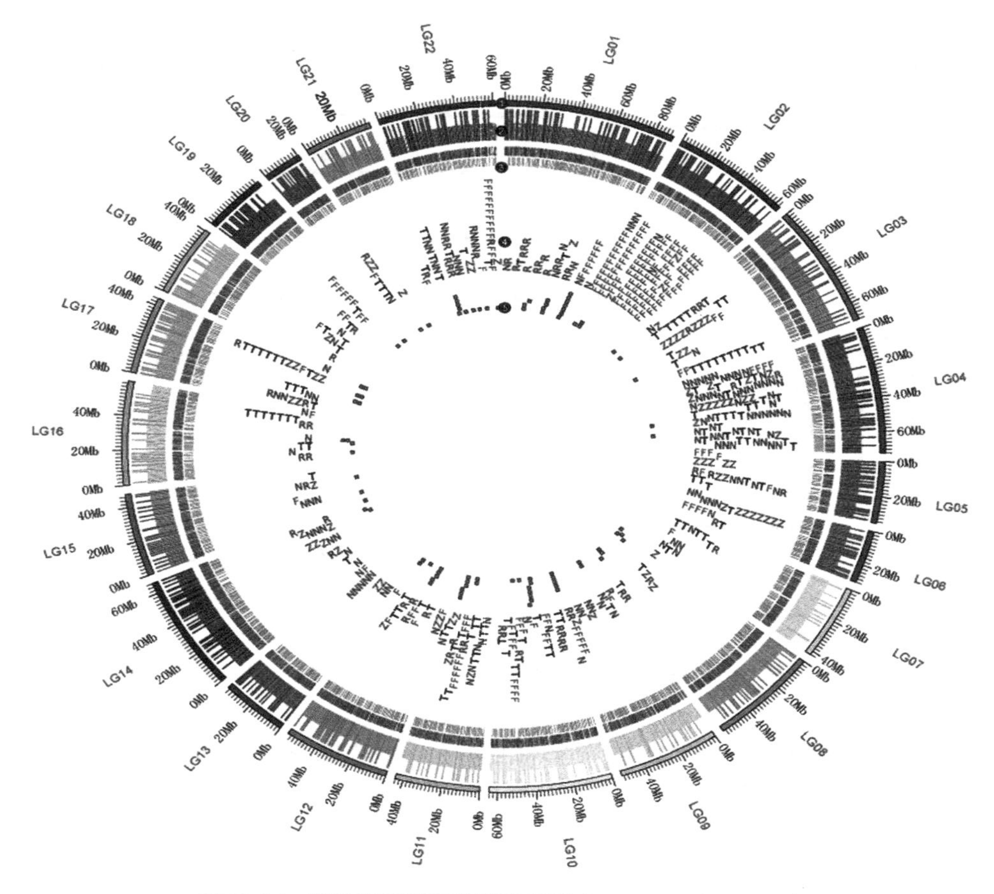

图 10-16 紫海胆基因组特征示意图（Zhang et al.，2017）

重点词汇 · Keywords

1. 基因组组装（genome assembly）
2. 微卫星（simple sequence repeats，SSR）
3. 单核苷酸多态性（single nucleotide polymorphism，SNP）
4. 扩增片段长度多态性（amplified fragment length polymorphism，AFLP）
5. 系统发育（phylogeny）
6. 适应性进化（adaptive evolution）
7. 全基因组测序（whole-genome sequencing, WGS）
8. 遗传图谱（genetic map）
9. 全基因组选择育种（genetic selection, GS）
10. 基因家族扩张（gene family expansion）
11. 基因调控网络（gene regulatory network）

本章小结 · Summary

本章节主要从水产生物方面讲述基因组研究进展，包括鱼类、甲壳类、贝类、藻类以及其他。从基因组大小多样性、基因组转座元件及重复序列含量多样性、DNA 转座子数量和 GC 含量多样性等介绍了水产生物基因组特征；展示了目前多数已完成测序的典型水产生物基因组，主要的基因组研究包括开发标记，建立高密度图谱和性状的连锁分析，扩大了人们对水产生物的进一步研究和认识；同时列举了水产生物基因组研究过程中的热点，鱼类的系统发育，甲壳类的生长与育种以及棘皮动物如海参再生相关基因的研究等。

This chapter focuses on the progress of genome research in aquatic organisms, including fish, crustaceans, shellfish, algae and others. The genomic characteristics of aquatic organisms were introduced in terms of genome size diversity, genome transposable elements and repeats content diversity, DNA transposon number and GC content diversity; The main genomic research includes the development of markers, the establishment of high-density maps and linkage analysis of traits, so as to expand people's further research and understanding of aquatic organisms; At the same time, the hotspots in the research of aquatic genome, the phylogeny of fish, the growth and breeding of crustaceans, and the regeneration related genes of echinoderms such as sea cucumber were listed.

思考题 · Thinking Questions

1. 水产生物的基因组有什么特点?
2. 思考鱼类基因组大小多样性的原因。
3. 在实验室条件下研究的某种水产生物中发现未知的基因组信息，如果实验室经费有限（例如，实验室经费余额为 50 万，测序需要花费 30 万），你认为是否有继续测序的必要?

参考文献 · References

环朋朋，吕建建，孙东方，等. 2019. 三疣梭子蟹 *PtDNMT1* 基因的克隆及其在低盐适应中的表达分析. 渔业科学进展，40（1）：92-100.

赖晓娟，陈海敏，杨锐，等. 2013. 藻类基因组研究进展. 遗传，35（6）：735-744.

农业部渔业渔政管理局. 2019. 中国渔业统计年鉴. 北京：中国农业出版社.

任洪林，柳增善，王克坚. 2009. 鲍免疫相关基因和蛋白的研究进展. 遗传，31（4）：348-358.

上海海洋大学. 2013. 一种阻断白斑综合症病毒感染对虾的口服剂及其制备方法和应用：CN201310228428.7.

史黎黎，黎铭，章双. 2016. 凡纳滨对虾 *CTNNBL1* 基因克隆及表达分析. 南方农业学报，47（7）：1203-1208.

王清印，李杰人，杨宁生. 2009. 中国水产生物种质资源与利用. 北京：海洋出版社.

姚韩韩，林志华，董迎辉. 2010. 海洋经济贝类遗传图谱的相关研究进展. 水产科学，29（3）：178-183.

Adema C M, Hillier L W, Jones C S, et al. 2017. Whole genome analysis of a schistosomiasis-transmitting freshwater snail. Nat Commun, 8: 15451.

Albertin C B, Simakov O, Mitros T, et al. 2016. The octopus genome and the evolution of cephalopod neural and morphological novelties. Nature, 524 (7564): 220-224.

Amemiya C T, Alföldi J, Lee A P, et al. 2013. The African coelacanth genome provides insights into tetrapod evolution. Nature, 496 (7445): 311-316.

Andriantahina F, Liu X L, Huang H. 2013. Genetic map construction and quantitative trait locus (QTL) detection of growth-related traits in litopenaeus vannamei for selective breeding applications. Plos One, 8 (9): e75206.

Ao J, Mu Y, Xiang L X, et al. 2015. Genome sequencing of the perciform fish Larimichthys crocea provides insights into molecular and genetic mechanisms of stress adaptation. PLoS Genetics, 11 (4): e1005118.

Aparicio S, Chapman J, Stupka E, et al. 2002. Whole-genome shotgun assembly and analysis of the genome of *Takifugu*, Science, 297 (5585): 1301-1310.

Araki K, Aokic J Y, Kawase J, et al. 2018. Whole genome sequencing of greater amberjack (Seriola dumerili) for SNP identification on aligned scaffolds and genome structural variation analysis using parallel resequencing. International Journal of Genomics, 2018: 7984292.

Aranda M, Li Y, Liew Y J, et al. 2016. Genomes of coral dinoflagellate symbionts highlight evolutionary adaptations conducive to a symbiotic lifestyle. Sci Rep, 6: 39734.

Arcos F G, Racotta I S, Ibarra A M. 2004. Genetic parameter estimates for reproductive traits and egg composition in pacific white shrimp penaeus (Litopenaeus) vannamei. Aquaculture, 236: 151-165.

Argue B J, Arce S M, Lotz J M, et al. 2002. Selective breeding of pacific white shrimp (Litopenaeus vannamei) for growth and resistance to taura syndrome virus. Aquaculture, 204: 447-460.

Armbrust E V, Berges J A, Bowler C, et al. 2004. The genome of the diatom thalassiosira pseudonana: ecology, evolution, and metabolism. Science, 306: 79-86.

Arriola M, Velmurugan N, Zhang Y, et al. 2018. Genome sequences of chlorella sorokiniana UTEX 1602 and micractinium conductrix SAG 241.80: implications to maltose excretion by a green alga. Plant J, 93: 566-586.

Bargelloni L, Babbucci M, Ferraresso S, et al. 2019. Draft genome assembly and transcriptome data of the icefish Chionodraco myersi reveal the key role of mitochondria for a life without hemoglobin at subzero temperatures. Communications Biology, 2: 443.

Barghi N, Concepcion G P, Olivera B M, et al. 2016. Structural features of conopeptide genes inferred from partial sequences of the conus tribblei genome. Molecular Genetics and Genomics, 291 (1): 411-422.

Berthelot C, Brunet F, Chalopin D, et al. 2014. The rainbow trout genome provides novel insights into evolution after whole-genome duplication in vertebrates. Nature Communications, 5: 3657.

Bhattacharya D, Price D C, Chan C X, et al. 2013. Genome of the red alga porphyridium purpureum. Nat. Commun, 4: 1941.

Bian C, Hu Y, Ravi V, et al. 2016. The Asian arowana (Scleropages formosus) genome provides new insights into the evolution of an early lineage of teleosts. Scientific Reports, 6: 24501.

Blanc G, Agarkova I, Grimwood J, et al. 2012. The genome of the polar eukaryotic microalga Coccomyxa subellipsoidea reveals traits of cold adaptation. Genome Biol, 13: R39.

Blanc G, Duncan G, Agarkova I, et al. 2010. The chlorella variabilisNC64A genome reveals adaptation to photosymbiosis, coevolution with viruses, and cryptic sex. Plant Cell, 22: 2943-2955.

Blanc-Mathieu R, Krasovec M, Hebrard M, et al. 2017. Population genomics of picophytoplankton unveils novel chromosome hypervariability. Sci Adv, 3: e1700239.

Blanc-Mathieu R, Verhelst B, Derelle E, et al. 2014. An improved genome of the model marine alga Ostreococcus tauri unfolds by assessing Illumina de novo assemblies. BMC Genom, 15: 1103.

Bogen C, Al-Dilaimi A, Albersmeier A, et al. 2013. Reconstruction of the lipid metabolism for the microalga Monoraphidium neglectum from its genome sequence reveals characteristics suitable for biofuel production. BMC Genom, 14: 926.

Botwright N A, Zhao M, Wang T, et al. 2019. Greenlip abalone (Haliotis laevigata) genome and protein analysis provides insights into maturation and spawning. G3-Genes Genomes Genetics, 9 (10): 3067-3078.

Bowler C, Allen A E, Badger J H, et al. 2008. The Phaeodactylum genome reveals the evolutionary history of diatom genomes. Nature, 456: 239-244.

Braasch I, Gehrke A R, Smith J J, et al. 2016. The spotted gar genome illuminates vertebrate evolution and facilitates human-teleost comparisons. Nature Genetics, 48 (4): 427-437.

Brauer A, Kurz A, Kurz A, et al. 2012. The Mitochondrial genome of the venomous cone snail conus consors. PLoS One, 7 (12): e51528.

Brawand D, Wagner C E, Li Y I, et al. 2014. The genomic substrate for adaptive radiation in African cichlid fish. Nature, 513 (7518): 375-381.

Brawley S H, Blouin N A, Ficko-Blean E, et al. 2017. Insights into the red algae and eukaryotic evolution from the genome of Porphyra umbilicalis (Bangiophyceae, Rhodophyta) . Proceedings of the National Academy of Sciences of the United States of America, 114 (31): 1-10.

Brawley S H, Blouin N A, Ficko-Blean E, et al. 2017. Insights into the red algae and eukaryotic evolution from the genome of Porphyra umbilicalis (Bangiophyceae, Rhodophyta) . Proc Natl Acad Sci U S A, 114: E6361-6370.

Cary G A, Jarvela A M C, Francolini R D, et al. 2017. Genome-wide use of high- and low-affinity tbrain transcription factor binding sites during echinoderm development. Proc Natl Acad Sci U S A, 114 (23): 5854-5861.

Chen S, Zhang G, Shao C, et al. 2014. Whole-genome sequence of a flatfish provides insights into ZW sex chromosome evolution and adaptation to a benthic lifestyle. Nature Genetics, 46 (3): 253-260.

Chen S M, Chen X G, Gu P L. PCR Cloning and expression of the molt-Inhibiting hormone gene for the crab (Charybdis Feriatus) . Gene, 224 (1/2): 23-33.

Chen X, Zeng D, Chen X, et al. 2013. Transcriptome analysis of Litopenaeus vannamei in response to white spot syndrome virus infection. PloS One, 8 (8): e73218.

Cho C H, Choi J W, Lam D W, et al. 2018. Plastid genome analysis of three Nemaliophycidae red algal species suggests environmental adaptation for iron limited habitats. PloS One, 13 (5): e0196995.

Choo L Q, Bal T M P, Choquet M, et al. 2020. Novel genomic resources for shelled pteropods: a draft genome and target capture probes for Limacina bulimoides. tested for cross-species relevance, 21: 11.

Christensen K A, Leong J S, Sakhrani D, et al. 2018. Chinook salmon (Oncorhynchus tshawytscha) genome and transcriptome. PLoS One, 13 (4): e0195461.

Cock J M, Sterck L, Rouzé P, et al. 2010. The ectocarpus genome and the independent evolution of multicellularity in brown algae. Nature, 465: 617-621.

Collén J, Porcel B, Carré W, et al. 2013. Genome structure and metabolic features in the red seaweed chondrus crispus shed light on evolution of the archaeplastida. Proc Natl Acad Sci U S A, 110: 5247-5252.

Collins A J, Nyholm S V. 2011. Draft genome of phaeobacter gallaeciensis ANG1. A Dominant Member of the Accessory Nidamental Gland of Euprymna Scolopes, 193 (13): 3397-3398.

Corteggiani C E, Telatin A, Vitulo N, et al. 2014. Chromosome scale genome assembly and transcriptome profiling of Nannochloropsis gaditana in nitrogen depletion. Mol Plant, 7: 323-335.

Curtis B A, Tanifuji G, Burki F, et al. 2012. Algal genomes reveal evolutionary mosaicism and the fate of nucleomorphs. Nature, 492: 59-65.

da Fonseca R R, Couto A, Machado A M, et al. 2020. A draft genome sequence of the elusive giant squid. Architeuthis Dux, 9 (1): giz152.

Davison A, McDowell G, Holden J M, et al. 2016. Formin is associated with left-right asymmetry in the pond snail and the frog. Curr Biol, 26 (5): 654-660.

Delmont T O, Eren A M, Vineis J H, et al. 2015. Genome reconstructions indicate the partitioning of ecological functions inside a phytoplankton bloom in the Amundsen Sea, Antarctica. Front Microbiol, 6: 1090.

DePriest M S, Bhattacharya D, Lopez-Bautista J M. 2013. The plastid genome of the red macroalga Grateloupia taiwanensis (Halymeniaceae) . PloS One, 8: e68246.

Driesch H. 1892. The potency of the first two cleavage cells in echinoderm development. Experimental production of partial and double formations//Willier B H, Oppenheimer J M. Foundations of Experimental Embryology. Englewood Cliffs, NJ: Prentice Hall : 38-55.

Du K, Wuertz S, Adolfi M, et al. 2019. The genome of the arapaima (Arapaima gigas) provides insights into gigantism, fast growth and chromosomal sex determination system. Scientific Reports, 9 (1): 5293.

Du X D, Fan G Y, Jiao Y, et al. 2017. The pearl oyster Pinctada fucata martensii genome and multi-omic analyses provide insights into biomineralization. Giga Science, 2017, 6 (8): 1-12.

Du X D, Song K, Wang J P, et al. 2017. Draft genome and SNPs associated with carotenoid accumulation in adductor muscles of bay scallop (Argopecten irradians) . Journal of Genomics, 5: 83-90.

Dubin A, Jørgensen T E, Moum T, et al. 2019. Complete loss of the MHC Ⅱ pathway in an anglerfish, Lophius piscatorius. Biology Letters, 15 (10): 20190594.

Dylus D V, Czarkwiani A, Blowes L M, et al. 2018. Developmental transcriptomics of the brittle star amphiura filiformis reveals gene regulatory network rewiring in echinoderm larval skeleton evolution. Genome Biology, 19 (1): 26.

Eierman L E, Hare M P. 2014. Transcriptomic analysis of candidate osmoregulatory genes in the eastern oyster Crassostrea virginica. Bmc Genomics, 15 (1): 503.

Ertl N G, O’Connor W A, Papanicolaou A, et al. 2016. Transcriptome analysis of the Sydney Rock Oyster, saccostrea glomerata: Insights into molluscan immunity. PLoS One, 11 (6): e0156649.

Ettensohn C A, Kitazawa C, Cheers M S, et al. 2007. Gene regulatory networks and developmental plasticity in the early sea urchin embryo: alternative deployment of the skeletogenic gene regulatory network. Development, 134: 3077-3087.

Fan G, Chan J, Ma K, et al. 2018. Chromosome-level reference genome of the Siamese fighting fish Betta splendens, a model species for the study of aggression. Giga Science, 7 (11): giy087.

Fan S G, Hu C Q, Wen G, et al. 2011. Characterization of mitochondrial genome of sea cucumber stichopus horrens: a novel gene arrangement in holothuroidea. Science China, 54 (5): 434-441.

Featherston J, Arakaki Y, Hanschen E R, et al. 2017. The 4-celled tetrabaena socialis nuclear genome reveals the essential components for genetic control of cell number at the origin of multicellularity in the volvocine lineage. Mol Biol Evol, 35: 855-870.

Foflonker F, Price D C, Qiu H, et al. 2015. Genome of the halotolerant green alga Picochlorum sp. reveals strategies for thriving under fluctuating environmental conditions. Environ Microbiol, 17: 412-426.

Gallant J R, Losilla M, Tomlinson C, et al. 2017. The genome and adult somatic transcriptome of the mormyrid electric fish paramormyrops kingsleyae. Genome Biology and Evolution, 9 (12): 3525-3530.

Gallant J R, Traeger L L, Volkening J D, et al. 2014. Nonhuman genetics. Genomic basis for the convergent evolution of electric organs. Science, 344 (6191): 1522-1525.

Gan H M, Tan M H, Austin C M, et al. 2019. Best foot forward: nanopore long reads, hybrid meta-assembly, and haplotig purging optimizes the first genome assembly for the southern hemisphere blacklip abalone (Haliotis rubra) . Frontiers in Genetics, 10: 889.

Gan H M, Tan M H, Thai B T, et al. 2016. The complete mitogenome of the marine Bivalve Lutraria Rhynchaena Jonas 1844 (Heterodonta: Bivalvia: Mactridae) . Mitochondrial DNA, 27 (1): 335-336.

Gao C, Wang Y, Shen Y, et al. 2014. Oil accumulation mechanisms of the oleaginous microalga Chlorella protothecoides revealed through its genome, transcriptomes, and proteomes. BMC Genom, 15: 582.

Gao Y, Gao Q, Zhang H, et al. 2014. Draft sequencing and analysis of the genome of pufferfish Takifugu flavidus. DNA Research, 21 (6): 627-637.

Gobler C J, Berry D L, Dyhrman S T, et al. 2011. Niche of harmful alga Aureococcus anophagefferens revealed through ecogenomics. Proc Natl Acad Sci U S A, 108: 4352-4357.

Gong G, Dan C, Xiao S, et al. 2018. Chromosomal-level assembly of yellow catfish genome using third-generation DNA sequencing and Hi-C analysis. Giga Science, 7 (11): giy120.

Gonzalez-Esquer C R, Twary S N, Hovde B T, et al. 2018. Nuclear, chloroplast, and mitochondrial genome sequences of the prospective microalgal biofuel strain *Picochlorum soloecismus*. Genome Announc, 6: e01498-e01517.

Gutekunst J L, Andriantsoa R, Falckenhayn C, et al. 2018. Clonal genome evolution and rapid invasive spread of the marbled crayfish. Nature Ecology & Evolution, 2: 567-573.

Han Z, Li W, Zhu W, et al. 2018. Near-complete genome assembly and annotation of the yellow drum (Nibea albiflora) provide insights into population and evolutionary characteristics of this species. Ecology and Evolution, 9 (1): 568-575.

Hanschen E R, Marriage T N, Ferris P J, et al. 2016. The Gonium pectoralegenome demonstrates co-option of cell cycle regulation during the evolution of multicellularity. Nat Commun, 7: 11370.

Hara Y, Yamaguchi K, Onimaru K, et al. 2018. Shark genomes provide insights into elasmobranch evolution and the origin of vertebrates. Nature Ecology and Evolution, 2 (11): 1761-1771.

Harris E H. 2001. Annu rev plant physiol. Plant Mol Biol, 52: 363.

Henkel C V, Dirks R P, de W D L, et al. 2012. First draft genome sequence of the Japanese eel, Anguilla japonica. Gene, 511 (2): 195-201.

Herborg L M, Rushton S P, Clare A S, et al. 2005. The invasion of the chinese mitten crab (Eriocheir sinensis) in the United Kingdom and its comparison to continental Europe. Biol Invasions, 7: 959-968.

Hinman V F, Nguyen A, Davidson E H, et al. 2007. Caught in the evolutionary act: precise cis-regulatory basis of difference in the organization of gene networks of sea stars and sea urchins. Developmental Biology, 312 (2): 584-595.

Hirooka S, Hirose Y, Kanesaki Y, et al. 2017. Acidophilic green algal genome provides insights into adaptation to an acidic environment. Proc Natl Acad Sci U S A, 114: E8304-13.

Hoffberg S L, Troendle N J, Glenn T C, et al. 2018. A high-quality reference genome for the invasive mosquitofish gambusia affinis using a Chicago library. G3 (Bethesda) , 8 (6): 1855-1861.

Hori K, Maruyama F, Fujisawa T, et al. 2014. Klebsormidium flaccidumgenome reveals primary factors for plant terrestrial adaptation. Nat Commun, 5: 3978.

Hovde B T, Deodato C R, Hunsperger H M, et al. 2015. Genome sequence and transcriptome analyses of

Chrysochromulina tobin: metabolic tools for enhanced algal fitness in the prominent order prymnesiales (Haptophyceae) . Plos Genet, 11: e1005469.

Howe K, Clark M D, Torroja C F, et al. 2013. The zebrafish reference genome sequence and its relationship to the human genome. Nature, 496 (7446): 498-503.

Hu L, Huang X, Huang X, et al. 2013. Genomic characterization of interspecific hybrids between the scallops *Argopecten* purpuratus and a. irradians irradians.PloS One, 8 (4): e62432.

Huerlimann R, Wade N M, Gordon L, et al. 2018. De novo assembly, characterization, functional annotation and expression patterns of the black tiger shrimp (Penaeus monodon) transcriptome. Entific Reports, 8: 13553.

Jaillon O, Aury J M, Brunet F, et al. 2004. Genome duplication in the teleost fish Tetraodon nigroviridis reveals the early vertebrate proto-karyotype. Nature, 431 (7011): 946.

Jiang W, Lv Y, Cheng L, et al. 2019. Whole-genome sequencing of the giant devil catfish, bagarius yarrelli. Genome Biology and Evolution, 11 (8): 2071-2077.

Jo J, Oh J, Lee H G, et al. 2017. Draft genome of the sea cucumber Apostichopus japonicus and genetic polymorphism among color variants. Giga Science, 6 (1): 1-6.

Jones F C, Grabherr M G, Chan Y F, et al. 2012. The genomic basis of adaptive evolution in threespine sticklebacks. Nature, 484 (7392): 55-61.

Kasahara M, Naruse K, Sasaki S, et al. 2007. The medaka draft genome and insights into vertebrate genome evolution. Nature, 447 (7145): 714-719.

Kathrin R, Andreas P, Philipp K, et al. 2015. Insights into sex chromosome evolution and aging from the genome of a short-lived fish. Cell, 163 (6): 1527-1538.

Kelley J L, Yee M C, Brown A P, et al. 2016. The genome of the self-fertilizing mangrove rivulus fish, kryptolebias marmoratus: a model for studying phenotypic plasticity and adaptations to extreme environments. Genome Biology and Evolution, 8 (7): 2145-2154.

Kim H S, Lee B Y, Han J, et al. 2018. The genome of the marine medaka Oryzias melastigma. Molecular Ecology Resources, 18 (3): 656-665.

Kim O T P, Nguyen P T, Shoguchi E, et al. 2018. A draft genome of the striped catfish, Pangasianodon hypophthalmus, for comparative analysis of genes relevant to development and a resource for aquaculture improvement. BMC Genomics, 19 (1): 733.

Kinjo S, Kiyomoto M, Yamamoto T, et al. 2018. HpBase: a genome database of a sea urchin, Hemicentrotus pulcherrimus. Development Growth & Differentiation, 60 (3): 174-182.

Künstner A, Hoffmann M, Fraser B A, et al. 2016. The genome of the trinidadian guppy, poecilia reticulata, and variation in the guanapo population, PLoS One, 11 (12): e0169087.

Lee J M, Cho C H, Park S I, et al. 2016. Parallel evolution of highly conserved plastid genome architecture in red seaweeds and seed plants. BMC Biology, 14: 75.

Li C, Liu X, Liu B, et al. 2018. Draft genome of the peruvian scallop argopecten purpuratus. Gigascience , 7 (4): giy031.

Li J J, Sun J S, Dong X W, et al. 2019. Transcriptomic analysis of gills provides insights into the molecular basis of molting in chinese mitten crab (Eriocheir sinensis) . PeerJ, 7: e7128.

Li N, Bao L, Zhou T, et al. 2018. Genome sequence of walking catfish (Clarias batrachus) provides insights into terrestrial adaptation. BMC Genomics, 19 (1): 952.

Li Y L, Sun X Q, Hu X L, et al. 2017. Scallop genome reveals molecular adaptations to semi-sessile life and neurotoxins. Nature Communications, 8 (1): 1721.

Lien S, Koop B F, Sandve S R, et al. 2016. The Atlantic salmon genome provides insights into rediploidization. Nature, 533 (7602): 200-205.

Lin Q, Qiu Y, Gu R, et al. 2017. Draft genome of the lined seahorse, Hippocampus Erectus. GigaScience, 6 (6): 1-6.

Lin S, Cheng S, Song B, et al. 2015. The Symbiodinium kawagutii genome illuminates dinoflagellate gene expression and coral symbiosis. Science, 350: 691-694.

Liu C, Zhang Y, Ren Y, et al. 2018. The genome of the golden apple snail Pomacea canaliculata provides insight into stress tolerance and invasive adaptation. Giga Science, 7: giy101.

Liu H, Chen C, Gao Z, et al. 2017. The draft genome of blunt snout bream (Megalobrama amblycephala) reveals the development of intermuscular bone and adaptation to herbivorous diet. Giga Science, 6 (7): 1-13.

Liu H, Liu Q, Chen Z, et al. 2018. Draft genome of Glyptosternon maculatum, an endemic fish from Tibet Plateau. GigaScience, 7 (9): giy104.

Liu K, Xu D, Li J, et al. 2017. Whole genome sequencing of Chinese clearhead icefish, Protosalanx hyalocranius. Giga Science, 6 (4): 1-6.

Liu Z, Liu S, Yao J, et al. 2016. The channel catfish genome sequence provides insights into the evolution of scale formation in teleosts. Nature Communications, 7: 11757.

Lommer M, Specht M, Roy A S, et al. 2012. Genome and low-iron response of an oceanic diatom adapted to chronic iron limitation. Genome Biol, 13: R66.

Long K A, Nossa C W, Sewell M A, et al. 2016. Low coverage sequencing of three echinoderm genomes: the brittle star Ophionereis fasciata, the sea star Patiriella regularis, and the sea cucumber Australostichopus mollis. Giga Science, 5: 20.

Ma H Y, Li S J, Feng N N, et al. 2016. First genetic linkage map for the mud crab (Scylla Paramamosain) constructed using microsatellite and AFLP markers. Genetics & Molecular Research Gmr, 15 (2): 15026929.

Machado A M, Tørresen O K, Kabeya N, et al. 2018. "Out of the Can": A draft genome assembly, liver transcriptome, and nutrigenomics of the european sardine, sardina pilchardus. Genes (Basel) , 9 (10): 485.

Martinez B A, Lamichhaney S, Fan G, et al. 2016. The genetic basis for ecological adaptation of the Atlantic herring revealed by genome sequencing. Elife, 5: e12081.

Masonbrink R E, Purcell C M, Boles S E, et al. 2019. An annotated genome for haliotis rufescens (Red Abalone) and resequenced green, pink, pinto, black, and white abalone species. Genome Biology and Evolution, 11 (2): 431-438.

Matsuzaki M, Misumi O, Shin-i T, et al. 2004. Genome sequence of the ultrasmall unicellular red alga cyanidioschyzon merolae 10D. Nature, 428: 653-657.

Mattingsdal M, Jentoft S, Tørresen O K, et al. 2018. A continuous genome assembly of the corkwing wrasse (Symphodus melops) . Genomics, 110 (6): 399-403.

McCauley B S, Weideman E P, Hinman V F. 2010. A conserved gene regulatory network subcircuit drives different developmental fates in the vegetal pole of highly divergent echinoderm embryos. Developmental Biology, 340 (2): 200-208.

McGaugh S E, Gross J B, Aken B, et al. 2014. The cavefish genome reveals candidate genes for eye loss. Nature Communications, 5: 5307.

Merchant S S, Prochnik S E, Vallon O, et al. 2007. The chlamydomonas genome reveals the evolution of key animal and plant functions. Science, 318 (5848): 245-250.

Mock T, Otillar R P, Strauss J, et al. 2017. Evolutionary genomics of the cold-adapted diatom Fragilariopsis cylindrus. Nature, 541: 536-540.

Murgarella M, Puiu D, Novoa B, et al. 2016. A first insight into the genome of the filter-feeder mussel mytilus galloprovincialis. Plos One, 11 (3): e0151561.

Nakamura Y, Sasaki N, Kobayashi M, et al. 2013. The first symbiont-free genome sequence of marine red alga, Susabi-nori (Pyropia yezoensis) . Plos One, 8: e57122.

Nelson D R, Khraiwesh B, Fu W, et al. 2017. The genome and phenome of the green alga Chloroidium sp. UTEX 3007 reveal adaptive traits for desert acclimatization. Elife, 6: e25783.

Nguinkal J A, Brunner R M, Verleih M, et al. 2019. The first highly contiguous genome assembly of pikeperch (Sander lucioperca) , an emerging aquaculture species in Europe. Genes (Basel) , 10 (9): 708.

Nishitsuji K, Arimoto A, Iwai K, et al. 2016. A draft genome of the brown alga, Cladosiphon okamuranus, S-strain: a platform for future studies of 'mozuku' biology. DNA Res, 23: 561-570.

Nozaki H, Takano H, Misumi O, et al. 2007. A 100%-complete sequence reveals unusually simple genomic features in the hot-spring red alga cyanidioschyzon merolae. BMC Biol, 5: 28.

Ogura A, Akizuki Y, Imoda H, et al. 2018. Comparative genome and transcriptome analysis of diatom, skeletonema costatum, reveals evolution of genes for harmful algal bloom. Bmc Genomics, 19 (1): 765.

Ozerov M Y, Ahmad F, Gross R, et al. 2018. Highly continuous genome assembly of eurasian perch (Perca fluviatilis) using linked-read sequencing. G3 (Bethesda) , 8 (12): 3737-3743.

Palenik B, Grimwood J, Aerts A, et al. 2007. The tiny eukaryote *Ostreococcus* provides genomic insights into the paradox of plankton speciation. Proc Natl Acad Sci U S A, 104: 7705-7710.

Pan H, Yu H, Ravi V, et al. 2016. The genome of the largest bony fish, ocean sunfish (Mola mola) , provides insights into its fast growth rate. Giga Science, 5 (1): 36.

Pauletto M, Manousaki T, Ferraresso S, et al. 2018. Genomic analysis of Sparus aurata reveals the evolutionary dynamics of sex-biased genes in a sequential hermaphrodite fish. Communications Biology, 1: 119.

Polle J E W, Barry K, Cushman J, et al. 2017. Draft nuclear genome sequence of the halophilic and beta-carotene-accumulating green alga dunaliella salina strain CCAP19/18. Genome Announc, 5: e01105-e01117.

Pombert J F, Blouin N A, Lane C, et al. 2014. A lack of parasitic reduction in the obligate parasitic green alga Helicosporidium. PloS Genet, 10: e1004355.

Price D C, Chan C X, Yoon H S, et al. 2012. Cyanophora paradoxa genome elucidates origin of photosynthesis in algae and plants. Science, 335: 843-847.

Prochnik S E, Umen J, Nedelcu A M, et al. 2010. Genomic analysis of organismal complexity in the multicellular green alga volvox carteri. Science, 329: 223-226.

Qiao H, Jiang F W, Wei X Y, et al. 2018. Characterization, expression patterns of molt-inhibiting hormone gene of macrobrachium nipponense and its roles in molting and growth. PloS One, 13 (6): e0198861.

Qiu H, Price D C, Weber A P M, et al. 2013. Adaptation through horizontal gene transfer in the cryptoendolithic red alga Galdieria phlegrea. Curr Biol, 23: R865-866.

Radakovits R, Jinkerson R E, Fuerstenberg S I, et al. 2012. Draft genome sequence and genetic transformation of the oleaginous alga nannochloropis gaditana. Nat. Commun, 3: 686.

Ran Z S, Li Z Z, Yan X J, et al. 2019. Chromosome-level genome assembly of the razor clam Sinonovacula constricta (Lamarck, 1818) . Molecular Ecology Resources, 19 (6): 1647-1658.

Read B A, Kegel J, Klute M J, Kuo A, et al. 2013. Pan genome of the phytoplankton emiliania underpins its global distribution. Nature, 499: 209-213.

Read T D, Petit R A, Joseph S J, et al. 2017. Draft sequencing and assembly of the genome of the world's largest fish, the whale shark: rhincodon typus Smith 1828. BMC Genomics, 18 (1): 532.

Renaut S, Guerra D, Guerra D, et al. 2018. Genome survey of the freshwater mussel venustaconcha ellipsiformis (Bivalvia: Unionida) using a hybrid de novo assembly approach. Genome Biology & Evolution, 10 (7): 1637-1646.

Roberts R E, Motti C A, Baughman K W, et al. 2017. Identification of putative olfactory G-protein coupled receptors in Crown-of-Thorns starfish, acanthaster planci. BMC Genomics, 18: 400.

Rondeau E B, Minkley D R, Leong J S, et al. 2014. The genome and linkage map of the northern pike (Esox lucius): conserved synteny revealed between the salmonid sister group and the Neoteleostei. PLoS One, 9 (7): e102089.

Roth M S, Cokus S J, Gallaher S D, et al. 2017. Chromosome-level genome assembly and transcriptome of the green alga chromochloris zofingiensis illuminates astaxanthin production. Proc Natl Acad Sci U S A, 114: E4296-4305.

Ruiz G M, Fegley L, Fofonoff P W, et al. 2006. First records of eriocheir sinensis H. Milne edwards, 1853 (Crustacea: Brachyura: Varunidae) for chesapeake bay and the mid-Atlantic coast of North America. Aquatic Invasions, 1 (3): 137-142.

Sävilammi T, Primmer C R, Varadharajan S, et al. 2019. The chromosome-level genome assembly of European grayling reveals aspects of a unique genome evolution process within salmonids. G3 (Bethesda) , 9 (5): 1283-1294.

Schartl M, Walter R B, Shen Y, et al. 2013. The genome of the platyfish, Xiphophorus maculatus, provides insights into evolutionary adaptation and several complex traits. Nature Genetics, 45 (5): 567-572.

Schell T, Feldmeyer B, Schmidt H, et al. 2017. An annotated draft genome for Radix auricularia (Gastropoda, Mollusca) . Genome Biol Evol, 9 (3): 585-592.

Schönknecht G, Chen W H, Ternes C M, et al. 2013. Gene transfer from bacteria and archaea facilitated evolution of an extremophilic eukaryote. Science, 339: 1207-1210.

Semmens D C, Mirabeau O, Moghul I, et al. 2016. Transcriptomic identification of starfish neuropeptide precursors yields new insights into neuropeptide evolution. Open Biology, 6 (2): 150224.

Sergiev P V, Artemov A A, Prokhortchouk E B, et al. 2016. Genomes of strongylocentrotus franciscanus and Lytechinus variegatus: are there any genomic explanations for the two order of magnitude difference in the lifespan of sea urchins? Aging, 8 (2): 260-271.

Shao C, Bao B, Xie Z, et al. 2017. The genome and transcriptome of Japanese flounder provide insights into flatfish asymmetry. Nature Genetics, 49 (1): 119-124.

Shao C, Li C, Wang N, et al. 2018. Chromosome-level genome assembly of the spotted sea bass, Lateolabrax maculatus. Giga Science, 7 (11): giy114.

Shin S C, Ahn D H, Kim S J, et al. 2014. The genome sequence of the Antarctic bullhead notothen reveals evolutionary adaptations to a cold environment. Genome Biology, 15 (9): 468.

Shoguchi E, Shinzato C, Kawashima T, et al. 2013. Draft assembly of the Symbiodinium minutum nuclear genome reveals dinoflagellate gene structure. Curr Biol, 23: 1399-1408.

Simakov O, Marletaz F, Cho S J, et al. 2013. Insights into bilaterian evolution from three spiralian genomes. Nature, 493 (7433): 526-531.

Smith J J, Kuraku S, Holt C, et al. 2013. Sequencing of the sea lamprey (Petromyzon marinus) genome provides insights into vertebrate evolution. Nature Genetics, 45 (4): 415-421.

Song C W, Cui Z X, Liu Y, et al. 2012. Cloning and expression of arginine kinase from a swimming crab, portunus trituberculatus. Molecular Biology Reports, 39 (4): 4879-4888.

Star B, Nederbragt A J, Jentoft S, et al. 2011. The genome sequence of Atlantic cod reveals a unique immune system. Nature, 477 (7363): 207.

Suda A, Nishiki I, Iwasaki Y, et al. 2019. Improvement of the Pacific bluefin tuna (Thunnus orientalis) reference genome and development of male-specific DNA markers. Scientific Reports, 9 (1): 14450.

Sun J, Mu H, Jack C H Ip, et al. 2019. Signatures of divergence, invasiveness, and terrestrialization revealed by four apple snail genomes. Molecular Biology and Evolution , 36 (7): 1507-1520.

Sun J, Zhang Y, Xu T, et al. 2017. Adaptation to deep-sea chemosynthetic environments as revealed by mussel genomes. Nat Ecol Evol, 1 (5): 121.

Suzuki S, Yamaguchi H, Nakajima N, et al. 2018. Raphidocelis subcapitata (=Pseudokirchneriella subcapitata) provides an insight into genome evolution and environmental adaptations in the Sphaeropleales. Sci Rep, 8: 8058.

Swathi A, Shekhar M S, Katneni V K, et al. 2018. Genome size estimation of brackishwater fishes and penaeid shrimps by flow cytometry. Molecular Biology Reports, 45: 951-960.

Takeuchi T, Kawashima T, Koyanagi R, et al. 2012. Draft genome of the pearl oyster pinctada fucata: a platform for understanding bivalve biology. Dna Research An International Journal for Rapid Publication of Reports on Genes & Genomes, 19 (2): 117-130.

Tanaka T, Maeda Y, Veluchamy A, et al. 2015. Oil accumulation by the oleaginous diatom Fistulifera solaris as revealed by the genome and transcriptome. Plant Cell, 27: 162-176.

Tang B, Wang Z K, Liu Q, et al. 2019. High-quality genome assembly of eriocheir japonica sinensis reveals its unique genome evolution. Frontiers in Genetics, 10: 1340.

Tang B, Zhang D, Li H, et al. 2020. Chromosome-level genome assembly reveals the unique genome evolution of the swimming crab (Portunus trituberculatus) . Giga Science, 9 (1): giz161.

Tian Z H, Jiao C Z. 2019. Molt-dependent transcriptome analysis of claw muscles in chinese mitten crab eriocheir sinensis. Genes & Genomics, 41 (5): 515-528.

Tine M, Kuhl H, Gagnaire P A, et al. 2014. European sea bass genome and its variation provide insights into adaptation to euryhalinity and speciation. Nature Communications, 5: 5770.

Traller J C, Cokus S J, Lopez D A, et al. 2016. Genome and methylome of the oleaginous diatom cyclotella cryptica reveal genetic flexibility toward a high lipid phenotype. Biotechnol. Biofuels, 9: 258.

Uliano-Silva M, Dondero F, Otto T D, et al. 2016. A hybrid-hierarchical genome assembly strategy to sequence the invasive golden mussel. Limnoperna Fortune, 7 (2): gix128.

van K H, Guernsey M W, Baker J C, et al. 2020. The genomes of the livebearing fish species Poeciliopsis retropinna and Poeciliopsis turrubarensis reflect their different reproductive strategies. Molecular Biology and

Evolution, 2020 (5): 5.

Venkatesh B, Lee A P, Ravi V, et al. 2014. Elephant shark genome provides unique insights into gnathostome evolution. Nature, 505 (7482): 174-179.

Vieler A, Wu G, Tsai C H, et al. 2012. Genome, functional gene annotation, and nuclear transformation of the heterokont oleaginous alga Nannochloropsis oceanicaCCMP1779. PLoS Genet, 8: e1003064.

Vij S, Kuhl H, Kuznetsova I S, et al. 2016. Chromosomal-Level Assembly of the Asian Seabass Genome Using Long Sequence Reads and Multi-layered Scaffolding. PLoS Genetics, 12 (4): 1005954.

Wang S, Zhang J, Jiao W Q, et al. 2017. Scallop genome provides insights into evolution of bilaterian karyotype and development. Nature Ecology & Evolution, 1 (5): 120.

Wang Y, Lu Y, Zhang Y, et al. 2015. The draft genome of the grass carp (Ctenopharyngodon idellus) provides insights into its evolution and vegetarian adaptation. Nature Genetics, 47 (6): 625-631.

Wang Z, Pascual-Anaya J, Zadissa A, et al. 2013. The draft genomes of soft-shell turtle and green sea turtle yield insights into the development and evolution of the turtle-specific body plan. Nature Genetic, 45 (6): 701-706.

Woo Y H, Ansari H, Otto T D, et al. 2015. Chromerid genomes reveal the evolutionary path from photosynthetic algae to obligate intracellular parasites. Elife, 4: e06974.

Worden A Z, Lee J H, Mock T, et al. 2009. Green evolution and dynamic adaptations revealed by genomes of the marine picoeukaryotes Micromonas. Science, 324: 268-272.

Wu C, Zhang D, Kan M, et al. 2014. The draft genome of the large yellow croaker reveals well-developed innate immunity. Nature Communications, 5: 5227.

Xu J, Bian C, Chen K, et al. 2017. Draft genome of the Northern snakehead, Channa argus. Giga Science, 6 (4): 1-5.

Xu J, Li J T, Jiang Y, et al. 2017. Genomic basis of adaptive evolution: the survival of amur ide (Leuciscus waleckii) in an extremely alkaline environment. Molecular Biology and Evolution, 34 (1): 145-159.

Xu P, Zhang X, Wang X, et al. 2014. Genome sequence and genetic diversity of the common carp, Cyprinus carpio. Nature Genetics, 46 (11): 1212-1219.

Xu S, Xiao S, Zhu S, et al. 2018. A draft genome assembly of the Chinese sillago (Sillago sinica) , the first reference genome for Sillaginidae fishes. Giga Science, 7 (9): giy108.

Xu T, Xu G, Che R, et al. The genome of the miiuy croaker reveals well-developed innate immune and sensory systems. Scientific Reports, 6: 21902.

Yan X W, Nie H T, Huo Z M, et al. 2019. Clam genome sequence clarifies the molecular Basis of its benthic adaptation and extraordinary shell color diversity. iScience, 19: 1225-1237.

Yang C H, Tsang L M, Chu K H, et al. 2012. Complete mitogenome of the deep-Sea hydrothermal vent shrimp alvinocaris chelys komai and chan, 2010 (Decapoda: Caridea: Alvinocarididae) . Mitochondrial DNA, 23 (6): 417-419.

Yang J, Chen X, Bai J, et al. 2016. The Sinocyclocheilus cavefish genome provides insights into cave adaptation. BMC Biology, 14: 1.

Yang X, Liu H, Ma Z, et al. Chromosome-level genome assembly of Triplophysa tibetana, a fish adapted to the harsh high-altitude environment of the Tibetan Plateau. Molecular Ecology Resources, 19 (4): 1027-1036.

Yasuike M, Iwasaki Y, Nishiki I, et al. 2018. The yellowtail (Seriola quinqueradiata) genome and transcriptome atlas of the digestive tract. DNA Research, 25 (5): 547-560.

Ye N H, Zhang X W, Miao M, et al. 2015. Saccharina genomes provide novel insight into kelp biology. Nature

Communications, 24 (6): 6986.

You X, Bian C, Zan Q, et al. 2014. Mudskipper genomes provide insights into the terrestrial adaptation of amphibious fishes. Nature Communications, 5: 5594.

Yu Y, Zhang X J, Yuan J, et al. 2015. Genome survey and high-density genetic map construction provide genomic and genetic resources for the pacific white shrimp litopenaeus vannamei. Scientific Reports, 5: 15612.

Zarrella I, Herten K, Maes G E, et al. 2019. The survey and reference assisted assembly of the Octopus vulgarisgenome. Scientific Data, 6 (1): 13.

Zhang G F, Fang X D, Guo X M, et al. 2012. The oyster genome reveals stress adaptation and complexity of shell formation. Nature, 490 (7418): 49-54.

Zhang L, Yang C J, Zhang L S, et al. 2006. A genetic linkage map of pacific white shrimp (Litopenaeus vannamei): sex-linked microsatellite markers and high recombination rates. Genetica, 131: 37-49.

Zhang T X, Yan Z G, Zheng X, et al. 2019. Transcriptome analysis of response mechanism to ammonia stress in asian clam (Corbicula Fluminea) . Aquatic Toxicology, 214: 105235.

Zhang X J, Sun L, Yuan J, et al. 2017. The sea cucumber genome provides insights into morphological evolution and visceral regeneration. Plos Biology, 15 (10): e2003790.

Zhang Z, Zhang K, Chen S, et al. 2018. Draft genome of the protandrous Chinese black porgy, Acanthopagrus schlegelii. Giga Science, 7 (4): 1-7.

Zhao M, Wang W, Chen W, et al. 2019. Genome survey, high-resolution genetic linkage map construction, growth-related quantitative trait locus (QTL) identification and gene location in Scylla paramamosain. Scientific Reports, 9 (1): 2910.

Zhao X, Luo M, Li Z, et al. 2018. Chromosome-scale assembly of the Monopterus genome. Giga Science, 7 (5): giy046.

Zhao Y Y, Zhu X C, Li Y D, et al. 2019. Mitochondrial genome of Chinese grass shrimp, Palaemonetes sinensisand comparison with other palaemoninae species. Scientific Reports, 9 (1): 17302.

Zhong S P, Huang L H, Liu Y H, et al. 2020. The first complete mitochondrial genome of Actinopyga from Actinopyga echinites (Aspidochirotida: Holothuriidae) . Mitochondrial DNA Part B, 5 (1): 854-855.

第十一章 水产生物非编码RNA及其研究进展

学习目标 · Learning Objectives

1. 掌握非编码RNA的基本概念及类型。
   Master the basic definition and types of ncRNAs.
2. 熟悉水产生物非编码RNA鉴定分析流程及软件使用方法。
   Know the identification and analysis protocals for ncRNAs and instructions for analytic software.
3. 了解水产生物非编码RNA的研究进展。
   Understand the present research progress of ncRNAs in aquatic animals.

第一节 非编码RNA

从哺乳动物基因组的测序分析结果中发现，虽然大部分DNA序列可以转录为RNA，但是它们中的大多数并不编码蛋白质。在组成人类基因组的30亿个碱基对中，蛋白质编码序列仅占1.5%，75%的基因组序列都能够被转录成RNA，其中非编码RNA占总RNA的74%，这些非编码RNA并非垃圾RNA。最近研究表明，很多非编码RNA具有很重要的功能，其中突出和核心的作用是调控。2006年度诺贝尔生理学或医学奖授予了美国科学家安德鲁·法尔和克雷格·梅洛，以表彰他们发现了RNA干扰（RNA interference，RNAi）现象。

非编码RNA按照碱基长度一般分为两类：第一类为短链非编码RNA（small ncRNA，sncRNA），短链非编码RNA是一种转录本序列比较短，一般不超过40 nt的非编码RNA。sncRNA分子虽小，却参与了包括细胞增殖、分化、凋亡、细胞代谢以及机体免疫在内的几乎所有生命活动的调节和控制，在生命体内扮演着至关重要的角色。短链非编码RNA的调节作用发生异常，则有可能导致生命体代谢活动紊乱，甚至导致疾病（如癌症）的发生。第二类为长链非编码RNA（long non-coding RNA，lncRNA）。长链非编码RNA是一类转录本长度超过200 nt的非编码RNA分子，它可在多层面上（表观遗传调控、转录调控及转录后调控等）调控基因的表达，lncRNA最初被认为是RNA聚合酶Ⅱ转录的副产物，是一种"噪声"，不具有生物学功能，然而，近年来的研究表明，lncRNA参与了X染色体沉默、染色体修饰和基因组修饰、转录激活、转录干扰、核内运输等过程，其调控作用正在被越来越多的人研究。本章主要介绍两种非编码RNA及其测序分析方法。

第二节　microRNA 测序及分析方法

microRNA（miRNA）是一类长约 22 个核苷酸的进化上高度保守的内源性非编码小 RNA（sRNA）。它能通过与靶基因 3′ UTR 完全或者不完全的碱基互补配对，从而抑制靶基因的翻译或者直接降解 mRNA，即在转录后水平和翻译水平作为负调控因子来抑制靶基因的表达。miRNA 存在于相当广泛的物种中，其能够参与很多物种的几乎所有的生命过程，包括细胞分化、增殖、发育、信号转导、细胞凋亡、肿瘤发生、代谢、免疫等。此外，miRNA 除了可以直接参与靶基因表达水平的调节，还能缓冲外界环境带来的刺激，使靶基因的表达更具稳定性。

miRNA 的研究最早开始于异时性基因中的时序性调控小 RNA。1993 年，Lee 等报道了第一例的 miRNA 研究，他们在秀丽隐杆线虫（*Caenorhabditis elegans*）的体内发现，miRNAlin-4 通过与 lin-14 3′ UTR 反向互补来抑制其转录后的表达，进而调控线虫的发育过程。近些年，学者在植物、动物、原生生物以及病毒中都已经鉴定了大量的 miRNA，截至目前，最新 miRNA 数据库 miRBase22（http://www.mirbase.org/）中记录了 271 个物种的 38 589 个成熟 miRNA。随着研究的深入，将会有更多的 miRNA 在更多的物种中被发现。

一、miRNA 的形成与分子机制

miRNA 在生物体内的合成是一个多步骤且十分复杂有序的过程。miRNA 被加工为成熟体的过程通常包括 4 个阶段，分别是初级 miRNA（pri-miRNA）、miRNA 前体（pre-miRNA）、双链 miRNA 和成熟 miRNA。首先，在细胞核内编码 miRNA 的基因在 RNA 聚合酶Ⅱ或者 RNA 聚合酶Ⅲ的作用下形成一个由发夹结构茎、一个末端的环和一个几百到几千碱基的侧翼单链构成的 pri-miRNA，pri-miRNA 上的茎环结构以及侧翼的单链是 Drosha 酶剪切和 DGCR8 蛋白结合的关键位点。pri-miRNA 进而被 RNase Ⅲ核糖核酸酶 Drosha 和 DGCR8 蛋白加工剪切，形成一个长约 70 个核苷酸包含特殊发卡结构的 pre-miRNA，剪切剩下的其他部分，可能会被降解或者形成 mRNA，这一过程也发生在细胞核中。pre-miRNA 是 miRNA 区别于其他小 RNA 的重要特征，同时也是鉴定 miRNA 的重要依据。随后，pre-miRNA 在转运蛋白 Exportin-5 和 Ran-GTP 的共同作用下，被运输至细胞质内，在核酸酶 Dicer 的作用下，细胞质中具有发夹结构的 pre-miRNA 被识别，并被剪切茎部，脱去环状结构，形成长度约为 22 bp 的双链 miRNA 复合体，也就是 miRNA-miRNA* 二聚体结构。该二聚体在 RNA 解旋酶的作用下解链，其中一条链形成成熟的 miRNA 分子。成熟的 miRNA 能够被 Argonaute（Ago）蛋白识别并结合，形成 RISC 复合物（图 11-1）。

二、miRNA 的调控机制

成熟 miRNA 分子形成 RISC 复合物后结合靶 mRNA 进而行使调控基因表达的功能，形成的调控复合物又称 miRNP。miRNA 的作用机制主要是通过碱基互补配对的原则靶向结合 mRNA 的 3′ UTR，但是根据结合程度的不同，miRNA 的作用呈现了两种不同的效果。一种效果是 miRNA 几乎完全与靶 mRNA 互补结合，从而使靶 mRNA 被降解。这种作用效果与 RNAi 作用相似，而且一般发生在植物体上。参与这种作用的蛋白主要是 Ago2 蛋白，其通过剪切 mRNA，进而导致 mRNA 被降解，从而实现基因的沉默。另一种效果是蛋白质的翻译受

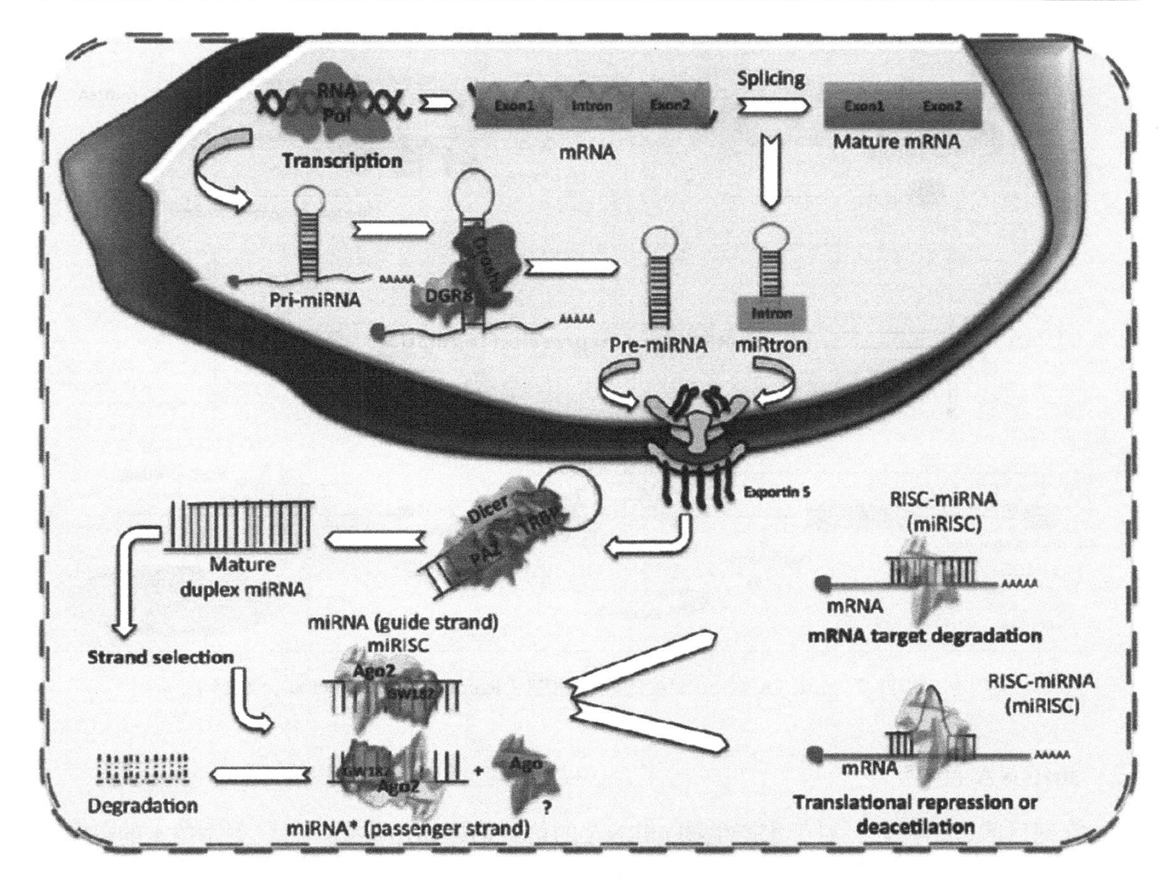

图 11-1 miRNA 的生物发生（Romero-Cordoba et al.，2014）

到抑制。在动物体中 miRNA 的作用一般是此种效果，即 miRNA 通过不完全的碱基互补配对与靶 mRNA 的 3′ UTR 结合，从而抑制靶基因的翻译过程，调节基因的表达。这种作用的一个重要特点是：在 miRNA 靶向结合 mRNA 时，miRNA 的 5′ 端 2～8 位的 7 个碱基与靶 mRNA 3′ UTR 结合位点完全互补配对，miRNA 的 5′ 端 2～8 位的这 7 个碱基称为 miRNA 的“种子区”（seed region）。第二种特点是：miRNA 与靶 mRNA 形成的发夹结构中，除了“种子区”序列不允许错配外，其他位置允许错配或凸起，但是错配或凸起的位点不能位于 miRNA 与 Ago 的结合位点上。第三个特点是：由于“种子区”与靶 mRNA 的配对有时不能完全对靶基因的表达起到抑制作用，除了“种子区”碱基完全互补配对以外，miRNA 3′ 端（一般是 13～16 位碱基）也与靶 mRNA 3′ UTR 互补配对，起到对这种双链的稳定作用。

在动物细胞中，miRNA 可通过直接或间接的方式来抑制靶基因的表达。目前，发现的 miRNA 对靶 mRNA 的作用方式主要有 4 种：一是在翻译起始阶段抑制蛋白质的翻译。该作用方式是在翻译起始阶段 RISC 复合体通过竞争性结合靶 mRNA 5′ 端的 m7G 帽子结构，从而抑制翻译起始复合物的形成。在翻译起始阶段 miRNA 还有可能通过阻碍全能性核糖体的组装，进而抑制翻译起始。二是在翻译起始后抑制蛋白质的翻译。三是与靶 mRNA 结合促使其降解。四是在处理小体（P body）中降解或储存靶 mRNA。miRNA 调控靶基因的表达是一个非常复杂的调控网络，不但一个 miRNA 可以调控多个靶基因，而且每个基因可以被多个 miRNA 所调控（图 11-2）。

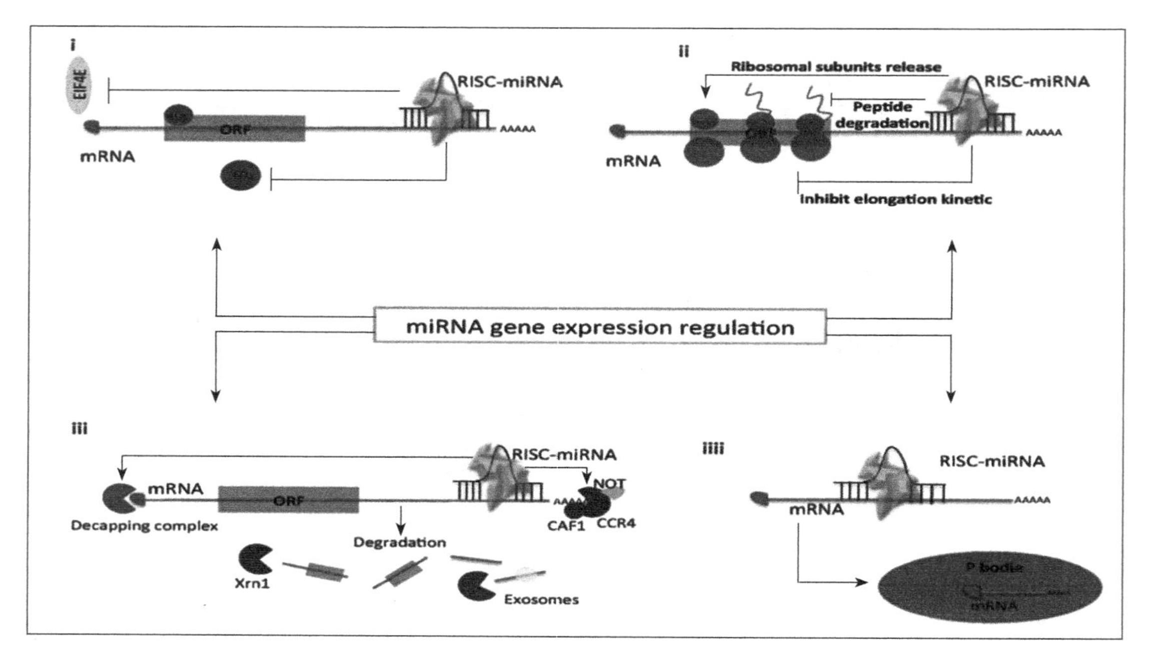

图 11-2 miRNA 对 mRNA 的调控机制（Romero-Cordoba et al.，2014）

三、miRNA 测序

直到目前，研究人员对于水产生物 miRNA 的信息仍然知之甚少。二代测序技术的普及为 miRNA 的结构和功能研究注入了新的生命力。利用新一代测序方法进行 miRNA 测序，能够准确鉴定 miRNA 在目标物种特定状态下的生物行为、识别新的 miRNA 分子、构建不同样本条件下的 miRNA 差异表达谱、发现遗传学水平上 miRNA 与水产生物疾病的重要信息，在发育、免疫防御、造血过程、器官形成、细胞增殖和凋亡、脂肪代谢等方面应用广阔。

miRNA 的试验设计要求与 mRNA 测序一致，不同生理状况下的样本至少需要三个生物学重复。miRNA-seq 的基本实验流程包括：miRNA 转录本提取纯化、3′ 和 5′ 接头连接、反转录生成 cDNA、PCR 扩增、cDNA 文库大小选择和定量检测、簇生成、上机测序等步骤。生物信息学软件分析流程也与普通转录组测序流程相似，大致分为以下步骤。

（1）对原始数据进行去除接头序列及低质量 reads 的处理。

（2）小 RNA 长度分布统计。

（3）小 RNA 在参考基因组上的分布。

（4）小 RNA 分类注释，鉴定 miRNA、rRNA、tRNA、snRNA、snoRNA 等。

（5）与 miRNA 数据库进行比对，鉴定样品中的已知 miRNA。

（6）新 miRNA 预测。

（7）miRNA 的表达谱分析。

（8）样品间 miRNA 的差异分析和聚类分析。

（9）miRNA 靶基因预测。

（10）靶基因的 GO 富集分析。

（11）靶基因的 KEGG 通路分析。

1. miRNA数据库　由于miRNA在物种间相对保守，测序获得的miRNA首先可以通过与已有miRNA进行比对，初步对miRNA序列进行注释。目前miRNA序列收录数据库有许多，下面列出部分适用于水产动物miRNA数据库以供参考。

（1）miRBase（http://www.mirbase.org/）。该数据库是miRNA研究最权威的数据库之一，由英国Sanger研究所（Wellcome Trust Sanger Institute）支持开发，该数据库最新版本Release 22.1中收录了来自271个物种的38 589条miRNA信息，目前由曼彻斯特大学Griffiths-Jones实验室维护。

（2）deepBase数据库（https://www.webcitation.org/5tyh2Lsae?url=http://deepbase.sysu.edu.cn/）。该平台能够为二代测序数据进行非编码RNA的注释和鉴定，包括miRNA、siRNA、piRNA等。deepBase允许对不同物种的组织、细胞系的测序数据进行比对、存储、分析、整合、注释、挖掘及可视化分析，促进转录组学研究和新型非编码RNA的发现。

（3）miRNAMap数据库（http://mirnamap.mbc.nctu.edu.tw/）。该数据库收集了人、小鼠、大鼠及其他后生动物基因组中有试验证据支持的miRNA和同样经过试验验证的miRNA靶基因，其中包括水产动物斑马鱼和红鳍东方鲀的成熟miRNA序列，分别收录了371条和133条。

（4）miROrtho数据库（http://cegg.unige.ch/mirortho）。该数据库包含多个物种基因组中预测的miRNA前体，可以通过基因组位置搜索、BLAST搜索以及直接浏览进行miRNA数据查找。目前miROrtho数据库收录的水产动物miRNA序列包括斑马鱼、红鳍东方鲀、斑点绿河鲀、三刺鱼及中间球海胆。

2. 新miRNA的鉴定　用生物信息学方法识别mRNA是依据在不同的物种中，其成熟的miRNA具有较大的序列同源性以及前体的茎环结构具有相当大的保守性这一特征，在基因组数据库中搜索新的miRNA基因，该方法根据比较基因组学原理并结合生物信息软件在已测序基因组中进行搜索比对，根据同源性的高低再进行RNA二级结构预测，将符合条件的候选miRNA与已经通过实验鉴定的mRNA分子进行比较分析，最终确定该物种miRNA的分布及数量。近年来，随着miRNA预测方法的不断发展，人们发现的miRNA数量呈几何级数增长，这些预测方法从简单的序列比对搜索发展到现在的机器学习算法，程序设计越来越智能化、复杂化，在近缘的物种中，miRNA是很保守的，但在相距较远的物种间，miRNA又有一定的分歧，尤其体现在pre-miRNA上，这些miRNA功能作用机制的阐明为预测软件的研发提供了理论依据，但仍需要不断修补和完善。近年来，基于这些规则的多个miRNA预测软件先后被开发，并被广泛使用。其中使用率较高的mRNA预测软件主要是miRDeep2和mireap。它们不仅能识别已知和未知的miRNA，还能根据基因组DNA基因来识别pre-miRNA，并分析茎环结构及其自由能。

miRDeep2是用perl写成的，具有跨平台的优势，容易为生物信息工作者使用，miRDeep2通过分析测序RNAs，发现microRNA。该软件已高准确度地报道了7个动物代表性物种的已知miRNA和数百个novel miRNA。miRDeep2耗时少，省内存，具有用户友好的输出结果，易于使用。

3. miRNA靶基因预测　动物miRNA通过与靶基因mRNA部分互补配对在转录后水平抑制靶基因表达。RISC复合体在miRNA的指导下识别靶基因，如果miRNA与靶基因几乎完全互补，则切割靶基因，如果互补程度较低，则抑制靶基因翻译，由于miRNA与其靶基因并非完全匹配，这给确定miRNA靶基因带来了一定的难度，目前的miRNA靶基因预测的主要原理如下。

（1）种子序列的互补性：位于 mRNA 5′ 端的种子序列（第 2～7 nt）与靶基因 3′ UTR 可形成 Watson-Crick 配对，是所有 miRNA 靶基因预测的最重要因素，多数情况下为 7 nt 匹配：第 2～7 nt 与靶基因呈互补配对，外加在靶基因对应 miRNA 第一位核苷酸处为 A（7mer-1A site），或是 miRNA 第 2～8 nt 与靶基因完全配对（7mer-m8 site）；而对于 miRNA，第 2～8 nt 与靶基因完全配对，且外加靶基因对应 miRNA 第一位核苷酸处为 A（8mer site）这种类型，其特异性更高；而对于仅 miRNA 第 2～7 nt 与靶基因完全配对（6-mer site）这种方式，其用于搜索靶基因的敏感性更高，但特异性相应下降。另外，还有种子序列外的 3′supplementary site 和 3′complementary site 两种形式。

（2）序列保守性： miRNA 结合位点在多个物种之间如果具有保守性，则该位点更可能为 miRNA 的靶位点。

（3）热动力学因素：miRNA，target 对形成的自由能越低，其可能性越大。

（4）位点的可结合性：target 二级结构影响与 miRNA 结合形成双链结构的能力。

（5）UTR 碱基分布：miRNA 结合位点在 UTR 的位置和相应位置的碱基分布同样影响 miRNA 与靶基因位点的结合和 RISC 的效率。

（6）miRNA 与靶基因组织分布的相关性。

根据以上特征，列举几个比较常用的水产动物 miRNA 靶基因预测软件：① miRanda（http://www.microrna.org/microrna/home.do）；② PITA；③ RNAhybrid；④ TarBase 数据库（http://carolina.imis.athena-innovation.gr/diana_tools/web/index.php?r=tarbasev8%2Findex），TarBase 数据库是用于分析 miRNA 及长链非编码 RNA 的 DIANA Tools 系列工具之一；⑤ TargetScan（http://www.targetscan.org/fish_62/）。

第三节　lncRNA 测序及分析方法

长链非编码 RNA（long noncoding RNA，lncRNA）是一类转录本长度大于 200 nt，无蛋白质编码功能的调节性非编码 RNA。其可以定位于核或胞质部分，可以被多腺化，也可以不被多腺化。与 mRNA 相似的是，lncRNA 在真核细胞基因组中也普遍表达，其两端也含有 5' 帽子结构和 3'poly 尾，其转录方式也与 mRNA 相似。据报道，lncRNA 在调控基因表达和影响各种生物过程中发挥着重要作用，关于 lncRNA 功能的研究已经提出了许多机制，如通过调控染色质修饰以实现转录调控，通过增强子 RNA（eRNA）调控染色质相互作用和与转录因子的相互作用，以及参与转录因子的转录后水平调控。即使发现大量的 lncRNA，但关于 lncRNA 如何发挥作用以及 lncRNA 的生物学意义知之甚少。

lncRNA 首次由 Okazaki 等于 2002 年在小鼠全长 cDNA 文库大规模测序中鉴定出来，进而打开了 lncRNA 新世界的大门。生物学界最初认为，lncRNA 没有生物学功能，是基因组转录的“噪声”。随着进一步研究，人们对 lncRNA 的认识逐渐加深，改变了这一看法，发现这类 RNA 参与多种生物学活性。关于 lncRNA 的来源，Ponting 等于 2009 年阐述了其可能来源于以下途径：①在进化的早期由于蛋白质编码基因在融合转座因子序列的同时发生突变而产生的；②在染色质重排后，两个未转录的和先前分离良好的序列区域并置而形成；③非编码基因通过反转录转座作用而形成；④由于非编码 RNA 内部某段序列的串联重复而形成；⑤由于转座元件序列的插入而形成。

一、lncRNA 的分类

根据 lncRNA 与编码序列的位置关系可分为 5 类：①基因间长链非编码 RNA（intergenic lncRNA，lincRNA），是指位于已知蛋白之间的基因间区域转录的 lncRNA；②内含子长链非编码 RNA（intronic lncRNA），是指完全来自第二个转录本内含子内的 lncRNA；③反义长链非编码 RNA（anti-sense lncRNA），是指一个或多个转录本的外显子在相反的链上重叠的 RNA；④正义长链非编码 RNA（sense lncRNA），是指一个或多个转录本的外显子在同一链上重叠的 RNA；⑤双向长链非编码 RNA（bidirectional lncRNA），它和相邻的编码转录本在相对链上的表达是在基因组接近的情况下启动的。

二、lncRNA 的特性

lncRNA 相比于 mRNA 保守性较差，易受进化压力的影响，易发生改变，从而可以快速适应进化，形成物种内部表型差异，但也有证据表明 lncRNA 具有一些比较强的保守元件且其二级结构具有相当的保守性。lncRNA 的表达具有组织特异性和时序性。Cabili 等通过数据库搜索及转录组测序数据分析发现，大量的 lncRNA 在人类的 24 种组织和细胞中特异性表达。而 Pauli 等通过对斑马鱼的转录组研究表明，与 mRNA 相比，lncRNA 具有更强的发育阶段特异性，且大部分 lncRNA 在胚胎早期表达。但是长链非编码 RNA 的作用机制非常复杂，至今尚未完全清楚。

三、lncRNA 测序

由于 lncRNA 可作用于邻近基因，调控其表达，因此分析其表达调控机制时需要有基因组信息。lncRNA 的试验设计要求与 mRNA 测序一致，不同生理状况下的样本至少需要三个生物学重复。lncRNA-seq 的基本实验流程包括： lncRNA 转录本提取纯化（使用 rRNA 移除方法）、3′ 和 5′ 接头连接、反转录生成 cDNA、PCR 扩增、定量检测、簇生成、上机测序等步骤。生物信息学软件分析流程也与普通转录组测序流程相似，大致分为以下步骤。

（1）对原始数据进行去除接头序列及低质量 reads 的处理。

（2）转录组的组装。

（3）lncRNA 的鉴定。

（4）lncRNA 在参考基因组上的分布。

（5）lncRNA 的表达谱分析。

（6）样品间 lncRNA 的差异分析和聚类分析。

（7）lncRNA 靶基因预测。

（8）靶基因的 GO 富集分析。

（9）靶基因的 KEGG 通路分析。

第四节　circRNA 测序及分析方法

环状 RNA（circRNA）是区别于传统线性 RNA 的一类新型内源性 RNA，以共价键形成闭环状结构。自 20 世纪 90 年代发现第一例 circRNA 以来，人们一直将 circRNA 当成转录过程中产生的“噪声”。直到最近，随着高通量新一代测序的发展，circRNA 重回人们视野，研究者才开始探寻其功能和作用。与线性 RNA 不同，circRNA 并不存在 5′ 端及 3′ 端的终点，也没有 poly（A）尾巴。而经典的 RNA 检测方法只能分离具有 poly（A）尾巴结构的 RNA 分子，这也是 circRNA 在以往的研究中通常被忽略的一个原因。近年来，随着 mRNA 测序（RNA-seq）技术的广泛应用和生物信息学技术的快速发展，人们发现 circRNA 广泛且多样地存在于真核细胞中，其调控的复杂性，以及在疾病发生中的重要作用越来越受到大家的重视。

一、circRNA 的生物合成

研究表明，circRNA 通常由一种非经典的可变剪切方式——反向剪切（back splicing）产生。根据 Liu 等的总结，现有的 circRNA 形成过程主要有以下 4 种。

（1）剪接体依赖的环化途径：大多数真核环状 RNA 是由选择性剪接（可变剪接）产生的。可变剪接是真核基因表达过程中的一个重要步骤，由剪接体或Ⅰ / Ⅱ型核酶驱动。反向剪切也需要剪接体，虽然具体机制仍不明确，但研究者有了大致猜想：剪接体的 snRNA（小核核糖体蛋白）对 pre-mRNA 进行相继装配之后，下游外显子的 5′ 端供体位点与上游的 3′ 端受体位点结合在一起，从而促进环状 RNA 的生成。

（2）内含子配对驱动的环化途径：很多 circRNA 的形成依赖于一个反向互补的 motif 促进环化，motif 两端分别是靠近 5′ 端剪接位点的 7 nt 长度的 GU 富集片段和靠近分支位点的 11 nt 长度的 C 富集片段，原转录本上的供体 - 受体配对可能由于 5′ 端到 3′ 端的可变剪接而变得足够靠近，从而推动环状 RNA 生成。

（3）套索驱动的环化途径：在经典的跳过外显子的可变剪接过程中，会生成一个套索状的副产物。这一过程在典型的线性可变剪接中常常看到，也是本类途径的特征，类似上一种途径，原本不相邻的外显子在空间上靠近，引发对其供体位点和受体位点的可变剪接，被跳过的区域进一步经过套索剪接形成由外显子组成的环状 RNA。外显子侧翼内含子中 Alu 元件的重复和反向互补序列的富集都是（2）和（3）途径的特征，可以用于分析和预测成环机制。

（4）蛋白因子结合环化途径：有一些 RBP（RNA 结合蛋白）可以结合内含子区特定的靶序列，使得供体 - 受体序列在空间上靠近，从而促进环化。在此过程中，RBP 既可以固定剪接 motif 的位置，也可以对线性 RNA 剪接起到妨碍作用。当然，一些 RBP 与靶序列的结合也会抑制环状 RNA 的产生，如腺苷脱氨酶类蛋白。

二、circRNA 的特性

circRNA 的发现补足或解释了以前很多存疑的研究。很久以前，人们就发现了数千例基因序列的“混乱”现象，如内含子和外显子的顺序被打乱。最开始人们以为这是剪接错误的体现，是癌症细胞中的剪接功能被扰乱所致。然而，在癌症的对照样本中，人们也发现了内含子扰乱的现象。同样，RNA-seq 的结果也常见这一现象，研究者起初将其归于常见的基因组重排，就无视了外显子顺序的改变，或者丢弃这部分数据，将其视作实验错误。在发现 circRNA 的特性之后，人们才了解到这些实验结果并不一定是剪接的错误。此外，基因组中有一些基因是没有内含子的，这些基因也同样会生成 circRNA。一个例子就是 *CDR1* 基因，其编码一种小脑退化相关蛋白。miR-671 调控这个基因，但具体调控机制一直不为人所知，因为似乎miR-671是只能和该基因DNA反义链结合的。后来，人们发现*CDR1*会转录成一个环状RNA，这才解开了调控之谜。

目前，人们已经发现了circRNA的许多特性，circRNA含量丰富，在细胞中多有发现，人类细胞中的circRNA甚至能达到25 000～100 000种，数量远超线性RNA。不同物种间的circRNA通常具有一定的进化保守性，但也有一些circRNA不保守，circRNA由DNA转录而来，但一般不翻译成蛋白质，虽然不易被RNase降解，但只要siRNA对应的靶序列在circRNA中存在，circRNA仍然可被该siRNA降解，不过当siRNA作用于线性RNA的末端时，拥有共同靶序列的circRNA可能并不会沉默，这也许是空间结构上的原因，circRNA主要在细胞质中出现，而不出现在核糖体中，circRNA的结构稳定，与mRNA相比可以持续存在较长时间，与线性RNA合成的速度相比，circRNA合成速度其实非常慢。但由于封闭环状结构，其对核酸外切酶免疫，因此稳定性远远超过线性RNA，某些circRNA的表达丰度可以超过对应的mRNA 10倍以上，随着时间的积累，细胞内circRNA可以达到很高的浓度，特别是神经细胞，因为没有分裂稀释，浓度更高。

三、circRNA的分类

目前已知的circRNA可分为3类：①外显子来源的circRNA（ecircRNA），circRNA主要来源于外显子，其5′和3′端首尾连接形成ecircRNA，其形成机制主要是直接反向剪切和外显子跳读。第一种是直接反向剪切，即外显子以非规范的顺序剪接，将下游5′剪切供体连接到上游3′剪切受体上，从而形成一个环形的转录本。第二种是外显子跳读，产生一个包含外显子的套索中间体，去除内含子，产生ecircRNA。②内含子circRNA（ciRNA），5′端外显子释放后，末端3′-OH攻击3′剪切位点，生成ciRNA，并释放3′外显子。在5′剪切位点附近存在基序，包括7 nt GU富集元件和11 nt C富集元件，是ciRNA形成所必需的。这个基序是ciRNA特异性的，因为不富集在规则内含子或其他类型circRNA。③基因间circRNA（intergenic circRNA），是利用内含子包含片段（ICF）侧翼的GT-AG剪切信号作为剪切供体和剪切受体，环化形成的intergenic circRNA。目前已经在一些物种中鉴定出这三类circRNA，包括沙棘果、黄瓜和小鼠肝脏中。大多数ecircRNA存在于细胞质中，外显子－外显子连接复合物在产生ecircRNA过程中招募mRNA输出因子，然后通过核输出运输ecircRNA。另外，ecircRNA可能在有丝分裂时被传递到细胞质中。在细胞质中，天然的ecircRNA与核糖体无关，表明ecircRNA不能被翻译。ciRNA主要定位于细胞核，表明可能调控基因转录。

四、circRNA的主要功能

circRNA得到如此多的关注不仅是因为其在真核生物转录组中较为丰富，也是因为有重要的功能。迄今为止，circRNA在多种生物学过程中发挥作用，如miRNA的结合、蛋白结合、转录调控和转录后调控等。

1. microRNA结合　microRNA（miRNA）是一类较小的、进化保守的非编码RNA，预计可调控30%的蛋白质编码基因。miRNA是基因表达的重要转录后调控因子，通过碱基互补配对，结合靶基因的3′非翻译区，使得靶基因mRNA翻译效率降低，从而调控靶基因的表达。mRNA与miRNA之间的互补性水平决定了miRNA对靶mRNA的作用机制。circRNA最突出的功能是作为miRNA的海绵体，通过竞争性结合miRNA来调控靶基因表达。circRNA

可以通过环状序列上多个miRNA位点来调控一个或多个miRNA。CDR1as是第一个被验证出可以负调控miR-7的circRNA，并且主要在脑组织、星形细胞瘤和肺癌组织等中表达。CDR1as包含miR-7结合位点超过了60个，并且由于它对miRNA介导降解RNA的抗性使其成为miR-7的完美靶点。CDR1as的表达可以抑制miR-7的活性，从而导致miR-7靶基因的表达增加。CDR1as和miR-7的共表达对circRNA的结合活性非常重要。已有报道指出CDR1as对miR-7的抑制作用在阿尔茨海默病中影响了靶基因泛素蛋白连接酶A的表达，在胰岛素的分泌与合成过程中影响了Myrip和Pax6的表达以及在癌症中影响了表皮生长因子受体的表达。另一项研究表明，与邻近的非肿瘤组织相比，肝癌组织中的CDR1as表达上调，miR-7表达下调。miR-7的过表达抑制HCC细胞的增殖和侵袭，也抑制了直接靶基因*CCNE1*和*PIK3CD*的表达。此外，ciRS-7的过表达导致了斑马鱼胚胎中脑的尺寸减小。相似的研究也发生在注射吗啉代后，敲除斑马鱼胚胎中的miR-7，出现了脑缺陷的症状，这表明ciRS-7的改变可以反过来影响miR-7的表达。

circRNA除了作为靶miRNA的特异性抑制剂外，还具有激活或稳定miRNA的功能。例如，在ciRS-7、miR-7和miR-671的调控网中，发现并鉴定出miRNA“蓄水池”的经典模式。当ciRS-7与miR-671结合时，容易被Argonaute2裂解，从而释放出miR-7。在这种情况下，miR-671可以作为释放miR-7的激活剂发挥作用，但ciRS-7作为假定miR-7的“蓄水池”储存miR-7，导致miR-7活性升高，miR-7靶细胞受到抑制。

2. circRNA结合蛋白质　circRNA也可以充当蛋白质的海绵体，与蛋白质结合形成circRNA-蛋白质复合物，来影响蛋白质的活性及功能的发挥。例如，circMbl来源于蝇类和人类的基因*MBL/MBNL1*，包含多个肌肓蛋白的结合位点，当MBL蛋白过量时，circMbl可以结合到多余的蛋白，通过这种方式调控MBL水平。此外，circRNA可与蛋白质产生协同作用。特定的蛋白质与细胞质中多个circRNA协同结合可能形成一个分子库，从而对细胞外的刺激做出快速的反应，这种协同作用可用于病毒感染后迅速产生免疫应答，如抗病毒蛋白NF90/NF110，优先结合于circRNA，而不是与细胞质中的线性对应物结合；由于circRNA的高度稳定性，结合可能形成NF90/NF110的分子库，导致病毒感染后circRNA的丰度显著降低。

3. circRNA的翻译功能　虽然circRNA缺乏用于帽依赖性翻译的必需元件，如5′帽子结构和poly（A）尾，但是非依赖帽翻译的circRNA可以通过内部核糖体进入位点（IRES）或者是在5′非翻译区中加入m6A RNA后开始翻译。此外，Li进行的研究也发现circRNA可以与不依赖帽的翻译因子（包括真核生物起始因子3和m6A）相互作用，表明circRNA具有翻译蛋白质的能力。据最近报道，甲基化的腺苷N6-甲基腺苷（m6A）可以促进人细胞中的circRNA进行蛋白质翻译。迄今为止，尽管已经在成千上万的circRNA中预测到了有上游IRES123的开放阅读框，但只有少数内源性circRNA被证明可以作为蛋白质模板，如circ-ZNF609、circMbl、circFBXW7、circPINTexon2和circ-SHPRH。大多数circRNA衍生肽的功能相关性仍未可知。但是由于circRNA的衍生肽通常是典型蛋白的剪短形式，缺乏重要的功能域，因此可以充当替代蛋白复合物的显性-负性蛋白变异体、诱饵以及调节剂。

4. 可变剪切、mRNA陷阱和转录调控　circRNA可以通过顺式作用元件或反式作用因子影响亲本基因的表达。环化和剪切相互竞争使ecircRNA能够在选择性剪切中发挥作用。一旦反向剪切发生后，会移除内部的外显子，发生可变剪切。ecircRNA可以通过隔离翻译的起始位点作为“mRNA 陷阱”，使截短的线性 mRNA 无法翻译。例如，小鼠的 *Fmn* 基因可以产生 ecircRNA 作为“mRNA 陷阱”。特定的外显子删除后不能产生 ecircRNA，但可以产生较多的线性 mRNA。*Fmn* 位点不能产生 ecircRNA 导致 Fmn 蛋白表达异常，最后改变了表型。此外，ciRNA 作为 Pol Ⅱ转录的正调控因子与 PoI Ⅱ机制相互作用。总之，circRNA 和转录机制之间的相互作用为调控细胞内表达提供了新的见解。

5. circRNA 作为生物标记物　除了在细胞内被检测到外，circRNA 也存在于细胞外液中。Li 等从患结肠癌的患者血清样本外泌体中检测到 circRNA 的表达。与健康对照组相比，数百个 circRNA 在患者血清中的外泌体表达存在差异。在 EML4-ALK 阳性患者中鉴定出 FcircEA，表明该 circRNA 可能作为该病的诊断标志物。随着进一步的研究，疾病特异性 circRNA 可在未来作为疾病生物标志物。

6. circRNA 参与抗菌免疫反应　免疫反应是免疫系统对外来入侵时的保护反应，目的是维持体内平衡。根据不同的免疫细胞，免疫系统可以诱导适当的反应来抵抗细菌的感染。当前，circRNA 被认为是调节免疫细胞和各种免疫反应的参与者。例如，结核分枝杆菌是结核病的病原菌，170 个 circRNA 在结核病患者中发生了差异表达。结核病患者的外周血单核细胞内，circRNA 在细胞因子－细胞因子受体和化学激酶介导的信号通路中显著上调。其中，has-circ-001937 与健康人相比，在外周血单个核细胞中显著上调，此外，has-circ-001937 的潜在 miRNA 靶位点参与到抗菌免疫反应中调节 NF-κB 信号通路。这些发现拓宽了对 circRNA 的理解，并表明 circRNA 对免疫反应的微调很重要，可能有助于保护细胞免受微生物感染。

五、circRNA 测序

circRNA 的试验设计要求与 mRNA 测序一致，不同生理状况下的样本至少需要三个生物学重复。circRNA-seq 的基本实验流程包括：circRNA 转录本提取纯化（使用 rRNA 移除方法）、3′ 和 5′ 接头连接、反转录生成 cDNA、PCR 扩增、定量检测、簇生成、上机测序等步骤。生物信息学软件分析流程也与普通转录组测序流程相似，大致分为以下步骤：①对原始数据进行去除接头序列及低质量 reads 的处理；②处理 circRNA 在参考基因组上的分布；③ circRNA 的表达谱分析；④样品间 circRNA 的差异分析和聚类分析；⑤ circRNA 来源基因分析；⑥ miRNA 结合位点分析；⑦来源基因的 GO 富集分析；⑧来源基因的 KEGG 通路分析。

1. circRNA 的鉴定　由于 circRNA 鉴定存在假阳性高的现象，因此建议使用两种以上 circRNA 鉴定软件进行分析，并取二者交集作为最终结果。水产生物使用较多的 circRNA 鉴定软件有 find_circ 和 CIRI2。

find_circ 的基本原理：find_circ 根据 Bowtie2 比对结果，从没有比对到参考序列上的 reads 的两端各提取 20 nt 的 anchor 序列，将每一对 anchor 序列再次与参考序列比对。如果 anchor 序列的 5' 端比对到参考序列（起始与终止位点分别记为 A_3、A_4），anchor 序列的 3' 端比对到此位点的上游（起始与终止位点分别记为 A_1、A_2），并且在参考序列的 A_2 到 A_3 之间存在剪接位点（GT-AG），则将此 read 作为候选 circRNA。最后将 read count 大于等于 2 的候选 circRNA 作为鉴定的 circRNA。

CIRI2 根据 bwa 的比对结果，寻找 PCC（paired chiastic clipping ）信号、PEM（pair end mapping）信号、GTAG 剪切位点信息初步确定 junction reads。然后基于全局比对的结果、

circRNA 的 reads 支持数，参考基因组注释信息对候选 circRNA 进行过滤。最后基于 CIRI2 鉴定结果、bwa 比对结果，对 circRNA 的长度、表达量进行校正。

2. miRNA 结合位点分析　目前对于 circRNA 的作用机制了解得比较清楚的是它可以通过与 miRNA 结合的方式抑制 miRNA 的功能，从而影响基因的表达。因此，对鉴定的 circRNA 进行 miRNA 结合位点分析，有助于进一步研究 circRNA 的功能。对于水产生物，可使用 miRanda 软件预测剪切后 circRNA 的 miRNA 结合位点。

重点词汇 · Keywords

1. 非编码 RNA（non-coding RNA，ncRNA）
2. 微小 RNA（microRNA，miRNA）
3. 长链非编码 RNA（long non-coding RNA）
4. 环状 RNA（circRNA）
5. 靶基因（target gene）
6. 来源基因（hosting gene）

本章小结 · Summary

随着高通量测序的发展，人们发现生物基因组可以被广泛转录，但是其中大部分并不编码蛋白质，是非编码 RNA。这些非编码 RNA 并非垃圾 RNA，它们参与多种生物学过程，包括生理、发育和疾病等的调节，其中突出和核心的作用是调控。在水产生物研究中，研究较多的非编码 RNA 包括 miRNA、lncRNA 和 circRNA。其中，miRNA 通过与靶基因 3' UTR 完全或者不完全地碱基互补配对，从而抑制靶基因的翻译或者直接降解 mRNA；lncRNA 通过调控染色质修饰、增强子 RNA 调控染色质相互作用等多种方式在多种生物过程中发挥着重要作用；circRNA 通过 miRNA 海绵功能、干扰可变剪切、结合蛋白等方式调控来源基因及线性 mRNA 的表达。本章在普通转录组分析的基础上，系统介绍了非编码 RNA 分析方法，包括如何在相关数据库查找已知非编码 RNA、如何鉴定新非编码 RNA、如何预测靶基因等。

With the development of high-throughput sequencing, it has been found that genomes can be widely transcribed, but most of them do not encode protein, they're called non-coding RNA. These non-coding RNAs are not junk RNAs, they are involved in the regulation of a variety of biological processes, including physiology, development and disease, among which the prominent and core role is regulation. In aquatic research, miRNA, lncRNA and circRNA are the most studied non-coding RNAs. Among them, miRNA inhibits the translation of target genes or directly degrades mRNA through complementary pairing with the complete or incomplete bases of 3' UTR of target gene; lncRNA plays an important role in a variety of biological processes, such as regulating chromatin modification or enhancer RNA regulating chromatin interaction; circRNA regulates the expression of hosting genes and linear mRNAs by means of miRNA sponge function, interference splicing event and binding proteins. This chapter systematically introduces the methods of non-coding RNA analysis on the basis of transcriptome analysis, such as how to find known non-coding RNA in relevant databases, how to identify new non-coding RNA, and how to predict target genes.

思考题 · Thinking Questions

1. 长链非编码RNA的靶基因可以用哪些方法进行预测？

2. 本章介绍的三种非编码RNA的生物信息学分析过程中，是否必须使用参考基因组进行指导？

参考文献 · References

冯世鹏，汤华，周犀，等 .2018. 实用生物信息学 . 北京：电子工业出版社 .

沈百荣 .2021. 深度测序数据的生物信息学分析及实例 . 北京：科学出版社 .

Romero-Cordoba S L, Salido-Guadarrama I, Rodriguez-Dorantes M, et al. 2014.miRNA biogenesis: biological impact in the development of cancer. Cancer Biology & Therapy, 15(11): 1444-1455.

Zhanjiang (John) Liu .2017.Bioinformatics in Aquaculture: Principles and Methods. [S.l.]: John Wiley & Sons Ltd.

Zhang P, Wu W, Chen Q, et al. 2019.Non-coding RNAs and their integrated networks. Journal of Integrative Bioinformatics, 16(3): 20190027.

第十二章 水产生物表观遗传学及其研究进展

学习目标 · Learning Objectives

1. 了解表观遗传学的基本概念。
Understand the basic concept of epigenetics.
2. 了解表观遗传学基本原理和研究手段。
Understand the principles and research methods of epigenetics.
3. 熟悉和了解表观遗传学在水产生物中的应用。
Know the applications of epigenetics in aquatic research field.

第一节　表观遗传学的内涵和研究内容

表观遗传学（epigenetics）是与遗传学（genetic）相对应的概念，是在研究许多与经典遗传学不符合的生命现象的过程中而逐渐形成的一门学科。早在1957年，Waddington就首次提出表观遗传学；1958年，Nanney首次使用表观遗传学解释了具有相同基因型的细胞可以有不同的表型，且能够进行遗传的现象。随着X染色体失活以及DNA甲基化等现象的发现，分子生物学的不断发展以及人类基因组计划的完成，基因组研究逐步进入了以研究功能基因组学为主的后基因组时代（骆建新，2003），人们对表观遗传调控以及其潜在机制的理解取得了较大的进步。目前，表观遗传学已经成为后基因组时代一个重要的研究方向，并且已经逐渐成为了全球生命科学研究的研究前沿和热点。尽管表观遗传学的研究已经有了较长的时间，但受到广泛的重视还是从2000年之后才开始的。随着高通量测序技术的普及和测序成本的降低，基于表观遗传学的测序也在不断增多，极大地促进了表观遗传学的研究。

表观遗传是指一种改变生物体基因的表达模式以及染色体的最终形态而不改变DNA序列的一种生物学现象，构成了基因和表型之间的关键信息，是连接基因型和表型之间的桥梁。其主要受到遗传物质与环境因子两个因素的共同作用，对生物体维持特定基因的正常表达以及个体的正常发育具有重要的作用。表观遗传对基因表达的调控主要分为两个层次，即DNA和染色体水平调控以及转录水平调控。另外，表观遗传学具有三个特点，即可遗传性、可逆性以及不改变DNA序列，其中可遗传性指表观遗传可以遗传给下一代，可逆性是指表观遗传调控的基因表达具有可逆性。表观遗传学是细胞调控基因表达的众多方式之一，可以帮助科学家更好地理解复杂多样的生物过程（Allis and Jenuwein，2016）。

第二节　表观遗传研究技术手段

目前，表观遗传的作用机制主要包含DNA/RNA甲基化、组蛋白修饰、染色质重塑以及非编码RNA 4个方面，在染色质稳定性、基因调控以及转录沉默等方面均具有重要的作用。

一、DNA甲基化

DNA甲基化是最早发现的表观调控机制。早在1948年，Hotchkiss就首次发现了在小牛胸腺的DNA中存在5-甲基胞嘧啶。同时，DNA甲基化也是真核生物中研究较为清楚的表观修饰之一。DNA甲基化是指DNA序列中的有些碱基在甲基化转移酶的催化下与甲基发生共价结合，并在细胞分裂过程中传递给子细胞的遗传现象（Laird，2010）。主要包括5-甲基胞嘧啶（5 mC）、5-羟甲基胞嘧啶（5 hmC）、N6-甲基腺嘌呤（6 mA）和7-甲基鸟嘌呤（7 mG）等形式（Jabbari and Bernardi，2004）。在真核生物中DNA甲基化大多数都属于5 mC（Allis and Jenuwein，2016），后续所讲的DNA甲基化除非特殊说明均为5 mC。DNA甲基化受到DNA甲基转移酶（DNMTS）与DNA去甲基转移酶的调控，DNA甲基转移酶主要有DNMT1（Sharif et al.，2007）、DNMT2、DNMT3A、DNMT3B（Okano et al.，1999）以及DNMT3L（Bourc'his et al.，2001）。其中DNMT1维持DNA的甲基化模式从亲代传递到子代，DNMT3A、DNMT3B以及DNMT3L从头构建甲基化位点。DNA去甲基转移酶主要分为主动去甲基化转移酶和被动去甲基化转移酶，主动去甲基化转移酶发现有TET（ten-eleven translocation）家族蛋白，主要包括TET1（Tahiliani et al.，2009）、TET2和TET3（Ito et al.，2010），而被动去甲基化转移酶主要包括激活诱导胞嘧啶脱氨酶和载脂蛋白BmRNA编辑酶复合物（AID/ APOBEC）进行去甲基化（Moore et al.，2013）。

DNA甲基化主要分布在CpG岛，还有的分布于基因间区和基因区。CpG岛是指碱基长度大于0.5 kb且GC含量≥55%的DNA片段，其存在于基因的调控区域，大多数位于启动子区域（Bird et al.，1985）。CpG岛可以通过调控染色质结构和转录因子的结合来促进基因表达，CpG岛的甲基化通过破坏CpG岛和转录因子的结合以及招募甲基结合蛋白从而沉默基因表达（Mohn et al.，2008）。基因间区是指不具有遗传效应的DNA片段。但是在基因间区中存在着转座因子和病毒逆转录转座子（Schulz et al.，2006），而基因间区的甲基化可以抑制潜在有害基因元素的表达。基因区又称为转录区，由内含子和外显子组成，基因区DNA甲基化的作用仍不明确，有观点认为基因区的甲基化能够抑制基因的表达，这一观点主要基于基因区的甲基化程度与基因的表达呈现正相关（Laurent et al.，2010）。而越来越多的结果表明，在一些植物和无脊椎动物中，基因区的甲基化程度和基因的表达并不全部呈现正相关（Zemach et al.，2010； Zilberman et al.，2007）。

二、组蛋白修饰

组蛋白是由4种碱性蛋白（H2A、H2B、H3和H4）所构成的八聚体，是染色体中重要的结构蛋白，在调节基因表达方面具有非常重要的作用（Allis and Jenuwein，2016）。在真核生物中，DNA通过缠绕在组蛋白上形成核小体。组蛋白C端结构域带有折叠序列，可与组蛋白分子之间相互作用，且与DNA的缠绕有关。N端富含赖氨酸且含有非常精细的可变区域，可以与其他调节蛋白以及DNA作用；在N端尾部的15～38个氨基酸残基是翻译后修饰的主要位点，具有调节 DNA 的功能（Peterson and Laniel，2004）。

蛋白修饰包括乙酰化和去乙酰化、磷酸化和去磷酸化、甲基化和去甲基化以及泛素化和去泛素化等。组蛋白通过不同位点以及不同组合的修饰方式对基因的表达进行调控。其中，组蛋白的乙酰化与去乙酰化受到组蛋白乙酰转移酶（HAT）和去乙酰转移酶（HDAC）的调控，这两种酶通过对核心组蛋白进行可逆修饰来调节核心组蛋白的乙酰化水平，从而调控转录的起始与延伸。通常情况下，乙酰化促进基因的转录，而去乙酰化则抑制基因的转录。磷酸化主要在有丝分裂、细胞死亡、DNA 损伤修复以及 DNA 复制和重组过程中起重要作用（Oki，et al.，2007）。组蛋白的甲基化是指在组蛋白转移酶的催化下赖氨酸或者精氨酸的残基发生甲基化。根据甲基化程度的不同，赖氨酸的甲基化可分为单甲基化（me1）、双甲基化（me2，对称或非对称）以及三甲级化（me3）（Martin and Zhang，2005），主要受到赖氨酸甲基转移酶（KMT）以及赖氨酸去甲基转移酶（KDM）的调控。而精氨酸的甲基化分为单甲基化以及双甲基化两种，主要受到精氨酸甲基转移酶（PRMT）的调控。在转录调控中，赖氨酸和精氨酸的甲基化程度与不同的转录效应相关。例如，在激活的基因中存在 H4K20me1，而 H4K20me3 则出现在基因抑制和压缩的基因区域。另外，DNA 的基因调控也受到赖氨酸甲基化残基类型以及位置的影响（Black et al.，2012）。组蛋白的泛素化是指蛋白质的赖氨酸残基与泛素化的羧基相互结合的过程，主要受到泛素激活酶（ubiquitin-activating enzyme，E1）、泛素接合酶（ubiquitin-conjugating enzyme，E2）、泛素－蛋白质连接酶（ubiquitin-protein ligase，E3）的调控，组蛋白的泛素化主要发生在 H2A 和 H2B 中，H1 和 H3 泛素化形式较 H2A 和 H2B 少，而对于 H4 而言，目前尚未发现泛素化位点（林烨等，2019）。单一组蛋白的修饰往往不能独立地发挥作用，一个或多个组蛋白可通过尾部的不同共价修饰依次发挥作用或组合在一起，形成一个修饰的级联，以协同或拮抗方式来共同发挥作用。

三、非编码 RNA

非编码 RNA 是指不编码蛋白质、在基因转录过程中产生、能够调控基因表达的 RNA 分子，按照功能区分主要分为行使管家功能的 RNA 和具有调控作用的 RNA，前者包括 tRNA 和 rRNA；后者包括长链非编码 RNA（lncRNA）、环状 RNA（circRNA）、微小 RNA（miRNA）以及小干扰 RNA（siRNA）（Palazzo and Lee，2015）。

其中，lncRNA 是指长度大于 200 nt 的 RNA，根据 lncRNA 与编码 RNA 的相对位置，主要分为基因间 lncRNA（lntergenic lncRNA）以及基因内 lncRNA（intragenic lncRNA），而后者又包括反义 lncRNA（antisense lncRNA）、双向 lncRNA（bidirectional lncRNA）、内含子 lncRNA（lntron lncRNA）以及正义链转录重叠 lncRNA（overlapping sense transcripts lncRNA），另外，还有通过假基因所衍生出来的 lncRNA（pseudogene-derived lncRNA）（Jarroux et al.，2017）。lncRNA 能与 DNA、RNA 或蛋白质结合并以多种不同作用模式来实现对基因表达调控，主要可分为三个层次：①调节组蛋白和染色质的重塑；②调节 mRNA 的转录；③作为竞争性内源 RNA（ceRNA）调节蛋白质的翻译。

circRNA 是一种单链 RNA，大多是通过选择剪接 pre-mRNA 而形成的，其 3′ 和 5′ 端通常连在一起，形成共价闭合的连续环（Salzman et al.，2012）。由于没有 5′ 和 3′ 端，circRNA 具有较强的稳定性，对于核酸外切酶介导的 RNA 降解具有抗性。大量的研究表明，circRNA 在真核生物中均有表达，且其表达方式与同源编码蛋白的 RNA 无关。circRNA 在生物体内的作用机制主要包括：①竞争性内源 RNA 机制，circRNA 竞争性吸附 miRNA，使 miRNA 不能与靶基因结合，进而协同调控靶基因的表达；②通过碱基互补配对直接调控可变剪切或转录过程；③与蛋白质结合，调控蛋白质的活性（Chen，2016）。

miRNA 和 siRNA 是指 20～30 nt 的 RNA 分子，miRNA 和 siRNA 的区别主要在于：① miRNA 被认为是生物体自身基因组的内源性和有目的表达的产物，而 siRNA 被认为主要是外源性的。② miRNA 是由具有不完全双链特征的茎环前体加工而来，而 siRNA 可从 dsRNA 中切除得到（Tomari and Zamore，2005）。但是 miRNA 和 siRNA 在生物学功能上具有一致性，它们均是通过 Dicer 蛋白加工成 20～30 nt 的 RNA 片段，而后通过 Ago 进行识别并且对靶基因的表达进行调控，这样的调控机制称为 RNA 沉默（RNAi）机制（Tomari and Zamore，2005）。

四、染色质重塑

在真核生物中，DNA 缠绕在组蛋白上形成核小体，再进行高度折叠形成染色质，染色质可根据其活跃程度大致分为 2 类：活跃的常染色质和非活跃的异染色质。但到目前为止，各种染色质的细微结构并不十分清楚。

染色质重塑因子通过改变染色质上核小体的装配、拆解和重排等方式来调控染色质结构，从而改善转录因子等调控元件在染色质上的可及性（Teif and Rippe，2009）。在染色质重塑因子的作用下，染色质结构趋于疏松时，可增加 RNA 聚合酶Ⅱ、转录因子等对染色质 DNA 的可接近性，从而启动基因的转录；而当染色质结构趋于致密时，RNA 聚合酶Ⅱ和转录因子等对染色质 DNA 的可接近性减弱，从而抑制了基因的转录。染色质重塑因子包含有 SW1/SNF 亚家族、ISW1 亚家族、CHD 亚家族以及 INO80 亚家族 4 大类，它们通过介导核小体的滑动和置换来调节染色质的开放性，从而调控基因的表达（Cairns，2009）。

五、RNA 甲基化

RNA 甲基化是真核生物 mRNA 上最常见的一种转录后修饰，其中最主要的方式是 N^6-甲基腺嘌呤（m^6A），它是由一个多蛋白复合物介导产生的动态可逆的修饰方式（Zhou et al.，2017）。RNA 甲基化主要富集在 mRNA 的启动子区、终止密码子区以及 RRACH 结构域内（Zhao et al.，2017）。RNA 甲基化修饰与 RNA 稳定性、剪切、定位以及翻译蛋白质过程有关（Li et al.，2017）。因此，RNA 甲基化修饰与 mRNA 中的每一个反应过程均有着密切的联系，对生物体的胚胎发育、细胞分化等机体活动有着非常重要的影响。

第三节　表观遗传在水产动物中的应用

越来越多的证据表明表观遗传具有重要的作用，近几年，科学家在水产生物中也开展了越来越多的研究，主要的研究方向分为三个方面，分别是性别调控、抗病抗逆以及生长发育。

一、表观遗传在性别决定和分化中的研究

性别决定通常指在生物体受精时由染色体上的遗传物质对性别调控的过程，性别分化指建立功能型性别、性别二态型和次级性征的所有形态和生理变化（周林燕等，2004）。在水产动物中，不仅存在着遗传型性别决定（GSD），也存在着环境型性别决定（ESD）。遗传型性

别决定系统主要分为XX/XY型与ZZ/ZW型。哺乳动物的性别决定系统为XX/XY型，是雄性异配子型，即Y染色体上具有雄性发育的*SRY*性别决定基因。ZZ/ZW则是鸟类的性别决定系统，是雌性异配子型，其主要决定因子是位于Z染色体上的*dmrt1*基因，*dmrt1*是剂量敏感的基因，ZZ型染色体上的表达会高于ZW型染色体，进而致使雄性的*dmrt1*表达水平高于雌性的表达水平（Smith et al.，1999）。而对于环境性别决定而言，其生殖嵴的发育受多个基因的共同调控，使得生物体在性别方面具有原始性，从而容易受到环境的影响，发生性别的二次改变（Krueger and Oliveira，1999）。

大多数的低等脊椎动物，尽管不具有明显的性染色体分化，但仍遵循性染色体的调控机制。例如，爪蟾的性别决定系统是ZZ/ZW，且性别决定基因*dmw*位于W染色体上（Yoshimoto et al.，2010）；青鳉以及银汉鱼等则与哺乳动物一致，均为XX/XY型，但青鳉的性别决定基因为*dmy*（Matsuda et al.，2002），而银汉鱼的性别决定则为Y染色体的*amh*基因（Hattori et al.，2012）。另外，在脊椎动物中还存在着ZO/ZZ和XX/XO这样的性染色体数目决定型方式或者多种性别决定方式共存现象。此外还有类似于斑马鱼类无性染色体，只是由常染色体上的性别决定基因而调控的方式。

在鱼类中，性别决定基因具有多样性。*dmrt1*作为鱼类重要的性别决定基因之一，在罗非鱼、斑马鱼、石斑鱼、半滑舌鳎、牙鲆、黄颡鱼、胡子鲇以及稀有鮈鲫、虹鳟中得以鉴定。在许多鱼中，*dmrt1*仅在性腺中表达，且在雄鱼精巢中的表达远高于雌鱼的卵巢，并且参与了精原细胞的分化，在维持精子发生过程中发挥重要作用。在半滑舌鳎中对*dmrt1*的进一步研究表明，*dmrt1*分别存在于Z染色体和W染色体上，位于W染色体上的为假基因拷贝，Z染色体上是功能性基因拷贝，其次通过敲除雄性半滑舌鳎的*dmrt1*基因，进一步表明了*dmrt1*是半滑舌鳎精巢发育必不可少的基因，是雄性性别决定基因。与*dmrt1*基因相似的是在青鳉上发现的*dmrt1y*（*dmy*）基因，*dmrt1y*基因位于青鳉的Y染色体上，是青鳉的雄性性别决定基因，仅在雄鱼中有表达，并且在遗传性别为雄性的胚胎性别分化之前即有表达，一直持续到精巢发育成熟。研究表明，*dmrt1y*可直接激活雄性相关基因*gsdf*和*sox9a2*的表达，抑制雌性相关基因*rspo1*的表达，从而起到雄性性别决定的作用。*dmrt1y*作为性别决定基因只是出现在青鳉和弓背青鳉中，而对于吕宋青鳉而言，其性别决定基因为*gsdf*，位于吕宋青鳉的X、Y染色体上，分别为$gsdf^{x}$、$gsdf^{y}$，其中$gsdf^{y}$在雄鱼中特异性高度表达，因此推断*gsdf*为吕宋青鳉的性别决定基因。相较于*dmrt1y*而言，*gsdf*与其有着类似的表达模式。对裸盖鱼进行的全基因组测序中，人们发现*gsdf*是一个性别决定基因。而在印度青鳉中，*sox3*基因是重要的性别决定基因，其位于印度青鳉的X、Y染色体上，但Y染色体存在远程调控因子，对Y染色体上的*sox3*基因具有顺势调控的作用。*sox3*基因在未成熟的卵巢、精巢、脑以及眼中均有表达，但其在精巢中的表达高于在卵巢中的表达，这表明*sox3*基因在雄性发育中具有重要的作用。另外，通过对*sox3*基因的敲除实验，人们发现*sox3*基因是印度青鳉的性别决定基因，可激活下游*gsdf*的表达，从而起到雄性性别决定的作用。*sdy*基因作为仅在鲑鳟鱼类中发现的性别决定基因，在其他多种鱼类中并未发现。*sdy*位于Y染色体上，在精巢分化开始时已经是高表达，在卵巢不表达。通过锌指核酸酶技术对*sdy*基因进行失活，可使雄性虹鳟的精巢分化形成卵巢，而在卵巢中过表达*sdy*则会使卵巢分化形成精巢，这表明*sdy*是一种新型的脊椎动物性别决定基因。*amh*是以多肽的形式存在的一种细胞因子，尼罗罗非鱼的*amh*位于X染色体上，称为*amh Ⅱ*，同时在Y染色体上也存在着*amh*的两个拷贝，分别为*amhy*与*amhδ-y*。而在银汉鱼以及梭子鱼中，则存在于

Y 染色体以及常染色上，分别命名为 *amha* 以及 *amhy*（*amhby*）。在尼罗罗非鱼中，*amhy* 对雄性性别决定具有重要的作用，而 *amhδ-y* 则没有，在银汉鱼和梭子鱼中则是 *amhy* 起到性别决定的作用。*amhy* 在三种鱼中都是在雄鱼性别决定关键时期的精巢中高表达，而在卵巢中没有表达，*amh Ⅱ* 则在性别分化的精巢和卵巢中均有表达。在尼罗罗非鱼、银汉鱼中通过敲除和敲降 *amhy* 以及 *amh Ⅱ* 基因，使得雄性逆转为雌性，这表明，*amhy* 是银汉鱼的性别决定基因，而 *amhy* 与 *amh Ⅱ* 在尼罗罗非鱼的雄性决定中是必不可少的。*amhr2* 是红鳍东方鲀的性别决定基因，其位于常染色体上，它与哺乳动物的 *amhr2* 属于同源基因，*amhr2* 基因在红鳍东方鲀的性腺中特异性表达，并且在精巢与卵巢均有表达。*amhr2* 在雄鱼中为杂合型 SNP，雌鱼中为纯合型 SNP，*amhr2* 的两个等位基因的不同组合，决定了鱼的性别，*amhr2* 可能通过拮抗芳香化酶的活性而参与精巢发育。$gdf6^{Y}$ 是鲉的性别决定基因，其定位在 Y 染色体上，而在 X 染色体上，*gdf6* 作为 $gdf6^{Y}$ 的等位基因，定位在 X 染色体上，$gdf6^{Y}$ 与 *gdf6* 具有 SNP 位点。*gdf6Y* 在鲉性别分化的雄鱼中产生高表达，这表明 $gdf6^{Y}$ 可能是鲉的雄性性别决定基因。另外，近期的研究表明：*hsd17b1* 可能是鰤的性别决定基因，其有两个亚型分别位于 Z 染色体和 W 染色体上，它们之间具有不同的 SNP 位点，通过 *hsd17b1* 两个亚型等位基因的不同组合，从而调节内源性雌性激素，以此调节鱼类的雌雄分化。

在水产动物中，除性染色体外，常染色体上的某些基因和一些外部环境因素也参与性别决定和分化，这使得它们的性别分化具有较大的可塑性以及不确定性，在外界环境下发生可逆的转化（Quinn et al.，2007）。在鱼类中，不仅存在着在性别分化时期的性逆转，如半滑舌鳎、牙鲆以及欧洲鲈等；还在成年时期仍然具有性逆转的可能，如石斑鱼、蓝头濑鱼等。

通过测定斑马鱼的早期胚胎的基因组甲基化动态变化发现受精卵的甲基化程度与精子的甲基化程度类似（Jiang et al.，2013）。DNA 甲基化的动态变化表明，表观遗传对配子和受精卵的发育具有重要的调控作用。通过对半滑舌鳎的伪雄鱼、雄鱼以及雌鱼的 *dmtr1* 的 DNA 甲基化检测发现，雌鱼性逆转为伪雄鱼与 Z 染色体上的甲基化程度有关（Shao et al.，2014）。在欧洲海鲈中，通过对高温诱导伪雄鱼的 *cyp19* 的甲基化检测发现，在性逆转的个体中 *cyp19* 的甲基化水平增加（Navarro-Martín et al.，2011）。另外，对罗非鱼的雌雄的全基因组甲基化发现，雌鱼和雄鱼在性染色体调控区域具有非常大的差异（Wan et al.，2016）。半滑舌鳎的全转录组测序表明，在雌鱼的卵巢中存在着特异性表达的 6 个 lncRNA（Jiang et al.，2020）。在对太平洋牡蛎的全转录组测序中发现有一个与精巢发育相关的 lncRNA（Yue et al.，2018）。这些均表明表观遗传机制对性别决定以及性别发育有着巨大的影响。

二、表观遗传在抗病抗逆方面的研究

免疫系统是水产生物识别体内的外来物质和有害物质，以抵抗生物入侵感染而引起的疾病甚至是死亡的重要系统之一。与哺乳类动物所不同的是，水产生物没有骨髓和淋巴结，头肾为主要的造血器官，免疫器官和组织主要包括脾脏、肝脏、肾脏、鱼鳃、黏膜组织以及周围的淋巴组织等。且水产生物主要以先天性免疫为主，先天性免疫中免疫因子起到非常重要的作用。其具有的免疫因子如 C- 反应蛋白、凝集素、溶菌酶、补体系统、干扰素以及白细胞介素等均在免疫调控中起着重要的作用（Zhang et al.，2013）。在水产生物中，抗病相关功能基因的调控方式研究以及基于抗病基因的分子标记辅助育种已经成为了主要的研究方向。在表观遗传层而针对上述方面开展的研究也日益增多。

通过对使用 β- 二酮类抗生素（DKA）处理的斑马鱼进行全转录组测序，鉴定到了与免疫基因相关的多个lncRNA，这表明lncRNA调控斑马鱼的免疫基因，进而调控斑马鱼的免疫功能（Wang et al.，2017）。另外，在对虹鳟的抗病、易感以及对照的三个家系使用嗜冷黄杆菌感染前后的全转录组测序发现，不同遗传系与不同感染状态的成对比较共鉴定出556个差异lncRNA。一些差异表达的lncRNA与它们重叠的、邻近的和远距离的免疫相关蛋白编码基因表现出强烈的正相关和负相关表达（Paneru et al.，2016）。在斑马鱼中发现了与转录因子*PU.1*相关的反义lncRNA，通过基因敲除发现其与*PU.1*的表达呈现负相关，并且调控了斑马鱼肾脏中免疫相关基因的表达（Wei et al.，2014）。罗非鱼、牡蛎等感染前后的全转录组的测序表明，lncRNA在水产生物的免疫调控中起着重要的作用。另外，表观遗传，尤其是DNA甲基化在抗病家系的育种中提供了重要的帮助。通过哈维氏弧菌感染半滑舌鳎后，分别选择抗病和感病半滑舌鳎进行全基因组甲基化测序，发现抗病半滑舌鳎具有较高的DNA甲基化水平和不同的DNA甲基化模式，具有3311个差异甲基化区域和6456个差异甲基化基因（Xiu et al.，2019）。

此外，在环境胁迫中，表观遗传也有着重要的调控作用。在耐寒品系的罗非鱼中，其基因组的甲基化水平较对照组的甲基化水平呈现明显下降的趋势，这说明罗非鱼的抗寒能力和DNA的甲基化水平有关（朱华平等，2013）。通过对对照组和低盐胁迫下的三疣梭子蟹的全转录组测序发现，鳃中有12个差异表达的miRNA，这些miRNA的靶基因主要与甲壳素的代谢和离子转运等渗透压调节相关（Lv et al.，2016）。

三、表观遗传在生长发育方面的研究

对水产动物生长方面的研究主要分为两大类，一类研究不同性别所表现出生长的差异性，另一类主要倾向于研究环境胁迫对生长的影响。对于前者而言，大多数水产动物都具有体型性别二态性（SSD），其主要分为雄性偏向型和雌性偏向型，如罗非鱼和石斑鱼等属于雄性偏向型，而鮟鱇以及半滑舌鳎则属于雌性偏向型。而在SSD中一般会认为有三种可能的调控机制，分别是生长相关基因表达的差异性、性激素水平调控生长、生长繁殖能量的配置。而在生物因子、光照以及营养等环境胁迫下水产生物的生长速度以及体型大小会受到影响。

在尼罗罗非鱼中，通过对雌性和雄性的甲基化测序发现，雌鱼和雄鱼在骨骼肌中具有明显的甲基化差异，这表明甲基化对罗非鱼的生长有影响（Wan et al.，2016）。大西洋鲑中发现生长和生长相关基因在雌性和雄性中具有不同的甲基化模式（Burgerhout et al.，2017），也说明了表观遗传在水产动物生长中的作用。对不同生长性状品系的虹鳟肌肉进行全转录组测序，发现了与已知影响肌肉品质性状的基因共表达的反义lncRNA，以及发现了具有调控生长基因的海绵机制的lncRNA和miRNA，进而影响虹鳟肌肉生长和品质性状（Ali et al.，2018）。关于性别激素和生长繁殖能量的配置方面对生长的影响，目前还没有表观调控相关的研究。在对鳜进行进食和饱食后的RNA对比测序中检测出有7个miRNA在肌肉中的表达产生了差异（Zhu et al.,2015）。在虹鳟幼体生长需要不同来源营养物的三个阶段,miR-1/133有差异性表达，这表明miR-1/133参与了虹鳟的生长（Mennigen et al.，2013）。

重点词汇 · Keywords

1. 表观遗传（epigenetic）
2. DNA 甲基化（DNA methylation）
3. 非编码 RNA（non-coding RNA）

4. 长链非编码 RNA（long non-coding RNA）
5. 环状 RNA（circRNA）
6. RNA 甲基化（RNA methylation)

本章小结 · Summary

表观遗传学是与经典遗传学所对应的一个概念，是后基因组时代一个重要的研究领域。其主要包含的内容有 DNA 甲基化、组蛋白修饰、非编码 RNA 调控、染色质重塑以及 RNA 甲基化。在水产领域中，表观遗传目前主要应用在性别分化、抗病抗逆以及生长调控等方面。

Epigenetics is a concept corresponding to classical genetics and an important research field in the post-genome era. Its main contents include DNA methylation，histone modification，non-coding RNA regulation，chromatin remodeling and RNA methylation. At present，epigenetics is mainly used in sex differentiation，disease resistance and growth regulation in aquaculture.

思考题 · Thinking Questions

1. 表观遗传的定义是什么，它有哪些特点?
2. 请思考 miRNA 和 siRNA 算不算同一类。
3. 请简述在水产动物中研究表观遗传的作用和意义有哪些。

参考文献 · References

林烨，裴培，王珊. 2019. 组蛋白泛素化与去泛素化对染色质和基因表达的研究进展. 现代生物医学进展，19（8）：188-192.

骆建新，郑崛村，马用信，等. 2003. 人类基因组计划与后基因组时代. 中国生物工程杂志，（11）：87-94.

孙方霖. 2008. 表观遗传学后基因组时代的领舞者. 现代生物医学进展，8（3）：603.

周林燕，张修月，王德寿. 2004. 脊椎动物性别决定和分化的分子机制研究进展. 动物学研究，25（1）：81-88.

朱华平，卢迈新，黄樟翰，等. 2013. 低温对罗非鱼基因组 DNA 甲基化的影响. 水产学报，37（10）：1460-1467.

Ali A, Rafet A T, Brett K, et al. 2018. Integrated analysis of lncRNA and mRNA expression in rainbow trout families showing variation in muscle growth and fillet quality traits. Sci Rep, 8 (1): 12111.

Allis C D, Jenuwein T. 2016. The molecular hallmarks of epigenetic control. Nat Rev Genet, 17 (8): 487-500.

Bird A, Taggart M , Frommer M , et al. 1985. A fraction of the mouse genome that is derived from islands of nonmethylated, CpG-rich DNA. Cell, 40 (1): 91-99.

Black J C, Rechem C V, Whetstine J R. 2012. Histone lysine methylation dynamics: establishment, regulation, and biological impact. Mol Cell, 48 (4): 491-507.

Bourc'his D, Xu G L, Lin C S, et al. 2001. Dnmt3L and the establishment of maternal genomic imprints. Science, 294 (5551): 2536-2539.

Burgerhout E, Mommens M, Jhonsen H, et al. 2017. Genetic background and embryonic temperature affect DNA methylation and expression of myogenin and muscle development in Atlantic salmon (Salmo salar) . PloS One, 12 (6): e0179918.

Cairns B R. 2009. The logic of chromatin architecture and remodelling at promoters. Nature, 461 (7261): 193-198.

Chen L L. 2016. The biogenesis and emerging roles of circular RNAs. Nat Rev Mol Cell Biol, 17 (4): 205-211.

Hattori R S, Yu M, Oura M, et al. 2012. A Y-linked anti-Müllerian hormone duplication takes over a critical role in sex determination. Proceedings of the National Academy of Sciences, 109 (8): 2955-2959.

Ho L, Jothi R, Ronan J L, et al. 2009. An embryonic stem cell chromatin remodeling complex, esBAF, is an essential component of the core pluripotency transcriptional network. Proceedings of the National Academy of Sciences, 106 (13): 5187-5191.

Hotchkiss R D. 1948. The quantitative separation of purines, pyrimidines, and nucleosides by paper chromatography. J Biol Chem, 175 (1): 315-332.

Ito S, Taranova O V, Hong K, et al. 2010. Role of tet proteins in 5mC to 5hmC conversion, ES-cell self-renewal and inner cell mass specification. Nature, 466 (7310): 1129-1133.

Jabbari K, Bernardi G. 2004. Cytosine methylation and CpG, TpG (CpA) and TpA frequencies. Gene, 333: 143-149.

Jarroux J, Morillon A, Pinskaya M. 2017. History, discovery, and classification of lncRNAs. Adv Exp Med Biol, 1008: 1-46.

Jiang L, Zhang J, Wang J J, et al. 2013. Sperm, but not oocyte, DNA methylome is inherited by zebrafish early embryos. Cell, 153 (4): 773-784.

Jiang X, Jing X, Yan L, et al. 2020. Genome-wide identification and prediction of long non-coding RNAs in half-smooth tongue sole Cynoglossus semilaevis. Journal of Oceanology and Limnology, 38 (1): 226-235.

Krueger W H, Oliveira K. 1999. Evidence for environmental sex determination in the American eel, anguilla rostrata. Environmental Biology of Fishes, 55 (4): 381-389.

Laird P W. 2010. Principles and challenges of genomewide DNA methylation analysis. Nat Rev Genet, 11 (3): 191-203.

Laurent L, Wong E, Li G, et al. 2010. Dynamic changes in the human methylome during differentiation. 20 (3): 320-331.

Li Z, Weng H, Su R, et al. 2017. FTO plays an oncogenic role in acute myeloid leukemia as a N6-methyladenosine RNA demethylase. Cancer Cell, 31 (1): 127-141.

Lv J, Liu P, Gao B, et al. 2016.The identification and characteristics of salinity-related microRNAs in gills of Portunus trituberculatus. Cell Stress Chaperones, 21 (1): 63-74.

Martin C, Zhang Y. 2005. The diverse functions of histone lysine methylation. Nature Reviews Molecular Cell Biology, 6 (11): 838-849.

Matsuda M , Nagahama Y, Shinomiya A, et al. 2002. DMY is a Y-specific DM-domain gene required for male development in the medaka fish. Nature, 417 (6888): 559-563.

Mennigen J A, Skiba-Cassy S, Panserat S. 2013. Ontogenetic expression of metabolic genes and microRNAs in rainbow trout alevins during the transition from the endogenous to the exogenous feeding period. Journal of Experimental Biology, 216 (9): 1597-1608.

Mohn F, Weber M, Rebhan M, et al. 2008. Lineage-specific polycomb targets and de novo DNA methylation define restriction and potential of neuronal progenitors. Mol Cell, 30 (6): 755-766.

Moore L D, Le T, Fan G, et al. 2013. DNA methylation and its basic function. Neuropsychopharmacology, 38 (1): 23-38.

Nanney D L. 1958. Epigenetic control systems. Proceedings of the National Academy of Sciences of the United

States of America, 44 (7): 712.

Navarro-Martín L, Ribas L, Croce L D, et al. 2011. DNA methylation of the gonadal aromatase (cyp19a) promoter is involved in temperature-dependent sex ratio shifts in the European sea bass. PLoS Genetics, 7 (12): e1002447.

Ning W, Pang W, Yu W, et al. 2014. Knockdown of PU. 1 mRNA and AS lncRNA regulates expression of immune-related genes in zebrafish Danio rerio. Developmental and Comparative Immunology, 44 (2): 315-319.

Okano M, Bell D W, Haber D A, et al. 1999. DNA methyltransferases Dnmt3a and Dnmt3b are essential for de novo methylation and mammalian development. Cell, 99 (3): 247-257.

Oki M, Aihara H, Ito T. 2007. Role of histone phosphorylation in chromatin dynamics and its implications in diseases.Subcell Biochem, 41: 319-336.

Palazzo A F, Lee E S. 2015. Non-coding RNA: what is functional and what is junk. Frontiers in Genetics, 6 (2): 2.

Paneru B, Al-Tobasei R, Palti Y, et al. 2016. Differential expression of long non-coding RNAs in three genetic lines of rainbow trout in response to infection with Flavobacterium psychrophilum. Scientific Reports, 6: 36032.

Peterson C L, Laniel M A. 2004. Histones and histone modifications. Curr Biol, 14 (14): R546-R551.

Quinn A E, Georges A , Sarre S D, et al. 2007. Temperature sex reversal implies sex gene dosage in a reptile. Science, 316 (5823): 411.

Salzman J, Gawad C, Wang P L, et al. 2012. Circular RNAs are the predominant transcript isoform from hundreds of human genes in diverse cell types. PloS One, 7 (2): e30733.

Schulz W A, Steinhoff C, Florl A R, 2006. Methylation of endogenous human retroelements in health and disease. Curr Top Microbiol Immunol, 310: 211-250.

Shao C, Li Q Y, Chen S L, et al. 2014. Epigenetic modification and inheritance in sexual reversal of fish. Genome Research, 24 (4): 604-615.

Sharif J, Muto M, Takebayashi S I, et al. 2007. The SRA protein Np95 mediates epigenetic inheritance by recruiting Dnmt1 to methylated DNA. Nature, 450 (7171): 908-912.

Smith C A, McClive P J, Western P S, et al. 1999. Conservation of a sex-determining gene. Nature, 402 (6762): 601-602.

Tahiliani M, Koh K P, Shen Y, et al. 2009. Conversion of 5-methylcytosine to 5-hydroxymethylcytosine in mammalian DNA by MLL partner TET1. Science, 324 (5929): 930-935.

Teif V B, Rippe K. 2009. Predicting nucleosome positions on the DNA: combining intrinsic sequence preferences and remodeler activities. Nucleic Acids Research, 37 (17): 5641-5655.

Tomari Y, Zamore P D. 2005. Perspective: machines for RNAi. Genes Dev, 19 (5): 517-529.

Waddington C H. 1957. The Strategy of the Genes: A Discussion of Some Aspects of Theoretical Biology. London: Allen & Unwin.

Wan Z Y, Xia J H, Lin G, et al. 2016. Genome-wide methylation analysis identified sexually dimorphic methylated regions in hybrid tilapia. Sci Rep, 6: 35903.

Wang L, Du Y, Ward J M, et al. 2014. INO80 facilitates pluripotency gene activation in embryonic stem cell self-renewal, reprogramming, and blastocyst development. Cell Stem Cell, 14 (5): 575-591.

Wang X, Lin J, Li F, et al. 2017. Screening and functional identification of lncRNAs under β -diketone antibiotic exposure to zebrafish (Danio rerio) using high-throughput sequencing. Aquatic toxicology (Amsterdam, Netherlands) , 182: 214-225.

Xiu Y, Shao C, Li Y, et al. 2019. Differences in DNA methylation between disease-resistant and disease-susceptible

Chinese tongue sole (Cynoglossus semilaevis) families. Frontiers in Genetics, 10: 847.

Yoshimoto S, Ikeda N, Izutsu Y, et al. 2010. Opposite roles of DMRT1 and its W-linked paralogue, DM-W, in sexual dimorphism of Xenopus laevis: implications of a ZZ/ZW-type sex-determining system. Development, 137 (15): 2519-2526.

Yue C, Li Q, Yu H. 2018. Gonad transcriptome analysis of the pacific oyster crassostrea gigas identifies potential genes regulating the sex determination and differentiation process. Mar Biotechnol (NY) , 20 (2): 206-219.

Zemach A, Mcdaniel I E, Silva P, et al. 2010. Genome-wide evolutionary analysis of eukaryotic DNA methylation. Science, 328 (5980): 916-919.

Zhang S, Wang Z, Wang H. 2013. Maternal immunity in fish. Developmental Comparative Immunology, 39 (1/2): 72-78.

Zhao B S, Roundtree I A, He C, 2017. Post-transcriptional gene regulation by mRNA modifications. Nature Reviews Molecular Cell Biology, 18 (1): 31.

Zhou C, Molinie B, Wang J K, et al. 2017. Identification and characterization of m6A circular RNA epitranscriptomes. 101: 115899.

Zhu X, Chen D, Hu Y, et al. 2015. The microRNA signature in response to nutrient restriction and refeeding in skeletal muscle of Chinese perch (Siniperca chuatsi) . Marine Biotechnology, 17 (2): 180-189.

Zilberman D, Gehring M, Tran R K, et al. 2007. Genome-wide analysis of Arabidopsis thaliana DNA methylation uncovers an interdependence between methylation and transcription. Nature Genetics, 39 (1): 61-69.

第十三章 生物信息分析环境介绍及搭建

学习目标 · Learning Objectives

1. 学会构建基于 Linux 系统的生物信息学工作环境。
   Learn to build a Linux-based platform of bioinformatics.
2. 熟悉 Linux 目录结构和基本操作。
   Know the dictionary structure and basics operation of Linux.
3. 熟悉生物信息学常用软件的安装和使用。
   Know the installation and use of commonly used bioinformatics software.

第一节 Linux 系统概述

一、用于生物信息分析的计算机操作系统简介

在生物信息学分析中，Windows、Linux 和 Mac OS 是常用的三种操作系统。其中，由美国微软公司开发的 Windows 系统最受个人计算机用户欢迎，因其有简单易学和能够进行多任务操作的优点，深受非计算机专业背景生物学研究工作者的喜爱。随着测序技术的迅速发展，越来越多物种的基因组测序逐渐完成。基于图形用户界面（graphical user interface，GUI）的 Windows 系统具有闭源性和不稳定性，很难进行庞大的组学数据分析，因此，需要一个更高效的操作系统来完成分析工作。Linux 具有免费、开源、快速、稳定、共享、无须额外杀毒软件和频繁升级等优点，因而越来越受到学术界青睐。Linux 是一种类 Unix（Unix-like）系统，虽然它也具有一目了然的 GUI，但为了提高工作效率，以命令行为主要交互方式更为常用，虽然这增加了用户的学习成本。可是，一旦开始对 Linux 系统的基本组成和常用命令有所了解，再进行生物信息学分析，特别是个性化、大批量的数据分析就非常方便了。况且，目前大多数生物信息学软件都是基于 Linux 系统开发出来的，只有少数软件会继 Linux 版本之后发布 Windows 或 Mac OS 版本。那么当获得了大量组学数据时，想要更快开展分析工作，学习 Linux 系统无疑成为每个生物信息学研究者的必修功课。因为这些基于 Linux 的软件大多数是免费且开源的，这意味着由多人合作来完善这些软件，使用者一旦遇到问题，通过软件的说明文件、互联网上的论坛以及搜索引擎，都能够寻求到帮助。Mac OS 是基于 Unix 内核的 GUI 操作系统，由美国苹果公司发行，运行于苹果 Macintosh 计算机上。Mac OS 拥有漂亮的图形界面、计算性能强大、不用额外安装杀毒软件等优点。目前，越来越多的生物信息学软件都提供了 Mac OS 版本，Macintosh 用户不必担心 Mac OS 系统是否能够开展生物信息学研究工作。但 Mac OS 是闭源系统，绝大多数软件都要收费，而且 Macintosh 计算机价格昂贵，造成了较高的科研成本。

其实，各个平台先后不断开发出成千上万的生物信息学软件，在基于网页环境的序列处理 EMBOSS explorer（http://www.bioinformatics.nl/emboss-explorer/）、SMS（http://www.bioinformatics.org/sms2/）、二代测序数据分析软件包 Galaxy（https://usegalaxy.org）等工具上工作也是可行的。这使得 Windows 和 Mac OS 操作系统都能满足最基本的生物信息学分析。如果需要定制化分析数据、开发新的分析方法，仅仅依赖在线工具或基于 GUI 的操作系统是无法完成的。所以，无论是从稳定性、成本还是开源性方面考虑，Linux 无疑是最适合进行生物信息学研究的操作系统。那么 Windows 和 Mac OS 用户是否应该考虑更换自己的计算机呢？完全不用。首先，Mac OS 自带的终端（terminal）应用程序与 Linux 的终端一样，是以命令行交互方式执行任务的。Mac OS 的终端采用 Unix shell（壳，即命令解析器，是连接使用者和核心的桥梁，用于提供使用者界面），其语法规则也与 Linux 相差不大，如果对其中任意一种 shell 已经有所了解，就能够迅速掌握另一种 shell。Windows 系统虽然没有基于 Unix 内核的终端，但可以通过安装 Linux 实现双系统，或者在 Windows 系统下安装 Linux 虚拟机。其次，如果已经有一个远程服务器的账户，借助 Linux 多用户操作的特点和强大的网络功能，Windows 和 Mac OS 用户可以通过 SSH（secure shell，安全外壳协议）远程操作性能更为强大的 Linux 服务器或超级计算机，或者利用 FileZilla 等软件进行远程文件传输。我们将在之后的内容中详细叙述。

二、从 Unix 到 Linux

1969 年，贝尔实验室研究员 Ken Tompson 为了满足工作需要，用汇编语言写出 Unix 的原型——Unics。但是，这个系统在不同架构的机器上不能通用。随后，他与同事 Dennis Ritchie 利用更高级的 C 语言重新改写 Unics，形成了支持不同硬件的、具有可移植性的 Unix。最初，Unix 系统是开源的，各个商业公司获得了源码，并设计出多种 Unix 版本。这些版本只能用于服务器和工作站中。1979 年，Unix 可以在 x86 架构的个人计算机中使用。但此时，出于商业考虑，该版本源码被出品公司 AT&T 公司所限制，从而制约了 Unix 的发展。在荷兰阿姆斯特丹自由大学教 Unix 系统相关课程的 Andrew Tanenbaum 教授由于无法获得 Unix 源码来用于教学，因此自行开发出与 Unix 兼容的类 Unix 内核程序 Minix。他同时还提供了 Minix 源码。Minix 在教学方面是很好的工具，但无法完成更复杂的工作。1991 年，芬兰赫尔辛基大学的学生 Linus Torvalds 基于 Minix，开发出了能够在 Intel 386 计算机上运行的多任务操作系统——Linux。

为了让 Linux 与 Unix 软件兼容，Torvalds 将 Linux 设计成符合 POSIX（portable operating system interface，可移植操作系统接口）标准，并且开放其源码，在网络上可免费下载。之后，成千上万的计算机爱好者通过网络加入 Linux 的开发，对 Linux 进行改善、修补、更新、开发新软件、帮助求助者解决问题等，Linux 迅速完善并壮大起来。虽然 Torvalds 以个人的身份开发了最早的 Linux，但现如今的 Linux 是 Torvalds 和全球所有参与进来的志愿者共同的成果。

三、Linux 发行版本

不同于微软公司的 Windows 系统和苹果公司的 Mac OS 系统，Linux 不属于任何公司。在大量 Linux 开发团队和商业公司的参与下，截至 2018 年，有超过 300 个 Linux 发行版（Linux distributions）提供给用户使用。所谓发行版，就是将 Linux 内核、应用软件和工具整合起来，向用户发行并提供说明文件的集成套件。它们除了一些应用程序有所不同之外，使用起来没有太大差别。用户可以结合自身的需要选择合适的发行版。

目前主流发行版主要有以下几种。

（1）Red Hat（红帽）：尽管大多数 Linux 发行版由社区团队发行，但 Red Hat 是一家商业公司。它包括三个 Linux 发行版：Red Hat Enterprise Linux（RHEL）、Fedora 和 CentOS。虽然它们都是开源的，但 RHEL 对用户收费，它是最适合企业用户的版本，因为 RHEL 系统稳定安全、更新周期长、提供技术支持和培训等服务，方便维护。Fedora 由 Fedora Project 社区爱好者开发，同时还有 Red Hat 员工的参与，更新周期很短，每 6 个月发布一次新版本。Red Hat 公司的新技术会在 Fedora Core 中进行检验，因此，用户能够最快接触到正在测试中的新产品，适用于 Linux 爱好者个人或家庭使用。Fedora 有工作站（workstation）和服务器（server）两个版本，其中，工作站版本采用对用户友好的 GNOME 桌面环境，适用于个人笔记本或台式电脑；服务器版本对于集群的管理和维护十分方便，而且没有 GUI，减少了对内存的占用。CentOS 每 2 年发行一次，经过了 RHEL 再编译，拥有 RHEL 所有功能，但不对用户收费，类似于 RHEL 免费版。该版本适合个人或家庭使用。企业为了节约成本可以不使用需要付费的 RHEL 而使用同样稳定成熟的 CentOS，但是要求企业用户的 Linux 技术足够强大，因为 CentOS 没有配套的技术服务。

RedHat 发行版网址：https://www.redhat.com/。

Fedora Workstation 下载网址：https://getfedora.org/workstation/download/。

Fedora Server 下载网址：https://getfedora.org/server/download/。

CentOS 下载网址：https://www.centos.org/download/。

（2）Debian：Debian 由 Debian Project 开发社区开发，其特点是具有丰富的软件包和强大的 apt 软件包管理程序，升级、软件更新都很方便。基于 Debian 开发的 Ubuntu（乌班图）系统是目前最为大众熟知的 Linux 发行版之一，每 6 个月发布一次。Ubuntu 安装简单，而且既有商业公司支持，又有社区爱好者提供帮助，非常适合新手入门。随着组学技术的进步，生物学研究者的科研数据呈几何级增长，同时，生物信息学软件也越来越多。因此，他们非常需要一个专业、稳定、流畅、大储存空间、高速、安全的计算机环境来处理和分析数据。2002 年英国自然环境研究理事会（Natural Environment Research Council，NERC）成立了 NERC 环境生物信息中心（Environmental Bioinformatics Centre，NEBC），为生物信息学工作者开发出基于 Ubuntu 系统的 Bio-Linux 系统，用于生物信息学研究和教学。该系统涵盖了大量生物信息学软件，同时还预装了 Condor 软件，方便计算机集群中的作业调度，提高了运算速度。

Debian 下载网址：https://www.debian.org/distrib/。

Ubuntu Desktop 下载网址：https://www.ubuntu.com/download/desktop/。

Bio-Linux 下载网址：http://environmentalomics.org/bio-linux-download/。

（3）SUSE：美国 Novell 公司为企业用户提供收费的 SUSE Linux Enterprise 和维护支持服务，也为个人用户提供免费的 openSUSE 发行版。SUSE 的特点是具有优秀的 YaST 操作系统管理工具。openSUSE 的 openSUSE Tumbleweed 滚动版更新较快，拥有最新开发的软件，openSUSE Leap 常规版更加稳定，并且与 SUSE Linux Enterprise 功能相同，每年释放一次新版本。openSUSE 适用于软件开发人员、系统管理员等技术较强的专业级用户。

SUSE Linux Enterprise 发行版网址：https://www.suse.com/zh-cn/products/。

openSUSE Tumbleweed 下载网址：https://software.opensuse.org/distributions/tu mbleweed。

openSUSE Leap 下载网址：https://software.opensuse.org/distributions/leap。

第二节　建立和运行 Linux 系统工作环境

一、安装 Linux 系统和虚拟机

对于 Windows 用户，如果希望在自己常用的电脑上安装 Linux 系统，而非重新购买一台电脑，那么可以安装 Windows+Linux 双系统或在 Windows 系统下安装 Linux 虚拟机。本节主要针对想进行生物信息学学习并且首次接触 Linux 系统的研究者和学生，因此选择 Bio-Linux 版本作为练习机，其预装的 300 多个生物信息学软件能够让我们更迅速地开展生物信息学学习，节约了下载和安装软件的时间。

对于 Mac OS 用户，可以直接利用"终端"程序，无须安装双系统或虚拟机。但需要自己安装各种生物信息学软件。

1. 安装 Windows+Linux 双系统　在已有 Windows 系统的电脑上安装 Linux 系统是可行的。但是，需要注意双系统的安装顺序，尽量避免在 Linux 系统电脑上安装 Windows 系统，这样会导致安装 Windows 之后，原 Linux 无法加载核心文件，那么 Linux 就无法启动了。

就像其他双系统安装过程一样，首先将官网的镜像文件（ISO 文件）刻录至 DVD 或 U 盘以制作系统安装盘，然后在 BIOS 界面下设置成从 DVD 或 U 盘启动进行安装。

2. 安装 Bio-Linux 虚拟机　通常情况下，我们更希望在 Windows 系统下直接使用 Linux，而非将双系统来回切换，这就需要通过虚拟机来将 Linux 集成于 Windows 环境中。因此，本节详细介绍 Bio-Linux 虚拟机的安装。在安装前，需要准备两个文件：

（1）Bio-Linux 镜像文件。登录官网下载最新 Bio-Linux 版本 ISO 文件。本次安装过程中使用 Bio-Linux 8。

（2）虚拟机软件 VirtualBox。登录 https://www.virtualbox.org 下载最新 VirtualBox 版本。VirtualBox 是 Bio-Linux 官网推荐的开源虚拟机软件。本次安装过程中使用 VirtualBox 5.2。

第一步：安装 VirtualBox。

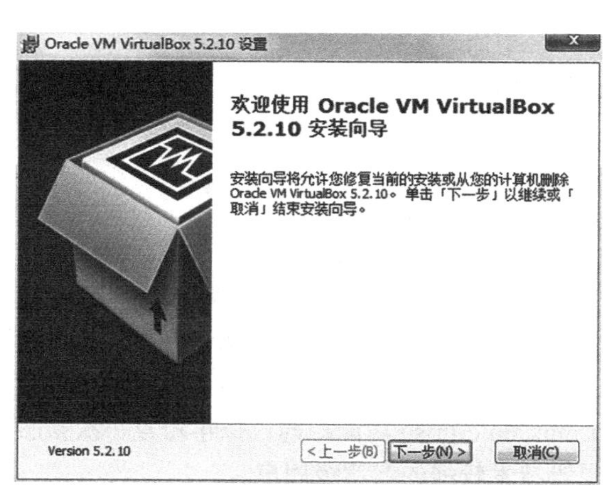

图 13-1　VirtualBox 5.2 安装文件

双击 VirtualBox 安装包，弹出安装界面（图 13-1）。

单击下一步，默认安装路径为 C 盘，单击"浏览"更改安装路径（图 13-2）。

单击下一步，根据需要创建快捷方式（图 13-3）。

单击下一步，会弹出警告窗口，单击"是"，并再次弹出窗口以确认是否安装，单击"安装"（图 13-4）。

在安装的过程中会弹出 Windows 安全提示窗口，选中"始终信任来自'Oracle Corporation'的软件"，单击"安装"（图 13-5）。

安装完毕后即可使用 VirtualBox（图 13-6）。

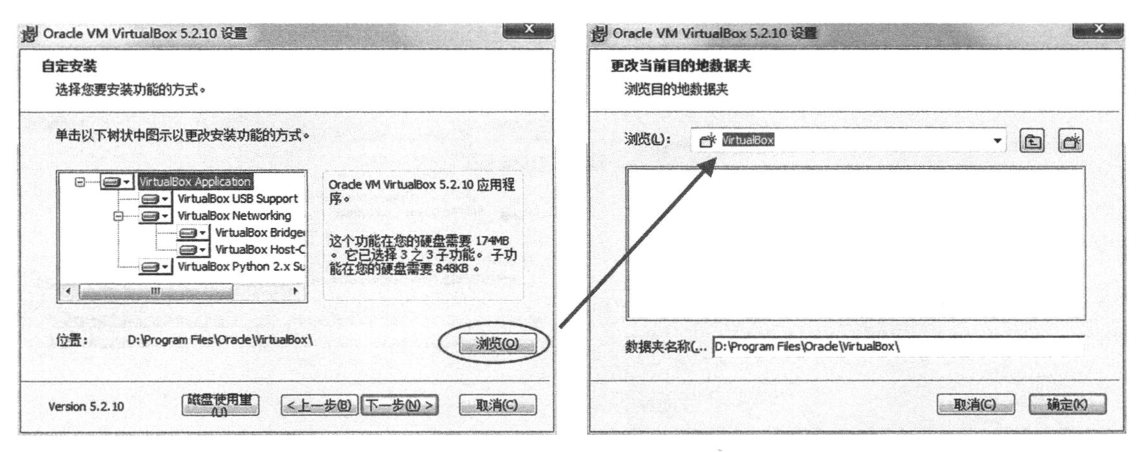

图 13-2　VirtualBox 安装欢迎界面

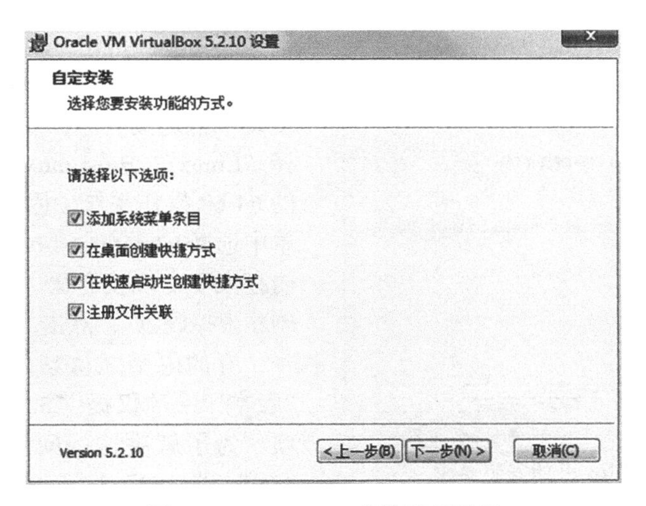

图 13-3　VirtualBox 安装路径设置

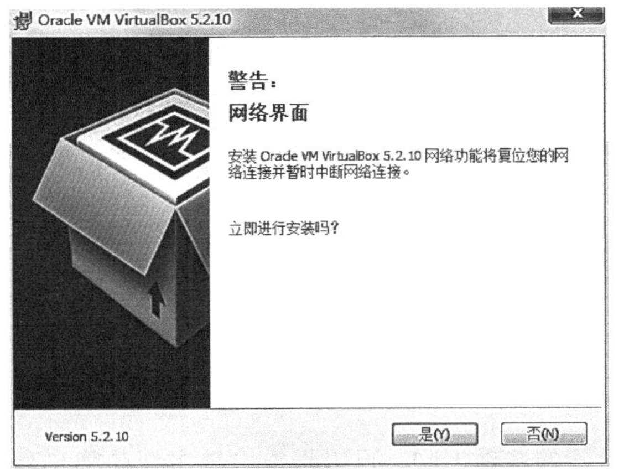

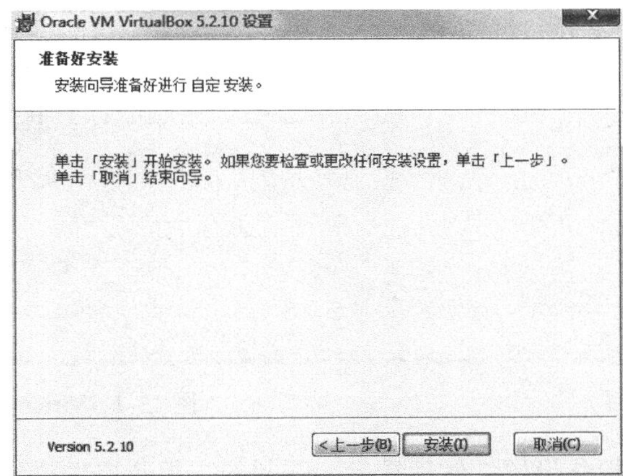

图 13-4　VirtualBox 安装功能方式选择

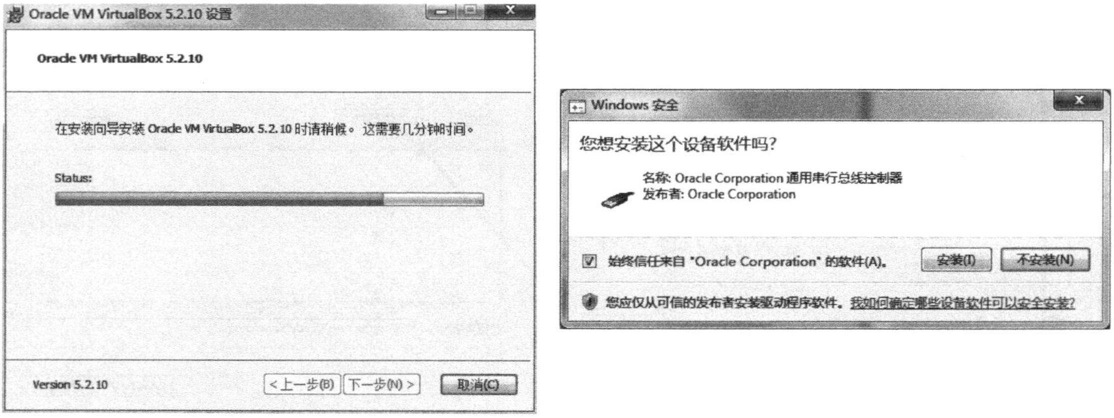

图 13-5 VirtualBox 警告窗口

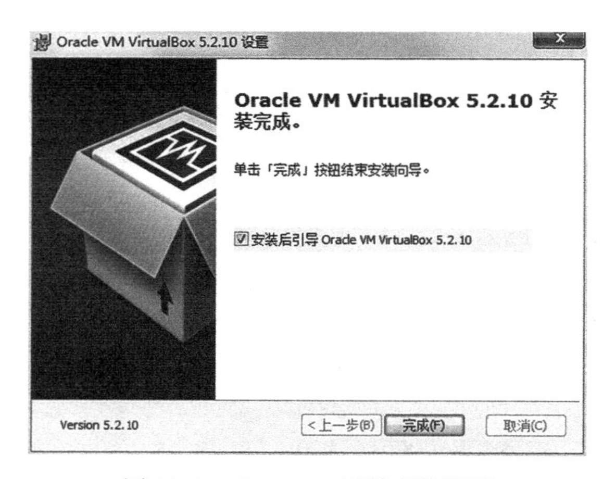

图 13-6 VirtualBox 开始安装界面

第二步：搭建 Bio-Linux 虚拟机。

打开 VirtualBox，点击“新建”，在弹出窗口中自定义名称，在“类型”下拉菜单选择“Linux”。Bio-Linux 是基于 Ubuntu 运行的 64 bit 操作系统，因此在“版本”下拉菜单中选择 Ubuntu（64-bit）。该系统内含 GUI，内存大于 2 G 较合适。虚拟硬盘选择“现在创建虚拟硬盘”，点击“创建”（图 13-7）。

有的电脑默认禁用 CPU 虚拟化，所以“版本”一项仅提供 32 bit，而没有 64 bit 选项。为了解决这一问题，需要在开机时按“del”或“F2”进入 BIOS 界面启用硬件虚拟化设置，然后重启。不同的主板开启虚拟化设置的选项不同，可以根据电脑主板品牌，利用搜索引擎寻找对应硬件虚拟化设置方法。

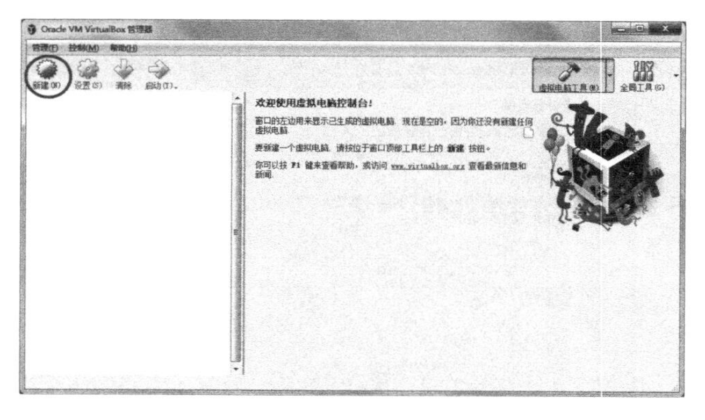

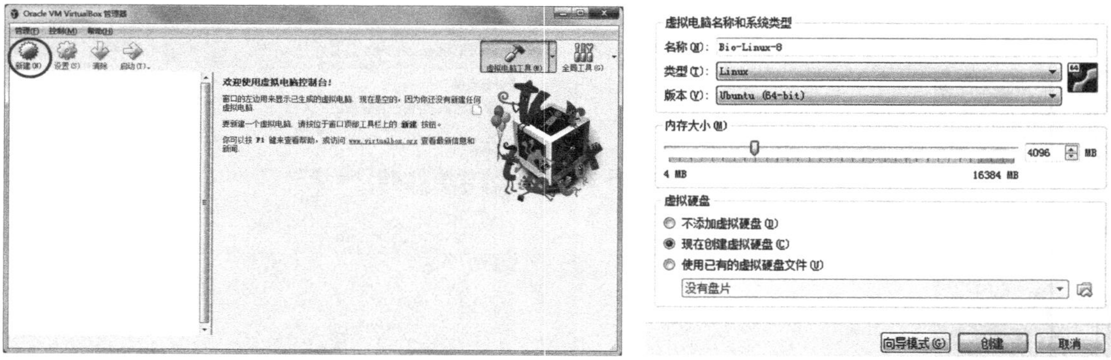

图 13-7 VirtualBox 安装完成界面

接下来创建虚拟硬盘。文件位置不要存放在系统盘。虚拟硬盘最大可以高达 2 T，Bio-Linux 8 版本支持最小 17 GB 的空间。如果经常进行组学数据分析，那么尽量分配较大的硬盘空间。本次设置的文件大小为 40 GB。文件类型选择 VHD（虚拟硬盘），硬盘分配选择“动态分配”，单击“创建”（图 13-8）。

新系统创建好之后，开始安装系统。选择刚刚创建好的 Bio-Linux-8 系统，点击“设置”（图 13-9）。

选择存储介质，添加一个虚拟光驱，点击右边的光碟图标选择已经下载好的 Bio-Linux ISO 文件，点击“OK”（图 13-10）。此时，可以启动 Bio-Linux 开始安装了。

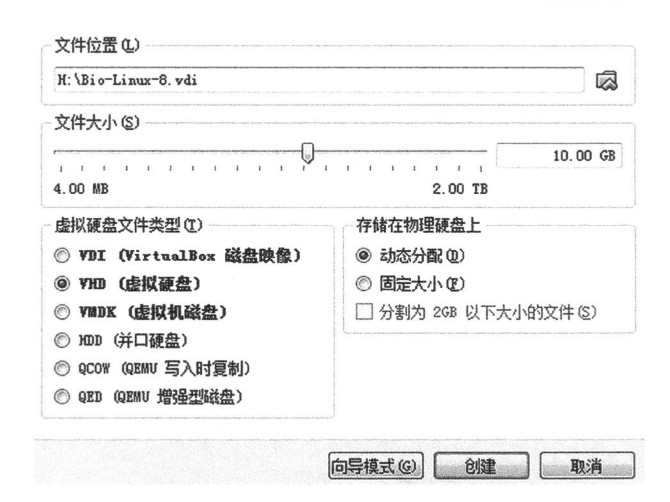

图 13-8 在 VirtualBox 上新建 Bio-Linux 虚拟机

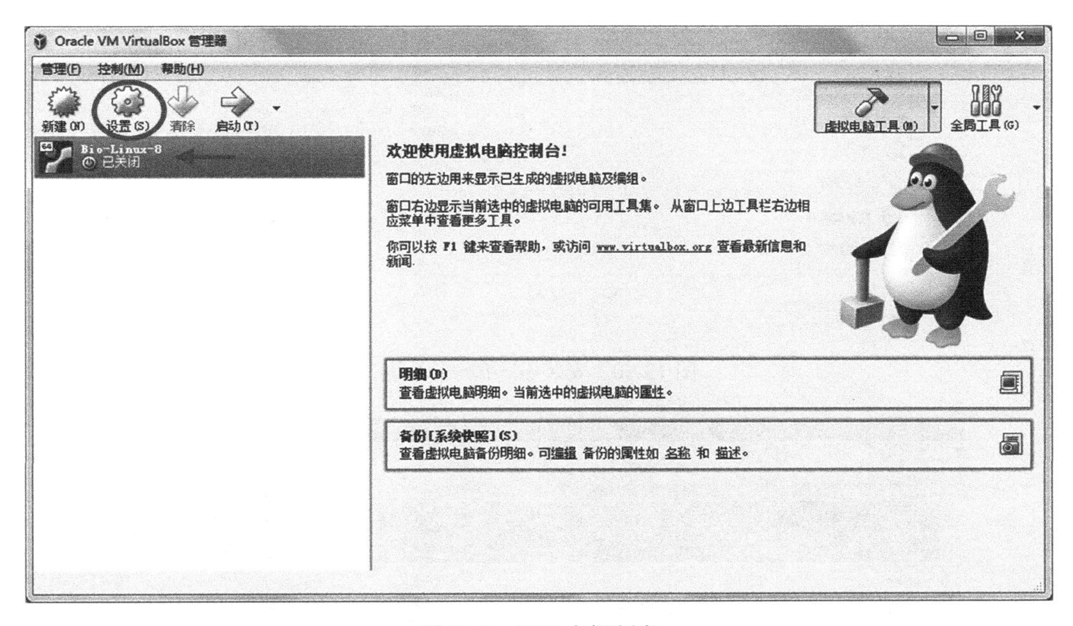

图 13-9 配置虚拟硬盘

选择中文（简体）开始安装，选择默认选项（图 13-11）。

之后会弹出提示窗口，由于是第一次安装，没有文件被覆盖或丢失的问题，点击“继续”即可（图 13-12）。接下来继续选择默认设置。

设置用户名和密码，点击“继续”（图 13-13）。

安装过程大约需要十几分钟，安装结束后重启虚拟机（图 13-14）。

第三步：登录 Bio-Linux 虚拟机。

登录时要求输入密码，输入正确之后，点击“终端”程序，即可开始利用命令行进行生物信息学分析（图 13-15）。

Bio-Linux 系统预装的生信软件位于 /usr/bin/ 和 /usr/local/bin 目录下，在终端中键入“cd /usr/bin/; ls”或者“/usr/local/bin; ls”，回车后就能看到 BLAST、bowtie、TopHat 等常见生信软件（图 13-16）。

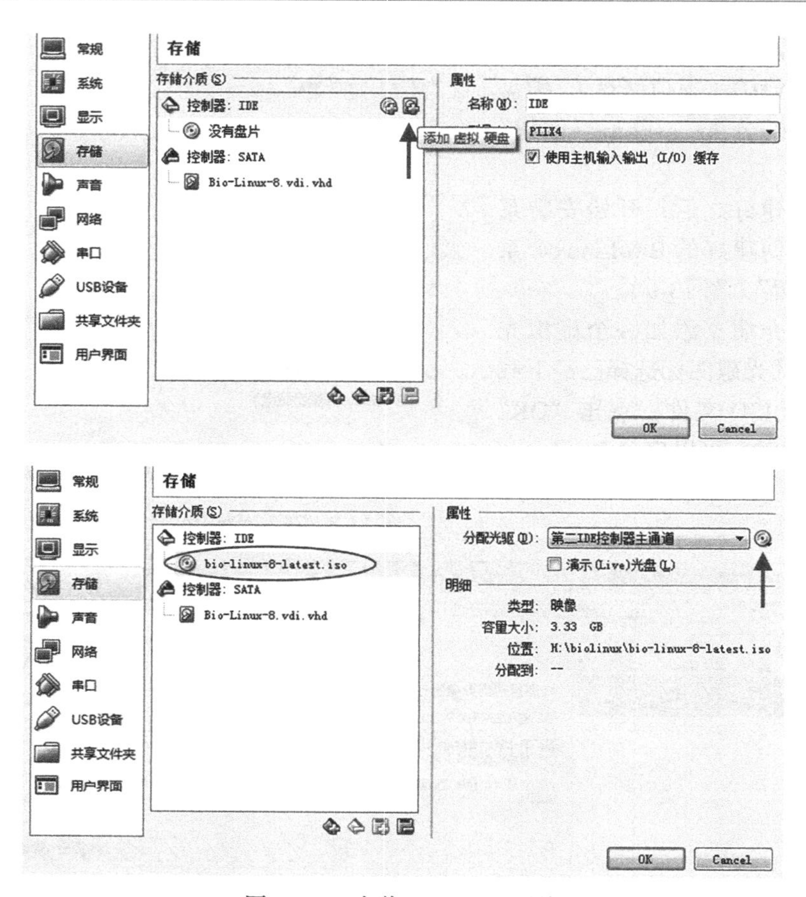

图 13-10 安装 Bio-Linux 系统

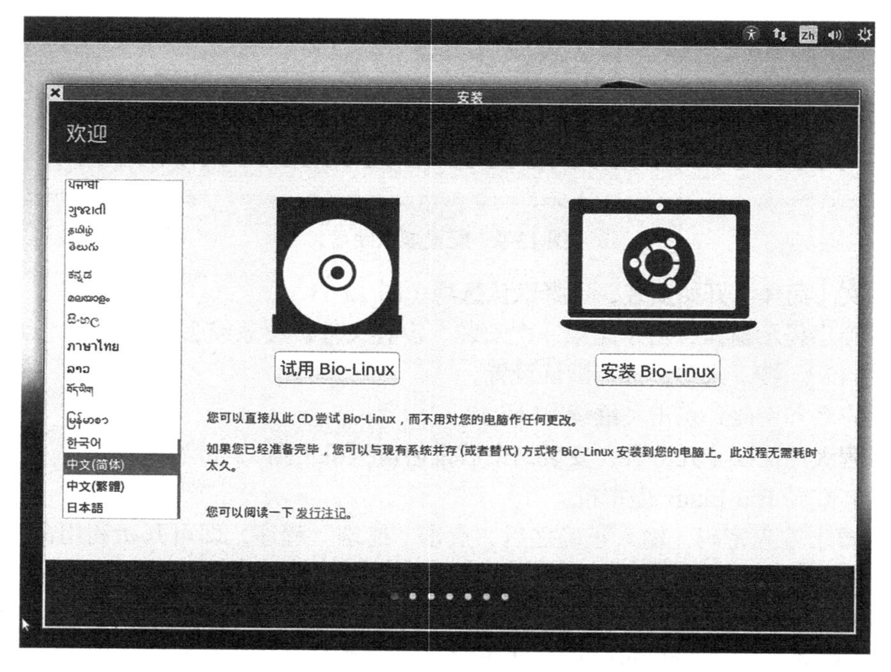

图 13-11 添加虚拟光驱

将改动写入磁盘吗？

如果您继续，以下所列出的修改内容将被写入磁盘。否则您将可以进行进一步的手动修改。

以下分区将被格式化：
LVM VG biolinux-vg, LV root 设备将被设置为 ext4
LVM VG biolinux-vg, LV swap_1 设备将被设置为 swap

后退　继续

图 13-12　选择系统语言

安装

您是谁？

您的姓名：test
您的计算机名：test-VirtualBox
与其他计算机联络时使用的名称。
选择一个用户名：test
选择一个密码：●●●●●●●　密码强度：合理
确认您的密码：●●●●●●●
自动登录
登录时需要密码
加密我的主目录

后退(B)　继续

图 13-13　提示窗口

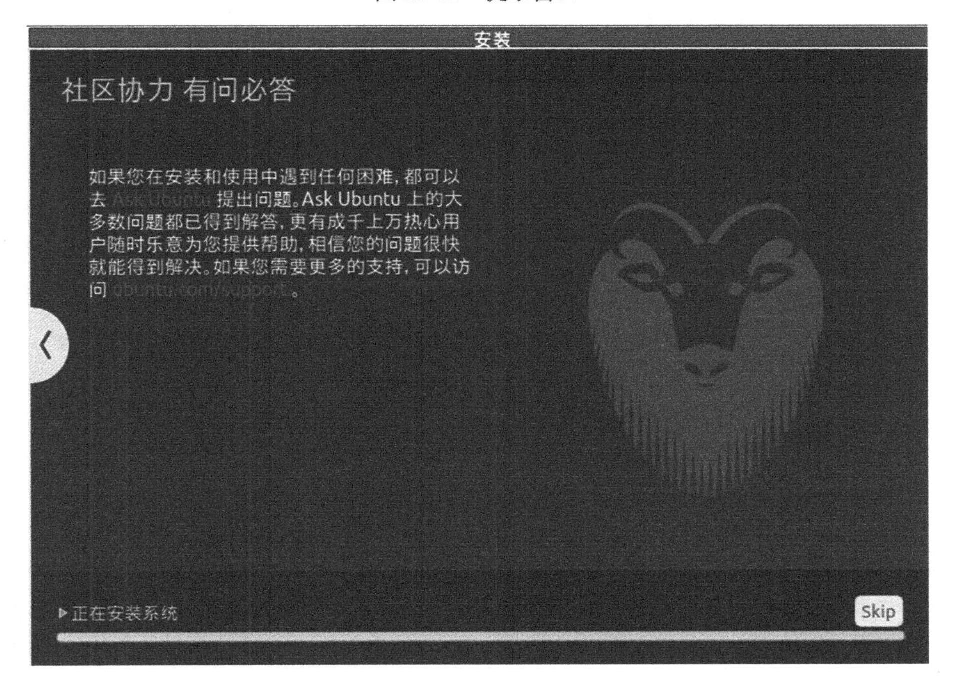

安装
社区协力 有问必答
如果您在安装和使用中遇到任何困难，都可以去 Ask Ubuntu 提出问题。Ask Ubuntu 上的大多数问题都已得到解答，更有成千上万热心用户随时乐意为您提供帮助，相信您的问题很快就能得到解决。如果您需要更多的支持，可以访问 ubuntu.com/support。
▸正在安装系统
Skip

图 13-14　设置用户名和密码

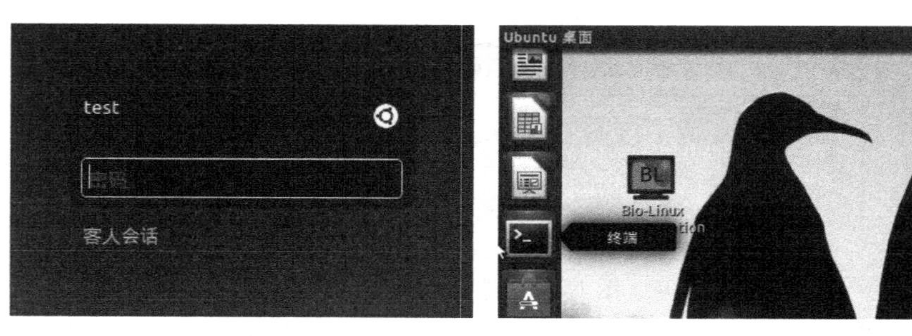

图 13-15　安装进程

```
test@test-VirtualBox[bin] cd /usr/bin/;ls                [ 4:22下午]
```

图 13-16　Bio-Linux 登录界面

二、Linux 系统的基本使用

1. *Linux 系统基本构成*　Windows 用户可能习惯了将文件归类存放于 C 盘、D 盘、E 盘等分区的方式，而 Linux 则是采用“目录树”结构来放置文件。“目录树”的根部叫作“根目录”，即“/”，是 Linux 中最重要的目录。接下来衍生出“bin”“etc”“home”“usr”“root”等子目录，再由这些子目录衍生出所有文件。注意，这里讲的文件不仅仅是指文本文件、执行文件等，Linux 下任何一个内容即便是一个程序、目录、设备等都可以视为一个文件。图 13-17 以虚拟机中安装的 Bio-Linux 为例，逐一介绍了主要根目录下的几个子目录及其内容。

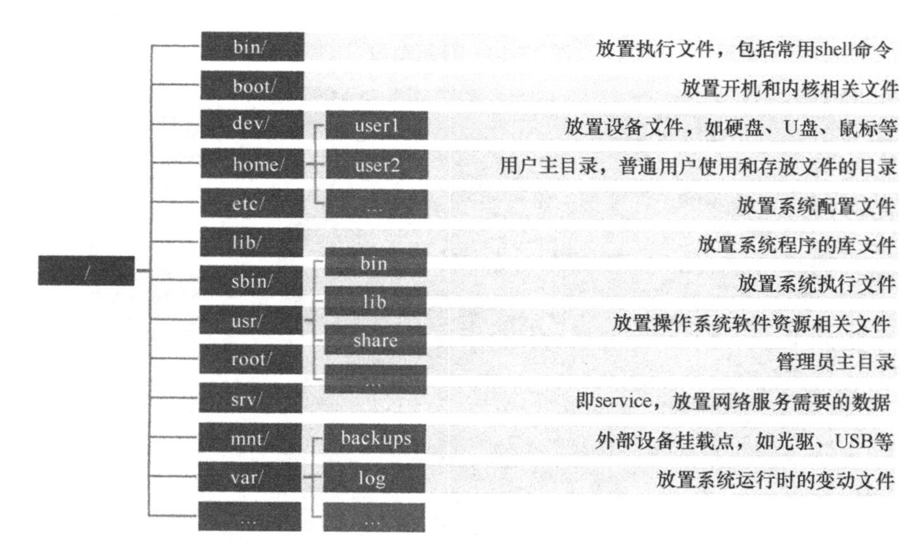

图 13-17　查看 Bio-Linux 预装的软件

在启动 Linux 进入命令行界面（command line interface，CLI）时，当前工作目录并不是根目录，通过输入“pwd”命令可以发现，是位于 /home 下的一个用户目录（本章设定为 test 目录）中（图 13-18）。这是因为 Linux 是多用户多任务系统，支持多个用户同时使用同一台主机，每一个用户被分配了一个位于 /home 下的用户主目录，并且拥有自己的用户名和密码。每

```
test@test-VirtualBox[test] pwd                                    [ 8:25下午]
/home/test
```

图 13-18　Linux 目录树结构

次想要回到自己的主目录都要输入一次完整路径是比较麻烦的，因此可以用“～”表示用户主目录的路径。在有的远程计算机中，可以看到 /home 目录下有非常多的用户主目录，普通用户只能更改自己账号主目录下的文件内容，无法进入、查看或更改其他用户目录下的内容。对于 /home 之外的其他目录如“/”“/bin”“/usr”等，普通用户只能进入查看，而没有权限更改，只有管理员账号才有权限。管理员是一个特殊的用户，也拥有自己的密码，但其用户主目录不在 /home 目录下，而是一个单独的 /root 目录。管理员拥有最高级别权限，能够在根目录下进行操作，一旦操作不当，极有可能损坏重要的系统文件，因此，一般情况下，尽量使用普通用户登录。

当打开 Linux 终端之后，界面中显示的内容是“test@test-virtualBox［test］”以及光标。“@”之前的文字代表用户名，@ 之后连接主机名，中括号“［　］”内的内容代表当前目录。有的情况下光标处还显示有“$”或“>”等提示符，表示在提示符之后可以输入命令。如图 13-19 所示，根据发行版的不同，所使用的提示符不同，也可以通过修改环境变量来自定义提示符。在当前目录下输入“ls-l”可以查看当前目录下的文件或目录信息（图 13-20）。界面中显示的内容如下。

```
test@161.122.158.201[book_test] $ ls -l Danio_rerio.GRCz11.92.chromosome.1.dat
-rw------- 1   test    test  82771224 6月   2 15:09 Danio_rerio.GRCz11.92.chromosome.1.dat
```

图 13-19　查看当前目录

```
1 ▶ test@161.122.158.201[book_test] $ ls -l
2 ▶ total 1530044
3 ▶ -rw------- 1   test    test    82771224 6月   2 15:09 Danio_rerio.GRCz11.92.chromosome.1.dat
4 ▶ -rw------- 1   test    test  1483981210 6月  12 21:21 Zv3.supercontigs.fasta
5 ▶ test@161.122.158.201[book_test] $
```

图 13-20　查看当前目录的文件和目录信息

第一排：命令行提示符，在提示符之后可以输入命令。

第二排：列出的所有内容所占磁盘空间（kbytes）。

第三排和第四排：当前目录下所含有的文件。其中，第一列“-rw-------”表示文件权限，第二列为文件或目录的硬连接数，第三列和第四列表示所属用户，第五列表示文件大小，第六列到第八列表示文件修改的日期，第九列表示文件名。

第五排：当命令正在执行时，不显示任何内容；当命令执行完毕后立即跳出命令行提示符和光标。

2. Linux 基本操作　　在了解了 Linux 基本结构和终端的 CLI 之后，可以通过命令模式开始生物信息学分析相关的基本操作了。在 Linux 下执行命令的基本格式是“命令［-选项］［参数 1 参数 2 参数 3……］”，然后按下回车键开始执行命令，如“ls-l Danio_rerio.GRCz11.92.chromosom e.1.dat”。回车之后单独显示文件及文件基本信息（图 13-19）。其中，“-l”指方括号中的选项，一般由“-”符号加上一个大写或小写字母，用于对参数进行设置，后面的文件名意味着“ls”这个命令只针对该文件进行操作。

在 Linux 命令模式下执行命令时需要注意以下几点。

（1）命令、选项、参数之间用“空格”隔开，若连续输入多个空格，均视为一个空格。

（2）注意区分大小写，如 ls 命令中的 -a 和 -A 表示不同的选项，文件 test.txt 和 Test.txt 是不同的文件。

（3）命令输入完成后要按下回车键才开始执行，当界面没有出现任何变化时，说明正在执行该命令，而不是发生了死机，此时只需要耐心等待提示符再一次出现，意味着命令执行完毕。

（4）初学者最常出现拼写错误导致报错，如图 13-21 所示。

```
test@161.122.158.201[book_test] $ ls danio_rerio.GRCz11.92.chromosome.1.dat
ls: cannot access 'danio_rerio.GRCz11.92.chromosome.1.dat': 没有那个文件或目录
test@161.122.158.201[book_test] $ ls
Danio_rerio.GRCz11.92.chromosome.1.dat  Zv3.supercontigs.fasta
```

图 13-21　查看指定文件和文件信息

上面的命令将文件名首字母大写 D 错写成了小写 d，然而这个目录下并没有“danio_rerio.GRCz11.92.chromosome.1.dat”这个文件，因此系统出现了找不到文件的报错。为了减少拼写错误，可以使用 Bash shell 的“自动补齐”功能，该功能可以在输入命令或文件名时，仅输入开头的字母，再按下“Tab”键，shell 就自动将剩余字母补齐。例如，输入“ls-l D[Tab]”，shell 自动补全为“ls-l Danio_rerio.GRCz11.92.chromosome.1.dat”。

类似于“ls”这种常用的 Linux 基本命令至少有上百条，每一条命令的用法不可能全部背下来，但可以利用“man Page”来查看各个命令的使用说明。输入“man ls”，回车后，会出现“ls”这条命令的帮助页面（图 13-22）。

```
LS(1)                          User Commands                          LS(1)

NAME
       ls - list directory contents

SYNOPSIS
       ls [OPTION]... [FILE]...

DESCRIPTION
       List  information about the FILEs (the current directory by default).  Sort entries alphabetically if none
       of -cftuvSUX nor --sort is specified.

       Mandatory arguments to long options are mandatory for short options too.

       -a, --all
              do not ignore entries starting with .

       -A, --almost-all
              do not list implied . and ..

       --author
              with -l, print the author of each file

       -b, --escape
              print C-style escapes for nongraphic characters

       --block-size=SIZE
              scale sizes by SIZE before printing them; e.g., '--block-size=M' prints sizes in units of 1,048,576
              bytes; see SIZE format below
 Manual page ls(1) line 1 (press h for help or q to quit)
```

图 13-22　因大小写输入错误导致的报错

图中，“NAME”为命令名及其用途，“SYNOPSIS”为命令使用的格式，“DESCRIPTION”部分详细说明了命令的具体参数的用法。按下空格键向下翻页，按下“q”键退出帮助页面。除了“man page”帮助页面，使用 Linux 相关社区论坛和搜索引擎都是了解如何使用命令的很好的方式。

下面介绍一些生物信息学分析中所需要用到的 Linux 基本命令（粗体代表命令，“#”符号后面的斜体字是对该命令的注释）。

（1）在目录树中的移动。

ls［-选项］［文件或目录名］ *#显示文件和目录列表。*

1. **ls-a** *#显示所有文件和目录，包括以“.”开头的隐藏文件和目录，如“.bashrc”*
2. **ls-l** *#显示文件或目录的权限、所有者、大小、修改日期和文件名等信息*
3. **ls-h** *#将文件大小自动换算成以G、M、K和Bytes为单位*
4. **ls-r** *#根据文件名，倒序排列文件和目录列表*
5. **ls--color** *#用不同颜色表示不同文件类型*

cd［目录名］ *#切换工作目录*

1. **cd ～** *#进入用户主目录*
2. **cd -** *#返回上次工作目录*
3. **cd ..** *#返回上级目录*

pwd *#显示当前工作目录的绝对路径（从根目录开始的全路径名称）*

利用pwd查看当前工作目录路径之后，图13-19中的文件Danio_rerio.GRCz11.92.chromosome.1.dat可以从ftp://ftp.ensembl.org/pub/release-92/genbank/danio_rerio/Danio_rerio.GRCz11.92.chromosome.1.dat.gz链接中下载至当前目录，方便读者练习。

mkdir［目录名］ *#新建一个目录*

rmdir［目录名］ *#删除空目录*

touch［文件名］ *#创建空文件*

rm［-选项］［文件或目录名］ *#删除文件或目录*

1. **rm-f** *#强制删除文件或目录*
2. **rm-i** *#询问用户后再删除文件或目录，输入“y”进行删除*
3. **rm-r** 或 -R *#递归处理，删除目标目录下的文件和自目录*

使用rm命令时需要小心，使用rm-f时，文件不可恢复且不询问用户。若在根目录下执行rm-rf（同时使用-r和-f参数），会删除包括系统文件在内的所有文件，导致系统无法运行。所以，以管理员权限登录时，需要特别小心rm-rf的使用。

cp［-选项］［源文件或目录名］［目标目录（/文件名）］ *#　复制源文件或目录到指定目录，若指定目标文件名，则更名为目标文件名。类似于复制粘贴并重命名*

1. **cp-i** *#强制复制文件或目录*
2. **cp-r** 或 **-R** *#递归处理。cp无法直接复制目录，需要使用-r或-R*（图13-23）
3. **cp-i** *#若存在已有文件，首先询问用户*

mv［-选项］［源文件或目录名］［目标目录（/文件名）］ *#　将原文件移动到目标目录下，若指定目标文件名，则更名为目标文件名。类似于剪切粘贴并重命名*

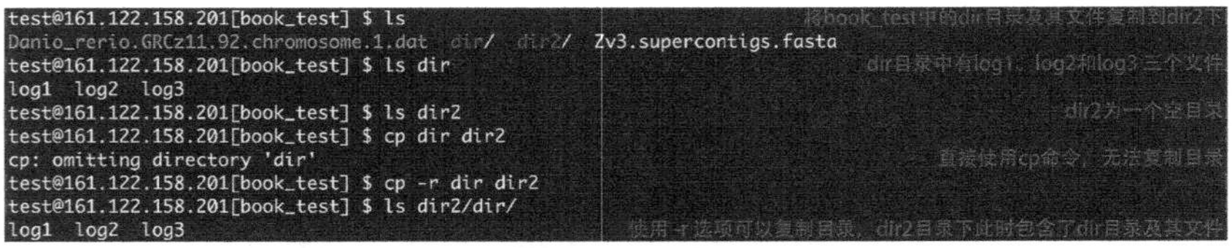

```
test@161.122.158.201[book_test] $ ls                                          将book_test中的dir目录及其文件复制到dir2下
Danio_rerio.GRCz11.92.chromosome.1.dat  dir/  dir2/  Zv3.supercontigs.fasta
test@161.122.158.201[book_test] $ ls dir                                      dir目录中有log1、log2和log3三个文件
log1  log2  log3
test@161.122.158.201[book_test] $ ls dir2                                     dir2为一个空目录
test@161.122.158.201[book_test] $ cp dir dir2
cp: omitting directory 'dir'                                                  直接使用cp命令，无法复制目录
test@161.122.158.201[book_test] $ cp -r dir dir2
test@161.122.158.201[book_test] $ ls dir2/dir/
log1  log2  log3                                                              使用-r选项可以复制目录，dir2目录下此时包含了dir目录及其文件
```

图 13-23　命令帮助界面

（2）显示文件和目录内容。

cat [- 选项] [文件 1] [文件 2] … *# 显示文件内容，后面可以输入多个文件名，表示同时显示这些文件的内容，如 cat file1.txt file2.txt file3.txt …*

1. **cat-n** *# 对每行编号，从 1 开始*
2. **cat-b** *# 跳过空白行对每行编号*

more [- 选项] [文件] *# 以滚屏的方式显示文件内容，一次显示一屏内容*

1. 按下“回车”键：显示下一行内容
2. 按下“空格”键：显示下一屏内容
3. 按下“b”键：显示上一屏内容
4. 按下“h”键：显示帮助内容
5. 按下“q”键：退出

less [- 选项] [文件] *# 以滚屏的方式显示文件内容，与 more 命令的区别是 more 命令退出后内容留在屏幕上，less 命令退出后不显示内容*

head [- 选项] [文件] *# 显示文件前部内容*

1. **head-n < 数字 >** *# 显示前几行内容*

tail [- 选项] [文件] *# 显示文件尾部内容*

1. **tail-n < 数字 >** *# 显示最后几行内容*

grep [- 选项] [关键词] [文件] *# 搜索关键字并匹配关键词的一行内容*

1. **grep-A < 数字 >** *# 显示匹配关键字之后的几行内容*
2. **grep-B < 数字 >** *# 显示匹配关键字之前的几行内容*
3. **grep-C < 数字 >** *# 显示匹配关键字前后几行内容*
4. **grep-o** *# 只输出匹配的关键字*
5. **grep-f [文件 1] [文件 2]** *# 以文件 1 的每一行作为一个关键字对文件 2 进行搜索*
6. **grep-v** *# 显示不匹配关键字的行*
7. **grep-i** *# 忽略大小写*

wc [- 选项] [文件] *# 统计文件内容*

1. **wc-c** *# 统计文件字节数*
2. **wc-k** *# 统计文件字符数*

3．**wc-l** *# 统计文件行数*
4．**wc-w** *# 统计文件字数*

echo [- 选项] [参数] *# 打印变量的值或直接打印字符串*

test@161.122.158.201 [book_test] $ echo “What time is it?”
What time is it?
test@161.122.158.201 [book_test] $ var=`date` *# 注意，这里的“`”是反引号，不是单引号，位于键盘左上角。反引号之中的字符串是命令行，shell 首先执行反引号内的命令，再将命令执行结果赋值给变量 var。等号两边没有空格。变量 var 被赋值之后，若要调用该变量，应在前面加上 "$" 符号，即 $var。*
test@161.122.158.201 [book_test] $ echo “It’s： $var”
It›s： 2018 年 6 月 17 日星期日 11 时 02 分 59 秒 CST

cmp [- 选项] [文件 1] [文件 2] *# 比较两个文件是否有差异*

数据在复制或传输过程中可能出现错误，或者不小心改动了文件内容。可以使用该命令来确保数据是否复制成功（图 13-24）。

```
test@161.122.158.201[book_test] $ cat file1
##gff-version 3
##sequence-region   1 1 59578282
#!genome-build Ensembl GRCz11
#!genome-version GRCz11
#!genome-date 2017-05
#!genome-build-accession NCBI:GCA_000002035.4
#!genebuild-last-updated 2018-01
test@161.122.158.201[book_test] $ cat file2
##gff-version 3
##sequence-region   1 1 59578282
#!genome-build Ensembl GRCz11
#!genome-version GRCz11

#!genome-build-accession NCBI:GCA_000002035.4
#!genebuild-last-updated 2018-02
test@161.122.158.201[book_test] $ cmp file1 file2
file1 file2 不同: 第 104 字节, 第 5 行
        当两个文件不同时，只显示最先找到的不同。

test@161.122.158.201[book_test] $ cp Zv3.supercontigs.fasta Zv3_genome.fasta
test@161.122.158.201[book_test] $ cmp Zv3.supercontigs.fasta Zv3_genome.fasta
test@161.122.158.201[book_test] $
        当两个文件完全相同时，不显示任何结果
```

图 13-24　用 cp 命令复制目录

md5sum [- 选项] [文件] *# 网络传输文件时检测文件完整性*

md5sum 是另一种检测文件是否一致的方法，执行该命令时，可以对文件产生一串 32 位的 16 进制 MD5 校验码。不同文件对应的 MD5 校验码是独一无二的，相当于该文件的“指纹”。如果源文件与传输后文件的 MD5 校验码不一致，那么该文件传输不完整或文件被人篡改。例如，将斑马鱼基因组文件 Zv3.supercontigs.fasta 在当前目录下复制并重命名得到的 Zv3_genome.fasta 文件，要检查其与 Zv3.supercontigs.fasta 是否一致，可以如图 13-25 所示进行校验：

```
test@161.122.158.201[book_test] $ md5sum Zv3.supercontigs.fasta Zv3_genome.fasta
a71ae3d47d28b4320c678299022e1e4e  Zv3.supercontigs.fasta
a71ae3d47d28b4320c678299022e1e4e  Zv3_genome.fasta
```

图 13-25　用 cmp 命令比较文件差异

可以看到每个文件各产生一个 32 位的校验码，这两个文件的校验码是一致的，说明两个文件是相同的。

（3）与编辑相关的工具。

vim 编辑器

在 Linux 命令行模式下想要写入、编辑和更改文本，需要用到文本编辑器，常用的有 nano、vi、vim 等。本节以 vim 编辑器为例简单介绍基本使用方法。

命令行中输入“vim 文件名”，将会对已存在的文件开始进行编辑；对于不存在的文件，则表示新建文件并打开。回车后，进入 vim 编辑器界面，此时键入“i”，代表“insert 插入”，下方显示“插入”，之后进入编辑模式，可以开始编辑文本。输入文本内容后键入“esc”再键入“：”，此时界面下方显示进入指令模式，键入“wq”保存并退出（图 13-26）。

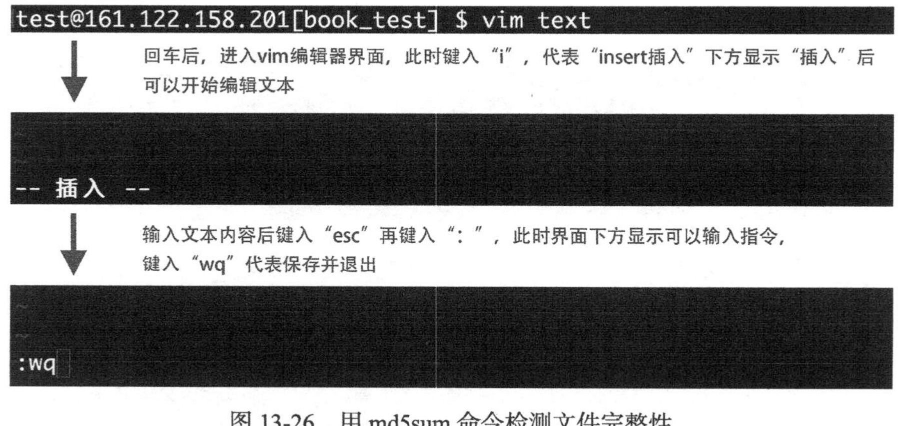

图 13-26　用 md5sum 命令检测文件完整性

以下是指令模式中的常用命令：

1. **：w** *# 即 write，代表写入编辑内容。相当于保存*
2. **：w!** *# 强制写入*
3. **：w［文件名］** *# 另存为［文件名］*
4. **：r［文件名］** *# 将［文件名］中的所有内容插入光标所在位置之后*
5. **：set nu** *# 显示行号*
6. **：set nonu** *# 取消行号*
7. **：q** *# 即 quit，退出*
8. **：q!** *# 强制退出*

sed［-选项］［命令］［文件］*# 搜索和替换文件内容*

sed 是流编辑器（stream editor）的缩写，是在编辑文本过程中非常实用的工具，sed 从文件开头开始，逐行读取并处理文件，直到最后一行处理完毕之后自动结束运行。

常用的 sed 用法有：

1. **sed ‘1p’ -n [file]** *# 打印第一行*
2. **sed-r ‘[0-9] /d’** *# 删除所有带数字的行 -r 转义*
3. **sed-n ‘/ 关键字 /p’** *# 只打印含关键字的行*
4. **sed ‘/ 关键字 1/p ； / 关键字 2/p’** *# “；” 符号代表执行多个匹配命令*
5. **sed ‘1.10s/root/toor/g’** *# 1-10 行的 root 全部改为 toor*
6. **sed ‘s/ [^0-9] //g’** *# 删除所有非数字*

awk [选项] ' 命令 ' [文件] *# 强大的文本处理工具，同时也是一种编程语言*

awk 拥有自己的语法，在执行时逐行处理文件内容，以分隔符为间隔（默认分隔符为空格或制表符），对每行内容切片，再分别处理切开的部分。相对于 grep 命令和 sed 命令等，awk 更加复杂，但功能也更为强大，尤其在处理生物信息学中的 gff 格式、bed 格式和 m8 格式等列表格式的文件时非常有用。例如，想要获得斑马鱼（zebrafish）1 号染色体上所有 CDS 区域的位置和 ID 号，并以分号“；”为间隔符号，首先从 ENSEMBL 中下载斑马鱼（zebrafish）基因注释结果的 GFF3 格式文件 Danio_rerio.GRCz11.92.chromosome.1.gff3（ftp：//ftp.ensembl.org/pub/release-92/gff3/danio_rerio），然后复制粘贴到自己账号的用户主目录下，利用 GUI 文本编辑器软件 UltraEdit 查看 GFF3 的基本格式，如图 13-27 所示。

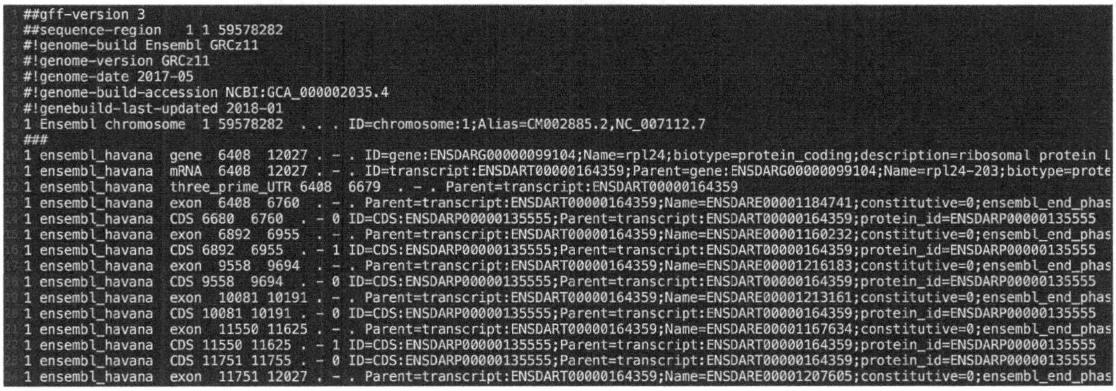

```
##gff-version 3
##sequence-region   1 1 59578282
#!genome-build Ensembl GRCz11
#!genome-version GRCz11
#!genome-date 2017-05
#!genome-build-accession NCBI:GCA_000002035.4
#!genebuild-last-updated 2018-01
1 Ensembl chromosome  1 59578282  . . . ID=chromosome:1;Alias=CM002885.2,NC_007112.7
###
1 ensembl_havana  gene  6408  12027 . - . ID=gene:ENSDARG00000099104;Name=rpl24;biotype=protein_coding;description=ribosomal protein L
1 ensembl_havana  mRNA  6408  12027 . - . ID=transcript:ENSDART00000164359;Parent=gene:ENSDARG00000099104;Name=rpl24-203;biotype=prote
1 ensembl_havana  three_prime_UTR 6408  6679  . - . Parent=transcript:ENSDART00000164359
1 ensembl_havana  exon  6408  6760  . - . Parent=transcript:ENSDART00000164359;Name=ENSDARE00001184741;constitutive=0;ensembl_end_phas
1 ensembl_havana  CDS 6680  6760  . - 0 ID=CDS:ENSDARP00000135555;Parent=transcript:ENSDART00000164359;protein_id=ENSDARP00000135555
1 ensembl_havana  exon  6892  6955  . - . Parent=transcript:ENSDART00000164359;Name=ENSDARE00001160232;constitutive=0;ensembl_end_phas
1 ensembl_havana  CDS 6892  6955  . - 1 ID=CDS:ENSDARP00000135555;Parent=transcript:ENSDART00000164359;protein_id=ENSDARP00000135555
1 ensembl_havana  exon  9558  9694  . - . Parent=transcript:ENSDART00000164359;Name=ENSDARE00001216183;constitutive=0;ensembl_end_phas
1 ensembl_havana  CDS 9558  9694  . - 0 ID=CDS:ENSDARP00000135555;Parent=transcript:ENSDART00000164359;protein_id=ENSDARP00000135555
1 ensembl_havana  exon  10081 10191 . - . Parent=transcript:ENSDART00000164359;Name=ENSDARE00001213161;constitutive=0;ensembl_end_phas
1 ensembl_havana  CDS 10081 10191 . - 0 ID=CDS:ENSDARP00000135555;Parent=transcript:ENSDART00000164359;protein_id=ENSDARP00000135555
1 ensembl_havana  exon  11550 11625 . - . Parent=transcript:ENSDART00000164359;Name=ENSDARE00001167634;constitutive=0;ensembl_end_phas
1 ensembl_havana  CDS 11550 11625 . - 1 ID=CDS:ENSDARP00000135555;Parent=transcript:ENSDART00000164359;protein_id=ENSDARP00000135555
1 ensembl_havana  CDS 11751 11755 . - 0 ID=CDS:ENSDARP00000135555;Parent=transcript:ENSDART00000164359;protein_id=ENSDARP00000135555
1 ensembl_havana  exon  11751 12027 . - . Parent=transcript:ENSDART00000164359;Name=ENSDARE00001207605;constitutive=0;ensembl_end_phas
```

图 13-27　用 vim 命令编辑文本文件

在 awk 中，符号 $+数字代表第几列，$1 为首列，$NF 为最后一列，$0 代表所有列，从 Danio_rerio.GRCz11.92.chromosome.1.gff3 文件中可以看到：字符串“CDS”位于第 3 列，起始和终止位点位于第 4 列和第 5 列，ID 位于最后一列，那么可以先让 awk 搜索“CDS”关键字，然后打印匹配“CDS”行的第 3～5 列和最后一列，并用分号“；”间隔开。这条命令可以写成：

```
test@161.122.158.201 [ book_test ] $ awk ‘/CDS/{print $3”; ” $4”; ” $5”; ” $（NF）}’
Danio_rerio.GRCz11.92.chromosome.1.gff3
```

输出结果如图 13-28 所示。

除了切片功能，awk 同其他程序设计语言一样，能够设置变量、使用 if 和 while 循环、使用函数等，感兴趣的读者可以通过 manpage、社区论坛以及搜索引擎学习其他功能。

```
test@161.122.158.201[book_test] $  awk '/CDS/{print $3";"$4";"$5";"$(NF)}' Danio_rerio.GRCz11.92.chromosome.1.gff3
CDS;6680;6760;ID=CDS:ENSDARP00000135555;Parent=transcript:ENSDART00000164359;protein_id=ENSDARP00000135555
CDS;6892;6955;ID=CDS:ENSDARP00000135555;Parent=transcript:ENSDART00000164359;protein_id=ENSDARP00000135555
CDS;9558;9694;ID=CDS:ENSDARP00000135555;Parent=transcript:ENSDART00000164359;protein_id=ENSDARP00000135555
CDS;10081;10191;ID=CDS:ENSDARP00000135555;Parent=transcript:ENSDART00000164359;protein_id=ENSDARP00000135555
CDS;11550;11625;ID=CDS:ENSDARP00000135555;Parent=transcript:ENSDART00000164359;protein_id=ENSDARP00000135555
CDS;11751;11755;ID=CDS:ENSDARP00000135555;Parent=transcript:ENSDART00000164359;protein_id=ENSDARP00000135555
CDS;11998;12034;ID=CDS:ENSDARP00000130314;Parent=transcript:ENSDART00000166393;protein_id=ENSDARP00000130314
CDS;12373;12521;ID=CDS:ENSDARP00000130314;Parent=transcript:ENSDART00000166393;protein_id=ENSDARP00000130314
```

图 13-28 GFF3 文件基本格式

paste［-选项］［文件 1］［文件 2］ *# 将文件按队列合并*（图 13-29）

1. **paste-d** *# 指定分隔符，默认空格或制表符为分隔符*
2. **paste-s** *# 将文件按列合并，默认按行合并*

```
test@161.122.158.201[book_test] $ cat file1
1
2
3
test@161.122.158.201[book_test] $ cat file2
a
b
c
test@161.122.158.201[book_test] $ paste -d ';' file1 file2
1;a
2;b
3;c
test@161.122.158.201[book_test] $ paste -d ';' -s file1 file2
1;2;3
a;b;c
```

图 13-29 awk 命令的使用示例

cut［-选项］［文件］ *# 对文件列表进行切片，并打印指定区域*

1. **cut-d** *# 指定分隔符*
2. **cut-f［n］** *# 打印第 n 列*
3. **cut-f［n，N］** *# 打印第 n 列和第 N 列*
4. **cut-f［n-N］** *# 打印第 n 列到第 N 列*
5. **cut--output-delimiter=［分隔符］** *# 将输出的分隔符更改为指定分隔符*

以之前获得的斑马鱼 1 号染色体 CDS 信息为例，要去掉起始和终止位点，并以空格隔开，可以使用以下 cut 命令（图 13-30）。

```
test@161.122.158.201[book_test] $ cat Danio_rerio_chr1_CDS.gff3
CDS;6680;6760;ID=CDS:ENSDARP00000135555;Parent=transcript:ENSDART00000164359;protein_id=ENSDARP00000135555
CDS;6892;6955;ID=CDS:ENSDARP00000135555;Parent=transcript:ENSDART00000164359;protein_id=ENSDARP00000135555
CDS;9558;9694;ID=CDS:ENSDARP00000135555;Parent=transcript:ENSDART00000164359;protein_id=ENSDARP00000135555
CDS;10081;10191;ID=CDS:ENSDARP00000135555;Parent=transcript:ENSDART00000164359;protein_id=ENSDARP00000135555
CDS;11550;11625;ID=CDS:ENSDARP00000135555;Parent=transcript:ENSDART00000164359;protein_id=ENSDARP00000135555
test@161.122.158.201[book_test] $ cut Danio_rerio_chr1_CDS.gff3 -d ';' -f 1,4 --output-delimiter=' '
CDS ID=CDS:ENSDARP00000135555
CDS ID=CDS:ENSDARP00000135555
CDS ID=CDS:ENSDARP00000135555
CDS ID=CDS:ENSDARP00000135555
CDS ID=CDS:ENSDARP00000135555
CDS ID=CDS:ENSDARP00000135555
```

图 13-30 用 paste 命令合并文件

sort［-选项］［文件］# *对文件进行排序*

1. **sort-n** # *按数值大小排序*
2. **sort-r** # *按倒序排序*
3. **sort-t** # *指定分隔符*
4. **sort-k** # *按指定列排序*

uniq［-选项］［文件］# *对文件去重复*

1. **uniq-c** # *显示重复出现次数*
2. **uniq-d** # *只显示重复的行*
3. **uniq-u** # *只显示不重复的行*

uniq 通常与 sort 一起使用，先用 sort 排序之后再去重复（图 13-31）。这当中会使用位于 ENTER 键上方的管道符号“|”，代表将执行 sort 命令的结果传递到 uniq 命令中。管道符号的使用将在下文详述。

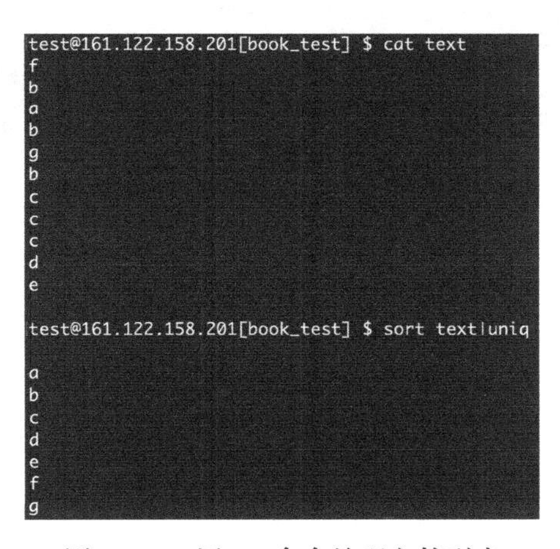

图 13-31　用 cut 命令处理文件列表

tr［-选项］［源字符集］［目标字符集］# *将源字符集替换成目标字符集*

>echo “Common carp” |tr ‘m’ ‘i’ # *将字符 m 替换成字符 i*
Coiion carp
>echo “ZebraFish” | tr ‘A-Z’ ‘a-z’ # *将大写转换成小写*
zebrafish

split［-选项］［文件］# *分割大文件成小文件*

很多时候，测序文件太大，以至于在运行程序时运行时间太长或内存不足，此时可以利用 split 命令将大文件分割成若干小文件，同时运行程序，既节约了时间又不会占用过多内存。

1. **split-a**［N］# *指定后缀长度为 N，默认为 2*
2. **split-b** # *指定每个输出文件的字节大小*
3. **split-d**# *使用数字后缀代替字母后缀*
4. **split-l**［N］# *指定每个输出文件有 N 行*

（4）文件和目录权限相关。前文提到，当执行“ls-l”命令时，第一列代表文件的目录权限（图 13-32）。可以发现，有的文件显示的是“-rw-------”，有的是“-rw-rw-r--”，所有普通文件的第一个字符是“-”，所有目录的第一个字符是“d”，它们分别是什么意思呢？文件和目录权限由 10 个字符组成，可以分为 4 个部分，以图中 file1 的权限为例，可以看成“- | rw- | rw- | r-- ” 4 个部分，第 1 部分由不同符号代表不同文件类型，符号对应文件类型可参考表 13-1。第 2 部分为文件拥有者的权限，第 3 部分为用户组所持有的权限，第 4 部分代表其他用户所持有的权限。每个部分分别由三个字符组成，每个字符可以是“-”“r”“w”“x”中的任意一种，其中“-”代表无权限，“r”代表可读，“w”代表可写入，“x”代表可执行。file1 文件的权限是“-rw-rw-r--”，代表它是一个普通文件，当前用户和用户组可读、可写入，不可执行，对于其他用户而言是只读文件，不可写入和执行。

```
test@161.122.158.201[book_test] $ ls -l
total 2989248
-rw-rw-r-- 1 test test    2121976 6月 17 20:32 Danio_rerio_chr1_CDS.gff3
-rw------- 1 test test   82771224 6月  2 15:09 Danio_rerio.GRCz11.92.chromosome.1.dat
-rw------- 1 test test    8090358 6月 17 09:29 Danio_rerio.GRCz11.92.chromosome.1.gff3
drwxrwxr-x 2 test test       4096 6月 16 16:10 dir/
drwxrwxr-x 3 test test       4096 6月 16 17:14 dir2/
-rw-rw-r-- 1 test test          6 6月 17 20:14 file1
-rw-rw-r-- 1 test test          6 6月 17 20:15 file2
-rw------- 1 test test 1483981210 6月 17 11:31 Zv3_genome.fasta
-rw------- 1 test test 1483981210 6月 12 21:21 Zv3.supercontigs.fasta
```

图 13-32　用 uniq 和 sort 命令对文件内容排序

表 13-1　文件类型对应符号

-	普通文件
d	目录
l	符号链接文件，类似于 Windows 中文件的快捷方式
b	区块设备，如硬盘、光驱等
c	外围设备，如鼠标、键盘等
s、p	数据结构和管道相关文件，较少见

chmod [- 选项] [权限设置] [文件] # *变更文件或目录权限*

文件的权限不是固定的，可以通过 chmod 命令修改。利用 chmod 修改权限有多种表示方式，这里主要介绍十进制数字表示方式。十进制方式设置权限由 3 个字符长度组成，利用 1、2、4 数字分别代表“x”“w”和“r”，0 代表无权限。然后对三个数字进行累加，即可读可写为 rw-=4+2+0=6，可读可执行为 r-x=4+1=5，可写可执行为 -wx=0+2+1=3、可读可写可执行为 rwx=4+2+1。例如，file1 的初始权限为“-rw-rw-r--”，若将 file1 文件设置成针对所有用户的只读文件，就需要将用户、用户组和其他用户权限都改为“r--”，即 4+0+0=4，三组身份的权限为 444。执行“chmod 444 file1”命令后，此时执行“ls-l file1”，权限已经更改为“-r--r--r--”，使用 vim 打开 file1，可以发现下方显示该文件为“只读”文件（图 13-33）；若要改为当前用户和用户组可读可写可执行，其他用户只读，那么执行“chmod 774 file1”即可。

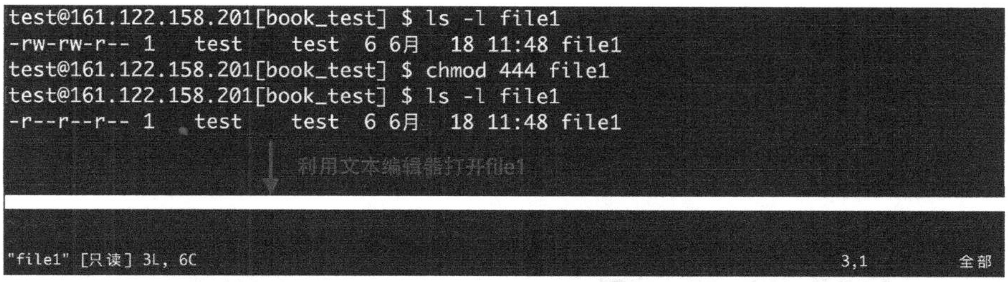

```
test@161.122.158.201[book_test] $ ls -l file1
-rw-rw-r-- 1   test    test  6 6月   18 11:48 file1
test@161.122.158.201[book_test] $ chmod 444 file1
test@161.122.158.201[book_test] $ ls -l file1
-r--r--r-- 1   test    test  6 6月   18 11:48 file1
            利用文本编辑器打开file1

"file1" [只读] 3L, 6C                                  3,1         全部
```

图 13-33　文件目录权限

sudo[-选项][命令] *# 以其他身份执行命令，默认管理员身份*

通常用于以管理员身份执行的命令。有的程序安装或运行时需要更改根目录下的文件，为了安全考虑，尽量不要使用管理员身份（root）登录系统，而只是临时调用管理员身份，这时就可以使用 sudo 命令，然后输入管理员密码来以管理员身份执行程序。

chattr[＋或－或＝选项][文件] *# 更改文件属性*

对于一些非常重要的系统文件，一旦误删或修改可能影响系统启动或正常运行，那么可以使用 chattr 来锁定文件不被改动，在这种锁定状态下，即便是拥有管理员权限也无法使用 chmod 来更改这些文件，保障了系统的安全性。

1. ＋# *追加参数*
2. －# *移除参数*
3. ＝# *更改参数*
4. **chattr＋i**# *文件不可被删除、写入、新增、重命名、设置链接等*
5. **chattr-i**# *接触 i 的锁定*
6. **chattr＋a**# *文件可添加内容，但不能删除*

（5）压缩、解压文件和目录。不同类型的压缩文件应使用不同工具进行压缩和解压。常用压缩和解压命令如表 13-2 所示。

表 13-2　常用压缩和解压缩命令

文件类型	压缩	解压
.tar	tar cvf file.tar file	tar xvf file.tar
.gz	gzip file	gzip-d file.gz 或 gunzip file.gz
.tar.gz	tar zcvf file.tar.gz file	tar zxvf file.tar.gz
.tar.tgz	tar zcvf file.tar.tgz file	tar zxvf file.tar.tgz
.bz2	bzip2-z file	bzip2-d file.bz2 或 bunzip2 file.bz2
.tar.bz2	tar jcvf file.tar.bz2 file	tar jxvf file.tar.bz2
.Z	compress file	uncompress file.Z
.tar.Z	tar Zcvf file.tar.Z file	tar Zxvf file.tar.Z
.zip	zip file.zip file	unzip file.zip
.rar	rar a file.rar file	rar x file.rar 或 unrar e file.rar

（6）程序运行相关命令。

top# *实时查看程序运行情况*

执行 top 之后所显示的内容及其释义如图 13-34 所示。键入“h”进入帮助页面，键入“q”退出 top 交互界面。

```
        系统时间        运行天数             登录用户           系统负载
top - 14:39:36 up 53 days,  5:54, 11 users,  load average: 11.24, 5.59, 2.98

        总进程数   正在运行的进程数   睡眠的进程数     停止的进程数  冻结的进程数
Tasks: 545 total,   1 running, 544 sleeping,   0 stopped,   0 zombie

       用户所占CPU  内核空间 优先级的进  空闲CPU  等待输入    硬件中断  软件中断  虚拟机占用
                    所占CPU  程所占CPU           输出的CPU
%Cpu(s):  4.1 us,  1.0 sy,  0.0 ni, 94.6 id,  0.3 wa,  0.0 hi,  0.0 si,  0.0 st

           物理内存总量        空闲内存        使用中的物理内存      内核缓存
KiB Mem : 32623064 total,  8913360 free,  2890340 used, 20819364 buff/cache

           交换区总量         空闲的交换区      占用中的交换区     缓冲的交换区
KiB Swap: 33554428 total, 32097548 free,  1456880 used. 24895292 avail Mem

                                                       进程状态    所占物
进程ID 用户名   优先级 nice值 虚拟内存 物理内存 共享内存 所占CPU 理内存  运行时间  命令名
  PID USER      PR  NI    VIRT    RES    SHR S  %CPU %MEM     TIME+ COMMAND
 5283 root      20   0 2729864 1.442g   1028 S 964.7  4.6  30:44.68 bwa
 5426 test      20   0  150796   2500   1464 R   5.9  0.0   0:00.02 top
28511 root      20   0 3802184 210608   1296 S   5.9  0.6   1538:56 python
    1 root      20   0  209112  22748   1460 S   0.0  0.1   5:05.64 systemd
    2 root      20   0       0      0      0 S   0.0  0.0   0:20.60 kthreadd
    3 root      20   0       0      0      0 S   0.0  0.0   0:30.99 ksoftirqd/0
    5 root       0 -20       0      0      0 S   0.0  0.0   0:00.00 kworker/0:0H
```

图 13-34　查看只读文件

CTRL+C# *中止正在运行的程序*

nohup[**命令**]**&**# *后台运行程序，并在退出账户后继续运行*

time[**命令**]# *命令执行完后显示总运行时间*

（7）其他命令。

[**命令**]>[**文件**]# *即命令重定向。将左边的命令结果输入右边的文件中，并覆盖原文件*（图 13-35）

“>”重定向还有其他的功能，如“[命令] 2>[文件]”是将命令执行过程中产生的错误写入指定文件中；又如“[命令] >[文件 a] 2>& 1”是首先将错误写入指定文件 a，再将命令运行的结果写入文件 a 中。

[**命令**]>>[**文件**]# *即命令重定向。将左边的命令结果输入右边的文件中，对于不存在的文件新建该文件，对于已存在的文件，不覆盖原文件，而是在文件内容末端追加命令结果*（图 13-35）

[**命令**]<[**参数**]# *即命令重定向。将右边的文件内容或命令执行结果作为输入传递给左边*

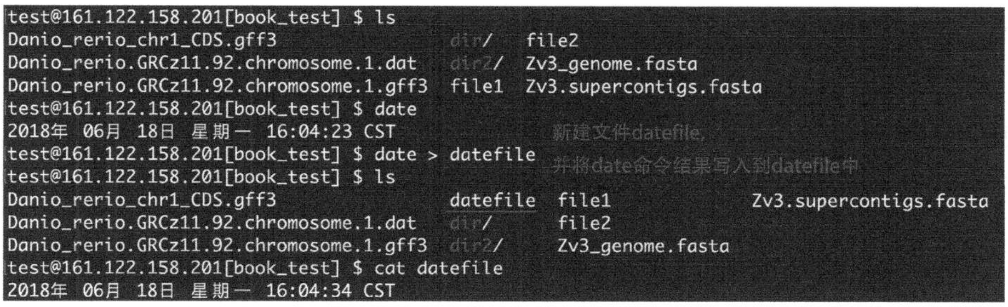

```
test@161.122.158.201[book_test] $ ls
Danio_rerio_chr1_CDS.gff3                    dir/   file2
Danio_rerio.GRCz11.92.chromosome.1.dat       dir2/  Zv3_genome.fasta
Danio_rerio.GRCz11.92.chromosome.1.gff3      file1  Zv3.supercontigs.fasta
test@161.122.158.201[book_test] $ date
2018年 06月 18日 星期一 16:04:23 CST
test@161.122.158.201[book_test] $ date > datefile
test@161.122.158.201[book_test] $ ls
Danio_rerio_chr1_CDS.gff3                    datefile  file1             Zv3.supercontigs.fasta
Danio_rerio.GRCz11.92.chromosome.1.dat       dir/      file2
Danio_rerio.GRCz11.92.chromosome.1.gff3      dir2/     Zv3_genome.fasta
test@161.122.158.201[book_test] $ cat datefile
2018年 06月 18日 星期一 16:04:34 CST
```

新建文件datefile，并将date命令结果写入到datefile中

图 13-35　实时查看程序运行情况

[命令 1] | [命令 2] | [命令 3] ... # "|" *管道命令，将前面命令的结果作为输入，传递给后一个命令再执行*

这是一个非常实用的功能，能够大大减少新建文件的操作，且只需一行命令行就能执行多个程序。例如，要在 Danio_rerio.GRCz11.92.chromosome.1.gff3 文件中统计一共注释到了多少个外显子“exon”，那么可以执行以下命令：

```
test@161.122.158.201 [ book_test ] $ cat Danio_rerio.GRCz11.92.chromosome.1.gff3 |grep "exon" |wc-l
21549
```

首先将文件所有内容传递给“grep”命令，输出含有“exon”关键字的行，然后利用“wc-l”命令统计行数，最终显示一共注释到了 21 549 个外显子。

[命令 1]; [命令 2] # *同时执行分号之前和之后的命令，无论前后命令是否执行失败*

[命令 1] && [命令 2] # *先执行命令 1，成功后再执行命令 2*

[命令 1] || [命令 2] # *即命令之间由两个“|”符号连接。代表先执行命令 1，若命令 1 失败，再执行命令 2*

三、登录远程计算机

1. 利用 SSH 远程服务器　大多时候，我们要处理的数据来源于一个样本的基因组、转录组或蛋白质组测序的结果，其中包括了几百 MB 到一百多 GB 原始测序文件。随着泛基因组时代的到来，有的实验室甚至需要同时处理上千个样本的数据集，对计算机的要求大大增加了。首先，需要足够多的硬盘储存原始测序文件以及随之产生的分析结果；其次，需要足够大的内存、多 CPU 多线程并且能够进行并行计算，以节省软件运行时间；最后，稳定且能够长时间运行（几天甚至数月持续运行）。显然，个人电脑无法处理如此量级的数据。好在许多高校、科研机构或实验室都搭建了服务器或工作站，国家超级计算广州中心的“天河二号”超级计算机也面向公众开放，用户能够通过互联网来远程使用这些高性能计算机。目前，SSH（secure shell protocol）是最常用的远程连接方式。

Mac 系统和 Linux 系统的终端都可以通过 ssh 命令登录远程计算机，二者使用方法差别不大，均采用电子邮件地址的格式，即

```
$ ssh [ 用户名 ] @ [ IP 地址 ]
```

示例如图 13-36 所示。

```
test $ ssh test@161.122.158.201
test@161.122.158.201's password:
```

图 13-36　命令重定向

与远程计算机连接成功后会被要求输入密码。密码输入成功后即可在远程计算机中进行操作，输入“exit”退出登录（图 13-37）。

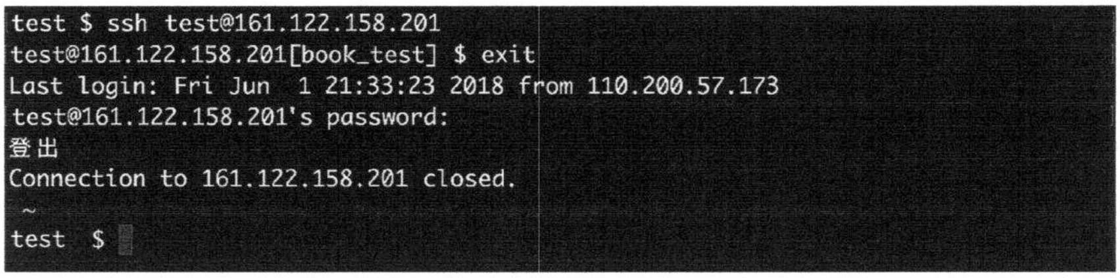

```
test $ ssh test@161.122.158.201
test@161.122.158.201[book_test] $ exit
Last login: Fri Jun  1 21:33:23 2018 from 110.200.57.173
test@161.122.158.201's password:
登出
Connection to 161.122.158.201 closed.
 ~
test  $
```

图 13-37　用 ssh 命令登录远程计算机

Windows 系统用户可以使用第三方 SSH 客户端进行连接，如免费工具 PuTTY（下载地址：https://www.chiark.greenend.org.uk/～sgtatham/putty/latest.html）。注意，尽量在官方网站上下载，不要使用非官方的汉化版，以避免其可能携带的病毒盗取账号信息。下载并安装成功后，打开 PuTTY，在 Host Name 处填写 IP 地址，如果使用 FTP（file transfer protocol，文件传输协议），Port 使用 21，如果使用 SFTP（secure file transfer protocol，安全文件传输协议），Port 使用 22，点击“Open”，开始建立连接（图 13-38）。

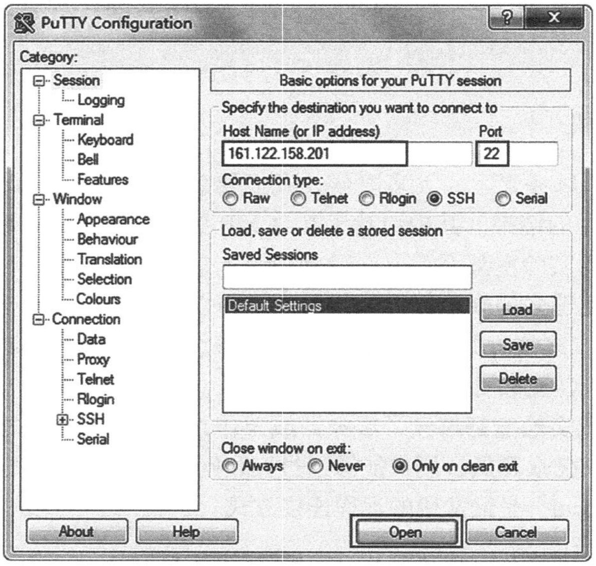

图 13-38　退出登录远程计算机

由于SSH采用加密传输，首次连接的服务器会需要本地计算机确认服务器提供的指纹码（图13-39），点击“是”之后，本地计算机将添加服务器主机公钥（public key），以此建立加密的连接，保证数据传输的安全。再次登录该服务器时，将不再出现此提示窗口。连接成功后会像Mac系统和Linux终端一样要求输入密码（图13-40）。登录成功后即可在远程服务器中进行操作。

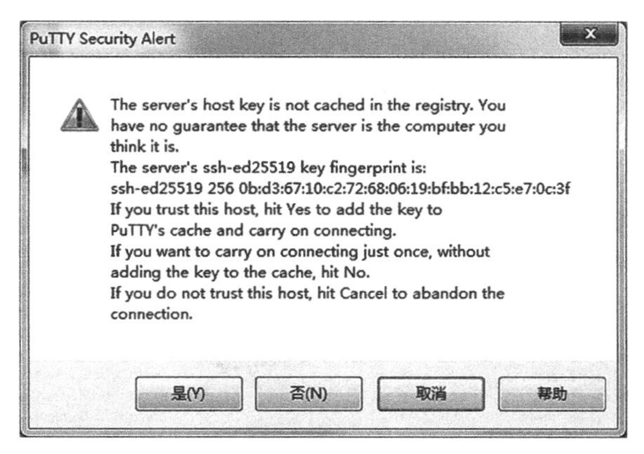

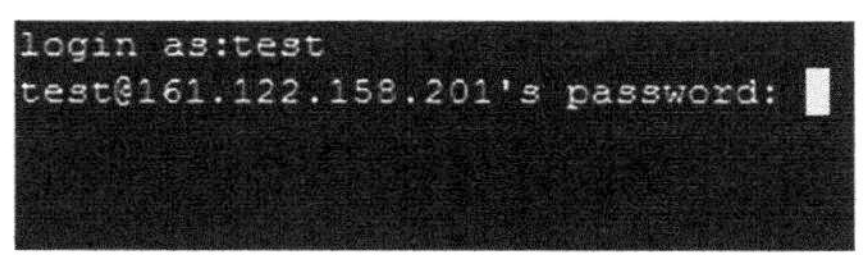

图13-39　用PuTTy登录远程计算机　　　　图13-40　确认远端服务器指纹码

2. 上传和下载数据　生物信息学文件通常非常大，一个组学相关文件甚至可达10 G以上，通过网页中的超文本链接或者e-mail来上传和下载大文件都非常麻烦且耗时，甚至无法断点续传，一旦网络中断，就需要重新传输。接下来，介绍几种传送文件的方式。

FTP是一种高效传输方式，支持断点续传，输入IP地址、用户名和密码就能下载、上传和删除远程服务器文件。许多公共数据库或生信机构也设立了FTP服务器，公共用户不需要密码，以匿名（anonymous）的身份获得这些网址提供的数据，但不能上传或修改文件。有多种方式可以进行FTP传输。

（1）浏览器或磁盘。最简单的方式就是在浏览器地址栏直接输入IP地址，或在资源管理器（Windows系统）的路径栏中输入IP地址。

以整合了真核生物基因信息的Ensembl数据库为例，对于这种面向公共用户的数据库，例如，在Mac系统的Safari浏览器地址栏输入它的IP地址（ftp.ensembl.org）（图13-41），会弹出窗口要求输入用户名和密码，选择“客人”身份进行连接，会以文件夹窗口的形式浏览服务器中的文件（图13-42）。提供下载的文件位于“pub”文件夹中。要获得模式动物斑马鱼带注释的基因组信息，选择最新释放的版本（2018年3月更新至release-92），接下来选择GenBank文件夹中的*Danio rerio*物种，将感兴趣的文件或文件夹直接复制粘贴到本地。Mac系统能够边下载边解压。得到GenBank格式的斑马鱼注释信息可以用记事本或UltraEdit等文本编辑器打开（图13-43）。

图13-41　成功连接远程计算机界面

图 13-42 用浏览器远程登录公共数据库

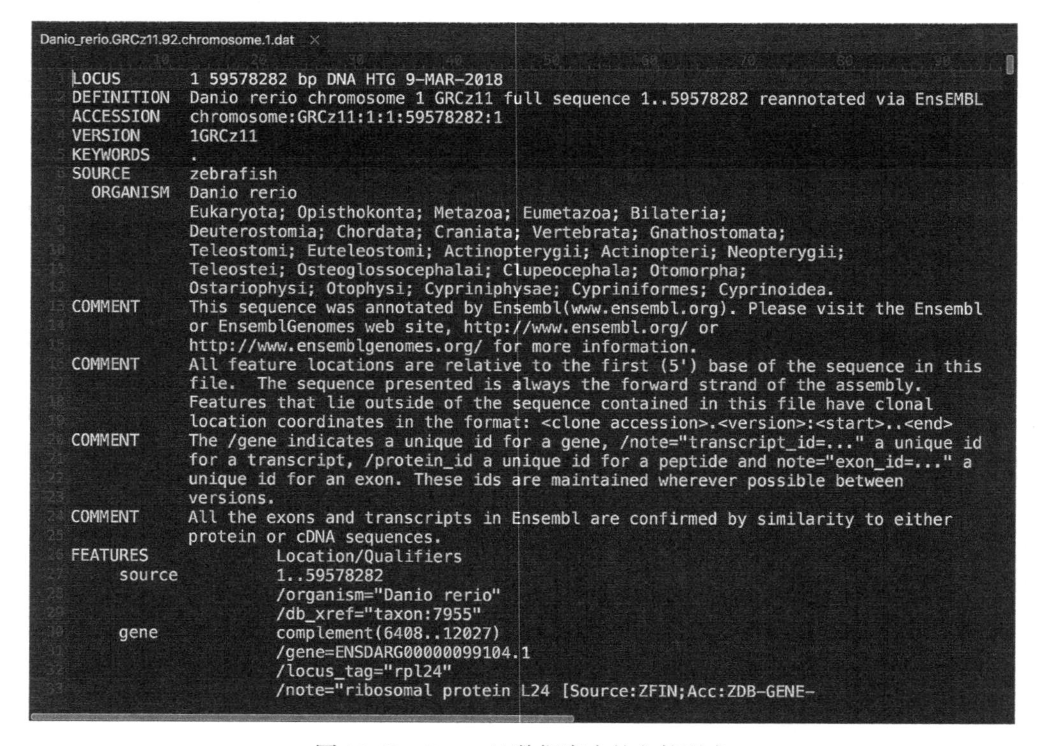

```
Danio_rerio.GRCz11.92.chromosome.1.dat
LOCUS       1 59578282 bp DNA HTG 9-MAR-2018
DEFINITION  Danio rerio chromosome 1 GRCz11 full sequence 1..59578282 reannotated via EnsEMBL
ACCESSION   chromosome:GRCz11:1:1:59578282:1
VERSION     1GRCz11
KEYWORDS    .
SOURCE      zebrafish
  ORGANISM  Danio rerio
            Eukaryota; Opisthokonta; Metazoa; Eumetazoa; Bilateria;
            Deuterostomia; Chordata; Craniata; Vertebrata; Gnathostomata;
            Teleostomi; Euteleostomi; Actinopterygii; Actinopteri; Neopterygii;
            Teleostei; Osteoglossocephalai; Clupeocephala; Otomorpha;
            Ostariophysi; Otophysi; Cypriniphysae; Cypriniformes; Cyprinoidea.
COMMENT     This sequence was annotated by Ensembl(www.ensembl.org). Please visit the Ensembl
            or EnsemblGenomes web site, http://www.ensembl.org/ or
            http://www.ensemblgenomes.org/ for more information.
COMMENT     All feature locations are relative to the first (5') base of the sequence in this
            file.  The sequence presented is always the forward strand of the assembly.
            Features that lie outside of the sequence contained in this file have clonal
            location coordinates in the format: <clone accession>.<version>:<start>..<end>
COMMENT     The /gene indicates a unique id for a gene, /note="transcript_id=..." a unique id
            for a transcript, /protein_id a unique id for a peptide and note="exon_id=..." a
            unique id for an exon. These ids are maintained wherever possible between
            versions.
COMMENT     All the exons and transcripts in Ensembl are confirmed by similarity to either
            protein or cDNA sequences.
FEATURES             Location/Qualifiers
     source          1..59578282
                     /organism="Danio rerio"
                     /db_xref="taxon:7955"
     gene            complement(6408..12027)
                     /gene=ENSDARG00000099104.1
                     /locus_tag="rpl24"
                     /note="ribosomal protein L24 [Source:ZFIN;Acc:ZDB-GENE-
```

图 13-43 Ensembl 数据库中的文件列表

Windows 系统的 IE 浏览器默认匿名登录，在地址栏直接输入 IP 后，直接在浏览器中显示所有文件（图 13-44）。另外，在资源管理器的路径栏中输入 IP 地址也直接默认匿名登录，并且能够进行文件夹的复制粘贴操作（图 13-45）。

```
转到高层目录

03/10/2018 09:40下午        1,497 CHECKSUMS
03/09/2018 09:22上午   25,683,819 Danio_rerio.GRCz11.92.chromosome.1.dat.gz
03/09/2018 09:57上午   19,591,293 Danio_rerio.GRCz11.92.chromosome.10.dat.gz
03/09/2018 09:55上午   19,635,571 Danio_rerio.GRCz11.92.chromosome.11.dat.gz
03/09/2018 09:45上午   21,114,631 Danio_rerio.GRCz11.92.chromosome.12.dat.gz
03/09/2018 09:41上午   22,448,555 Danio_rerio.GRCz11.92.chromosome.13.dat.gz
03/09/2018 09:39上午   22,556,244 Danio_rerio.GRCz11.92.chromosome.14.dat.gz
03/09/2018 09:49上午   20,735,280 Danio_rerio.GRCz11.92.chromosome.15.dat.gz
03/09/2018 09:28上午   23,804,201 Danio_rerio.GRCz11.92.chromosome.16.dat.gz
03/09/2018 09:37上午   23,012,022 Danio_rerio.GRCz11.92.chromosome.17.dat.gz
03/09/2018 09:43上午   21,868,258 Danio_rerio.GRCz11.92.chromosome.18.dat.gz
03/09/2018 09:48上午   20,873,478 Danio_rerio.GRCz11.92.chromosome.19.dat.gz
03/09/2018 09:19上午   25,772,534 Danio_rerio.GRCz11.92.chromosome.2.dat.gz
03/09/2018 09:31上午   23,772,678 Danio_rerio.GRCz11.92.chromosome.20.dat.gz
03/09/2018 09:53上午   19,841,602 Danio_rerio.GRCz11.92.chromosome.21.dat.gz
03/09/2018 10:00上午   16,946,028 Danio_rerio.GRCz11.92.chromosome.22.dat.gz
03/09/2018 09:51上午   20,013,841 Danio_rerio.GRCz11.92.chromosome.23.dat.gz
03/09/2018 09:58上午   18,063,569 Danio_rerio.GRCz11.92.chromosome.24.dat.gz
03/09/2018 10:02上午   16,181,111 Danio_rerio.GRCz11.92.chromosome.25.dat.gz
03/09/2018 09:11上午   27,023,128 Danio_rerio.GRCz11.92.chromosome.3.dat.gz
03/09/2018 08:59上午   32,002,405 Danio_rerio.GRCz11.92.chromosome.4.dat.gz
03/09/2018 09:07上午   31,159,902 Danio_rerio.GRCz11.92.chromosome.5.dat.gz
03/09/2018 09:14上午   25,947,805 Danio_rerio.GRCz11.92.chromosome.6.dat.gz
03/09/2018 09:03上午   31,966,291 Danio_rerio.GRCz11.92.chromosome.7.dat.gz
03/09/2018 09:34上午   23,422,080 Danio_rerio.GRCz11.92.chromosome.8.dat.gz
03/09/2018 09:25上午   24,355,772 Danio_rerio.GRCz11.92.chromosome.9.dat.gz
03/09/2018 10:02上午       15,562 Danio_rerio.GRCz11.92.chromosome.MT.dat.gz
03/09/2018 08:53上午  144,772,057 Danio_rerio.GRCz11.92.nonchromosomal.dat.gz
03/09/2018 10:13上午        3,179 README
```

图 13-44　GenBank 格式的斑马鱼注释信息

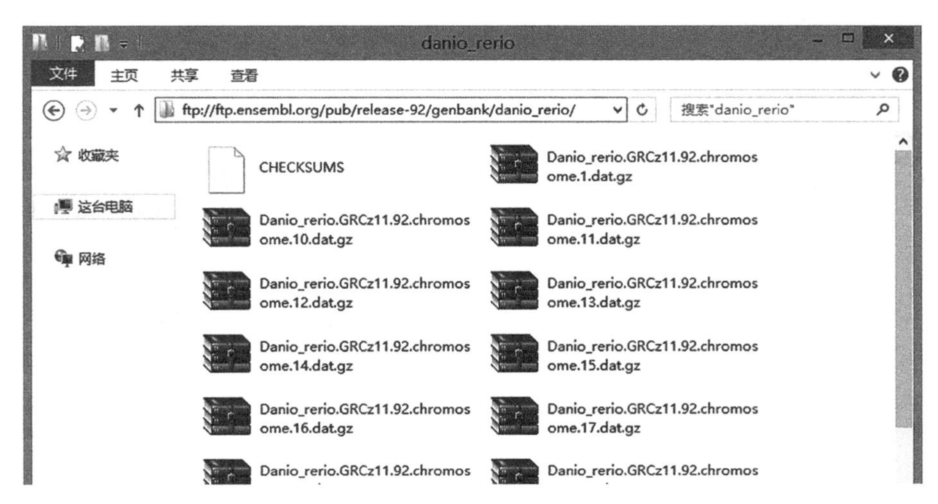

图 13-45　IE 浏览器查看斑马鱼 GenBank 目录下所有文件

（2）FTP 图形界面客户端。通过浏览器或资源管理器的下载方式并不稳定，一旦网络中断也无法断点续传。目前，有很多软件提供 FTP 传输服务，目前比较常用的是 FileZilla 图形界面软件（FileZilla 下载地址：https://filezilla-project.org）。FileZilla 不仅稳定、性能强大、支持断点续传，还可以连接到 SSH 远程计算机，通过 SFTP 进行传输。

对于 FTP 传输，客户端使用 21 端口，对于 SFTP 传输，客户端使用 22 端口，FileZilla 能够自动识别是否使用 21 或 22 端口，如果不输入用户名和密码，默认以匿名登录。例如，我们需要将刚才下载的斑马鱼注释的 GenBank 格式基因组序列上传到远程计算机，以进行进一步分析。在 FileZilla 窗口界面上方的主机输入远程计算机 IP 地址，接下来输入用户名和密码，由于该计算机采用比 FTP 更为安全的 SFTP 进行数据传输，因此端口为 22。左侧为本地文件目录及文件，右侧为远端计算机目录及文件，双击左侧文件开始上传，下方会出现传输队列及传输状态（图 13-46）。

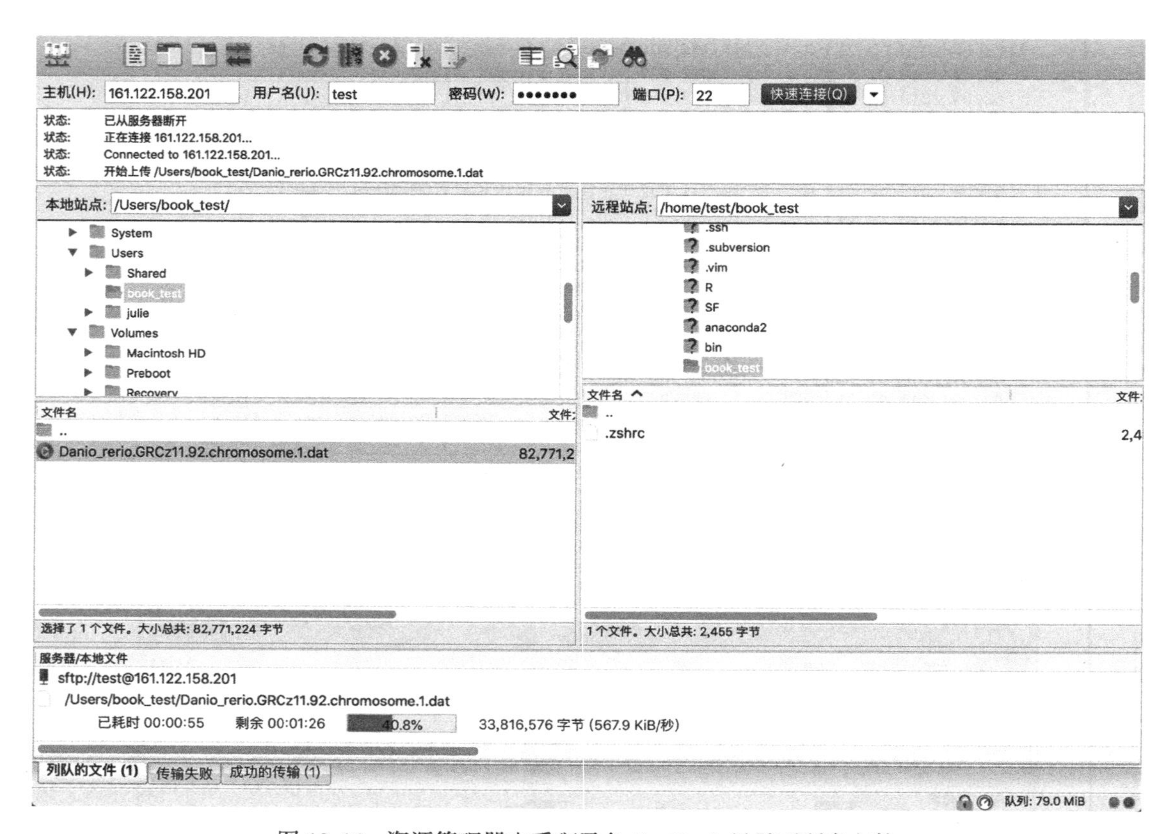

图 13-46　资源管理器查看斑马鱼 GenBank 目录下所有文件

（3）命令行。FTP 还可以通过命令行的方式进行传输。由于有比 ftp 命令更加方便的命令行传输方式，因此这里只提供常用命令，而不做详细介绍。ftp 常用命令如表 13-3 所示。

```
ftp
```

表 13-3　常用 ftp 命令

命令	功能
ftp	启动 FTP，启动之后命令提示符为“ftp>”
open［远程服务器 IP 地址］	登录 FTP 服务器，连接成功之后会要求输入用户名和密码，按提示输入

续表

命令	功能
dir	查看文件和目录
mkdir [目录名]	在 FTP 服务器上创建目录
cd [目录名]	进入指定目录
binary	采用二进制方式传输
ascii	采用 ASC Ⅱ码方式传输
put [file] [newfile]	上传本地文件 file 到 FTP 服务器，并改名为 newfile，若不改名，直接输入 put [file]
get [file] [newfile]	下载 FTP 服务器指定文件到本地，并改名为 newfile，若不改名，直接输入 get [file]
mget [file1] [file2] [file3] …	批量下载多个指定文件到本地
delete [file]	删除 FTP 服务器上的指定文件
help [命令名]	查看 FTP 中各个命令的帮助信息，可以通过 help 命令查看更多其他功能
bye	退出 FTP

wget--ftp-usr＝［用户名］--ftp-password＝［密码］-r [IP 地址]

相较于 ftp 命令，wget 是一种更加稳定的 FTP 传输方式，如果网络原因导致传输中断，wget 可以不断尝试连接服务器直到连接成功，并继续传输。

1. **wget-b**# *后台下载*
2. **wget-c**# *断点续传*
3. **wget-i ［链接地址列表］**# *下载多个文件*
4. **wget-o [文件名]** # *给下载的文件重命名*
5. **wget-r** # *递归下载*

scp 用户名 @IP：文件路径本地目录 # *下载*

scp 本地文件路径用户名 @IP：远程目录 # *上传*

scp 实质上是登录远程 ssh，实现本地和远程 ssh 之间的文件拷贝。

1. **scp-B** # *批处理模式*
2. **scp-r**# *递归复制目录*
3. **scp-P** # *指定传输端口号*

第三节　基于 Linux 的常用生物信息分析软件

一、常用序列处理工具

在 GenBank、EMBL 等核酸和氨基酸序列数据库中下载过序列文件的读者对于图 13-47 中的几种记录氨基酸和蛋白质序列的格式应该并不陌生。其中，第一种是核酸序列的基本格式，第二种是氨基酸序列的基本格式，两者第一行均是以“>”开头的序列名称等信息，

FASTA 格式

```
>lcl|BC115131.1_cds_1 [gene=gapdh] [db_xref=GeneID:317743] [protein=gapdh protein]
 [frame=2] [protein_id=AAI15132.1] [location=<1..1072] [gbkey=CDS]
CACACTCACACCAAGTGTCAGGACGAACAGAGGCTTCTCACAAACGAGGACACAACCAAATCAGGCATAA
TGGTTAAAGTTGGTATTAACGGATTCGGTCGCATTGGCCGTCTGGTGACCCGTGCTGCTTTCTTGACCAA
GAAAGTGGAGATCGTGGCCATCAATGACCCATTCATTGACCTTGATTACATGGTTTACATGTTCCAGTAC
GACTCCACCCATGGAAAGTACAAGGGTGAGGTTAAGGCAGAAGGCGGCAAACTGGTCATTGATGGTCATG
CAATCACAGTCTATAGCGAGAGGGACCCAGCCAACATTAAGTGGGGTGATGCAGGTGCTACTTATGTTGT
GGAGTCTACTGGTGTCTTCACTACTATTGAGAAGGCTTCTGCTCACATTAAGGGTGGTGCAAAGAGAGTC
ATCATCTCTGCCCCAAGTGCAGATGCCCCCATGTTTGTCATGGGTGTCAACCATGAGAAATATGACAACT
CTCTCACAGTTGTAAGCAATGCCTCCTGCACCACCAACTGCCTGGCTCCTTTGGCAAAGGTCATCAATGA
TAACTTTGTCATCGTTGAAGGTCTTATGAGCACTGTTCATGCCATCACAGCAACACAGAAGACCGTTGAT
GGGCCCTCTGGGAAGCTGTGGAGGGATGGCCGTGGTGCCAGTCAGAACATCATCCCAGCCTCCACTGAGG
CTGCCAAGGCTGTAGGCAAAGTAATTCCTGAGCTCAATGGCAAGCTTACTGGTATGGCCTTCCGTGTCCC
CACCCCCAATGTCTCTGTTGTGGATCTGACAGTCCGTCTTGAGAAACCTGCCAAGTATGATGAGATCAAG
AAAGTCGTCAAGGCTGCAGCTGATGGGCCCATGAAAGGAATTCTGGGATACACGGAGCACCAGGTTGTGT
CCACTGACTTCAATGGGGATTGCCGTTCATCCATCTTTGACGCTGGTGCTGGTATTGCTCTCAACGATCA
CTTTGTCAAGCTGGTCACATGGTATGACAATGAGTTCGGTCACAGCAACCGTGTATGTGACCTGATGGCA
CACATGGCCTCCAAGGAGTAG

>AAI15132.1 Gapdh protein, partial [Danio rerio]
HTHTKCQDEQRLLTNEDTTKSGIMVKVGINGFGRIGRLVTRAAFLTKKVEIVAINDPFIDLDYMVYMFQY
DSTHGKYKGEVKAEGGKLVIDGHAITVYSERDPANIKWGDAGATYVVESTGVFTTIEKASAHIKGGAKRV
IISAPSADAPMFVMGVNHEKYDNSLTVVSNASCTTNCLAPLAKVINDNFVIVEGLMSTVHAITATQKTVD
GPSGKLWRDGRGASQNIIPASTEAAKAVGKVIPELNGKLTGMAFRVPTPNVSVVDLTVRLEKPAKYDEIK
KVVKAAADGPMKGILGYTEHQVVSTDFNGDCRSSIFDAGAGIALNDHFVKLVTWYDNEFGHSNRVCDLMA
HMASKE
```

FASTQ 格式

```
@SRR5666979.1.1 1 length=75
CTTATAAGTTGACTTGTAGCCTGTTTGCTAATTATTTTAGTCAGTATATGTCTAATGGTTGAGCAGTGTCAGCAG
+SRR5666979.1.1 1 length=75
BBBFFFFFFFFFFFIIFFIFIIIIIIIFFFFFIFIIIIFIIIIIIIIIIIIFFIFFIIIFFIFFIFFFIFFIFFFF
```

图 13-47　FileZilla 进行数据传输

第二行是序列信息。这种格式称为 FASTA 格式。第三种序列格式称为 FASTQ 格式，是以 ASC Ⅱ编码的高通量测序的标准格式，它不仅含有序列信息，还包括了测序质量、测序设备和样本编号等。其中，第一行以“@”开头，后面为测序仪、数据量、通道等信息，在 NCBI 中下载的 FASTQ 格式序列中，“@”后面为该序列 ID 和长度；第二行为序列信息；第三行以“+”开头，一般后面的信息与第一行相同，因此通常省略，只留下“+”符号；第四行为测序质量。每个序列文件可以只包含一条序列，也可以多条序列合并在一个文件中，以回车键隔开。

除了序列文件，常用于生物信息学分析中的其他格式文件还包括 BED、GFF、m8 格式文件等，它们是在基因组测序之后利用基因组注释工具分析序列信息之后产生的注释文件。以列表的形式呈现，里面包含注释序列的基因名称、编号、起始和终止位点、正反链、得分等信息，但没有序列信息。在生物信息学分析过程中，需要经常处理这些格式的文件。例如，根据 BED 文件中的信息提取相应位置的 FASTA 序列、将 FASTQ 格式转变为 FASTA 格式或者将 FASTA 序列进行多序列比对等。接下来介绍一些序列处理工具。

（一）bedtools

bedtools 被称为基因组信息处理的瑞士军刀，是拥有四十几种序列处理小工具的集合，包括转换格式、提取序列、随机选择序列等功能。可以用于 bedtools 工具的文件格式有 BED、BEDPE、GFF、基因组文件格式、SAM/BAM、VCF。首先按以下步骤安装 bedtools。

```
1. $ wget https://github.com/arq5x/bedtools2/releases/download/v2.27.1/bedtools-2.27.1.tar.gz
   # 或登录 https://github.com/arq5x/bedtools2 自行下载最新版本 bedtools
2. $ tar xzvf bedtools-2.27.1.tar.gz
3. $ cd bedtools2/
4. $ make
5. $ cd bin
6. $ export PATH=$PWD：$PATH
```

第 6 步通过 export 命令改变环境变量之后，接下来可以在用户主目录下的任何子目录中使用 bedtools 了。bedtools 的一些常用功能有：

1. **bedtools getfasta [- 选项] -fi <FASTA 文件 >-bed <BED/GFF/VCF 文件 >-fo < 输出文件 >***# 从 FASTA 中提取出指定位置的序列*
2. **bedtools bedtobam [- 选项] -i <BED/GFF/VCF 文件 >-g < 基因组文件 >** *# 将注释文件转成 BAM 格式文件。基因组文件格式为：第一列是染色体编号，第二列是染色体长度*
3. **bedtools bamtofastq [- 选项] -i <BAM 文件 >-fq <FASTQ 文件 >** *# 将 BAM 文件转成 FASTQ 文件*
4. **bedtools bedtools random [- 选项] -g < 基因组文件 >***# 在基因组中随机选择区域*
5. **bedtools slop [OPTIONS] -i <bed/gff/vcf>-g <genome> [-b < 整 数 > 或 (-l 和 -r)]** *# 提取指定区域序列以及上下游指定大小序列，-b 为提取上下游序列，-l 为提取上游序列，-r 为提取下游序列*
6. **bedtools makewindows [- 选项] [-g < 基因组文件 > 或 -b <BED 文件 >] [-w < 区块大小 > 或 -n < 区块数量 >]** *# 将基因组或序列分割成指定区域的区块。-w 为按区块大小分割，-n 为按区块数量分割*
7. **bedtools intersect [- 选项] -a < BED/GFF/VCF 文件 >-b < BED/GFF/VCF 文件 >** *# 获得两个 -a 和 -b 文件之间重叠的序列，可以用于计算二代测序 reads 在基因组中的覆盖程度，进行 peak 注释*
8. **bedtools--help** *# 查看其他 bedtools 功能*

（二）SeqKit

SeqKit 是一套 FASTA 和 FASTQ 格式文件处理工具。与 bedtools 一样，也是一系列工具的集合。登录 https://github.com/shenwei356/seqkit/releases 下载最新版本 Seqkit，再进行安装。

```
1. $ tar xzvf seqkit_linux_amd64.tar.gz
2. $ cp seqkit ~/bin
3. $ cd ~/bin
4. $ export PATH=$PWD：$PATH
```

SeqKit 常用功能有以下几点。

1. **seqkit seq-p < 序列文件 >** *# 获得互补序列*
2. **seqkit seq-r < 序列文件 >** *# 获取反向序列*
3. **seqkit seq-l < 序列文件 >** *# 将序列转成小写（-u 为转成大写）*
4. **seqkit seq <FASTA 文件 >-w 0** *# 将序列转成一行*
5. **seqkit grep-s-r-i-p ^atg cds.fa** *# 查找含有起始密码子的序列。“^”符号代表一行序列以 atg 开头*
6. **seqkit fx2tab < 序列文件 >** *# 将序列的名称和序列信息以列表形式合并为一行。因为 Linux 系统下的命令通常逐行读取文件数据，而一条 FASTA 序列需要占两行，所以将 FASTA 序列 ID 和序列合并为一行并转换成列表格式是使用率非常高的功能。同样，使用 seqkit tab2fx 功能将列表格式转回序列格式*
7. **seqkit fx2tab-l < 序列文件 >** *# 统计序列长度*
8. **seqkit fx2tab-B < 指定碱基类型 > < 序列文件 >** *# 统计指定碱基含量*
9. **seqkit fq2fa <FASTQ 文件 >** *# 将 FASTQ 文件转换成 FASTA 文件*
10. **seqkit shuffle < 序列文件 >** *# 按序列名称随机打乱序列顺序*
11. **seqkit split [- 选项] < 序列文件 >** *# 按指定选项分割序列，例如根据序列名称、根据指定区域分割或分割成 N 份等*
12. **seqkit--help** *# 查看其他 SeqKit 功能*

除了对 FASTA 或 FASTQ 文件进行处理，SeqKit 也具有 bedtools 相同的部分功能，如获取指定区域的序列（subseq）和对序列排序（sort）等功能。

（三）EMBOSS

EMBOSS 全称是欧洲分子生物学开放软件包（The European Molecular Biology Open Software Suite），它包括了 200 多个核酸和蛋白质序列分析处理软件，如序列比对、绘制结构图、查看和提取特征序列、预测蛋白质二级结构等，用于进行日常的生物信息学分析。EMBOSS 拥有本地图形界面、命令行界面和网页版，其中基于 JAVA 的图形界面模式称为 Jemboss，能够在 Windows、MacOS 和 Unix 下使用；网页版称为 EMBOSS explorer，地址是 http://www.bioinformatics.nl/emboss-explorer/。本节着重介绍在 Linux 系统下的命令行模式的使用。首先按以下步骤安装 EMBOSS。

```
1. $ wget ftp：//emboss.open-bio.org/pub/EMBOSS//emboss-latest.tar.gz
2. $ tar xzvf emboss-latest.tar.gz
3. $ cd EMBOSS-6.6.0
4. $ ./configure
5. $ make
6. $ sudo make install
```

在使用 EMBOSS 中的软件时，可以直接输入软件名称，按回车键后根据提示执行，或者在软件名称后加上 -sequence 选项和要处理的文件再执行。EMBOSS 中的软件太多了，不可能记住所有名称和使用方法。这个时候，可以输入“wossname”查看软件及其功能，输入“[软件名称] -help”查看使用方法，或者输入“tfm [软件名称]”查看完整使用方法和示例。接下来介绍 EMBOSS 中部分工具的使用。

（1）needleall 多序列两两比对。对序列进行两两比对的工具有很多，但是有太多序列需要比对时，逐条比对序列是很耗时的。needleall 能够同时对多条序列进行两两比对。输入文件需将要比对的 FASTA 序列合并在一个文件中。然后在 -asequence 和 -bsequence 选项中设定文件，即对 asequence 输入文件和 bsequence 输入文件进行比较。asequence 和 bsequence 也可以是同一个文件。例如，对硬骨鱼的 72 条组蛋白 H2A 编码区 FASTA 序列进行多序列两两比对（图 13-48）。

```
test@161.122.158.201[book_test] $ needleall -asequence histone_h2a_bony_fish_nuc
leotide.fasta -bsequence histone_h2a_bony_fish_nucleotide.fasta -aformat3 pair
```

图 13-48　FASTA 和 FASTQ 格式文件

如果不设置输出格式 -aformat3，默认输出格式为序列名称和得分的列表格式，这里设置输出格式为“pair”，所产生的 needleall 比对结果如图 13-49 所示。

```
#=======================================
#
# Aligned_sequences: 2
# 1: KU904500.1_cds_AOW44165.1_1
# 2: BT047220.1_cds_ACI67021.1_1
# Matrix: EDNAFULL
# Gap_penalty: 10.0
# Extend_penalty: 0.5
#
# Length: 387
# Identity:     311/387 (80.4%)
# Similarity:   311/387 (80.4%)
# Gaps:           0/387 ( 0.0%)
# Score: 1251.0
#
#
#=======================================

KU904500.1_cd      1 ATGTCTGGCAGAGGAAAAACCGGAGGTAAAGCCAGGGCTAAGGCCAAGTC     50
                     ||||||||.|||||||||||.|||||.||.|||||.||.|||||.|||||
BT047220.1_cd      1 ATGTCTGGTAGAGGAAAAACTGGAGGAAAGGCCAGAGCGAAGGCAAAGTC     50

KU904500.1_cd     51 TCGCTCCTCTCGTGCTGGCCTGCAGTTCCCAGTAGGTCGAGTCCACAGGC    100
                     .||.||.||.||.||.|||||.|||||.||.|||||.||.|||||||||.
BT047220.1_cd     51 CCGTTCATCCCGCGCCGGCCTTCAGTTTCCCGTAGGACGTGTCCACAGGT    100
```

图 13-49　needleall 进行序列比对

（2）coderet 提取基因中的结构信息。基因组注释后的数据库文件，如文章中使用的斑马鱼 1 号染色体 EMBL 格式文件 Danio_rerio.GRCz11.92.chromosome.1.dat，包含了许多诸如 cDNA、mRNA、蛋白质序列等信息，有时候需要单独获取某种结构信息时，不用在网站上重新下载，使用 coderet 就可以在数据库文件中提取。

直接输入“coderet-seqall [数据库文件名]”之后，相继出现“输出文件”名称的提示，直接按回车键代表默认输出文件名，在冒号后可以自定义输出文件名。“ls”可以看到，不同类型 FASTA 序列已经存放于相应后缀的文件中了（图 13-50）。

其中，coderet 文件是所有结构信息的统计结果（图 13-51），其余文件为 FASTA 格式。

在命令行中还可以直接预设好输出文件名再执行，在运行完毕之前不再出现提示（图 13-52）。

除了 EMBL 格式之外，coderet 还接受 UniProt 和 Ensembl 的数据库格式。

（3）getorf 预测开放阅读框（open reading frame，ORF）。在基因注释过程中通常要预测 ORF。预测斑马鱼 1 号染色体 FASTA 序列中的 ORF，如图 13-53 所示键入命令。

```
test@161.122.158.201[book_test] $ coderet -seqall Danio_rerio.GRCz11.92.chromoso
me.1.dat
Extract CDS, mRNA and translations from feature tables
Output file [1.coderet]:
Coding nucleotide output sequence(s) (optional) [1.cds]:
Messenger RNA nucleotide output sequence(s) (optional) [1.mrna]:
Translated coding protein output sequence(s) (optional) [1.prot]:
Non-coding nucleotide output sequence(s) (optional) [1.noncoding]:
test@161.122.158.201[book_test] $ ls
1.cds
1.coderet
1.mrna
1.noncoding
1.prot
```

图 13-50 needleall 序列比对结果

```
test@161.122.158.201[book_test] $ cat 1.coderet
  CDS  mRNA non-c Trans Total Sequence
 ===== ===== ===== ===== ===== ========
  2075  2075  3238  2075  7388 1
```

图 13-51 coderet 提取基因结构信息

```
test@161.122.158.201[book_test] $ coderet -seqall Danio_rerio.GRCz11.92.chromoso
me.1.dat -outfile Dr_chr1.coderet -cdsoutseq Dr_chr1.cds -mrnaoutseq Dr_chr1.mrn
a -translationoutseq Dr_chr1.prot -restoutseq Dr_chr1.noncoding
Extract CDS, mRNA and translations from feature tables
```

图 13-52 coderet 文件内容

```
test@161.122.158.201[book_test] $ getorf -sequence Danio_rerio.GRCz11.dna.chromo
some.1.fa
Find and extract open reading frames (ORFs)
protein output sequence(s) [1.orf]:
```

图 13-53 coderet 指定输出文件名

-sequence 为输入的 FASTA 文件、GenBank 的 gb 文件、EMBL 数据库文件、gff 格式文件等，-outseq 设置输出文件名为 Dr_chr1.orf。出现“Find and extract open reading frames（ORFs）”时说明正在执行程序。利用“more”命令查看结果（图 13-54）。

```
test@161.122.158.201[book_test] $ more 1.orf
>1_1 [9 - 65] dna:chromosome chromosome:GRCz11:1:1:59578282:1 REF
TFIPPANIFNHYIVISPPN
>1_2 [1 - 99] dna:chromosome chromosome:GRCz11:1:1:59578282:1 REF
DLKHLFPLQTFSIITLSFPLQIKFSQRRTTYDL
>1_3 [75 - 113] dna:chromosome chromosome:GRCz11:1:1:59578282:1 REF
PEAHNIRPLKKVL
>1_4 [2 - 154] dna:chromosome chromosome:GRCz11:1:1:59578282:1 REF
ILNIYSPCKHFQSLHCHFPSKLNLARGAQHTTSKKGAVTCTYMQHHYMRAA
>1_5 [158 - 190] dna:chromosome chromosome:GRCz11:1:1:59578282:1 REF
QCLVTWLLCLY
```

图 13-54 getorf 预测 ORF

另外，getorf 提供的额外参数能够指定序列来源（核基因组或线粒体基因组序列）、设置最长或最短 ORF、设置起始密码子或终止密码子、对环状 DNA 进行预测等。输入“getorf-help”可以查看更多功能。

（4）cpgplot 对 CpG 富集区域进行统计和作图。直接输入 cpgplot 并指定输入序列 -sequence 为斑马鱼 1 号染色体序列，会相继出现提示来选择参数，之间按下回车键代表默认方括号内的设定，可以在冒号之后自定义参数。如图 13-55 所示。

```
test@161.122.158.201[book_test] $ cpgplot -sequence Danio_rerio.GRCz11.92.chromosome.1.dat
Identify and plot CpG islands in nucleotide sequence(s)
Window size [100]:
Minimum length of an island [200]:
Minimum observed/expected [0.6]:
Minimum percentage [50.]:
Output file [1.cpgplot]: Dr_chr1.cpg
Graph type [x11]: png
Features output [1.gff]: Dr_chr.gff
Created cpgplot.1.png
```

图 13-55　查看 getorf 命令输出结果

程序执行完成后，共产生三个文件。

1）程序输出文件：Dr_chr1.cpg（图 13-56）。

2）gff 文件：文件名为 Dr_chr1.gff 的 gff3 格式文件（图 13-57）。

3）图片文件：这里设定为 PNG 图片格式文件（图 13-58）。

（5）octanol 绘制蛋白质亲疏水图。octanol 采用 White-Wimley 标度预测蛋白质亲疏水性，输入文件为氨基酸 FASTA 序列文件，设置输出图片格式为 png（图 13-59），可查看亲疏水性（图 13-60）。

```
CPGPLOT islands of unusual CG composition
1 from 1 to 59578282

     Observed/Expected ratio > 0.60
     Percent C + Percent G > 50.00
     Length > 200

 Length 507 (13701..14207)

 Length 312 (15718..16029)

 Length 278 (18564..18841)

 Length 285 (20075..20359)

 Length 213 (22739..22951)

 Length 369 (27637..28005)

 Length 210 (28840..29049)
```

图 13-56　cpgplot 进行 CpG 统计

```
##gff-version 3
##sequence-region 1 1 59571255
#!Date 2018-07-03
#!Type DNA
#!Source-version EMBOSS 6.6.0.0
1       cpgplot sequence_feature        13701   14207   .       +       .       ID=1.1
1       cpgplot sequence_feature        15718   16029   .       +       .       ID=1.2
1       cpgplot sequence_feature        18564   18841   .       +       .       ID=1.3
1       cpgplot sequence_feature        20075   20359   .       +       .       ID=1.4
1       cpgplot sequence_feature        22739   22951   .       +       .       ID=1.5
1       cpgplot sequence_feature        27637   28005   .       +       .       ID=1.6
1       cpgplot sequence_feature        28840   29049   .       +       .       ID=1.7
1       cpgplot sequence_feature        30289   30514   .       +       .       ID=1.8
1       cpgplot sequence_feature        31005   31204   .       +       .       ID=1.9
1       cpgplot sequence_feature        39709   40012   .       +       .       ID=1.10
1       cpgplot sequence_feature        41226   41567   .       +       .       ID=1.11
1       cpgplot sequence_feature        42568   42801   .       +       .       ID=1.12
```

图 13-57　cpgplot 运行结果：程序输出文件

二、本地 BLAST

前面已经介绍过在线运行 BLAST（basic local alignment search trool），当需要大量比对或者比对的数据库没有在 GenBank 中注册，又或者没有网络时，可以通过本地 BLAST 实现序列比对。从 2009 年开始，BLAST 升级为 BLAST＋，在保留和提升 BLAST 原有功能的基础上，将传统 BLAST 的 blastall 程序分成多个程序（blastn、blastp、blastx、tblastn、tblastx），分别行使不同功能，同时，为了方便记忆，将选项的字母缩写用全称代替，使 BLAST 便于维护、功能更强大、使用更灵活。NCBI 提倡使用最新版本的 BLAST＋，传统 BLAST 不再更新，也不鼓励使用。但是有的第三方软件是基于传统 BLAST 开发的，因此使用这些软件的同时需要安装旧版本的 BLAST。有两个方法可以调用旧版本 BLAST。

方法 1。 BLAST＋安装包中有一个“legacy_blast.pl”工具，用于将传统 BLAST 转换为

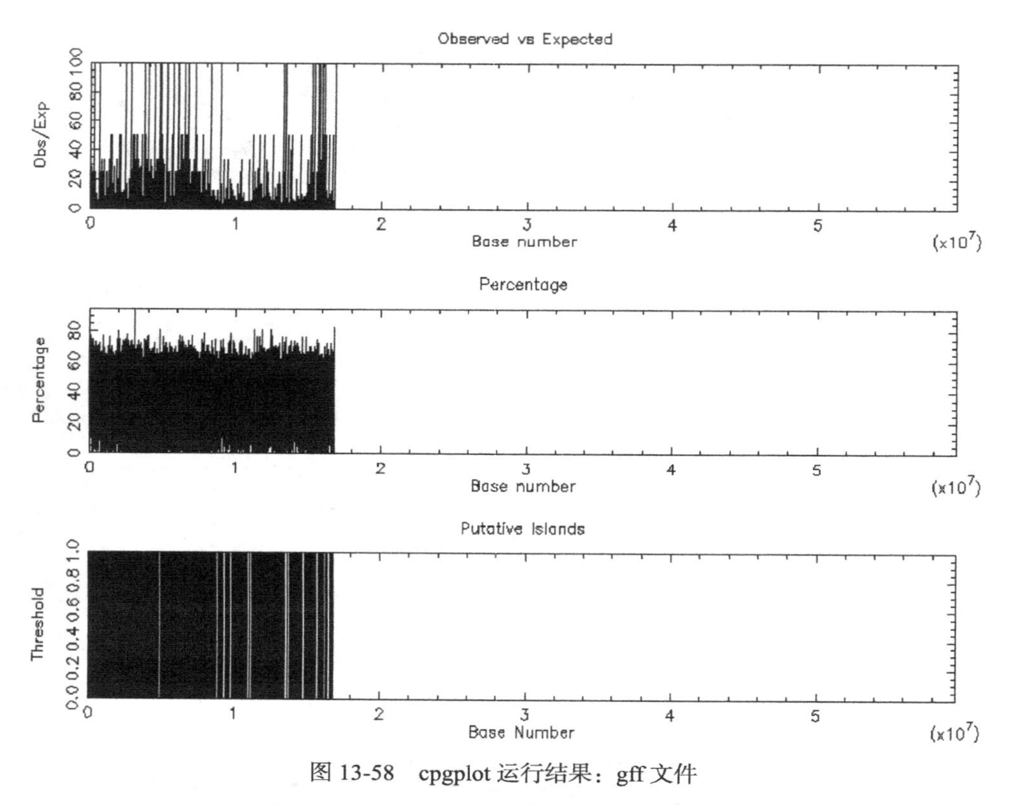

图 13-58 cpgplot 运行结果：gff 文件

```
test@161.122.158.201[book_test] $ octanol -sequence histone_h2a_zebrafish_protei
n.fasta
Draw a White-Wimley protein hydropathy plot
Graph type [x11]: png
Created octanol.1.png
```

图 13-59 cpgplot 运行结果：图片文件

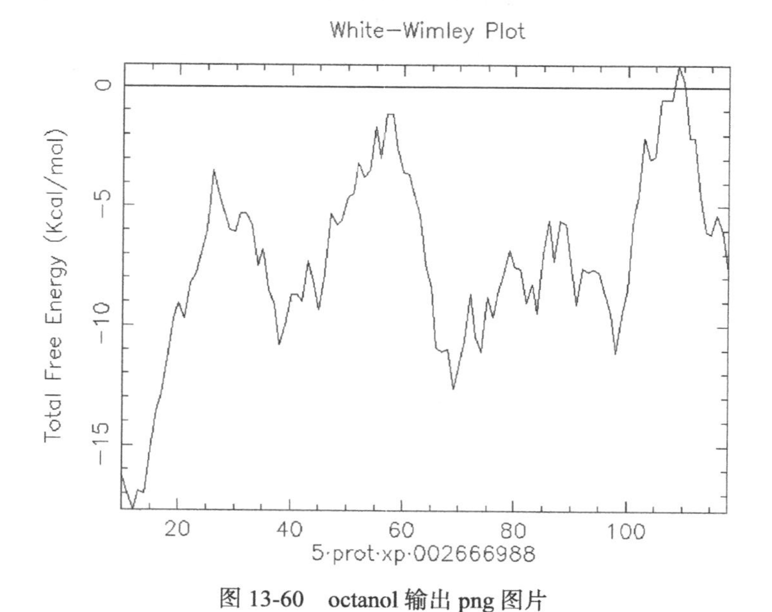

图 13-60 octanol 输出 png 图片

基于C++工具包的BLAST+。使用方法为：在传统BLAST命令之前加上“legacy_blast.pl”命令，之后加上“--path［路径］”来指向BLAST+安装目录，如“legacy_blast.pl blastall-i［query］-d［database］-o［blast.out］--path /usr/bin”。

方法2。从 ftp://ftp.ncbi.nlm.nih.gov/blast/executables//legacy.NOTSUPPORTED 中下载旧版本BLAST再安装，即可直接运行传统BLAST工具。本节着重介绍BLAST+的安装与使用。

1. BLAST+的下载与安装　首先在 ftp：//ftp.ncbi.nlm.nih.gov/blast/executables/blast+/LATEST/ 中下载最新版本BLAST+，接下来按照以下步骤安装BLAST+。

```
1. $ tar zxvpf ncbi-blast+2.7.1-x64-linux.tar.gz
2. $ export PATH=$PATH：$HOME/ncbi-blast-2.7.1+/bin
3. $ mkdir $HOME/blastdb
4. $export BLASTDB=$HOME/blastdb
```

2. BLAST的常规使用

（1）格式化数据库。进行多序列比对时需要将序列转变为数据库格式。输入如下命令。

$ makeblastdb-parse_seqids-hash_index-in［需要建库的FASTA序列］-dbtype［nucl或prot］-title［数据库名称］-out［输出文件名称］# *对于FASTA序列，建议添加-parse_seqids和-hash_index选项；数据库类型选项-dbtype中，nucl为核酸数据库，prot为蛋白数据库*

出现图13-61中的信息之后，查看目录中出现.nhd、.nhi、.nhr、.nin、.nog、.nsd、.nsi、.nsq 8个数据库文件（图13-62），说明建库成功。

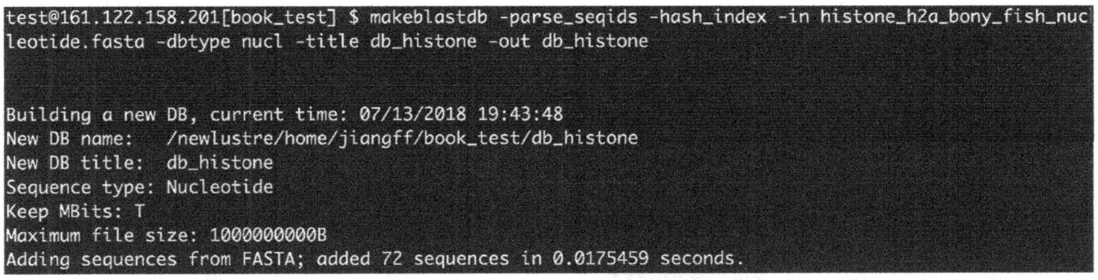

```
test@161.122.158.201[book_test] $ makeblastdb -parse_seqids -hash_index -in histone_h2a_bony_fish_nuc
leotide.fasta -dbtype nucl -title db_histone -out db_histone


Building a new DB, current time: 07/13/2018 19:43:48
New DB name:   /newlustre/home/jiangff/book_test/db_histone
New DB title:  db_histone
Sequence type: Nucleotide
Keep MBits: T
Maximum file size: 1000000000B
Adding sequences from FASTA; added 72 sequences in 0.0175459 seconds.
```

图13-61　octanol运行结果

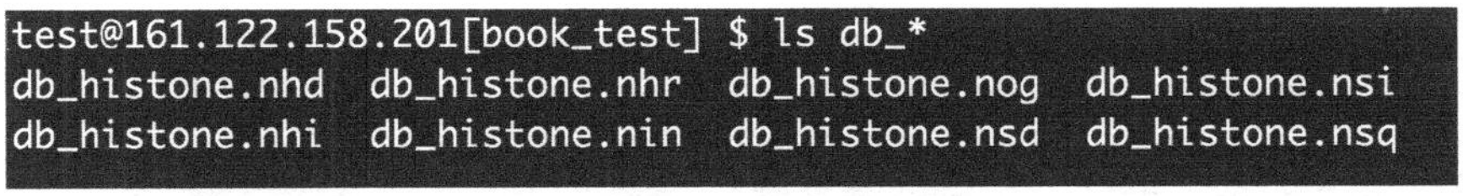

```
test@161.122.158.201[book_test] $ ls db_*
db_histone.nhd  db_histone.nhr  db_histone.nog  db_histone.nsi
db_histone.nhi  db_histone.nin  db_histone.nsd  db_histone.nsq
```

图13-62　构建BLAST所需数据库

对于已经在GenBank中注册的数据库可以直接通过“update_blastdb.pl”工具，输入以下命令下载最新数据库。

1. **nohup update_blastdb.pl nt nr &** # *下载后的数据库存放于之前在环境变量中设置好的blastdb目录中（详见BLAST+安装步骤）。由于数据库文件太大，可以利用nohup和&命令来将程序转入后台执行*
2. **tar-zxvf *.tar.gz** # *解压下载后的数据库*

（2）序列比对。建库成功后，输入以下命令开始进行 BLAST 比对。

> **$ blastn-db［数据库名称］-query［待比对序列］-evalue［期望值，默认为 10］-outfmt［格式代码，默认为 0］-out［BLAST 结果输出文件］** *#blastn 可以由 blastp、blastx、tblastn 或 tblastx 代替，用于完成不同比对功能*

-db 所使用的数据库名称为 makeblastdb 所输出的数据库名称，如果使用在线下载的 nt 和 nr 数据库，直接输入 -db nt 或 -db nr，不需要输入数据库所在的全路径，就可以调用这两个数据库了。当然，本地 makeblastdb 所构建的数据库如果存放于 blastdb 目录下，也可以直接输入数据库名称之后在任何目录下都可以直接调用，但前提是已经设置好 BLASTDNB 这个环境变量。

利用 -outfmt 选项可以输出包括从代码 0 到代码 17 的共 18 种格式。图 13-63 选择了格式代码为 6，输出结果是带制表符的列表格式，即 m8 格式。m8 格式从左到右依次为：query 序列名、subject 序列名、序列一致性百分比、比对长度、错配数、空位数、query 序列起始位点、query 序列终止位点、subject 序列起始位点、subject 序列终止位点、期望值（E-value）、得分。输入“BLAST 程序名＋-help”可以查看其他代码所代表的格式。

```
test@161.122.158.201[book_test] $ tblastn -db db_histone -query histone_h2a_zebrafish_protein.fasta -evalue 1e-5 -outfmt 6 -out zebrafish_histone.out

test@161.122.158.201[book_test] $ cat zebrafish_histone.out
lcl|XM_002666942.5_prot_XP_002666988.1_1	BC093343.1_cds_AAH93343.1_1	99.048	105	1	0	24	128	70	384	1.21e-73	207
lcl|XM_002666942.5_prot_XP_002666988.1_1	BC095260.1_cds_AAH95260.1_1	99.048	105	1	0	24	128	70	384	1.21e-73	207
lcl|XM_002666942.5_prot_XP_002666988.1_1	BC150436.1_cds_AAI50437.1_1	99.048	105	1	0	24	128	70	384	1.21e-73	207
lcl|XM_002666942.5_prot_XP_002666988.1_1	BC165493.1_cds_AAI65493.1_1	99.048	105	1	0	24	128	70	384	1.21e-73	207
lcl|XM_002666942.5_prot_XP_002666988.1_1	BC098891.1_cds_AAH98891.1_1	99.048	105	1	0	24	128	70	384	1.33e-73	207
lcl|XM_002666942.5_prot_XP_002666988.1_1	KJ704981.1_cds_AIE40055.1_1	98.095	105	2	0	24	128	70	384	1.44e-72	204
lcl|XM_002666942.5_prot_XP_002666988.1_1	BC083299.1_cds_AAH83299.1_1	98.095	105	2	0	24	128	70	384	1.98e-72	204
lcl|XM_002666942.5_prot_XP_002666988.1_1	BC164227.1_cds_AAI64227.1_1	98.095	105	2	0	24	128	70	384	1.98e-72	204
```

图 13-63　查看构建好的 BLAST 数据库文件

格式代码为 6、7、10 时，还可以自定义输出格式中的指定列。例如，只需要输出结果中包含 query 序列 ID、subject 序列 ID、比对长度和序列一致性，可以将格式设置为 -outfmt “6 qseqid sseqid length pident”（图 13-64），各列的名称可以通过“-help”选项查看。

```
test@161.122.158.201[book_test] $ cat zebrafish_histone.out |more
lcl|XM_002666942.5_prot_XP_002666988.1_1	BC093343.1_cds_AAH93343.1_1	105	99.048
lcl|XM_002666942.5_prot_XP_002666988.1_1	BC095260.1_cds_AAH95260.1_1	105	99.048
lcl|XM_002666942.5_prot_XP_002666988.1_1	BC150436.1_cds_AAI50437.1_1	105	99.048
lcl|XM_002666942.5_prot_XP_002666988.1_1	BC165493.1_cds_AAI65493.1_1	105	99.048
lcl|XM_002666942.5_prot_XP_002666988.1_1	BC098891.1_cds_AAH98891.1_1	105	99.048
lcl|XM_002666942.5_prot_XP_002666988.1_1	KJ704981.1_cds_AIE40055.1_1	105	98.095
```

图 13-64　m8 格式文件

如果想要更直观地查看序列比对情况，可以使用 -outfmt 0（图 13-65）。

```
>BT049993.1_cds_ACI69794.1_1 [gene=H2A4] [protein=Late histone H2A.2.2] [protein_id=ACI69794.1]
[location=15..434] [gbkey=CDS]
Length=420

 Score = 169 bits (427),  Expect = 3e-58, Method: Compositional matrix adjust.
 Identities = 78/99 (79%), Positives = 91/99 (92%), Gaps = 0/99 (0%)
 Frame = +1

Query  24   LQFPVGRVHRLLRKGNYAERVGAGAPVYLAAVLEYLTAEILELAGNAARDNKKTRIIPRH  83
            LQFPVGR+HRLL+KG+YA R+G GA VYLAA+LEYL AE+LEL+GNAARDNKK+RI PRH
Sbjct  70   LQFPVGRIHRLLKKGHYATRIGTGAAVYLAAILEYLCAEVLELSGNAARDNKKSRIAPRH  249

Query  84   LQLAVRNDEELNKLLGGVTIAQGGVLPNIQAVLLPKKTE  122
            +QLAVRNDEELN LLG VTI++GGVLPNIQ +LLPKKT+
Sbjct  250  IQLAVRNDEELNTLLGAVTISEGGVLPNIQVMLLPKKTK  366
```

图 13-65　输出格式代码为 6 的 BLAST 结果

当需要输出多种格式时，不可能每一种格式都重新执行一遍程序。此时可以将 -outfmt 设置为 11，即“BLAST archive”格式，再利用“blast_formatter”功能将输出文件转变为需要的格式。

在进行序列两两比对时，可以省去构建数据库的麻烦，直接进行 BLAST，获得如图 13-66 所示的结果。

```
> lcl|BT047220.1_cds_ACI67021.1_1 [gene=H2A] [protein=Histone H2A]
[protein_id=ACI67021.1] [location=78..464] [gbkey=CDS]
Length=387

 Score = 676 bits (366),  Expect = 0.0
 Identities = 380/387 (98%), Gaps = 0/387 (0%)
 Strand=Plus/Plus

Query  1    ATGTCTGGTAGAGGCAAAACTGGAGGAAAGGCCAGAGCGAAGGCAAAGTCCCGTTCATCC  60
            |||||||||||||| |||||||||||||||||||||||||||||||||||||||||||||
Sbjct  1    ATGTCTGGTAGAGGAAAAACTGGAGGAAAGGCCAGAGCGAAGGCAAAGTCCCGTTCATCC  60

Query  61   CGCGCCGGCCTTCAGTTCCCCGTAGGACGTGTCCACAGGTTACTGCGCAAAGGCAACTAT  120
            ||||||||||||||||| ||||||||||||||||||||||||||||||||||||||||||
Sbjct  61   CGCGCCGGCCTTCAGTTTCCCGTAGGACGTGTCCACAGGTTACTGCGCAAAGGCAACTAT  120

Query  121  GCCGAGCGTGTCGGTGCCGGAGCTCCTGTCTATTTGGCTGCTGTGCTGGAATACCTAACG  180
            || ||||||||||||||||| |||||||||||||||||||||||||||||||||||||||
Sbjct  121  GCGGAGCGTGTCGGTGCCGGTGCTCCTGTCTATTTGGCTGCTGTGCTGGAATACCTAACG  180

Query  181  GCTGAGATCCTCGAGTTGGCTGGCAACGCTGCAAGGGATAATAAGAAGACCAGGATCATC  240
            ||||||||||||||||||||||||||||||||||||||||||||||||||||||||||||
Sbjct  181  GCTGAGATCCTCGAGTTGGCTGGCAACGCTGCAAGGGATAATAAGAAGACCAGGATCATC  240

Query  241  CCTCGCCACCTTCAGCTGGCTGTCCGCAACGACGAGGAACTCAACAAGCTTTTAGGTGGT  300
            ||||||||||||||||| |||||||||||||||||||||||||||||||| |||||||||
Sbjct  241  CCTCGCCACCTTCAGCTTGCTGTCCGCAACGACGAGGAACTCAACAAGCTCTTAGGTGGT  300
```

图 13-66 输出格式代码为 0 的 BLAST 结果

知识拓展 · Expand Knowledge

生物信息学在人类基因组计划完成后进入“大数据”时代。相较于传统生物学数据，生物信息学大数据容量巨大，而且要求更快的处理速度、更高的数据利用率和处理实时动态数据的能力。因此需要一个针对大数据的处理平台，如高性能计算（HPC）、NoSQL、Apache Hadoop、Apache Spark、云计算（cloud computing）等大数据架构。这些架构的主流数据处理方法包括批处理和流处理，分别针对有限静态和无限动态数据集。在处理组学大数据时也应采取合适的操作，即需要严格安全的数据储存，有效地提取、转化和挖掘数据，将分析结果可视化，最后形成小的数据集加以保存。

从 2017 年 7 月到 2018 年 7 月，仅一年的时间，NCBI 新增鱼类基因组测序多达 103 个，可见，大数据分析将成为水产生物信息学研究新趋势。

重点词汇 · Keywords

1. 命令解析器（shell）
2. 发行版（Linux distributions）

3. 图形用户界面（craphical user interface, GUI）

4. 命令行界面（command line interface, CLI）

5. 文件传输协议（file transfer protocol, FTP）

6. 安全文件传输协议（secure file transfer protocol, SFTP）

7. 欧洲分子生物学开放软件包（the European molecular biology open software suite, EMBOSS）

本章小结 · Summary

Linux 系统具有多用户、多任务、免费、开源、快速、稳定、共享、无须额外的杀毒软件、无须频繁升级等特点，它以命令行为主要交互模式，且大多数生物信息学软件被设计成基于 Linux 系统运行，是最适合进行生物信息学分析的操作系统。Linux 具有多种发行版本，用户应根据自身需要选择合适的 Linux 发行版来搭建生物信息学分析平台。

Linux 生物信息学工作平台可以通过直接安装 Linux 系统或安装虚拟机来实现，并需要成功安装生物信息学相关软件。Linux 采用“目录树”的结构放置文件。最上层的目录称为“根目录”，一切文件和目录都由根目录衍生出来。无论是普通文件、目录、程序还是设备等都可视为文件。使用 Linux 时应熟悉文件权限、命令行界面（CLI）内容所代表的含义以及常用 shell 命令。

当个人计算机无法处理过大的数据时，可以利用 SSH 安全地登录远程工作站或服务器。本章介绍了免费 SSH 工具 PuTTY 及其基本使用方法。若要向远程服务器传送数据，可以使用免费图形界面（GUI）FTP 软件 FileZilla 或 ftp、wget 和 scp 等 CLI 工具实现数据的上传和下载。

另外，本章还介绍了常用生物信息学分析软件，包括序列处理工具包 bedtools、SeqKit 和 EMBOSS 以及本地序列比对软件 BLAST^{+}。对这些软件的熟练掌握是开始在 Linux 上着手生物信息学分析的基础。

Most of the bioinformatics software is based on Linux which is a multi-user，multi-task，free，open source，fast，stable and community supported system，and without need for extra antivirus protection and regular updates. Therefore，Linux is the perfect system for bioinformatics analysis using the command line interface. Among varieties of Linux distributions，it is important to choose a suitable distribution to build a bioinformatics analysis platform.

Bioinformatics studies should start following successful installation of a Linux operating system or a Linux visual machine and basic bioinformatics tools. The Linux directory structure is called “tree directory” . The base of the Linux file system hierarchy begins at the “root” directory，which contains all other directories and files on the system，and herein the “file” refers to a directory，regular file，procedure or equipment etc. Proficient in file permissions，command line interface（CLI）and basic Linux commands is necessary to deal with bioinformatics analysis on Linux platform.

Since personal computers has quite limited processing capacity and storage，SSH，a protocol used to securely log onto the remote system，can access a remote workstation or server to deal with large data set through PuTTY，mentioned in this chapter，which is an open source SSH and Telnet client； and FTP can transfer large files between remote and local hosts on a network. Besides，the Graphical User Interface（GUI）software FileZilla and the CLI software wget or scp are useful tools for files uploading and downloading as well.

In addition，we also described the installation and usage of commonly used bioinformatics software such as bedtools，SeqKit and EMBOSS，and Basic Local Alignment Search Tool（BLAST）. These are fundamental tools for bioinformatics studies on Linux platform.

思考题 · Thinking Questions

1. 根据自己的专业、自身对计算机技术的熟练程度以及个人计算机的配置，选择合适的Linux 发行版，搭建 Linux 生物信息学分析平台。

2. 现有一条未知 DNA 序列，如何利用本地 BLAST 搜索同源性序列，并筛选出序列一致性（identity）大于 60%，且匹配长度（percent of query coverage）大于 80% 的同源序列？如何截取筛选序列的上下游 5000 个核苷酸？

参考文献 · References

Field D, Tiwari B, Booth T, et al. 2006. Open software for biologists: from famine to feast. Nature Biotechnology, 24 (7): 801-803.

Mount D M. 2005. Bioinformatics: Sequence and Genome Analysis. 2nd ed. New York: Cold Spring Harbor Laboratory Press.

Nagaraj K, Sharvani G S, Sridhar A, et al. 2018. Emerging trend of big data analytics in bioinformatics: a literature review. International Journal of Bioinformatics Research and Applications, 14 (1/2): 144-205.